马克思主义理论研究
和建设工程重点教材

科学技术哲学

《科学技术哲学》编写组

主　编　刘大椿

主要成员

（以姓氏笔画为序）

万小龙　王伯鲁　古　荒

刘永谋　刘孝廷　刘劲杨

李建会　肖显静　段伟文

曾华锋　曾国屏　雷瑞鹏

高等教育出版社·北京

图书在版编目（CIP）数据

科学技术哲学／《科学技术哲学》编写组编. -- 北京：高等教育出版社，2019.1（2023.11重印）
马克思主义理论研究和建设工程重点教材
ISBN 978-7-04-050606-8

Ⅰ. ①科… Ⅱ. ①科… Ⅲ. ①科学哲学-高等学校-教材②技术哲学-高等学校-教材 Ⅳ. ①N02

中国版本图书馆 CIP 数据核字（2018）第 211362 号

责任编辑	李　喆	封面设计	王　鹏	版式设计	于　婕	插图绘制	黄云燕
责任校对	张　薇	责任印制	朱　琦				

出版发行	高等教育出版社	网　　址	http://www.hep.edu.cn
社　　址	北京市西城区德外大街 4 号		http://www.hep.com.cn
邮政编码	100120	网上订购	http://www.hepmall.com.cn
印　　刷	唐山市润丰印务有限公司		http://www.hepmall.com
开　　本	787mm×1092mm　1/16		http://www.hepmall.cn
印　　张	24.5		
字　　数	430 千字	版　　次	2019 年 1 月第 1 版
购书热线	010-58581118	印　　次	2023 年 11 月第 6 次印刷
咨询电话	400-810-0598	定　　价	48.50 元

本书如有缺页、倒页、脱页等质量问题，请到所购图书销售部门联系调换
版权所有　侵权必究
物料号　50606-00

目　录

绪　论

科学技术哲学是一门哲学学科，是关于科学、技术的哲学反思以及关于科学技术与社会的哲学反思。受科学技术迅猛发展的影响，科学技术哲学在近现代历史上屡经演变、不断创新。马克思主义的科学技术观是科学技术研究的重要指导思想。

第一节　科学技术哲学的学科定位

科学哲学和技术哲学是科学技术哲学的学科基础，科学技术与社会研究是科学技术哲学的重要组成部分。对科学技术发展的分析表明，科学技术与哲学的关系复杂多样、不断演变。学习科学技术哲学对于学习科学知识、运用科学方法、树立科学思想、弘扬科学精神，具有重要意义。

一、科学技术哲学的研究对象

（一）何谓科学技术哲学

在中国，科学技术哲学是哲学一级学科下的二级学科，是哲学的基础和支撑，也属于专门的哲学研究。

科学技术哲学具有跨学科特性，它的相关概念、方法和结论用于政治学、经济学、社会学、管理学、教育学等学科的研究，可以提升研究的问题意识，开拓研究的理论视野。

在哲学一级学科内部，除科学技术哲学外，其他的二级学科的某些研究者也在进行相应的科学技术研究，如马克思主义科学技术论、中国哲学中的科学技术论、外国哲学中的科学技术论、逻辑学、科学技术伦理学、科学技术美学。它们为科学技术哲学提供了丰富的思想资源，既可以被看作相应二级学科的研究方向，也可以被归入科学技术哲学的研究范围之内。

对于"科学技术哲学"一词，有一点需要说明，由于在历史上科学和技术是有区别的，这种区别使得科学哲学和技术哲学彼此相对独立，由此，科学技术哲学可被理解为科学哲学和技术哲学。又由于当下科学的技术化、技术的科学化、科学技术一体化趋势越来越强，科学技术在很多时候作为一个整体而存在并发挥作用，因此，常常需要将"科学技术"作为一个整体对象来展开哲学研究。此时的"科学技术哲学"就是"'科学技术'哲学"，简称"科技哲学"。

（二）科学技术哲学的问题域

1. 科学哲学的问题域

科学哲学是关于科学的哲学认识，是以知识体系的形式呈现的。科学既包含科学的认识，也包含科学的应用，如此，科学哲学就应该既包含科学认识方面的哲学思考，也包含科学应用方面的哲学思考。

在科学认识方面，主要有科学理论和科学实验。就科学理论的哲学研究而言，涉及科学认识论和方法论的相关主题，典型的有：科学的本质及其定义，以技术为前提的科学研究能否获得真理性的认识，科学与非科学、伪科学的划界，科学理论的结构和功能，科学理论的提出与辩护（发现的逻辑与辩护的逻辑），科学理论的评价与演化，科学认识对象的实在性与科学认识的真理性（科学实在论与反实在论）等；也涉及一些基本范畴，典型的有因果性、定律、解释、归纳、演绎、还原论、不完全决定等。就科学实验的哲学研究而言，则包括科学实验的本质和特征，实验的可重复性及其客观性，实验对象的实在性，实验仪器的哲学意义，科学理论的实验检验等。由于科学哲学在这两方面研究的都是关于科学的一般问题，通常又称为"一般科学哲学"。

然而，科学认识通常是有关自然科学的认识，自然科学又分为各个分支学科，因此从分支自然科学的角度出发，科学哲学又可以分为数学哲学、物理学哲学、化学哲学、生物学哲学、认知科学哲学、生态学哲学等。这是关于分支自然科学的哲学，又称为"分支科学哲学"，它与学界常称的"自然科学中的哲学问题"内涵一致。

2. 技术哲学的问题域

技术哲学是关于技术的哲学研究。它也包含两方面：一是对技术本身的哲学思考，二是对技术与社会的哲学思考。前者属于技术认识论和方法论，主要内容包括：技术的本质及其特征，技术的内涵与分类，技术设计、开发中的方法论，工程思维与工程方法等。后者属于技术的价值论、实践论，主要内容包括：技术工具论，技术决定论，技术自主论，技术批判理论，技术与政治、经济、文化、伦理、法律等的相互影响，技术对于人类生活的意义，工程伦理问题以及工程师的伦理责任，技术对于环境问题的产生及其解决的意涵等。

技术有各种不同的种类，而针对各种技术所展开的哲学研究，也属于技术哲学研究的范围。这方面典型的有信息技术哲学、网络技术哲学、纳米技术哲学、基因技术哲学等。进入 21 世纪，它们成为技术哲学研究的重要内容。

3. 科学技术与社会研究的问题域

在科学技术与社会的研究（STS）中，主要关注科学应用的社会影响，它既包含科学与技术关联的哲学思考，也包含科学与社会互动关系的哲学探讨。涉及的问题有：科学认识何以能够作为技术创新的基础，科学与社会各个层面如政治、经济、军事、文化、伦理、法律等的相互影响，科学对于人文社会科学以及人类生活的意义，科学研究的伦理与责任，科学对于环境问题的产生及其解决的意蕴等。这方面的研究与科学价值论及实践论紧密相关。

至于各门分支自然科学应用的社会影响方面的哲学研究，一般是在进行上述科学应用方面的哲学研究时，根据议题而有选择地开展。需要重视的是，由于科学技术在当代呈现一体化趋势，许多问题成为科学哲学、技术哲学、科技与社会研究共同探讨的问题，如科学技术何以成为第一生产力、新兴科技的伦理冲击及其应对、科技风险决策与公众参与、科技创新与文化等。

（三）科学技术哲学的研究方法

第一，要运用历史与逻辑相统一的方法。要对历史上的科学哲学、技术哲学研究成果进行系统考察，掌握科学哲学家、技术哲学家以及其他哲学学科领域中的哲学家关于科学技术的哲学理论。不仅如此，还要对它们展开分析，梳理出其思想脉络和发展演化趋势，为进一步的研究提供思考的支点。在这里，关于科学技术哲学的历史展现与科学技术哲学理论的逻辑演化是相统一的，单纯地对其进行历史的考察或单纯地对其进行逻辑分析都是片面的。

第二，要坚持理论与实践相结合的方法。这样的结合不是将现有的科学技术哲学理论看成绝对的真理，由此去规制现实的科学技术实践，而是运用现有的科学技术哲学理论去分析相应的科学技术实践，并且通过科学技术实践来评价现有的科学技术哲学理论。要将科学技术哲学理论与具体的科学技术案例（包括科学技术与社会的具体案例）分析结合起来，从理论到实践，再从实践到理论，循环往复，使两者在更高的层面上得到进一步的促进。这既有利于科学技术哲学理论的深化，也有利于科学技术实践的进一步发展。

第三，要从问题出发，运用跨学科的方法，展开多角度的研究。无论是科学哲学还是技术哲学，都有一定的问题域，都与相关的问题紧密关联。因此，科学技术哲学研究应该有问题意识，要针对相应的问题进行，只有这样才能做到言之有物，言之有理，言之有义，否则就会失去科学技术哲学研究的意义。不仅如此，对相应科学技术问题的哲学研究，还必须基于对具体科学技术相应的了解而进行，必须吸收其他学科领域如历史学、社会学、政治学等关于科学技术的相关研究成果来进行。这是推进科学技术哲学研究的必要途径。

二、科学技术与哲学关系的演变

分析表明，科学技术与哲学的关系是复杂多样、处于演变中的。近代科学在诞生以来的 400 年间，给自然、个人与社会带来了显而易见而又令人震撼的巨大变化。今天，人们的日常生活深受现代科技产品的影响，而人们的语言与思维模式受其影响，也潜移默化地改变。一方面，最具开创性精神的科技专家越来越像哲人科学家；另一方面，最有影响的一批哲学家也将自己的主要工作转向对科学技术本性的分析与批判。

（一）从近代科学的诞生看科学技术与哲学的关系

在文艺复兴之前，科学无论在人类知识体系还是在社会实践中，都没有形成如哲学、艺术、宗教那样的独立、系统的地位。只有近现代的科学才具有这种地位。

通常认为，近代科学产生的原因，有十字军东征与大翻译时代、宗教改革与人本主义运动、文艺复兴与技术创新、商业发展与市民社会，等等。这些因素的确为近代科学的产生做了一定程度上的准备。但上述因素是或然地而并不必然地促使近代科学的诞生，它们只是近代科学产生的外因。

例如，托勒密地心说的计算过度复杂问题与恒星视差问题的确是科学问题而不是人文问题，比起各种人文与社会因素来说，更可能直接而明确地促使近代科学的诞生。但是，计算复杂问题是理论与计算的矛盾，原则上我们可以通过增加足够多的计算人员或发明足够先进的计算工具来解决；对恒星视差问题，我们也可通过发明足够先进的观测工具或干脆直接前行到离恒星足够近而解决。也就是说，如果望远镜的发明为恒星视差问题的解决提供了可能，哥白尼的日心说因此会显示其优越性，发明足够先进的计算工具也可能为计算复杂性问题的解决提供可能，让地心说得以维持其优越性。

在近代科学革命的前夜，旧的"科学"理论内部必定隐含某些自身无法克服的矛盾，这些矛盾的演化和加剧才导致了科学革命的发生，其中的科学、技术与哲学的关系变得非常复杂。

表面上，托勒密的地心说与亚里士多德的物理陈述是不一致的。然而，它们采用的方法与哲学基础预设很不一致并且难以调和，所要求的技术手段也不一致。托勒密数学物理学以定量研究和公理化为主要理论方法，而亚里士多德的物理学主要研究基本元素水、气、火、土（及以太）之间的本性差异，这些本性都是不能用肉眼直接观察到的。这种量化研究与性质研究之间的差异暗含在托勒密的地心说与亚里士多德的物理学哲学陈述之间。

如果我们以亚里士多德五元素说为基础考察日心说，很难证明日心说是合理的，也很难以此证明托勒密地心说的合理性。这种证明在技术上的一个直接困难是，亚里士多德所说的天上的"以太"是与地上的水、气、火、土性质完全不同的东西，地上的物质做的望远镜用来观察看地上的物体都不能保证不失真，如何保证用望远镜看天上的月球也能望远而不失真？

从这一视角来说，近代科学的诞生必须伴随一种哲学基础的改变。伽利略在1632年所出版的《关于托勒密和哥白尼两大世界体系的对话》中，和不久以后所写的《关于力学和位置运动的两门新科学的对话》中，大胆运用原子论替代亚里士多德五元素说，实现了物理学与天文学——不仅是日心说，同时也对地心说而言——的统一。

伽利略对近代科学基础的贡献体现在很多方面。如把基于日常经验辅以直觉理论的古代"自然"科学变为以观念为优先的数学逻辑形式为主加上实验验证的现代科学理论；他用同一本性的原子替代亚里士多德不同本性的五元素，使得哲学陈述与物理陈述都以研究量及其关系为主，消除了物理学内部形而上学陈述与数学物理陈述间的不协调；他发明了望远镜，并认为科学最主要的任务是研究物理客体的各种量及其关系，把定量的实验测量和数学研究方法作为近代科学基础。这一事例表明，科学、技术与哲学之间的关系是复杂而多样的。

（二）科学与哲学关系的进一步分析

近代科学诞生后，虽然近代科学的各个分支不断地从哲学或其他非科学理论中独立出来，但现代科学越来越独立于哲学之外。但也应认识到，近现代科学在逐步发展出对于哲学的独立性时并未失去与哲学的联系，甚至在独立性逐步增加的同时与哲学的紧密性在某些问题上还得到了增强。从伽利略选择原子论作为其科学理论的哲学基础，经牛顿选择绝对时空和绝对运动作为其力学理论的形而上学框架，到爱因斯坦更进一步基于对同时性的哲学分析而提出狭义相对论原理，科学与哲学均保持着联系。今天，我们还可以举出一大批严密的、基础的和有代表性的科学，例如量子力学、信息科学和认知科学，它们的一些前沿问题同时也是哲学的前沿问题。

哲学与科学的这种紧密性，是否意味着哲学决定了科学？牛顿的科学理论其实是由其背后的机械唯物论哲学所决定的？这显然夸大了哲学对科学的决定作用，没有正确理解科学与哲学的复杂关联。

回溯科学思想史，为了揭示物质运动的一般规律，近代科学从最简单的机械运动开始，而为了揭示机械运动的一般特征，又从其中最简单的匀速直线运动和匀速圆周运动开始。从对最简单事物的研究出发，科学获得简单、明晰、严密和可靠的知识，并随着数学方法、实验技术和各种知识的积累（尽管这个积累过程本身是复杂的），才转向更为复杂的事物的研究。这一具体科学方法进程很大程度上是因为科学理论本身发展的需求而展开，并不是由机械论哲学所决定的。然而，当科学发展到深处时，哲学又会成为科学不得不面对的问题，就像伽利略曾经在一次讲演中遇到这样的诘难：连刚才空中飞鸟的飞翔都解释不了，如何可能凭几个简单的运动实验而揭示运动的一般规律？这一诘难不仅是对科学的挑战，而且是关于科学规律普遍性的一种哲学沉思。

三、学习科学技术哲学的意义

（一）更好地理解科学技术自身

对科学技术哲学的学习，能够使我们真正理解和认识科学，例如，科学的本质以及科学认识的本质如何？科学理论的结构以及认识过程怎样？科学认识有发现的逻辑和辩护的逻辑之分吗？科学理论的演化有一般的模式吗？科学实验的特征如何？科学实验与科学理论的关系如何？什么是科学认识的真理？科学到底是由自然决定的还是由社会决定的，抑或两者兼而有之？等等。

对科学技术哲学的学习，也能够使我们对技术自身有更进一步的认识，例如，技术的本质特征如何？技术是如何演进的？技术的分类、结构、功能怎样？技术设计方法有何特点？技术与科学有什么样的关系？技术发展的历史轨迹如何？技术的本质、功能、体系结构怎样？技术认识的特点如何？技术发明与工程技术方法有哪些？等等。

（二）更好地把握科学技术与哲学之间的关系，更好地开展人文社会科学研究

科学技术哲学的知识体系表明，它是哲学知识体系的一个重要部分。科学的发展及其应用给哲学提出了很多问题，需要科学技术哲学去解答。如认知科学发展中涉及的整体主义与还原主义的争论，智能计算机模式与社会学模式的冲突，天赋论与建构论的理论分野，等等，都需要科学家和哲学家共同面对和思考。传统哲学所面对的一些经典问题，如自由意志和决定论，心是否是身的一部分，在纯粹物质的宇宙中是否存在目的、智能和意义的位置等，也是科学现在所面对的

并且深受科学发现和科学理论影响而产生的一些问题，因此，它们也值得科学技术哲学去进一步探讨。

对科学技术哲学的学习，能够使我们了解科学技术提出了哪些新的哲学问题，我们不但得以从科学技术哲学方面深化对某些哲学问题的思考，而且得以从哲学的路径深化对具体科学技术问题的理解。这对哲学的发展和科学的发展都是有利的。

不应忽视，科学技术哲学关于科学与非科学的划界，科学理论的证实、确证和证伪，科学革命和范式嬗变，科学研究纲领方法论等一系列观点，对哲学以外的人文社会科学的研究，特别是社会科学如政治学、经济学、管理学等研究，具有重要的借鉴作用。

对科学技术哲学的学习，还促使我们把科学技术哲学研究的相关重要范畴，应用于人文社会科学的哲学思考中，从而加深对这些学科的理解，促进这些学科的发展。

（三）更好地发挥科学技术的社会作用

科学技术与社会的哲学研究涉及科学技术与经济、政治、文化、伦理、环境等多个方面，对它的学习，能够促使我们明了当代科学技术与社会面临的诸多问题，并深入思考，提出解决之道。

在科学技术与经济方面，能够使我们对以下问题有进一步的认识：科学技术成为"第一生产力"的哲学内涵是什么？随着科学技术的发展，经济形势已经有了什么样的改变，未来将会有什么样的进一步改变？经济增长有限度吗？如果有，这样的限度表现在哪里？科学技术进步能够超越经济增长的极限吗？为了经济的可持续增长，科学技术的价值取向应该有一个什么样的改变？对此，科学技术应该有一个什么样的转型？

在科学技术与政治方面，能够使我们认清科学技术本身所存在的政治维度，同时，也能够认识到政治对科学技术发展的复杂影响。对于前者，有助于我们理解科学认识有其政治含义，这方面如社会达尔文主义和基因决定论等；有助于我们理解科学技术与生产关系的调整以及与社会制度变迁之间的关系；有助于我们理解科学技术对于人类自由、解放、意识形态以及权力实施的意义；有助于我们理解新兴科技如网络技术等对于民主的意义。对于后者，有助于我们理解政治对科学技术的干涉，如苏联对摩尔根遗传学的批判。

在科学技术与公共政策方面，能够使我们理解科学技术对于国家的经济发展、社会长治久安以及可持续发展的意义，并意识到制定相应的科学技术政策的重要性；能够使我们明确政府、公众、企业、专家在科学技术与公共政策中的角色定位，认识到专家治国（技治主义）的局限性以及公众参与的必要性和重要性，以最终实现科学技术的民主化；能够使我们认识到科技风险以及科学对此认识的不确定性，对于事关科技风险的一系列问题还与我们的日常生活有关，例如，辐射食品是否安全？电磁辐射是否影响人类健康？网络审查应不应该？核电站安不安全？纳米技术该不该发展？人类探索外星生命值不值得？转基因食品安全吗？水坝该建还是不该建？克隆人合乎伦理吗？人类遗传研究的加强是否有必要？等等。

在科学技术与伦理方面，有助于我们了解科学共同体的行为规范和人体实验、动物实验中的伦理责任；有助于我们理解科学应该以扎根社会、服务社会为最高原则，并以此促知识、促和平、促发展、促进步；有助于我们理解工程师是需要伦理规范的，应该遵守"工程师伦理准则"；有助于我们理解新兴科学技术对伦理的冲击，并进行相应的伦理规范，对网络和信息科学技术的伦理问题、基因科学技术的伦理问题、纳米科学技术的伦理问题等，给出相应的思考和回答。

在科学技术与文化方面，有助于我们理解科学技术文化与人文文化之间的内在差异和各自功能，防止科学技术文化对人文文化的僭越，为人文信仰留下空间，用正确的人文理念指导我们的生活；有助于我们理解并区别科学、伪科学、非科学、反科学，为科学的健康发展以及避免伪科学、反科学的危害奠定基础；有助于我们明确并理解西方科学与民族科学（地方性知识）之间的区别和各自存在的合理性，从而对地方性知识如中医等加以考察，以维护其合理性的方面，等等。

在科学技术与环境方面，有助于我们理解科学为什么会造成环境问题：是人类滥用引起的，还是在技术应用过程中产生的，或者是由科学自身的认识特征决定的？有助于我们理解技术应用造成环境问题的根本原因；有助于我们从本体论、认识论、方法论、价值论的角度，去探求应该发展什么样的科学技术，以解决环境问题；有助于我们理解科学技术解决环境问题的作用和限度，从科学技术和人文社会两个角度去解决环境问题。

总之，学习这门课程，能够帮助我们树立正确的科学技术观：不反对科学技术本身，而是反对将科学技术绝对化；不否定科学是可确证的知识体系，而是反对绝对的科学真理观；不否定自然科学对准确性、有效性的追求，以科学的有效性来否定一些错误的非科学认识；不反对科学的方法可以应用到人文社会科学中去，而是反对机械地将科学方法盲目地应用到人文社会科学中去；不反对科学技术对人类生活所具有的不可忽视的价值，而是反对否定其他非科学领域对人类生活所具有的价值；不否定科学作为我们判断认识、树立信念等的根据，而是反对将此作为唯一的根据；不否定科学技术能够为人类解决很多问题，而是反对科学技术自身就能够解决人类所面临的所有问题；不反对科学技术能够给人们带来幸福，而是反对视科学技术为导向人类幸福的唯一工具；不反对科学技术所起的广泛作用，而是反对科学技术万能论的观念；等等。这对于正确发展和应用科学技术，关怀自然、关怀人文、关怀社会，推动社会发展和环境保护，具有重要的意义。

第二节　科学技术哲学的历史演进

"科学技术哲学"这一名称并非舶来品，它有一个吸收、改造和再创造的过程，是我国学者汲取人类创造的有关科学哲学、技术哲学、科学技术与社会研究的思想成果，在当代中国语境下对科学、技术进行哲学反思，以及对科学技术与自然、人、社会的关系进行哲学反思的产物。它的基本理念和方法经历了深刻的历史演进。

一、从科学的哲学到关于科学的哲学

1. 逻辑实证主义（逻辑经验主义）

17、18 世纪，随着牛顿力学被广泛接受，科学代替了传统宗教的地位并不断扩展和深化其领地。特别是到了 19 世纪，关于自然的基本知识构架已经完成，科学知识似乎已完全排除了人的主观性，而呈现为客观的、严格决定论的、精确的形式体系。这种状况使得人们普遍认为，自然科学的认识具有绝对的真理性，而且这种真理性要比人文社会科学强得多。以此观念为支点，一些西方思想家进一步认为，自然科学的知识体系比其他任何知识体系更客观、更合理，具有特殊的文化和社会地位，可以作为人类知识的典范；自然科学的方法是普遍有效的，能够而且应该用于人文社会领域，以获得关于人类社会的正确认识。他们提出，要以自然科学为楷模，创立科学的社会科学和人文学科，如科学的政治学、科学的社会学等。

"科学的哲学"（Scientific Philosophy）就是在这样的背景下产生的。它兴起于20 世纪二三十年代，思想主要源于以物理学家、哲学家马赫为代表的"科学的"实证主义以及弗雷格、罗素、维特根斯坦等逻辑学家与哲学家们的工作，此外也受益于迪昂、庞加莱等哲人科学家们的工作，代表人物有石里克、纽拉特、卡尔纳普、赖欣巴哈、亨普尔等，突出表现在逻辑经验（实证）主义①的主张上。逻辑经验主义在认识论上主张超越纯粹的经验主义与纯粹的唯理论，强调现代逻辑和实证经验的重要性能，反对思辨的形而上学。它认为，只有科学才能给予我们真正的认识，形而上学的东西（不可检验的命题、不可观测的存在等）没有意义。需要对科学命题进行逻辑分析，区分有意义的命题和无意义的命题，区分综合命题和分析命题，以经验和逻辑拒斥形而上学。于是，哲学的主要任务归结为命题的澄清，必须展开对科学知识的逻辑分析，这样，哲学被称为"科学的哲学"。

2. 批判理性主义与历史主义

到了 20 世纪后半叶，逻辑实证主义受到强有力的冲击。奎因在《经验主义的两个教条》（1951）一文中，直接质疑逻辑实证主义的最重要信念，表明综合命题和分析命题之间很难区分，理论命题很难还原为观察术语；汉森在《发现的模式》（1958）一书中主张"观察渗透理论"，直接解构"理论语句"和"观察语句"的二分；批判理性主义的代表人物波普尔在《猜想与反驳》（1963）一书中提出科学理论的"可证伪性"，对"可证实性"给予了有力的质疑。所有这一切使得构建"科学的哲学"设想遭到根本性的打击，新的科学哲学思潮趋向于建立更为广泛的"关于科学的哲学"（Philosophy of Science）。

后实证主义的科学哲学虽然抛弃了建立"科学的哲学"的尝试，但仍然坚持科学主义、客观主义、真理符合论、基础主义、表象主义、经验主义、价值中立的基本信条，执着于对科学理论作静态分析，忽视了科学的历史性和社会文化性，也忽视了科学实验方面的哲学思考。这为后来的科学哲学的进一步发展埋下了伏笔。

科学史家库恩《科学革命的结构》（1962）一书的出版意义重大。库恩提出，科学革命是一阶段的常规科学到下阶段的常规科学的"范式"的转换，中间以科学革命相连接的不同的范式是"不可通约"的，且"范式"中包含了社会文化心理因素。他把时间和历史的维度还给了科学，也把社会因素以及相对主义、非理性主义等引入科学。此后，拉卡托斯的"科学研究纲领方法论"、劳丹的"研究传统"、夏皮尔的"问题域"等的提出，也是他们基于上述对逻辑实证主义的批判，"将科学史引入科学哲学中"而进行的科学演化的模型建构。科学哲学的历史主义意义在于，它不像逻辑实证主义那样，基于理想主义科学观，以一元论的基础主

① 逻辑经验主义与逻辑实证主义虽然都归属于维也纳学派，都拒斥形而上学，但在经验与逻辑的取向上还是有明显区分的，在代表人物上也有不同，如石里克常作为逻辑经验主义代表，而卡尔纳普则是逻辑实证主义代表。限于本书的定位，我们不对此做专门的区分。

义和表征主义,从哲学的角度为科学"立法",进行科学统一化运动,而是试图由科学研究的历史和过程自身来呈现科学理论演化或革命的基本特征。

批判理性主义、历史主义虽然取得了一定的成功,但是,其所蕴含的"科学认识真理性的承诺"依然存在。一个自然而然的、必须面对的问题是:科学理论所指称的不可观测的实体是存在的吗?关于这些对象的成熟理论是近似为真的吗?这引起了科学实在论者和反实在论者的争论。科学实在论者给出了各种各样的论证,如"最佳说明推理"等。反实在论者不同意这些观点,他们或者坚持"经验建构论"的观点,或者坚持"工具主义"的观点。争论的结果是双方都走向弱化。

3. 建构主义的科学哲学

考察上述各种科学哲学思潮,可以发现一个共同点,即针对科学认识的最终成果——科学理论进行相关分析,即便关注科学的物质性的实践如科学实验,也多是把它当作获得理论认知的工具而已。因此,它们均可称为"理论优位"的科学哲学。与之相反,当下许多科学哲学家将视角由科学理论转向科学实验,转向主客体、主体间的互动,进行科学实践哲学研究,形成了一些被称为"实践优位"的科学哲学观点,例如劳斯的科学实践哲学。

这类变化,从本体论上看,涉及的问题包括:实验的本质是什么?实验是对自然对象的认识还是人工现象的制造?实验对于认识对象的实在性的意义如何?等等。从认识论上看,涉及的问题包括:实验是否仅仅是对理论进行检验?无理论负荷的实验是否可能?实验是否有其自身的生命?实验的真实性如何保证?是否存在判决性实验?等等。从方法论上看,涉及的问题包括:实验的可重复性问题;实验实践的非地方性规范在知识的拓展中的作用问题;思想实验问题;实验的模型、模拟以及虚拟问题;等等。

这些可称为建构主义的科学哲学研究。它一反之前"理论优位"的科学哲学,坚持实验并非单纯的理论辅助品,仅仅用于理论检验,而强调"实验有其自身的生命",不但有助于自然事实的发现,而且还建构现象,在"发明"基础上作出"发现"。实验不仅改变了我们感知世界的方式,而且改变了这个世界。建构主义突破了传统科学哲学范式,展示了科学哲学研究的新视野。

4. 自然主义科学哲学

1969年,奎因发表了《自然化认识论》一文,提出了相应的研究纲领:认识论不应该外在并凌驾于自然科学之上,而应该包含于自然科学之中;所有的知识都来自于人类与自然的互动,应该从科学自身经验而非先验的知识出发去探究认识论;应该利用科学的发现和科学的方法,去说明科学的合理性。

这使认识论成为"心理学的一章""自然科学的一章",科学认识论自此失去了它的独立地位,降级到自然科学的组成部分,心理学或其他自然科学取而代之。也正因为如此,奎因之后,人们对自然主义认识进行了调整,得到各种版本的自然主义认识论。阿默德提出存在三种自然化认识论思想:第一种是以奎因为代表的替代论题(The Replacement Thesis),主张只有那些我们可以根据自然科学来回答的问题,才是关于人类知识与世界之本性的合法问题;在这些领域可能有的正确答案或解释,只能由自然科学提供。这其实就是用自然科学取代传统的认识论。第二种是以戈德曼为代表的转换论题(The Transformational Thesis),转而强调通过心理学、生物学和认知科学的方法与洞见,来对传统认识论做出转换与增补。第三种即阿默德本人提出的无害论题(The Harmless Thesis),这是一种弱的立场,它坚持认为,对于获取关于物理世界的可观察规律与属性之本性的公共理解而言,自然科学方法是唯一可靠的方法。

事实上,"自然主义认识论"并不局限于"自然科学",而且可扩充到价值论以及社会领域。如以劳丹为代表的规范自然主义把认识论同价值论联系在一起,把自然主义伦理学融入科学哲学之中,从而也融合了描述性和规范性。不仅如此,现在还有一种倾向,认为认识论不但要自然化,还应该社会化、历史化,不但要研究个体的认识,还应注重研究群体的社会认识。

"自然主义认识论"是对近现代科学"笛卡儿式的深思"的反弹,提供了科学哲学研究的一个新进路。它强调:不是基于关于科学的形而上学信念,如科学的统一性,对科学进行相应的哲学论证,从而为相应的科学的形而上学信念辩护;而是从科学自身呈现出发,进行事实性的考察以及相应的描述,以此概括、反映相应的形而上学结论。据此进路形成的科学哲学,表现出科学哲学的自然主义倾向,人们称之为"自然主义科学哲学"。它反对一元化的基础主义和表征主义,倡导科学的多元主义;它追随科学,在科学的框架内工作;它强调科学相对于哲学的独立性和先在性,以及哲学相对于科学的后在性和依附性;它根据科学自身的需要进行科学哲学研究,使科学哲学成为科学工作的延续。

当代科学哲学正是在这些历史演变的基础上,展开了对新经验主义、多元主义、现象学与解释学路径、作为实践与文化的探索。

二、技术的哲学反思与经验转向

1. 技术哲学的产生和研究传统

尽管一些哲学家如亚里士多德、弗兰西斯·培根、黑格尔等也谈及技术,但他们更关心理性知识，不太重视实践和技术，以至在西方哲学界，很长时间里基本上无技术哲学。德国学者卡普在 1877 年提出"技术哲学"概念，可将其看作是技术哲学的创始人。1956 年，德国工程师学会成立了专门的"人与技术"研究小组，才使技术哲学的发展有了体制上的依靠。在 1978 年举行的第 16 届世界哲学大会上，人们正式确认技术哲学为一门新的哲学分支学科。此后，技术哲学学科在北美乃至全世界逐步建立起来。

当代美国技术哲学家米切姆认为："'技术哲学（philosophy of technology）'可以意味着两种十分不同的东西。"① 它们代表两种不同的研究传统。一种属于工程学传统，又称为"工程派技术哲学（Engineering Philosophy of Technology）"；一种属于人文主义传统，又称为"人文派技术哲学（Humanities Philosophy of Technology）"。

从事工程学传统技术哲学研究的主体多为技术专家或工程师，他们专注于技术的细节，为技术进行辩护；从事人文主义传统技术哲学研究的主体多为人文学者，尤其是哲学家，他们专注于技术的社会属性和人文意义，对技术多采取批判的态度。

我国学者进一步将人文主义传统的技术哲学又分为几类："社会-政治批判传统"，马尔库塞、阿伦特、埃吕尔、哈贝马斯、芬伯格、温纳是这方面的典型代表人物；"哲学-现象学批判传统"，杜威、舍勒、敖德嘉、海德格尔、约那斯、德雷福斯、伊德、鲍尔格曼、斯蒂格勒是这方面的典型代表人物；"人类学-文化批判传统"，芒福德、盖伦、麦克卢汉是这方面的典型代表人物。②

上述两种传统的技术哲学，都存在不足：前者过于纠缠技术的细节和内部过程，忽视非技术因素以及技术应用的社会和人文意义；后者则将技术看成是抽象的和整体的，在此基础上对技术进行形而上的分析，以阐明其所具有的特征及其对于人类的意义，忽视技术的多样性、复杂性和差异性，忽视对技术人工物这一基本的物质存在的哲学研究。

2. 技术哲学的经验转向

为了弥补工程派技术哲学和人文派技术哲学的不足，一些技术哲学家提倡"技术哲学的经验转向"。

所谓"技术哲学的经验转向"，就是从传统的技术哲学走向经验性的技术哲学。它坚持，技术哲学研究应该面向真实、丰满而具体的技术本身，打开技术黑

---

① ［美］卡尔·米切姆：《技术哲学概论》，殷登祥、曹南燕等译，天津科学技术出版社 1999 年版，第 1 页。

② 参见吴国盛编：《技术哲学经典读本》，上海交通大学出版社 2008 年版，编者前言第 5 页。

箱，将所有技术现象还原和追溯为人造物这一感性的，能够直接为我们感知的事实本身之上，关注技术的设计、生产、改造、创造等微观机制，用一种彻底和批判的态度对技术现象寻根究底，在此基础上进一步探讨各种不同类型的具体技术是如何从实践上和观念上影响人们生产和生活的。此外，这使得它与经典技术哲学研究将有下述不同：第一，它不是视技术人工物为先天给定，而是试图打开技术黑箱，分析技术的具体发展模式；第二，它认为技术不是一个凝固的整体，而是可以分成许多个部分；第三，它关注技术与社会的共同演化。

"经验性的技术哲学"的上述特点，决定了它已经从"大写的技术"走向"小写的技术"，从"超验"转向"经验"，从"宏观"转向"微观"，从"外部"转向"内部"，从"抽象"转向"具体"，从着重点在"批判"转向着重点在批判后的"重建"。技术哲学的这种走向，既关注经验性的技术细节，也关注社会中的特定的技术实践及其问题，有助于弥补工程学传统的技术哲学和人文主义传统的技术哲学的不足。

三、开辟科学技术与社会研究的新视域

1. 科学与社会的哲学研究

传统的科学哲学通常以实证主义科学观为预设，专注于科学的认识论与方法论，基本不涉及科学与社会、科学与人类、科学与自然等论题。自然主义科学哲学虽然将视野拉回到了"科学"自身，但也很少进入"社会"视域。然而，无论科学的认识还是科学的应用都具有社会性，一方面，它受社会的广泛而深刻的影响，另一方面，它也影响和塑造着社会。20 世纪下半叶以来，科学哲学研究突破传统科学哲学的视域，将视野延伸至社会领域，形成了崭新的"科学与社会哲学研究"的新趋势。

（1）科学哲学的"社会学转向"和"实践转向"

传统的科学社会学以美国著名的社会学家默顿为代表。他的研究主要针对"科学共同体"进行，并不关注科学认识内容的社会影响。他认为，社会可以影响科学的选题、规模以及速度，但不能影响科学研究所获得的内容。由此决定了他的科学社会学主要是科学建制社会学。

20 世纪 70 年代，在英国的爱丁堡，有一些社会学家如布鲁尔、巴恩斯等（又称为"爱丁堡学派"）不同意默顿的上述观点，他们深入实验室，对科学家的科学认识进行田野调查，得出结论：科学认识不是对自然的客观反映，而是科学共同体内部成员之间互相磋商和妥协的结果；不是自然界决定科学，而是科学家在

实验室中的社会行为决定了科学理论应如何建构。由此形成了科学知识社会学（Sociology of Scientific Knowledge），简称 SSK。

科学知识社会学家深入科学认识的实践，力图以一种中立的态度去客观地反映科学认识的实际，这是值得称道的。虽然他们的结论过于激进和偏颇，但这种研究的取向给科学哲学以启发。我们不能断言科学认识完全由社会决定，却可以肯定的是，科学认识或多或少地会受到社会影响。以此为目标而进行的相关研究，称为科学哲学的"社会学转向"。

在爱丁堡学派之后，法国巴黎的一些社会学家如拉图尔、卡龙等（又称作"巴黎学派"）通过科学实践与实验室生活的实地考察，把科学知识社会学推进到后科学知识社会学阶段。他们认为科学技术是社会建构的，包括社会实在的建构、事物和现象的建构、物质环境和社会环境的科学技术建构、理论的建构、异质性建构、种类的建构等。① 这些建构论的研究表明：科学不仅是表象的，而且是参与的；科学不仅是"发现"的，更是"发明"和"制造"的；科学不仅是关于所知的（know that），而且是关于能知的（know how）；能知是与科学实践及其社会环境紧密相联的。以此为目标而进行的相关研究，称为科学哲学的"实践转向"。

科学哲学的"实践转向"在劳斯那里得到了进一步发展。劳斯反对传统的科学哲学，赞成自然主义科学哲学，从实践与认知动力学的角度重建科学哲学；他把对实验室微观世界的研究与知识及其权力联系起来，展现了科学技术作为权力运作的微观机制。这也是一种科学的政治哲学。②

（2）科学哲学的文化转向

在实证主义科学哲学和传统的科学社会学那里，科学认识是不带任何文化色彩和偏见的，呈现出"文化中立"的面貌，独立于种族文化、宗教文化、性别文化等社会文化，与它们没有本质关系；科学是超越性别、国家以及民族的，在任何文化背景下都能够被任何人掌握并使用，以达到推动社会经济发展的结果。这种观念被很多人接受，并认为正是科学的这种"超文化"特征，保证了科学认识以及科学应用的客观性、同质性、普遍性和有效性。

问题是：科学认识及其应用并非完全如此。科学知识社会学的"实验室研究"，女性主义科学技术论、后殖民主义、科学论等关于科学的文化研究（Cultural

① ［加］瑟乔·西斯蒙多：《科学技术学导论》，许为民、孟强、崔海灵等译，上海科技教育出版社 2007 年版，第 66—83 页。
② 可阅读 ［美］约瑟夫·劳斯：《知识与权力——走向科学的政治哲学》，盛晓明、邱慧、孟强译，北京大学出版社 2004 年版。

Studies of Science），都对此给出了不同的回答：科学认识及其应用是有文化负荷的，与人类男权文化、种族中心主义文化、后殖民主义文化等是相关联的。

在过去的很长时间里，人们却没有意识到这一点，用"科学认识及其应用的'文化中立'观""祛除"了科学中的这些文化因素，并将此延伸到科学认识及其应用中，从而造成相应的科学"文化缺失"。其实，科学的文化负荷是祛除不了的，有意或无意地忽视乃至硬性地消除，只会带来一系列的负面结果。当然，用某种文化来绑架科学，也会适得其反。

（3）科学哲学的后现代转向

科学哲学的后现代转向，首先是指科学哲学自身研究领域中的后现代转向，表现在那些被称作"后现代"的科学哲学上：自然主义科学哲学、结构实在论、科学哲学的解释学和修辞学等。但是科学哲学的后现代转向中，更为人们关注的是某些后现代主义者对科学的论述，着眼于后现代人文视野中的科学。

例如福柯的"知识与权力""真理的政治经济学"理论，试图揭示真理与政治、经济之间的相互依存关系，以及科学家的知识与政治地位、权力之间的关联。又如罗蒂的"镜式哲学"批判与"后哲学文化"建构，试图在后哲学文化中开展对科学主义的批判。再如格里芬提出"后现代科学"，把后现代科学当作建立后现代社会和后现代全球秩序的一个重要的支援力量，并从后现代科学中看到所谓神性的实在和附魅的自然。一般而言，后现代科学哲学倾向于把视野更多地投放在科学与社会上，以便深化和扩张科学与社会的哲学研究。

2. 走向社会的技术哲学

技术哲学的社会转向，一部分与科学哲学的"社会学转向""实践转向""文化转向""后现代转向"紧密联系在一起，典型的有技术的社会建构论或技术的社会形成理论、女性主义技术哲学、后殖民主义技术观、后现代技术哲学等。而且，西方一些哲学家包括一些后现代主义者，都曾论及技术。

另外一部分技术哲学的社会转向，则寓于技术哲学的"经验转向"之中。包括：经验转向的本体论，主要关注于技术人造物的相关本体论问题，同时对工程设计中的对象和社会的人造物进行比较分析；经验转向的认识论，关注对事物的客观存在性、工程设计中对象和过程的经验建构以及设计错误的认识论分析；经验转向的伦理学，主要关注工程伦理学中职业的角色责任及与公众合作的责任、工程设计和法律的对话等问题。

科学技术哲学的社会转向，是有特定历史背景。进入 21 世纪，科学技术对人类社会政治、经济、文化、伦理等各方面的影响日益加深，在给人类带来丰富灿烂的物质文明的同时，也带来一系列的负面影响，例如科学文化与人文文化的冲突，自然资源与环境危机，社会安全问题，政治、经济、伦理以及文化等各方面的风险，人类生活意义的丧失等，迫切需要科学技术哲学对这些问题加以研究，给出恰当的回应。

四、科学技术哲学在中国的兴起与发展

中国科技哲学学科建制性发展始于自然辩证法在中国的传播与发展，成熟于20世纪80年代改革开放后，是中国社会发展新思维的重要提供者与变革参与者。迄今，中国科技哲学已成为对中国当代社会与思想影响深远的学科。科技哲学作为学科的兴起与自然辩证法在中国的发展有着深厚渊源。"自然辩证法"（Dialectics of Nature）研究由恩格斯在19世纪下半叶开创。《自然辩证法》第一本中文译本出现于1932年，标志着自然辩证法正式传入中国。中国科技哲学学科建制化发展始于1956年，兴盛于20世纪80年代，90年代后趋于学科发展的规范化和多元化。这一演进是由学科、建制与社会背景多种因素促成的，大致经历了以下三个时期（见图0-1）。

（一）学科建制初创

1956年6月在中国科学院哲学研究所成立了自然辩证法研究组。这是新中国第一个自然辩证法的专业研究机构，可作为学科建制化发展的一个正式起点。[①] 同年，我国制定了12年（1956—1967）科学发展远景规划，其中对自然辩证法学科的界定为："在哲学和自然科学之间是存在着这样一门科学，正象在哲学和社会科学之间存在着一门历史唯物主义一样。这门科学，我们暂定名为'自然辩证法'，因为它是直接继承着恩格斯在《自然辩证法》一书中曾进行过的研究。"[②]

该时期研究进路主要是依据哲学对科学的思辨来指导社会实践，自然观是中心论题。在马克思主义的语境下，自然观、认识论与方法论是统一的，自然观的变化会引致认识论与方法论的改变。每一次科学革命均会引发自然观的变革。科学观直接影响着自然观，进而带来认识论与方法论的重大变革。由此，不论是自

[①] 在此之前的1953年，我国曾在哲学专业下试招自然辩证法方向研究生。最早在北京大学哲学系招收，第一届招了2名，由苏联专家担任导师。

[②] 《自然辩证法百科全书》编辑委员会、中国大百科全书出版社编辑部编：《自然辩证法百科全书》，中国大百科全书出版社1995年版，第747页。

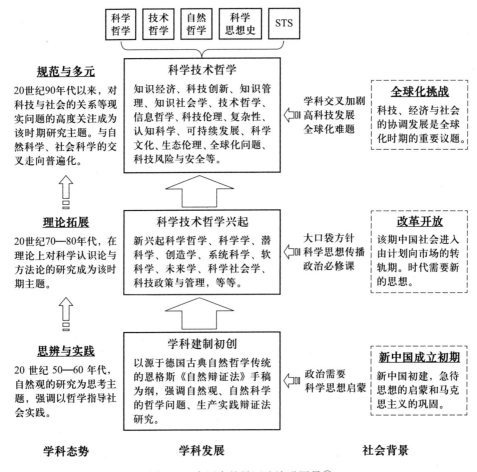

图 0-1　中国自然辩证法演进图景①

然哲学研究，还是马克思主义研究，均需要把科学及其发展作为哲学思考的一个基础。一批自然科学家在其中担当了重要角色，大大推进了科技哲学的发展，扩大了它的社会影响力。这也使自然辩证法起到了科学思想的启蒙作用，推进了科学观的普及。该阶段正处在新中国成立初期，自然辩证法的创生回应了该时期对运用马克思主义的社会要求。自然辩证法的研究主要集中在"自然科学的哲学问题"与自然辩证法的社会实践中。

（二）科学技术哲学兴起

1981 年中国自然辩证法研究会正式成立，为全国性的学术研讨搭建了重要平台。在此前后，《自然辩证法通讯》（1979 年）、《自然辩证法研究》（1985 年）、

---

① 参见刘劲杨：《边缘危机与未来转向——中国自然辩证法的多元形相及其反思》，《教学与研究》2008 第 1 期，第 70 页。

《科学技术与辩证法》（1984 年）（后改为《科学技术哲学研究》）等与学科发展联系紧密的重要专业性学术期刊陆续创办。20 世纪 80 年代"自然辩证法"课程由国家教委确定为高等学校理工农医科硕士必修的一门马克思主义理论课，同时还规定理工农医科博士生要开设"现代科学技术革命与马克思主义"课程。这些课程的开设推动了教学与研究队伍的壮大。自 1981 年实施《中华人民共和国学位条例》以来，一些高校先后获得相关专业的硕士、博士学位培养资格，这些工作直接加快了学科建制化发展的步伐。

改革开放使中国社会进入了一个由计划经济向市场经济转轨期和思想的大解放时期。该时期，"走向未来丛书""汉译世界学术名著丛书""二十世纪西方哲学译丛"等丛书成为颇具影响力的图书，它们涉及自然科学和社会科学的多个方面，许多新鲜的学科被介绍到中国来，代表了当时中国思想解放前沿的思考。

1987 年，为了更好地推进学科向专业化方向发展，教育部将研究生哲学专业下属的二级学科目录"自然辩证法"调整为"科学技术哲学（自然辩证法）"。随着学科建制的完善、研究人员的增多，科技哲学的研究边界得到极大的拓展，成为众多新学科的"孵化器"，"不断有新的人员和思想参与进来，交流、突破、迸发灵感，而在思虑成熟后往往自立门户，或转入其他学科"。① 科技哲学从原来的偏向于自然哲学、自然观，拓展到包含科学认识论与方法论的科学哲学、技术哲学及科学技术思想史，进而延伸到与实践紧密相联的科学技术与社会、科技政策学、科技管理等，并把科学学、潜科学、未来学、系统科学等各类新学科与交叉学科的研究纳入麾下。

该时期兴起了对科学方法论、科学认识论的理论研究热潮，催生了一大批新学科，如潜科学、软科学、人才学、创造学，等等，取得了不少引人瞩目的成果，因此称为"理论拓展期"。宽松的"大口袋"发展原则，使中国科技哲学成为"处于自然科学和哲学社会科学的边缘与交叉地带百科全书式学派"②，汇聚了不同研究方向的研究者，加剧了学科的交叉性。

（三）规范与多元

20 世纪 90 年代中期以来，经济全球化伴随的生态危机、气候变化等全球化难题频现，科技、社会与环境的冲突加剧。这些问题都属综合性的交叉问题，并没有单独的学科可以对它们给予积极的应对。中国科技哲学在此社会背景下，进入

① 刘大椿：《"自然辩证法"研究述评》，中国人民大学出版社 2006 年版，第 441 页。
② 段伟文：《科技哲学 30 年》，《光明日报（理论版）》2008 年 11 月 25 日，第 011 版。

了理论研究与实践问题紧密交织的时期：一方面，理论研究越来越要求符合国际学术传统的规范化①；另一方面，实践研究的开放性又使科技哲学的研究进路越来越多元化。时代中最具交叉性、最具前沿性的问题，诸如知识经济、低碳经济、科技创新、知识管理、知识社会学、科技伦理、复杂性、认知科学、可持续发展、文化研究、后现代科学、全球化、大数据等问题，都可见到科技哲学研究者们的开拓。这一多元格局体现在科技与自然、科技与社会、科技与人这三大中心论题上。科技哲学建构出一个覆盖面宽、内容多样、边界模糊、横向交叉繁多、充满生命力与时代性的独特研究领域。这里既有理论的不断建树，更有对实践的积极反思与对策研究。

第三节　科学技术发展的哲学问题

现代科学的发展不仅是科学理论本身的发展和对社会发展的促进，还催生出众多哲学问题。对科学前沿的哲学问题进行反思和深入研究，是科学技术哲学的重要任务，也是其演变和创新的强大动力。这方面的内容极其丰富，下面仅就物理学、生命科学、人工智能发展的哲学问题作一扼要概述。

一、物理学发展的哲学问题

1. 物理学基本哲学问题

物理学是研究最基本的物质运动规律的科学，许多最基本的物理学概念，如物质、运动、时间、空间等也同时是哲学的基本概念，这些基本概念的演化不仅促使物理学理论的基础性变更，也标志着哲学的重大发展。并且，在物理学发展过程中，伴随着新概念、新理论的产生，带来了新的哲学问题。物理学哲学研究的一大途径，就是对物理学的基本概念、新理论进行哲学分析，以加深对世界的理解。物理学中有关时间、空间、质量、能量、连续、不连续、可分、不可分、守恒、对称、仪器的作用等问题研究的新进展，都具有重大的哲学意义。

物理学自诞生以来，经历了曲折的发展历程，而其每次重大发展都改变了人们对自然的看法。现代物理学的两大理论支柱是量子力学和相对论，量子力学和

---

① 《科学技术哲学引论——科技革命时代的自然辩证法》（黄顺基、黄天授、刘大椿，1991年）、《科学技术哲学导论》（刘大椿，2000年）、《科学技术哲学概论》（郭贵春、成素梅，2006年）等一批教材推进了本学科的教学规范。

相对论的建立过程表明：从 19 世纪末开始，物理学的研究开始进入微观、高速和宇观领域，研究物质极小领域的粒子物理，研究物质极大领域的现代宇宙学，研究物质非平衡领域的非平衡态物理学。物理学研究的前沿领域提出了一系列崭新观念，带来物理学概念的巨大革新。

2. 量子力学和相对论的哲学问题

19 世纪末物理学上的三大发现，打开了微观世界的大门，打破了原子不可分与不可变的旧观念，到 20 世纪四五十年代，发展成为粒子物理学。粒子物理学对于物质基本结构、夸克禁闭、真空本质及粒子运动和相互作用的对称性、统一性等的研究，直接涉及许多基本的哲学问题，特别是影响了对于哲学物质观的探讨。如何理解微观客体和微观物理实在？通过实验室呈现出来的现象能否等同于粒子的存在？如何通过实验仪器来证明粒子存在的可靠性？如何确定它存在的性质？在对微观物理实在的描述中，主体、仪器、客体各起着什么作用？微观因果性与决定论的特点何在？粒子物理学表明，存在比原子核层次更深的微观粒子，夸克、轻子层次等物质微观结构的发现，是否由此可认为粒子结构具有无限层次性？物质是否具有可分性？如何证明物质是有限可分，还是无限可分？根据粒子物理学标准模型和宇宙学的研究成果，能否得出真空具有物质实体性？如果真空是一种物质，它是怎样存在的？微观粒子运动普遍遵从的基本规律是量子力学，更多的问题在量子力学上呈现出来。

1900 年，为了解决黑体辐射问题，普朗克提出了量子的概念。他假设黑体辐射中的辐射能量是不连续的，只能取能量基本单位的整数倍。后来的研究表明，不但能量表现出这种不连续的离散化性质，其他物理量诸如角动量、自旋、电荷等也都表现出这种不连续的量子化现象。1905 年，爱因斯坦运用这个概念建立起光量子假说，量子概念突破了传统经典思维模式，它的巨大意义才得以凸显出来，并引起物理学界乃至后来哲学界的广泛关注。玻尔（1913）、薛定谔（1925）、海森伯（1927）等人沿此思路建立了量子化的原子结构模型，并最终建立了量子力学理论。量子概念提出能量的不连续性，和以牛顿力学为代表的经典物理有根本的区别，那么量子化现象是否表明物质和能量都存在不连续性？更进一步，时间和空间是否具有不连续性？

1924 年，在光具有波粒二象性的启发下，法国物理学家德布罗意提出物质波的概念，指出一切微观粒子，包括电子、质子和中子，都有波粒二象性，一切粒子都具有与本身能量相对应的波动频率或波长。同年，泡利提出不相容原理，它也是微观粒子运动的基本规律之一，指出原子中不能有两个电子处于同一量子态上。物质的波粒二象性，说明物质同时具备波的特质和粒子的特质，但波动性与粒子性又不会在同一次测量中出现。我们该如何来理解这种有悖于现实经验的物质存在？

1926 年，玻恩提出波函数的概率诠释，成功地解释了薛定谔波函数的物理意义。对于玻恩来说，概率、偶然性的概念比因果性更为基本。我们不禁要问，因果律是否还起作用？由此，量子力学带来了偶然性与必然性、决定论与非决定论的争论。1927 年，海森伯提出"不确定性原理"，该原理表明，微观粒子的共轭物理量，如位置和动量、时间和能量等，不可能同时观测到确定的数值，其中一个量的观测值越确定，另一个量的观测值的不确定程度就越大。这是否表明，世界具有不确定性？量子力学描述的微观客体的行为特征究竟是不受主体干扰的客观规律所致，还是宏观仪器对微观客体不可避免的干扰下主客体相互作用的结果？量子测量理论表明，单次测量结果具有不可预测性，多次测量表现为特定统计分布，那么，世界是由概率决定的吗？

玻尔则沿着经典概念的适用性途径，从哲学上考虑，于 1927 年提出"互补原理"：系统一个方面的知识确定了，其他方面的知识就不能确定。对经典理论来说是互相排斥的不同性质，在量子理论中却成了互相补充的一些侧面。为了解释量子力学"悖论"而提出的互补原理，对经典理论有什么挑战？回归本源问题，微观粒子最本质的特征是什么？如何正确理解量子力学的数学形式所蕴涵的物理意义？关于这方面，爱因斯坦和以玻尔为首的哥本哈根学派关于量子力学理论基础的争论，受到极大关注。涉及的问题有：微观客体所表现出的随机性究竟是微观客体的本质特征，还是认识主体认识局限性的结果？对微观客体行为的理论描述究竟应当坚持决定论的思维模式，还是非决定论的思维模式，用爱因斯坦的话来说就是，我们是否相信上帝会掷骰子？物理理论的每个元素是否都必须在实在中有它的对应物，抑或物理理论只是一种对实在的本体论承诺，甚至只是我们为了解释现象或解决问题的方便而构造的一种工具或符号系统？

爱因斯坦的狭义相对论建立于 1905 年，根据这一理论，物体运动时质量会随着物体运动速度增大而增加，同时，空间和时间也会随着物体运动速度的变化而变化，即会发生"尺缩效应"和"钟慢效应"。广义相对论建立于 1915 年，在广义相对论中，引力不是被当作物体间的作用力，而是作为时空的一种属性，把引力看成一种场。相对论肯定了作为一种物质形式的场的独立实在性，并认为只有相对运动，没有绝对运动，一切参考系均是等价的，自然定律具有协变性。

相对论提出了时间和空间的相对性，揭示了惯性与引力之间的内在联系，提出时空为场的结构特性与弯曲时空新观念，揭示了时间空间对于物质及其运动的依赖性，从而推翻了时空绝对性假定，根本改变了旧的时空观念。这对传统的认识论和方法论有什么影响？时空到底是相对的，还是绝对的？如果时空是相对的，我们该如何理解时空的这种相对性？我们又如何理解相对和绝对的关系？如何理解时间、空间和物质的关系？相对论中，空间长度、时间间隔、质量等随观察者所选取的参考系而改变，这些相对论效应究竟是表观的还是实在的？相对论也涉及因果律的问题。一般认为，原因总比结果在先，但在相对论中，允许某些事件有颠倒的时间顺序，应如何看待这个矛盾？

在相对论力学中，质量和能量是相互联系的，是可以相互转化的。质能关系揭示什么哲学意义？狭义相对论把时间和空间统一成时空，把质量、能量和动量也统一起来。广义相对论则进一步把引力同几何联系起来，并把牛顿的万有引力纳入广义相对论之中。爱因斯坦晚年试图把电磁力和引力统一起来，未能成功。爱因斯坦以后，物理学家又发现了弱力和强力，即发现了四个基本相互作用力：引力、电磁力、弱力和强力。它们能否统一起来，形成统一场理论？世界物质结构和时空结构是不是统一的？对这些问题的研究，既是科学问题，也是哲学问题。

3. 宇宙起源及其演化的哲学问题

以广义相对论作为宇宙学的理论基础，是现代宇宙学诞生的标志。到今天，现代宇宙学已经把整个现代物理学作为自己的理论基础，研究宇宙的演化，以非平衡态物理学为基础，而后者又以耗散结构理论为代表。1969 年普里高津提出耗散结构理论，提出了非平衡是有序之源的新观念，它说明一个系统既能在一定条件下由非平衡态向平衡态演化（从有序向无序），也能在一定条件下经非平衡态向更加有序的稳定结构演化（从混沌到有序）。如何评价这一理论对认识论的影响？世界的本性还是简单性、不变性与可逆性吗？

关于宇宙起源，人们还要追问：宇宙是如何创生的？宇宙中有没有其他生命形式？大爆炸宇宙论是现代宇宙学中最有影响的一种学说。1929 年，美国天文学家哈勃提出宇宙膨胀说。1932 年勒梅特首次提出现代宇宙大爆炸理论，1946 年美国物理学家伽莫夫正式提出大爆炸理论，认为宇宙起源于一次大爆炸。关于宇宙大爆炸前的奇点尺度问题，根据爱因斯坦相对论，宇宙大爆炸前的奇点应该趋向于无穷小。如果宇宙起源于奇点，我们难以用现有的任何物理学定律说明宇宙爆炸的原因。宇宙究竟是有限的还是无限的？如何理解物理学定律在广义相对论时空的奇点处都失效？怎样理解"宇宙"这一概念？

二、生命科学发展的哲学问题

1. 生物学发展中的哲学问题

生物学的发展历经了博物学、实验生物学、分子生物学直至系统生物学等阶段，并且，随着物理学、化学等其他自然科学基础学科的不断发展，现代生物学已成为分支众多、规模庞大的学科体系。生物学发展过程中产生的一些概念和理论难题则成为科技哲学的论题，生物学取得的成就也被哲学家用来论证或批判一些基本的哲学原理或科学哲学中一些关于科学的普遍性理论。此外，一些呈现出蓬勃发展态势的生物学分支学科，如细胞生物学、分子生物学、发育生物学以及进化与生态学等学科中的哲学问题，也成为科技哲学感兴趣的领域。

生物学概念及理论产生了许多哲学问题。首先，生物分类作为生物学的重要研究手段，按照瑞典植物学家林奈的划分，可以分为界、门、纲、目、科、属、种七个层级，那么这种分类系统是否对应了真实存在的生物实体？作为此分类系统中等级最低的"种"亦即分类学的基本单位，其本质属性是什么？它是自然的种类吗？当前，有生物学家对林奈系统提出了质疑，例如，目前有研究对大型海洋绿藻中的浒苔属（Enteromorpha）和石莼属（Ulva）的 28 种海藻的 ITS 和 rbcL 基因序列进行对比分析，认为浒苔属应合并到石莼属中，然而，生物学界对此仍存有争议。[①] 此外，在分类学领域，部分支持系统分支学的生物学家认为，分类问题可以直接从生物系谱树中获得答案，而这一主张遭到了持进化系统论观点的生物学家的反对。因此，现代分子生物学与经典生物学在研究方法的融合上存在困境，对于生物分类以及物种的本体论地位的哲学探讨，有助于明确经典生物学与现代分子生物学之间关于物种本质属性的分歧。

在生物学中，目的论式的描述很普遍，但始终充满争议。比如，鱼类的洄游行为被解释为寻找产卵的适宜场所，海龟在繁殖季节游上海滩的行为被解释为需要将卵埋入沙滩之中。然而，自然界是否存在"目的"？目的论描述是否可以在生物学中使用？生物体的结构是为了某种目的而自行组织起来的吗？这些哲学问题的提出和讨论为生物学研究范式的革新以及生物学解释模式的合理化提供了参考。

对于生物进化的哲学探讨数目众多，例如，自然选择是以何种单位为载体进

---

① H. Hayden, J. Blomster, C. Maggs, "Linnaeus was right all along: Ulva and Enteromorpha are not Distinct Genera", *European Journal of Phycology*, 2003, pp. 277-294.

行的？是个体、群体还是基因？自然选择是否都发生在基因水平上？生物进化的伦理学问题也颇受关注，如人类的道德行为是进化的结果吗？利己主义在人的行为进化过程中，是否会逐渐趋于利他主义？随着基因工程的发展，人类能否通过改变遗传基因来成为"真正人道的人"？进化论是现代生物学的理论基础，关于进化的哲学讨论对于厘清进化的本质和意义至关重要，也是反驳神创论的关键立论点。

生物学的方法论问题是伴随生物学学科发展的重要哲学问题。其中一个至关重要的问题就是"还原论"。例如，生物学理论能否还原为物理学理论？也就是说生物学的研究对象能否还原至物理学中的基本实体？"高层次"领域理论与"低层次"领域理论之间的关系是什么？经典细胞学或经典遗传学能否还原为分子生物学？关于生物学方法论问题的哲学讨论贯穿着生物学的发展过程，同时也对科学哲学产生了重要影响，使得不易于导向公理化的学科体系也可以进入科学的范畴。再则，生物学在何种意义上能被理解为一种调和人与自然关系的方法？这些问题是生命科学哲学对于生物学的反思。

生物学众多分支学科领域也相应地产生了许多具体的哲学问题。自 1953 年沃森和克里克提出遗传物质 DNA 的反向平行双螺旋结构之后，分子生物学进入了迅猛发展的新纪元，之后中心法则的提出以及操纵子概念的产生，奠定了分子生物学的学科基础，更使得基因工程和蛋白质工程等得以实现。同时，新兴的分子生物学也成为科技哲学的重要讨论阵地，例如，基因的本质是什么？诚然，分子生物学揭示了许多生命现象与基因密切相关，然而，人类观察到的基因同样是对自然现象的人为建构，在生物学界对基因的概念尚无定论的情况下，对于基因本质的哲学讨论无疑对分子生物学的进一步发展，特别是与人类重大疾病相关的原癌基因与抑癌基因之间复杂关系的探究提供了积极的启示作用。此外，由基因工程带来的争论也引发了大量哲学问题，比如，转基因技术的本质特征是什么？克隆技术的研究与应用会引发伦理灾难吗？基因技术不仅关涉人类最根本的生存状态和种族延续问题，还与大规模的商业行为紧密相关，有关基因技术的讨论为在哲学层面对基因技术进行全面认识提供了可能。

近年来，科学哲学中关于认知神经科学的讨论很多，认知神经科学被认为是"关于心智的生物学"。虽然认知科学发展时间较短，尚未形成坚实的学科基础，但与心理学、语言学、神经生理学、计算机科学等多学科交叉形成了人类心智和脑工作机制的探索模式，使其备受科学哲学界的关注，带来了科学哲学的认知转向。认知神经科学中的哲学论题十分广泛，比如，认知神经科学的哲学根源是什么？认知科学遵循怎样的认识论和方法论要求？认知科学为探索心身或心脑问题提供了怎样的启示？认知过程本质的研究方法论是什么？这些哲学问题的探讨对于认知科学的发展具有重要的作用。

在生物学的其他分支学科，如发育生物学以及进化生物学等领域也存在形形色色的哲学问题。比如，从生物发育的角度来看，生物的性状是否总是最优化的？人类社会的道德理论能否还原为生物学原理？

2. 医学发展中的哲学问题

医学发展中的哲学问题是针对医学领域各种现象的普遍规律和一般本质的哲学探讨。

医学与人类的生命息息相关，而医学发展中一个至关重要的本体论问题就是，生命的本质是什么？关于这个问题的哲学探讨由来已久，神创论认为世间万物皆由神所创。盛行于 17 世纪的物活论认为万物有灵，即一切物体都具有和人类相同的生命和思维能力。19 世纪初出现的生机论则主张用一种臆断的非物质的"生命力"来解释生命的本质。近代机械论认为自然界乃至整个宇宙可以被视为一台机器，自然与人类是分离的、对立的。伴随现代分子生物学的发展，生物学家们在生命的分子基础方面取得了重要进展，但同时也出现了极端的还原论观点。这种观点认为生命不过是由无数原子的堆积并在众多偶然性事件的作用下产生的。然而，整体论者认为生命并不仅仅是一堆原子的集合，生命的特征只有在整体层面才能得以展现并具有意义。此外，随着基因概念的提出和基因技术应用范围的扩大，认为基因揭示了生命本质以及基因信息决定生理和心理行为的观点也随之出现，这些观点在哲学上均引发争论。

医学发展中的认识论问题也是医学哲学探讨的焦点，比如，医学中的因果关系该如何认识？现代医学利用多种诊断指标作为判断疾病原因的依据，因而正确处理医学中的因果关系显得尤为重要。医学对因果关系的求证是医学进步的必要条件，医学诊断面对大量的统计学数据和指标，那么在判断病因并确定诊疗方法的过程中，如何突破单纯统计学意义的束缚？如何在认识论层面上对医学中的因果关系进行引导？这是值得讨论的问题。另外，生命现象的深层认识是什么？医学中特有的概念，如感染与免疫、健康与疾病、人体与环境、遗传与变异、预防与治疗等的哲学意义是什么？这也是医学哲学研究的兴趣所在。疾病在认识论意义上应如何定义？疾病能否还原为现代医学关于人体的各种指标参数的变异？抑或疾病应当被视为人体所遭遇的知觉痛苦？

医学的诊断和治疗涉及方法论的问题：医学研究应该遵循怎样的逻辑？这种

逻辑与其他科学领域的逻辑体系有何区别？医学思维的逻辑组织是否具有普遍性，即是否在当前的预防医学等有别于临床医学的领域中具有普适性？医生在治疗决策上的逻辑是什么？

医学发展中的价值论与伦理学问题是医学应用与实践方面产生的哲学问题。医学的研究对象是人的生命，医学技术的发展，比如电子计算机断层扫描技术（CT）、核磁共振成像技术（MRI）的使用，使得诊断的准确度有所提升。再如，器官移植技术、人造器官技术以及断肢再植技术的日益成熟，对维持人类良好的生存状态作用显著。但同时，医疗技术的发展也带来了诸多伦理问题，比如无意义生命是否应该予以维持，在患者（如植物人）无法表达自身意愿的情况下利用医疗技术维持其生命是否适当？死亡的尊严与生命的尊严是什么？再如，胚胎干细胞治疗中，可能会出现在难以找到合适配型时，父母会为了挽救孩子的生命而选择再次生育以求得合适配型的案例，这种行为是否符合道德？再则，器官移植技术催生了器官买卖市场，应当如何从伦理学角度为这一现象提供合理的解决方案也是值得探讨的。此外，关于基因治疗的伦理和社会问题也十分常见，比如，基因治疗与知情同意及患者隐私的关系问题，由于基因治疗涉及的理论庞杂繁复，通常超出了公众知识范畴，信息不对称的表现尤为明显，知情同意很难做到。同时，有基因缺陷的患者隐私一旦泄露，会对其整个家庭产生难以预料的恶劣影响；此外，人们对基因治疗的安全性也始终存在争论，而基因问题关涉整个人类种族的存续，对其涉及的哲学问题的讨论十分必要。辅助生殖技术中的伦理问题也日益凸显，如试管婴儿以及近年来的代孕现象就是典型的案例。医学研究同样涉及伦理问题，医学研究中也存在着不端行为，如伪造数据、实验造假等，医学研究的成果往往直接关系到人类健康乃至生存问题，研究中的不端行为更易引发严重的社会问题，如公众信任危机等，医学研究中的不端行为应如何在伦理学上予以界定并提出合适的规避方法特别需要重视。

医学发展中的伦理学问题还有很多，比如克隆人的适宜性问题，优生学是否能够划入科学的范畴，如何解决看病难、看病贵问题以及如何处理医患关系问题等，更不用说长期存在的关于对中医是废弃还是扬弃的争论，对于中国传统医学应持什么态度的问题，尤其需要从哲学层面进行讨论。

医学无疑在延长人类生命、挽救因偶然事件而受损的身体、减轻人类知觉体验的痛苦等方面取得了显著的进步，但是，医学不能阻止死亡，在死亡的必然性面前，医学永远都是充满遗憾的学科。所以，医学的价值由哪些方面构成，这是需要不断完善和补充的问题，因为医患关系的调节与医学价值的构成关系密切，在医患之间的矛盾日益突出之时，对于医学的价值更应进行哲学层面的讨论和界定。

医学无法使人类摆脱死亡，因而在医学哲学中对于生死的哲学讨论极具必要性。死亡不可逃避，是人生永恒的主题，对于生命意义的追问是一个历久弥新的话题，具体到医学哲学中，关于临终关怀的问题特别值得关注和探讨。

三、人工智能发展的哲学问题

1. 人机大战与智能革命的哲学问题

人工智能是一门半个多世纪以来迅猛发展起来的交叉和前沿科学。人工智能也叫做智能机器人，1956 年计算机科学家约翰·麦卡锡在达特茅斯会议上提出：人工智能就是要让机器的行为看起来像人所表现出的智能行为一样。这成为人工智能的流行定义。

但是，人类能让某种人造机器像人一样思考吗？人类已经造出了汽车、火车、飞机等各种机器，它们模仿我们身体器官的功能，能不能造出可以模仿人类大脑功能的机器呢？计算机的出现，使人类开始有了一个可以真正模拟思维的工具；互联网的普及和提升，则使信息的处理和传播变得极其方便有效。计算机和互联网开辟了大数据时代，大数据为人工智能的可能实现提供了一种媒介，并最终促使人工智能突飞猛进，取得惊人的成就。近几年，人工智能挑战围棋高手的人机大战，生动地告诉世界，人工智能已经达到了怎样的高度。

2016 年 1 月 27 日，国际顶尖期刊《自然》封面文章报道，谷歌研究者开发的名为"阿尔法围棋"（AlphaGo）的人工智能机器人，在没有任何让子的情况下，以 5∶0 完胜欧洲围棋冠军、职业二段选手樊麾。在围棋人工智能领域，实现了一次史无前例的突破。

阿尔法围棋系统主要由下述几个部分组成：策略网络，给定当前局面，预测并采样下一步的走棋；快速走子，目标和策略网络一样，但在适当牺牲走棋质量的条件下，速度要比策略网络快 1 000 倍；价值网络，给定当前局面，估计是白胜概率大还是黑胜概率大；蒙特卡罗树搜索，把以上这三个部分连起来，形成一个完整的系统。

阿尔法围棋这款围棋人工智能程序能在实力上有实质性飞跃，是因为它用到了很多新技术，而其主要工作原理是"深度学习"，即某种多层的人工神经网络和训练它的方法。实际上，一层神经网络会把大量矩阵数字作为输入，通过非线性激活方法取权重，再产生另一个数据集合作为输出。这就像生物神经大脑的工作机理一样，通过合适的矩阵数量，多层组织链接在一起，形成神经网络"大脑"并进行精准复杂的处理。

2016 年 3 月 9 日到 15 日，"阿尔法围棋"挑战世界围棋冠军李世石，围棋人机大战五番棋在韩国首尔举行。比赛采用中国围棋规则，最终"阿尔法围棋"以 4∶1 的总比分取得了胜利。2017 年 5 月 23 日到 27 日，在中国乌镇围棋峰会上，"阿尔法围棋"以 3∶0 的总比分战胜当时排名世界第一的世界围棋冠军柯洁。

"阿尔法围棋"象征着计算机技术已进入人工智能的新信息技术时代（新 IT 时代），其特征就是大数据、大计算、大决策，三位一体。它的"智慧"在围棋中正在接近甚至有可能超过人类。

围棋成为人工智能新突破选择的领域，意义重大。围棋规则简单，变化繁多，而结果不确定，没有确定解。选取围棋作为人机对抗游戏，是因为它的标准化程度较高；一般的棋类游戏标准化程度虽也合格，但认知复杂度不够。围棋兼具可作标准测试和认知复杂度高的双重特点，这就使人工智能在围棋上的突破成为划时代的事件。

实际上，人工智能的深度学习已经展现出了巨大潜力，如利用人工智能技术探索医疗领域，在现有医疗条件下，可以为医生提供辅助工具，实现远程治疗，攻克医学中存在的种种难题。再如，利用人工智能技术探索汽车无人驾驶，已经成为改变产业结构和人们生活方式的重大挑战。而无人机的广泛运用，甚至可能改变未来战争的面貌。人工智能的应用领域现已遍及机器翻译，智能控制，专家系统，机器人学，语言和图像理解，遗传编程机器人工厂，自动程序设计，航天应用，庞大的信息处理、储存与管理，执行危险复杂的任务，等等。这一切都促使人们更深入地从哲学上思考人机关系，即人与机器人的关系。在这里，把机器人看作准人、类人或者超人，结果是很不相同的。人类的身体与机器结合，尤其是人脑与电脑或其他配件结合，将使"什么是人？什么是准人、超人、非人？"这样的问题变得难以回答。由此带来的哲学与伦理问题，将引起哲学与伦理学的巨大变革。

如果说机械是人类手臂的延伸，那么人工智能就是人类大脑的延伸。人工智能是智能革命的基础。

众所周知，过去三百年间，世界已经经历了三次产业革命，第一次产业革命采用蒸汽机为动力，实现了生产的机械化；第二次产业革命通过电力实现了大规模生产；第三次产业革命则使用电子和信息技术，实现了生产的自动化。学界认为，当下，第四次产业革命正在进行，这就是智能革命，其主要特征是各项技术的融合，并将日益消除物理世界、数字世界和生物世界之间的界限。更具体点说，就是人工智能、机器人、物联网、无人驾驶汽车、3D 打印、基因工程、纳米科技、量子计算等各种高科技都算作这场革命的一部分，其中以人工智能最受瞩目。

智能革命强调人工智能技术所带来的社会影响，把眼界放在人类社会的范围内，作为一个社会事件，而不局限于技术本身。智能，作为一种最为强大的力量，一旦被某些国家、利益集团甚至个人垄断，将造成不可估量的后果，人工智能群体或"高智人"群体如果与"低智人"群体矛盾激化，也会造成不可估量的后果，影响社会稳定甚至世界格局。

在越来越多的领域，人工智能正在快速超越人类。这也意味着，大批的翻译、记者、收银员、助理、保安、司机、交易员、客服都可能在不远的未来，失去自己原来的工作。对此，斯坦福经济学家在 2013 年做了一项统计：美国注册在案的 720 个职业中，将有 47% 被人工智能取代。这也就是说，今天我们赖以生存的许多职业，或在不远的将来就被机器取代！这可能为居民提供更多的闲暇，但也可能让资本大规模雇佣"智能机器人"，造成更严重的两极分化。在发达社会，人工智能正在让大多数劳动型工作消失，大部分人将面临劳动机会的消失和自我实现的泯灭，只有少部分所谓"神人"可以通过创造力获得高级工作。美国特斯拉的汽车装配厂门口每天都有工会抗议其不招聘装配工人，全部由机器人操作。抗议归抗议，特斯拉的智能化商业逻辑决定了它就是不雇佣生产线工人，外界也没有办法。

特别应当引起人们重视的是，这场智能革命与蒸汽革命、电气革命、信息技术革命不同，并非由科学家在实验室中取得突破后迅速衍生和应用，而是由产业界来带动。原因一方面在于，智能革命所必需的海量数据、技术人才、资金支持，产业界都远超学术界；另一方面在于，智能时代的核心本质是，知识无处不在，智能全都处于交互状态。因而，如何整合产学研各界，是一个迫切问题。

伴随着人工智能或智能机器人的发展，不得不讨论的人工智能本身的许多问题就属于超前研究，需要用未来的眼光来审视当下的科研，它们很可能触及伦理底线。科学研究可能涉及敏感问题，应当针对可能产生的冲突及早加以预防，而不是等到矛盾激化、几乎不可解决时才去设法化解。

2. 大数据时代的来临与思维方式的变革

人工智能的发展是与大数据时代的到来紧密相关的，后者是前者的前提。计算机和互联网改变了资源配置方式，如同末梢神经般深入到了人类的生活细节，产生出海量的数据，并促进了数据计算能力的提高，使得机器人能够真正实现智能化。

"大数据"的出现，不仅意味着技术上的革新，更意味着人们的思维方式、社会形态乃至世界观的转型。"大数据"不仅指大数据本身，还直击大数据意识或者说大数据思维。舍恩伯格认为："大数据是人们获得新的认知、创造新的价值的源泉；大数据还是改变市场、组织机构，以及政府与公民关系的方法。"①随着"大数据"应用到各行各业，包括政府施政领域，它逐渐成为重要的生产要素，随之而改变的不仅仅是组织管理方式、实施操作的手段，诸多社会结构也都要围绕大数据进行重构。这预示着一种新的社会形态——大数据社会正在出现。

"大数据"并非计算机一般数据处理阶段的产物，而是计算机处理完数据之后，反过来处理"处理后"的数据阶段所出现的全新数据现象的产物。在前一阶段，数据通常只能被称为"海量数据"。一直到互联网技术的出现，"海量数据"才演化为"大数据"。简而言之，"大数据"是计算机数据处理技术和互联网技术共同作用的产物。

在大数据时代，大数据成为全新的财富源泉。大数据将改变人们对数据的认识，使人们充分意识到数据所承载的巨大价值。社会因大数据将发生全面而深刻的变革，主要表现在下述三个方面：（1）大数据将彻底改变农业、制造业、零售业、服务业、金融业、交通物流、医疗教育等产业的面貌。（2）大数据使原有的产业格局发生调整。例如，支付宝支付平台、网络金融平台、微信支付平台顺应网络化和大数据产生，对原有的零售业、金融业、服务业生态圈产生了冲击。（3）大数据兴盛催生大数据产业。考虑到数据的基础性作用，围绕大数据形成的产业链很可能成为信息产业中最重头的分支产业。

正因为大数据非常可能引发新一轮的产业革命，带来基于"大数据"的全新的思维方式、世界观乃至社会文化的变革，因此，必须抓住大数据带来的发展机遇，跟上大数据时代的前进步伐，对大数据时代的思维方式进行反思。

在大数据时代，思维方式有了新的动向。大数据时代的研究虽然也具有统计性，但较之于传统的数据统计和分析，则是一种数据统计和分析的新模式。"新"主要体现在以下三个方面：

第一，与传统的研究追求准确性与正确性不同，大数据下的研究具有"混沌性"。它的数据量大，数据性质复杂，数据结构混乱，更新速度快；大数据构成中95%的数据是无法进行线性分析的非结构化数据，它关注的是效率而不是精确性。

---

① ［英］维克托·迈尔-舍恩伯格、肯尼思·库克耶：《大数据时代》，盛杨燕、周涛译，浙江人民出版社 2013 年版，第 9 页。

第二，传统研究对象具有局部性，而大数据研究对象则具有全体性。大数据的数据分析基于全部的相关数据，而非基于随机性的抽样分析；不是对随机的抽样样本，而是对全样本做统计分析。

第三，传统研究强调因果性分析，而大数据研究倾向于消解因果性、强调相关性。不同于传统数据统计假设性的数据定性收集和因果性分析，大数据是根据数据相关性做出分析，即通过相关关系进行统计和预测，通过监察关联物的变化告诉你将会发生什么，而不是借助因果说明告诉你为什么发生。

大数据思维方式的重要特点是将因果关系转换为相关关系，这一特点应当努力从哲学上加以反思。任何事物无论是好还是坏、是对还是错，只要发生就一定与某些人或者物有关系，任何的因素之间都有直接或者间接的联系。这自然不同于传统的因果关系，若将原有因果关系放置于更普遍的相关关系中，稳定的因果性就会被消解。基于大数据的相关关系分析往往需要依靠数据分析和配套计算机基础设施才得以进行，仅仅依靠人脑或者某些传统研究是很难完成的。这样一来，有关研究将不再依赖于传统的、以因果关系为起点的逻辑体系构建，而转向碎片化的数据统计与相关性研究，将可能使原有的理论体系和研究范式边缘化。大数据的另一个特点便是"可证伪性"或者"非精确性"。大数据否定绝对的精确，因为在不断涌现出来的新数据的动态过程中，原有的细微错误会被逐渐扩大，进而出现模糊性，错误和不精确性成为大数据的常态，如此将会瓦解既有理论的正确性与权威性。以往研究最看重的便是精确性或准确性，一旦研究结论不够精确或者不够准确，就会被否定。在大数据视野下，这一以精确性为目的的研究方法将改变，转变为"非精确性"研究。对于研究而言，"非精确性"绝非"致命缺点"，而是学科进步的"关键点"。换句话说，在数据量有限的前提下，任何"错误"都有可能被夸大，进而成为否定最终结论的"致命错误"；但是，这个"致命错误"或者说"判决性实验结果"如果放在大数据中，很可能就会随着数据量的扩张而显得微不足道，甚至转变为"正确性"。因此，在大数据研究中，学者将逐渐适应研究中的"证伪性"和"非精确性"，由强调小数据样本下的理论"精确性"，转变为着重"大数据的获取和算法的分析"。

第四节 科学技术哲学与马克思主义

科学技术哲学在中国的发展与马克思主义紧密相关：一方面，马克思主义与科学技术之间密切互动，形成了马克思主义科学技术观；另一方面，科学技术哲学与马克思主义哲学、自然辩证法，不仅在历史演进上有共同渊缘，而且在现实发展中也有许多交叉。因此，正确把握科学技术哲学与马克思主义的关系，对本课程的学习而言是极为重要的。

一、科学技术与马克思主义的形成与发展

马克思主义的形成与发展同科学技术的进步有着密切的关系。这种关联性不仅体现在近代科学技术革命为马克思主义的诞生准备了前提条件，而且体现于马克思主义发展的全进程，并始终伴随着与科学技术进步的互动。可以说，二者之间是一种协同演进的关系。

（一）马克思主义诞生的科学技术前提

1. 近代科学技术的革命性进展

随着资本主义生产方式的产生，在欧洲出现了航海探险、文艺复兴和宗教改革运动。这些经济和文化活动为近代科学技术的产生创造了良好的社会条件。16—17 世纪，一系列重大科学发现夯实了近代自然科学革命的基础；18 世纪是近代科学不断积累实验材料、快速发展的时期；19 世纪是近代科学全面繁荣的时代，初步建立了各门自然科学的理论体系；19 世纪末 20 世纪初，新的科学发现突破了近代科学范式的限制，自然科学开始进入现代发展时期。随着科学的突破性进展，技术领域也发生了一系列深刻的变革。从 18 世纪中期至 20 世纪初，欧洲历经蒸汽技术革命和电力技术革命，使钢铁冶炼、化工、内燃机等技术获得了长足的进步。

2. 近代科学技术为马克思主义的诞生提供了深广的土壤

马克思主义的诞生绝非偶然，它不仅是社会政治经济发展和人类思想发展的必然结果，也是近代科学技术革命的必然产物。近代科学技术革命的伟大成就为马克思主义的形成与发展提供了深广的前提和基础。

首先，从自然科学方面看，自然科学是现代"一切知识的基础"[①]。19 世纪自然科学的全面繁荣尤其是三大科学发现，即能量守恒与转化定律、细胞学说和生物进化论，为马克思主义的产生提供了科学前提。三大科学发现全面深刻地揭示了自然界发展的辩证性质，为辩证唯物主义哲学的诞生奠定了科学基础。

其次，从技术革新方面看，诚如马克思在《机器。自然力和科学的应用（蒸汽、电、机械的和化学的因素）》中所精辟论述的，科学技术的发展特别是机器

---

① 《马克思恩格斯文集》第 8 卷，人民出版社 2009 年版，第 358 页。

的运用加剧了资本主义生产方式的内在矛盾，为无产阶级革命奠定了社会和阶级的基础。

（二）当代科学技术发展推动马克思主义的发展

1. 现代科学技术对近代科学技术的超越

科学技术的发展在 20 世纪可谓波澜壮阔。相较于近代科学技术的发展，现代科学与技术发展规模宏大，涉及了科学技术的诸多重要领域，其深度、广度与速度都是近代科学技术发展所无法比拟的。人类的科学视野在微观上可以达到小于 10^{-18} 米（夸克尺度）以下的粒子，在宏观上理论上可达到约 930 亿光年（宇宙尺度），不仅已展现出无比奇妙的世界面貌与极其广阔的应用前景，同时也孕育着许多新科学的生长点。现代科学技术的发展，俨然成为一场新的科学技术革命。量子理论与相对论开启了现代科学革命的序幕；生物学的 DNA 双螺旋结构模型，地球科学的大陆漂移说与板块构造说，宇宙学的膨胀说与大爆炸理论以及信息科学的崛起；与此同时，在技术发明应用领域，材料技术、新能源技术、信息技术、生物技术、航天技术、海洋技术等日新月异。这样一场科学技术革命，突破了近代科学技术的世界图景，深刻地塑造着人类新的思维方式。

2. 现代科学技术发展为马克思主义提出新问题、新思路

现代科学技术发展为马克思主义提出的新问题、新思路，主要包括世界的图景问题、宇宙的有限与无限问题、现代脑科学的哲学意义问题、人工智能问题、人与自然关系问题、科学技术的二重性问题、脑力劳动与体力劳动概念内涵问题、生命科学中的伦理问题、未来社会建构途径问题，等等。换言之，在自然观上，现代科学诸多理论如耗散结构论、超循环论等，为自然界的辩证发展提供了丰富的素材；在历史观上，现代科学技术的发展给予社会未来发展以新的启迪；在方法论上，现代科学技术发展凸显出诸多崭新的方法论视角。这些疑难对马克思主义构成了一定的挑战，但也为马克思主义的未来发展开拓了广阔的天地，需要用马克思主义进行新的审视。

3. 马克思主义对现代科学技术发展的回应

马克思主义自身的诞生与发展都是建立在坚实的科学技术基础之上的，因此，对当代科学技术发展作出有力的回应是马克思主义的应有之义。

首先，是以积极、理性的态度对待现代科学技术的发展。马克思主义在总体上将科学技术看作是一种积极的社会力量，因此，面对现代科学技术的发展，要求人们采取积极的态度迎接新科学、新技术的突破性进展，不断地强化科学意识，尊重科学，提倡科学精神。其次，是为科学技术的研究提供世界观、认识论与方

法论的指引。马克思主义作为一门不断发展着的思想理论体系，一直为现代科学技术的发展揭示关于客观世界和人类思维的一般规律，提供科学的思维理论与方法。第三，是深化科技伦理道德问题的探讨。随着现代科学技术的高速发展，科学技术的异化问题更加凸显，科学技术伦理建设更加迫切，而马克思主义所彰显的人道主义精神以及对科学技术异化问题的批判，为规约现代科学技术发展提供了可贵的启示。

（三）马克思主义与科学技术的相互作用

1. 科学技术的发展是马克思主义形成与发展的前提

首先，科学技术的发展不断地向马克思主义提出新问题与新要求，从而促使马克思主义不断向前发展。任何一项突破性的科学发现或技术发明，都是对自然新规律的揭示，马克思主义必须在积极回应前沿问题的过程中，动态地达到与科学技术发展相适应的状态。其次，科学技术的发展也为马克思主义的进一步发展提供了新的世界观和认识论素材，从而为马克思主义的深入发展开拓领地。最后，科学技术发展中凸显的方法与手段，也是马克思主义方法论形成与发展的重要认识工具。

2. 马克思主义作为科学的世界观与方法论为科学技术的发展提供指导

一方面，马克思主义哲学承认自然界的物质性和自然规律的客观性，承认自然界万事万物、一切现象和全部过程之间的普遍联系与发展变化等，这为自然科学研究活动提供了正确的世界观。另一方面，马克思主义关于人类思维一般规律的研究，关于从感性认识上升到理性认识、从理性认识上升到革命实践的思想，也为自然科学和技术提供了思想方法的指导。再一方面，马克思主义对于人类命运的探索，使得自然科学在价值旨归上遵循"以人为本"的根本路线，并且自觉保持对自身发展的审慎态度。

马克思主义的中国化成就为科技进步开辟了道路。正是科学技术是第一生产力的基本原理，尊重知识、尊重人才的基本政策，信息化带动工业化的基本决策，科学发展观的基本理念，通过"制度创新"大力推动"科技创新"的基本路径，引领我国科技迅速赶超世界先进水平。特别是习近平新时代中国特色社会主义思想，为我国尽快实现从科技大国到科技强国的转变提供了理论和政策保证。

二、马克思主义科学技术观

科学技术观就是关于科学技术的本质、规律的总看法、总观点。马克思主义科学技术观是以马克思主义的观点和方法对科学技术的本质、特征、发展规律及其社会功能的系统概括和总结，涵盖了马克思主义理论体系演进过程中所涉及的一系列有关科学技术的观点。

（一）马克思主义科学技术观的形成与发展

1. 马克思的奠基

马克思一生著作丰富，几乎涉及了当时人类知识的全部领域。而他所处的时代也是科学技术高速发展的时代，因此马克思对科学技术的发展给予了密切的关注。早在《1844 年经济学哲学手稿》中，马克思就开始了对科学技术的哲学审视，认为技术是人与自然的中介。随着对科学技术认知的深入，马克思对科学技术的论述更加丰富。为了撰写《资本论》，他阅读了大量关于工艺史的著述，如尤尔《技术词典》、贝克曼《论发明史》等，并作了详细的摘要，特别是基于唯物史观的立场进行了分析，这为马克思主义科学技术观的形成奠定了基础。

2. 恩格斯的系统化

作为马克思的革命战友与追随者，恩格斯也密切关注当时科学技术的发展，为马克思主义科学技术观的系统化做出了巨大贡献。这主要体现在《英国状况——十八世纪》对英国工业革命的详细分析、《反杜林论》对当时自然科学成就的概括总结以及《自然辩证法》对科学技术思想的系统阐述中。此外，还有《政治经济学批判大纲》《英国工人阶级状况》等。总之，恩格斯对科学的分类、科学技术的本质、科学技术的功能等进行了诸多的阐述，使马克思主义科学技术观得到较系统的论述。

3. 马克思主义科学技术观的发展和完善

自马克思、恩格斯之后，随着科学技术获得的新发展，广大马克思主义者对科学技术在思想上有了更多的认识，从而完善并发展了马克思主义科学技术观。这种发展与完善主要包括列宁、毛泽东的科学技术思想以及中国特色社会主义理论体系中的科学技术思想。这些都是随着时代的发展变化而逐渐丰富起来的，是对科学技术发展新成就的新认识。

（二）马克思主义论科学技术的本质与功能

1. 关于科学技术的本质及其关系

早在 19 世纪中叶，马克思、恩格斯就运用唯物史观的基本原理和方法，全面地分析了近代资本主义工业生产与科学技术的关系，对科学技术的本质做出了非常深刻的论述。

马克思认为：“科学是一种在历史上起推动作用的、革命的力量。”[①] 科学和技术

---

① 《马克思恩格斯文集》第 3 卷，人民出版社 2009 年版，第 602 页。

的关系，是辩证统一的整体关系。一方面，科学与技术互为前提，"科学日益被自觉地应用于技术方面"①，反之，生产实践中的技术方法也为科学原理的形成提供了基础。另一方面，科学与技术相互作用，互为动力，所以"技术在很大程度上依赖于科学状况，那么，科学则在更大得多的程度上依赖于技术的状况和需要"②。

2. 关于科学技术的社会功能

马克思主义历来密切关注科学技术对社会各个领域的巨大作用，并从科学技术推动生产力变革的角度论述了科学技术的社会功能。马克思在分析资本主义生产时明确指出，"生产力中也包括科学"③。科学技术作为一种生产力，已然渗透并参与到生产实践的全过程，由此从潜在形式的生产力转化为现实的、直接的生产力。在生产力的诸构成要素中，都可以渗透科学技术的因素，科学技术知识可以转化为劳动者的技能，科学技术可以应用于生产工具的变革，科学技术的发展扩大了劳动对象的范围以及科学技术为生产管理的科学化提供了手段。此外，科学技术的发展对社会成员的生活方式以及整个社会的风俗面貌都具有非常大的影响，有助于提升社会成员的智力水平、革新人们的思维方式。

3. 科学技术的异化及影响

诚然，基于自身成熟的原则立场，马克思主义在凸显科学技术的正向社会功能的同时，也深刻地剖析了科学技术的异化问题，即科技在资本主义机制中被扭曲为一种非人性的力量，这是马克思主义科学技术观中最为深刻的思想之一。主要内容包括：

首先，科学技术与人自身的异化。科学技术的发展使劳动者承受着高强度的体力劳动，引发了劳动者内心压抑、心灵空虚以及价值感缺失等问题。

其次，科学技术与自然的异化。在古代，自然是作为本体存在的。但是，资本主义的生产方式为了在短时期内获取更多的剩余价值，不惜采取一切科学技术的手段，拼命榨取生态资源并排放大量废物，以至于造成生态失衡、环境恶化、自然贬损。

最后，科学技术与社会的异化。与科学技术发展相伴随的是其应用的社会风险加剧，使得人类的未来越来越充满不确定性。

总之，在资本主义制度下，科学技术发展催生了一种畸形的"单向度的人"

---

① 《马克思恩格斯文集》第 5 卷，人民出版社 2009 年版，第 874 页。
② 《马克思恩格斯文集》第 10 卷，人民出版社 2009 年版，第 668 页。
③ 《马克思恩格斯文集》第 8 卷，人民出版社 2009 年版，第 188 页。

出现，所以马克思曾感叹："技术的胜利，似乎是以道德的败坏为代价换来的。"①

（三）马克思主义科学技术发展观

马克思主义的历史观是发展的历史观，而科学技术发展正是人类历史发展的一部分或侧面。

1. 科学技术的发展源于生产的需要

基于唯物史观，马克思主义对科学技术与社会生产的关系进行了深刻的剖析。它指出生产实践活动是人类的本性需求，而社会生产与经济发展的需要是科学技术发展的动力和条件。马克思曾指出农业灌溉、城市工业建设促进了力学的产生；农牧业生产为了掌握天气变化、确定播种季节而促进了天文学的产生。在《资本论》中，马克思还谈到埃及天文学源自人们计算尼罗河水涨落期的需要。而恩格斯也曾通过一系列事实证据论述了科学技术发展对于生产需要的依赖，认为"科学的产生和发展一开始就是由生产决定的"②，"社会一旦有技术上的需要，这种需要就会比十所大学更能把科学推向前进"③，所以，在经历中世纪的缓慢停滞之后，科学以惊人的高速发展起来的奇迹也必须归功于生产。④

2. 意识形态对科学技术发展的影响

哲学、宗教、道德等意识形态对科学技术的发展有着重要的影响。"意识形态与科学技术之间的关系问题，无论是对意识形态概念的发展史来说，还是对科学技术的发展史来说，都是无法回避的。"⑤ 例如，哲学思维对科学技术发展有着显著的影响。马克思主义认为，科学技术的研究需要正确的世界观与方法论的指导，所以"不管自然科学家采取什么样的态度，他们还是得受哲学的支配"⑥。譬如 17 世纪英国和 18 世纪法国的唯物主义思潮，就为促进近代欧洲自然科学技术的发展提供了崭新的世界观与方法论。再如，作为文化的重要形式之一，宗教对科学技术的发展也产生了深刻的影响。在《自然辩证法》与《反杜林论》中，恩格斯指出腐朽没落的中世纪宗教神学阻碍了科学的发展，而宗教改革则为近代科学技术的发展创造了条件。此外，社会的道德伦理风尚、传统的社会文化以及现实的政

---

① 《马克思恩格斯文集》第 2 卷，人民出版社 2009 年版，第 580 页。
② 《马克思恩格斯文集》第 9 卷，人民出版社 2009 年版，第 427 页。
③ 《马克思恩格斯文集》第 10 卷，人民出版社 2009 年版，第 668 页。
④ 参见《马克思恩格斯文集》第 9 卷，人民出版社 2009 年版，第 427 页。
⑤ 俞吾金：《从意识形态的科学性到科学技术的意识形态性》，《马克思主义与现实》2007 年第 3 期，第 14 页。
⑥ 《马克思恩格斯全集》第 20 卷，人民出版社 1971 年版，第 552 页。

治政策等也对科学技术发展具有一定的影响。

3. 科学技术发展遵循量变与质变规律

基于对人类科学技术发展史的洞察，马克思主义总结出了科学技术发展的量变与质变规律。换言之，科学技术的发展是人类在不断的生产实践中累积而成的结果，是人类历史文明的共同结晶。后人往往通过学习、继承前辈取得的成果，在新的实践基础上将科学技术推向前进。在《自然辩证法》《反杜林论》等论著中，恩格斯基于对自然科学技术史的整理及对其主要发展阶段的概括，指出了自然科学的发展需要一个长时期的观察累积（量变）过程；而当积累达到一定程度时，对自然规律的总体看法就会逐渐形成，即孕育着科学技术发展的质变。

三、马克思主义指导科学技术哲学的研究

实践证明，中国科学技术哲学的健康发展，有许多重要条件，但最关键的一条是离不开马克思主义的指导。这是马克思主义的科学性决定的，也和科学技术哲学的历史渊源有关。

（一）马克思主义的科学性

马克思主义坚持辩证法而"不崇拜任何东西，按其本质来说，它是批判的和革命的"[①]。这体现了科学原则被提升为马克思主义的一种内在的精神或品格。从马克思主义的三大组成部分来看，马克思主义哲学是科学的世界观与方法论，马克思主义政治经济学是对资本主义社会经济秩序进行剖析的科学理论，科学社会主义是基于对人类社会发展规律的洞察而提出的理论。鉴于对近代科学技术发展态势的认识，马克思主义在总体上秉持科学技术乐观主义的态度，将科学技术看作趋向未来社会的革命性的力量。自然科学的精神被植入对社会形态发展的预测分析。

科学技术哲学与马克思主义哲学的关系尤其密切，它们都是哲学形态，但是，科学技术哲学研究需要马克思主义哲学的指导。

1. 马克思主义哲学是在科学技术革命基础上发展的

马克思主义哲学是在近现代科学技术革命的基础上形成并随着科学技术的进步而丰富发展的。

马克思主义哲学坚持科学的立场和方法论，高扬科学精神，在实践中以实事求是为原则，从客观存在的实际出发，从中找到其固有的规律，作为自身的行动指南。把握规律性，富于创造性，不断开拓创新，是马克思主义哲学的理论品质。

---

① 《马克思恩格斯文集》第 5 卷，人民出版社 2009 年版，第 22 页。

科学技术是人类社会进程中的重要现象，科学技术哲学与马克思主义哲学都关注科学技术的发展与问题。

对于科学技术哲学而言，科学技术是其分析把握的对象，它试图对科学技术的性质、发展规律、社会功能及其与社会的互动关系作出哲学的分析和把握。这种分析立足哲学学科自身，试图按照科学原则客观地进行哲学的审视。对于马克思主义哲学而言，上述工作固然重要，但关键是立足马克思主义的原则立场，坚持唯物主义辩证法与唯物主义历史观，来对科学技术现象进行深入剖析。

以马克思主义哲学原则立场来把握人类社会的几乎全部领域，坚持科学的世界观，具有普遍观照的性质，几乎涵盖了人类思想领域的全部领地。正是这种性质，使得马克思主义哲学不断关照科学技术哲学，也使中国科学技术哲学的前身——自然辩证法被看作马克思主义哲学原理在自然界和科学研究中的运用。由此，自然辩证法成为马克思主义哲学的一个有机组成部分。一般而言，在我国学科建设的传统上，自然辩证法被纳入马克思主义理论的整体建设中，成为马克思主义理论的一个有机部分。

2. 科学技术哲学与自然辩证法

在人类整个知识体系中，哲学是一个极其特殊的门类。按照现今的理解，它既是一个学科门，又是其中的一级学科。在当下中国的学科建制中，科学技术哲学属于哲学的二级学科，属于哲学学科下的一个分支专业课程。

在马克思主义哲学体系中，自然辩证法与历史辩证法、思维辩证法一样，同属于唯物辩证法的二级范畴。在广义上，它是关于自然界的辩证法，是唯物辩证法在自然界中的具体化；在狭义上，它是科学技术的辩证法，是马克思主义对科学技术研究方法以及发展规律的哲学思考。另外，在学科内涵上，它涵盖了自然的一般规律，具有较强的本体论性质及"自然哲学"属性。

科学技术哲学的学科范围主要涉及自然科学和技术的认识论、方法论、价值论、历史观、社会观、文化观，属于哲学一个专业部门。它是一门典型的交叉学科，或者说具有明显的交叉学科性质。

自然辩证法与科学技术哲学之间有着不可忽视的承续关系。事实上，无论是科学技术哲学还是自然辩证法，与其他门类的哲学学科相比，都与自然科学有更密切的联系，都直接关注对自然界的认知、科学技术的本质、自然科学研究的方法论以及科学技术与社会的互动关系等问题。虽然科学技术哲学更具国际性的哲学分支学科的色彩，在研究内容、研究对象以及学科属性上有所改变，但科学技术哲学十分珍惜自然辩证法传统。自然辩证法是马克思主义的重要组成部分，具有重要的理论意义和现实价值。

(二) 加强马克思主义哲学对科学技术哲学研究的指导

1. 加强马克思主义哲学指导的必要性

中国的科学技术哲学有一大部分内容源自对自然辩证法的继承与发展。加强和推动马克思主义对科学技术哲学的指导是非常必要的。这有利于科学技术哲学学科从马克思主义哲学中汲取世界观与方法论的思想资源，从而推动科学技术哲学自身更好的发展；反之，科学技术哲学探究的专业进展，将加深对科学技术现象本质的深刻把握，为马克思主义的发展提供新思路、开辟新领域。

2. 加强马克思主义指导的基本途径

首先是要以马克思主义的立场和观点反思科学技术哲学。马克思主义哲学的世界观与方法论是整体性的，不同于科学技术哲学的专业特性。马克思主义哲学所具有的理论品格与特性对科学技术哲学发展具有启发性和指导性。

其次是要以科学技术哲学对具体科学技术现象的哲学思考为切入，主动为马克思主义的进一步发展提供思想材料或理论素材，努力使之更加密切地适应并反映科学技术的前沿进展，从而使马克思主义的指导更具针对性和有效性。

再次是在具体的探究领域，关注和寻找马克思主义与科学技术哲学的互补性，祈盼两者共同推动对科学技术现象更为全面的把握。

总之，科学技术哲学在某种意义上是具体自然科学与马克思主义之间的桥梁和过渡环节，应该自觉加强马克思主义的思想指导。

小　结

科学技术哲学是一门哲学学科，主要包括科学哲学、技术哲学和科学技术与社会研究，是关于科学、技术的哲学反思以及关于科学技术与社会的哲学反思。在新的历史时期，科学哲学呈现出历史主义、建构主义和自然主义的倾向，技术哲学呈现出经验转向，科学技术与社会研究呈现出社会学的、实践的和文化的倾向。由于当下科学的技术化、技术的科学化、科学技术一体化趋势越来越强，科学技术常常被作为一个整体对象来展开哲学研究。

追溯历史，科学技术与哲学是紧密关联的。中国科学技术哲学学科建制性发展始于自然辩证法在中国的传播与发展，成熟于20世纪80年代改革开放后，是中国社会发展新思维的重要提供者和变革参与者。迄今，科学技术哲学已成为对中国当代社会与思想影响深远的学科。

现代科学技术迅猛发展，深刻改变着人类生活，也提出了诸多哲学问题，需要科学家和哲学家共同面对。对科学前沿的哲学问题，例如物理学、生命科学、人工智能发展的哲学问题，进行反思和深入研究，是科学技术哲学的重要任务。

科学技术哲学在中国的发展与马克思主义紧密相关：一方面，马克思主义与科学技术之间密切互动，形成了马克思主义科学技术观；另一方面，科学技术哲学与马克思主义哲学、自然辩证法不仅在历史演进上有共同渊源，而且在现实发展中也有许多交叉。正确把握科学技术哲学与马克思主义的关系，加强马克思主义科学技术观对科学技术哲学的指导，是十分重要的。

思考题：

1. 科学技术哲学研究的主要内容是什么？

2. 科学技术哲学是如何演化的？

3. 学习科学技术哲学有何意义？

4. 科学技术前沿中的哲学问题有哪些？

5. 简要陈述马克思主义科技观的基本内容。

第一章　科学的实验基础与逻辑结构

科学活动是一种特殊的人类活动，科学研究离不开科学实验和科学理论。本章主要论述科学与非科学划界、科学认识的实验基础以及科学理论的逻辑结构与功能等问题。

第一节　科学与非科学的划界

科学与非科学的划界不仅可以揭示科学的本质，回答"科学是什么"的问题，而且可以厘清宗教、神话、巫术与科学的复杂关系，探讨科学的本质、含义、性质与特征，对于整体把握科学形态、掌握科学发展规律具有重要意义。

一、科学、非科学与伪科学

（一）科学的涵义和本质属性

"科学"一词的英文表达"science"来自于拉丁文的"scientia"，原意是"知识"与"学问"，后来多指关于自然的学问。日本明治时期启蒙思想家西周将"science"翻译为"科学"，意为分门别类的学问。至19世纪末，严复、康有为、梁启超等人首先向中国知识界引入"科学"一词。此后，"科学"一词开始在中国广泛使用，逐渐成为汉语中含义丰富的常用语。

科学视语境不同，有广义和狭义之分。广义的科学泛指分门别类的知识系统，包括自然科学、社会科学和人文学科。狭义的科学专指各门自然科学，有时也单指与应用科学有别的从事基础理论研究的纯科学。

现代科学的发展正如贝尔纳所言，在不同时期、不同场合，科学的表现和意义各不相同，可以具有不同形相和不同品格。一般而言，首先，科学是反映客观事实和规律的知识体系。科学史家丹皮尔认为，"科学可以说是关于自然现象的有条理的知识，可以说是对于表达自然现象的各种概念之间的关系的理性研究"[1]。科学不仅是逻辑化、系统化的实证知识，而且各个知识单元依照内在的逻辑关系

---

[1] ［英］W. C. 丹皮尔：《科学史——及其与哲学和宗教的关系》，李珩译，张今校，商务印书馆1975年版，第9页。

呈现为完整的、揭示规律的知识体系。

其次，科学是一种生产知识的社会性、专业性、创造性的实践活动。科学表现为由专业人士依据特定方法，遵循一定规则去发现科学事实，揭示客观规律的专门性活动，是一种重要的、从事精神产品生产的社会劳动，其产品是科学概念、科学定律、科学理论和科学体系。与其他社会劳动相比，科学是将已有的科学知识和智力资源高度集中的脑力劳动和不断超越前人智力成就的创造性劳动。

最后，科学是一种社会建制，成为现代社会的重要组成部分。科学活动的规模随着科学的进步和社会的发展逐渐扩大，由个别学者从事的个体性的自由探讨的"小科学"转变为国家建制的与经济、社会和文化发展高度协同的"大科学"。

在这些不同的科学形相中，科学知识系统尤为重要。科学作为一种认识活动，与其他知识体系相比，具有特殊的认识手段和认识方法，科学知识的本质属性包括以下几点：

1. 客观性与真理性

科学知识所包含的定律和原理反映的是不以人的主观意志为转移的客观规律，能够经得起实践的反复检验。所有的科学知识都不承认超自然的神秘因素，坚持在物质世界之中寻求关于物质世界的解释，真实地反映物理世界中的事物、过程和规律。需要注意的是，不要教条化理解科学知识的客观性，因为任何客观的科学知识都是科学认识活动的结果，不可避免地具有主观性的影响。

2. 实证性与可检验性

科学理论包含大量确定、具体的命题，必须以实验事实为基础，必须立足于由定量受控的实验所提供的材料和数据，并经得起逻辑的评价和科学实验的严格的重复检验。实验检验的结果，决定了科学理论在科学体系中是被保留、被修正还是被淘汰。科学的实证性与可检验性，既有助于确立科学的划界标准，也保证了科学的客观性与真理性。

3. 逻辑性与系统性

科学所表达的经验事实，要在逻辑框架中经过理性概括，并以严整的逻辑结构进行表达，形成体系化的知识。科学知识既包括以定律、定理来表述的核心理论，也包含以假说和推论来表述的解释性知识。一个成熟的科学体系，应该是一个遵循逻辑规则的、演绎的或者类演绎的命题系统，而零散知识、混乱观念和庞杂材料的堆积是与科学的要求背道而驰的。

（二）科学、非科学与伪科学

通过对科学的内涵和本质属性的分析，可以看出，从理论上而言科学是一个多面体，具有多义性，必须用广泛的阐明性的叙述来作为表达方法，才能获得关于科学的较为完整的界定。时至今日，科学作为一种文化形态的观念深入人心，科学和人们的生活方式融为一体，也引发了人们对于科学、非科学和伪科学关系的争论。

科学的起源和发展的历史表明，有很多非科学知识在人类文明史中不仅先于科学出现，而且和科学的发展关系密切。这些非科学包括宗教、艺术、哲学、道德和各种无法纳入科学经验范围的知识，它们不具备可检验性和精确性，无法运用自然科学方法进行检验或评价，但它们对科学的发展在具体条件之下有一定的推动或制约作用。可以说，科学以外的知识领域都属于非科学的范围，因此非科学包括的内容很广。但非科学不能被科学加以解释和说明，并不意味着这部分内容就丧失了现实存在的合理性。科学与非科学的划分，只是标示了两类不同性质的知识，不具有好坏的价值判断效力，因此不必用科学去否定非科学，也不必刻意为非科学寻求科学的解释，更不能简单地否定非科学。

伪科学则是一种常见的、和科学有本质区别的社会现象，又称为假科学，是非科学的一种变异形式。它往往是某些人出于特殊的理由，把没有科学根据的非科学伪装成科学，以达到欺骗大众、蛊惑人心、为个人博取名利或为小集团牟取利益等其他不可告人的目的。伪科学产生的时间是在现代意义上的科学产生并发展起来以后。"真科学还没有发展起来时，迷信就是迷信，行骗就是行骗，没有装扮成科学的必要与可能。"[①] 从伪科学产生和存在的空间来看，虽然科学的发展在一定程度上可以遏制伪科学的蔓延，但在科学较为发达的国家和地区，伪科学依然可以表现得很活跃，所以伪科学是一个世界性的社会文化现象。

科学与伪科学有着原则上的区别和对立，可以从以下几个方面来把握：

第一，科学是求真的活动，力图建立具有普遍必然性的真知识，从研究对象到研究内容都具有客观性；而伪科学的内容多为主观臆造之物，无法正确反映客观世界的规律，没有也不会体现客观性。

第二，科学能被实践检验，实验过程具有可重复性，揭示的规律具有可重复性。实践是科学的来源，也是科学的检验标准，这种检验是证实和证伪的辩证统一。伪科学则缺乏系统观察的支持和违背客观规律，其论证过程、举证方式和所谓"理论"表达，无法经受实践的检验，不具有可重复性。

第三，科学是理性原则和经验证据高度整合的具有逻辑性的系统知识。数学

---

① 于光远：《中国的科学技术哲学——自然辩证法》，科学出版社 2013 年版，第 157 页。

在科学中的应用十分普遍，理论内部具有逻辑的自洽性，且能够接受批判，不断自我完善。而伪科学往往与已有的科学公理和定理明显抵触，不遵循逻辑规则，在其内部逻辑矛盾层出不穷，在关键问题上诉诸权威，抗拒批判且经不起科学的反驳。

可见，"非科学是一个包括从各种技艺到形而上学的庞大集合。如果非科学集的某个元素标榜自己是科学，那就是伪科学"。① 非科学可以和科学共存，但伪装成科学的非科学只会阻碍科学的发展。"对伪科学，本质上不是与之争论正确或者错误的问题，不是'百家争鸣'的问题，而是揭露其欺骗性的问题。"② 非科学和伪科学的兴起和传播状况，可以反映社会文化发展的健康程度，伪科学的泛滥会对社会的进步和科学的发展带来严重危害。在科学普及程度较低、文化较为落后的国家和地区，伪科学流行的可能性更大，而且有可能与迷信相结合，被邪教利用。在当代，深入普及科学观念，广泛传播科学知识，明确科学划界的标准，揭露和清除伪科学，也应该是科学活动的重要组成部分。

（三）证实与证伪

可检验性是区分科学与非科学的关键。可检验性意味着，科学实验是科学最基本的实践活动，实验方法是科学最重要的方法。实验为科学假说经过检验上升为科学理论提供了可靠的途径，也为衡量科学理论的发展提供了基本模式。但在实验检验的过程中，经验主义和理性主义的矛盾依然存在。科学理论都是具有普遍性的全称命题，经验事实只能提供特殊的单称命题，两类命题如何能通过归纳法的运用确保科学知识的普遍有效性？围绕这一疑难，形成了证实与证伪的不同看法。

1. 可证实性

实证主义创始人孔德认为人类知识的发展必然走向科学阶段，科学性的保障就在于摒弃神学和形而上学解释，代之以经验事实的证明，真理性就意味着经验的证实。然而，这一要求在科学实践中不可能实现，正如恩格斯所言："单凭观察所得的经验，是决不能充分证明必然性的。"③ 之后，逻辑实证主义对古典的证实观念进行了修正。石里克秉承了休谟关于两类命题划分的思想，认为命题的意义就在于其证实方法，而完全的证实是不可能的，所以应将证实转化为包括逻辑证实和经验证实在内的证实的可能性，即可证实性。在逻辑实证主义后来的发展中，

① 陈健：《科学划界——论科学与非科学及伪科学的区分》，东方出版社1997年版，第1页。
② 于光远：《中国的科学技术哲学——自然辩证法》，科学出版社2013年版，第160页。
③ 《马克思恩格斯文集》第9卷，人民出版社2009年版，第484页。

证实原则逐渐放宽。

从证实的观点出发，科学知识来源于经验，虽然在命题的推演中需要数学和逻辑，但只有通过经验证实才能保证理论的真理性，因此科学的进步就表现在证实过程中科学理论的累积。从实际情况来看，有限的观察陈述永远无法为理论命题提供足够的证据和充分的支持，因而证实总是具体表现为与概率相关的确证，一个理论的确证程度和它得到观察陈述支持的概率成正比，涉及对于确证的归纳概率的计算。

2. 可证伪性

针对证实性原则，波普尔①提出了自己的证伪主义理论。他把休谟对归纳法的批判加以推进，认为观察经验的重复无助于科学理论的建立和科学定律的发现，归纳法也无法提供高概率的真实性理论。科学理论不应该只是简单地重复前人的学说，而应充满超越常识的大胆猜测。因此，归纳法对科学发现并非必要，对归纳法的盲目信赖只是由于人们为了安全感而寻求知识基础以构筑可确信的知识。波普尔也看到了单称命题之真不能通过归纳逻辑传递到全称命题这一困难，但他从两类命题的逻辑关系的不对称性出发，提出了极具逆向思维色彩的观点：既然全称命题不能完全从单称命题中推导出来，那么理论在经验中是不可完全证实的，但理论却是可以证伪的。因为，只要有一个单称命题是错误的，就必然可以推出全称命题是错误的。这就是波普尔提出的证伪原则。

波普尔的证伪主义理论一经提出就引起很大争论，他在回应过程中也对自己的观点做出了调整。波普尔最初的观点被称为独断证伪主义，是指经验能够证伪理论，经验观察是检验理论的标准，一个被证伪的命题应该遭到无条件的抗拒。批评的意见集中于以下方面：（1）没有中性的观察，科学研究中的任何观察都预设或渗透着某种理论，无法仅由经验来证伪一个命题；（2）一个命题因为得不到完全的证实就代之以证伪，这并非科学研究实际所遵循的逻辑；（3）一个命题并不孤立，往往处于一个理论体系中，并不会轻易被经验事例证伪。后来，波普尔承认经验并非理论的可靠基础，所以科学发现的过程是大胆猜测并提出假说，通过试错法激发更多新假说而非确立终极真理，因此演绎法是科学研究的基本方法，这被称为方法论证伪主义。这种充满风险的猜测与反驳交替的不确定的证伪过程，被批评者视为一场没有胜利希望的游戏。科学实践表明，不能被证伪的自然定律

---

① 波普尔（1902—1994），出生于奥地利，后加入英国籍，被誉为20世纪最伟大的哲学家之一。代表作有《研究的逻辑》（1934）、《开放社会及其敌人》（1945）、《历史决定论的贫困》（1957）、《科学发现的逻辑》（1959）、《猜想与反驳——科学知识的增长》（1963）等。

常常被作为公理使用。科学家更倾向于寻求自己假说的证实，即使遇到反例，往往并不会轻易放弃被证伪的假说。需要注意的是，不论证实还是证伪，都不是绝对的。

二、划界的标准及其变化

科学划界问题是科学哲学的基本问题之一。为了寻求具有普遍必然性的真理性知识，在不同的认识能力之间做出区分并将知识归类，是西方哲学发展过程中经久不衰的话题，也是科学划界问题的思想根源。在科学哲学内部，划界问题具有重要意义，虽然有人反对科学划界，主张消解或取消科学划界，但主流的观点依然赞成划界。20 世纪以来，科学划界标准的争论形成了几种有代表性的观点，主要包括：逻辑经验主义标准、批判理性主义标准、历史主义标准、消解论和多元论标准。

（一）一元论的划界标准

逻辑经验主义和批判理性主义在科学划界问题上看似分歧很大，实际上二者都主张一个绝对的逻辑标准，都是从科学知识内部来确立划界。所以，这两种划界标准又称为逻辑主义的划界标准。

逻辑经验主义认为，如果一个命题能通过逻辑演绎和经验观察加以证明，那这一命题就是有意义的、科学的；反之，如果一个命题原则上不能被经验证实，则这一命题就是无意义的、非科学的。在逻辑经验主义看来，意义标准与证实原则是紧密联系在一起的。意义标准也是划界标准。符合意义或划界标准的科学知识是由可还原为直接经验记录的命题构成的。根据这种标准，科学的知识是纯粹的、客观的、合逻辑的和清晰的知识，这种知识不会因为心理的、历史的和文化的成分的介入而受到干扰。这种知识的范本是经典物理学。

波普尔认为证实标准把意义问题放在首位来考虑，实际上并没有真正触及认识的科学性，因为判断真假的和意义的有无并非同一个问题，同时经验意义上的证实对于具有全称命题形式的科学理论而言是无法达成的。

波普尔注意到，只要人们愿意，任何理论都很容易确证，而对一个理论真正的确证在于出现和该理论不相容的事件，即一个可以反驳这个理论的事件。一种理论不容许的事情越多，这种理论就越好。这样不可反驳性就成为一个理论的短处，力图驳倒或证伪一个理论才是对该理论的真正检验。确证反而变成了不成功的证伪。被证伪的理论如果执意用特设性假说来拯救自己，只能使该理论的科学性进一步丧失。为此，波普尔这样来表述他关于科学划界标准的核心意思："衡量一种理论的科学地位的标准是它的可证伪性或可反驳性或可检验性。"①

这一划界标准的困境在于，在某些关键的问题上，它落到了和自己的批判对象同样的境地。既然完全地证实一个命题而将其归于科学是不可能的，完全的证伪也不可能，即使出现了和假说相抵触的经验事实，这个假说及其所在的整个体系也不会被弃之不顾。

（二）历史主义的划界标准

20 世纪中期以后，科学哲学中的历史主义学派兴起。历史主义认为，保证科学活动展开的是一系列社会历史条件及相关心理因素，而非一种并不存在的统一的方法论或逻辑。这一派的代表人物库恩认为，范式就是科学的划界标准。"范式"（Paradigm）概念指的是科学共同体成员普遍接受的一整套公认的假说、定律、准则、方法、手段的总和，不同的范式能够标示科学发展的不同阶段。科学的特征就在于形成了固定的范式，从而每个科学家都可以在范式的指导下进行积累性的科学活动。而非科学则与此相反，它们不存在统一的范式，难以形成公认的基本原理和研究方法。但科学与非科学的区分仅仅在常规科学时期是有效的，在科学革命时期，科学与非科学一样缺乏统一的范式，每一个理论家都不得不重新开始证明他自己独特的观点。因此科学与非科学的界限就是不稳定的。而且，库恩认为心理因素是科学家取舍范式的原因，正是科学共同体的共同信念确立了特定的范式，这样科学与非科学的划界就仅仅是基于非理性的原因而不是理性的逻辑标准。

拉卡托斯继承了波普尔的证伪理论，同时又不满于库恩的范式标准当中过于明显的非理性色彩，因此他提出精致证伪主义，以"科学研究纲领"作为科学划界的标准。科学研究纲领由硬核（核心的理论和概念）、保护带（辅助性假说）和方法论规则（正面启发法和反面启发法）构成。在他看来，科学的发展是由能积极回应挑战、预测新事实的进步研究纲领取代只能消极应付反常而无法预见新现象的退步研究纲领来达成的。从科学的历史来看，每一个科学研究纲领都经历产生、发展和退化的过程。在如何对科学研究纲领做出区分的问题上，拉卡托斯倾向于选择预见的强度，实际上把划界问题转换为科学评价问题，试图赋予划界标准某种具有历史价值的韧性。但是，拉卡托斯关于划界标准的设定具有很明显的滞后性，一个科学理论的生命力究竟如何，在这个理论没有退出科学的舞台之前，

---

① ［英］卡尔·波普尔：《猜想与反驳——科学知识的增长》，傅季重、纪树立、周昌忠等译，上海译文出版社 1986 年版，第 52 页。

依然无法给予明确判断。

（三）对划界标准的消解

历史主义的划界标准的最大影响，是将原本被忽视的社会、文化与心理因素所形成的历史情境，看作科学发展的决定性因素。这样一种判断的极端推进，是反对制定科学划界的标准，这就是关于科学划界标准的消解论。在消解论者看来，关于科学划界的一劳永逸的标准其实很难也根本建立不起来，没有任何标准能将科学和非科学加以严格区分，因此科学划界是个伪问题。费耶阿本德是这一派中最突出的代表人物，他把库恩提出的不可通约性发挥成"怎么都行"的无政府主义观点。费耶阿本德认为，科学无法也没有必要和其他文化形式相区别，也并不存在一种普遍、合理的科学方法。同时，科学范式之间也并无可比性，任何理论都不能被奉为真理，人们无法提出能体现科学本质的标准。很明显，费耶阿本德不认为科学有相对于其他文化形式的优越性，人们通常持有的与科学有关的进步与落后、内行与外行的判断也不可靠，科学只是一种并无特殊性的文化形式，应该限制其文化权威，因此科学划界并无意义。

在费耶阿本德之后，罗蒂、法因和劳丹也极力反对人为的科学划界，提出具有浓厚的反传统、反权威、反精英、反本质主义和反基础主义色彩的新理论，为根除科学对思想自由的所谓"禁锢"以及科学的特殊性各尽所能，体现了明显的非理性主义和相对主义的思想特征。他们的观点中虽然不乏合理的洞见，却最终断定科学划界既不可能也无意义，其理论的颠覆性胜于建设性，必须对其加以超越，进一步谋求科学划界标准的重建。

（四）科学划界标准的变化

科学划界消解论的极端倾向以一种后现代的态度而谋求各种文化形式的平等共存，这种努力却因为其割裂了科学的共性和个性从而与良好的初衷背道而驰。如果科学在迷信和伪科学面前也无任何权威可言，被贬损的就不仅仅是科学的价值。因此，不仅不应取消科学划界问题，还应该以更积极、更审慎的态度，更合理的、更全面的观点建立科学划界的标准。萨迦德和邦格的多元论主张就是在重建科学划界标准方面做出的有益尝试。实际上，多元论的划界标准已经把问题转换到如何辨明和防范伪科学的文化危害方面，从划界标准的内容来看，力图更为详细和全面地揭示科学所应具有的基本因素，而且也在科学内部要素的联系方面有更多结合文化实践状况的分析。特别值得注意的是，多元论的科学划界方法是把不同的知识形态置于一个划界模型中进行对照，在评判的环节让各种文化形式平等参与，再根据典型特征的比对一决真伪，显得更为公允。

　　自科学哲学产生以来，科学划界问题是科学哲学的最基本的问题之一。虽然统一的划界标准还未建立，但正如科学会无限逼近真理一样，科学划界的理论思考也力图不断呈现公认的科学划界标准。总体而言，正如科学本身在不断进步一样，科学划界的努力留下的是一条进步的轨迹。从绝对标准到相对标准，从一元标准到多元标准，从静态标准到动态标准，标志着划分科学、非科学和伪科学的探索在不断获得新的进展。尽管至今科学哲学仍然无法给出一个清晰的、没有分歧的、可操作的科学划界标准，但已基本达成了一些共识：科学划界标准应该是多元的、全面的，而不是一元的、片面的；科学划界标准是发展变化的，具有和历史发展关联的相对性，而不是静止、绝对的；科学划界标准应该是相对精确、客观、可操作的，而不是主观随意和空泛的；科学划界不仅应针对科学理论和科学知识，也应包括科学实践在内，考虑到科学的社会、政治和文化的方面。①

三、科学与宗教、神话、巫术

　　科学的复杂性决定了科学划界标准的复杂性。虽然不存在一个一元化的清晰标准，但科学作为一种知识形态和实践活动，一方面明显有别于其他社会意识形式和文化现象，另一方面也与其有着密切联系。科学在相当长的时期内，以哲学为母体，与宗教、神话、巫术保持着历史性的关联。经过文艺复兴和宗教改革时代思想解放和社会变化的推动，科学有了独立而完善的学科形态和日趋成熟的知识体系，并成为生产力发展的重要动因，和神话、巫术的距离变得越来越遥远，但与宗教依然保持长期共存和互动的关系。

　　（一）神话、巫术、宗教

　　如果要追问科学的起源，往往要回溯到距今年代久远的蒙昧时代。如丹皮尔指出："科学并不是在一片广阔而有利于健康的草原——愚昧的草原——上发芽成长的，而是一片有害的丛林——巫术和迷信的丛林——中发芽成长的，这片丛林一再地对知识的幼苗加以摧残，不让它成长。"② 这说明科学与宗教、神话和巫术有着一种根源性的关系。科学借助逻辑和实验，逐渐抛开了巫术和宗教关于神灵世界的假定和对超自然力的信仰，不断地增进对于客观规律的认识。

　　神话中既有对自然力的敬畏、赞颂和崇拜，又有企图通过驾驭自然力而超越

---

① David B. Resnik, A Pragmatic Approach to the Demarcation Problem, Studies in History and Philosophy of Science Part A, Vol. 31（2），2000, pp. 249—267.

② ［英］W. C. 丹皮尔：《科学史——及其与哲学和宗教的关系》，李珩译，张今校，商务印书馆 1975 年版，第 29 页。

自身有限性的神奇幻想。神话中朴素的自然观念对哲学和科学有着根源性的启发作用。神话是一种前科学的认识形态和解释系统，为科学提供了思维图式的原型和认识的方向。比如，古希腊神话把自然现象神化，神与人同形同性，自然特征突出，并且和人一样要受到命运的约束，这和科学中不可抗拒的规律性的观念具有一致性。又如，现代科学研究中有很多科学仪器和科学发现都以神话传说中的典故和人物命名，有很多神话传说中的愿望在科学中变成了现实，这正说明神话包含的朴素认识和科学的认识目标具有一致性。虽然可以在神话和科学之间，找到这些近似和相通之处，但是二者毕竟有别，神话的认知还达不到理性探索的层面，科学也并非由神话直接发展而来。科学发展的方向，恰恰是和神话对于自然力的夸张相反的。正如马克思所说："任何神话都是用想象和借助想象以征服自然力，支配自然力，把自然力加以形象化；因而，随着这些自然力实际上被支配，神话也就消失了。"[①] 现代科学的发展，使神话附加在自然力之上的神秘描述消散了，神话已经不必继续在经验世界占据一席之地，但科学依然能在神话中找到灵感，并能够对一些神话的情节做出合理解释。

　　从巫术得到较为系统的研究开始，由于其具有手段性和技巧性的特征而获得了可以和科学相联系的可能。泰勒将巫术看作系统化的伪科学的魔法，认为巫术是一种受限于物质条件和认识水平的被误以为真的观点体系。弗雷泽不仅认为巫术是较原始的宗教，而且认为巫术的基本概念与现代科学的基本概念有一致性，因为在巫术的使用中人们相信"在自然界一个事件总是必然地和不可避免地接着另一事件发生，并不需要任何神灵或人的干预。这样一来，它的基本概念就与现代科学的基本概念相一致了"[②]。但就其错误的联想和充满谬误的规则而言，只能算是"科学的假姐妹"[③]。马林诺夫斯基（又译马凌诺斯基）则认为："即使巫术确是包含在交感原则之中，及确受联想的支配，它和科学根本上还是两回事……巫术和科学形式上的相似是表面的，不是实在的。"[④] 在我们看来，巫术和科学的社会作用的确有表面的相似，但不能将二者混为一谈。在科学还未产生的时代，巫术和巫师的出现触发了脑力劳动和体力劳动的分离，能够让一部分人专门从事

---

① 《马克思恩格斯文集》第 8 卷，人民出版社 2009 年版，第 35 页。
② ［英］詹姆斯·乔治·弗雷泽：《金枝——巫术与宗教之研究》，徐育新、汪培基、张泽石译，汪培基校，大众文艺出版社 1998 年版，第 75 页。
③ ［英］詹姆斯·乔治·弗雷泽：《金枝——巫术与宗教之研究》，徐育新、汪培基、张泽石译，汪培基校，大众文艺出版社 1998 年版，第 76 页。
④ ［英］马凌诺斯基：《文化论》，费孝通译，华夏出版社 2002 年版，第 64 页。

知识探索和文化创造活动，为以后科学的出现和发展准备了初步的条件。科学产生和发展起来之后，巫术的思维方式中关于因果关系的错误理解及危害则暴露无遗，已经成为应该摒弃的迷信。

比起神话、巫术和科学的关系，宗教和科学的关系要更为复杂。首先，科学和宗教有本质区别。在科学和宗教的传统斗争中，科学相信一切都有自然的原因，不承认任何超自然的力量。宗教是非理性的信仰体系，崇拜超自然的神灵。科学的认识方法是立足于经验观察，进行逻辑推理，将理性和经验进行有机结合，提倡怀疑和批判精神，对知识不断更新。宗教的认识方法则是反对经验检验的信仰主义，宗教经典和教义被当作确定无疑的知识，其中包含绝对的天启真理，只认可信仰和皈依的认识渠道。其次，科学是在和宗教的斗争中不断发展的。以唯物主义自然观为基础的自然科学在每一领域的重大成就，都是对这一领域的超自然力量加以否定并把神和上帝从中驱逐的结果。在科学史上，近代天文学的发展和经典力学体系的建立对神学世界观的挑战，天体演化说和生物进化论对宗教创世说的否定，都说明科学和宗教在本质上不可调和。再次，科学和宗教的历史轨迹有不少重合之处，科学与宗教的相互作用具有多样性，并非只有对立和冲突。宗教的出现早于科学，为科学提供了某些观念的来源，也曾经为科学的发展创造了社会条件，比如，在宗教改革时期，清教精神对科学的研究有认可和鼓励的作用，赞颂和彰显造物主的伟大功绩甚至成为特定时代一些科学家投身科学研究的动机。但是，"宗教总的说来不理睬科学，漠视科学，它曾经激烈地反对科学。在科学终于不断取得胜利之后，宗教就不再一般地、公开反对科学，而是争取与科学共存，有时也利用一下某些科学成果。从根本上说，宗教是反科学的，常常反对对它不利的科学成果。"①。从人类文明发展趋势来看，人类理智的扩张和传统信仰之间的冲突还将继续，宗教与科学之间的战争，是僵化的神学观念对不断更新和变迁中的科学的抵抗。科学和宗教还将长期共存于人类文化的整体之中，但这并不表明科学和宗教的矛盾是可以完全调和的的。

（二）用科学反对和制止迷信

由于宗教、神话和巫术中具有的和科学观念对立的神秘主义因素，往往会成为滋生迷信和伪科学的温床，因而需要借助科学发展和科学普及，使人们免于迷信的、盲信的神秘主义和在社会道德层面上导致不良后果的信仰。

迷信涉及对自然和神秘现象的错误认知和所谓超自然现象，还包括对神秘事

---

① 于光远：《中国的科学技术哲学——自然辩证法》，科学出版社 2013 年版，第 157 页。

物、超自然力量的崇拜。出于贪婪、自私和追逐利益的原因，某些人会散布和鼓吹迷信。迷信代表了对理性主义观念的放弃，会动摇知识和文明的基础。虽然古人的很多观念都被迷信、传奇故事和民间传说蒙蔽，但迷信并不必然和较低的社会层次、教育层次联系在一起，"在20世纪晚期的美国，蒙昧主义和黑暗的力量并没有消亡，尽管它们从外表上看颇令人放心，例如，大多数美国人把技术视同巫术"①。被普及的科学和专业研究的科学，并不一定能驱散人们心中的神秘主义，甚至有些科学家也会陷入迷信的荒谬而不自知。迷信在一定时期甚嚣尘上的原因还在于它转变后的新形式，采取新形式的迷信在媒体中广泛传播，与科学主导的世界争夺地盘。媒体往往追求煽情的轰动效应，营造自我放纵的消费文化模式，对信息进行杂乱无章的切割和组合，致使蒙昧主义和孤立的事实、神秘的思想和传统的迷信被广泛容忍。

科学观念的演变是向前的，但是大众对科学观念的接受常常与科学的历史方向有出入。人们时常乐观地假设，如同在实验室里一样，在观念启蒙和科学普及中，科学反对迷信的战斗通过理性和自然主义的力量取得了胜利，迷信和神秘主义已被革除。事实上，迷信观念和迷信思想的持有者和实践者，会使非理性主义和神秘主义变成一种即时的存在。科学与迷信的对抗具有文化冲突的性质，同时也伴随着文化融合，这正说明进步性的文化革新与退步性的文化迟滞是并存的。

历史反复告诉我们，科学与迷信的斗争是不会停息的。在科学时代，要特别警惕那些打着科学旗号的迷信，必须仔细分辨，不要一听到以科学名义兜售的东西就相信。

要正确认识自然、社会和思维的客观规律，排除神对于世界的主宰的信念。破除历史和现实中与宗教、巫术和神话有关的迷信，还得依靠科学。近代自然科学的发展，曾造就了一个依照自然规律来创造世界的上帝，产生了理性启蒙的效应。科学在现代社会的发展，还将进一步强化人类意识中的理性倾向。对于古人而言，当一件事的发生超出他的知识范围时，他可能会将其归因于超自然力量。然而对于一个具有科学观念的现代人，他会变得不那么轻易相信超自然的原因，因为科学可以让他具备一种健康的怀疑主义态度，即没有证据就不予相信。要让这种态度普遍化，就要用科学来反对迷信，这也是科学活

---

① ［美］约翰·C·伯纳姆：《科学是怎样败给迷信的——美国的科学与卫生普及》，钮卫星译，上海科技教育出版社2006年版，第11页。

动的重要组成部分。

第二节　科学认识的实验基础

科学认识中存在着两种方式：第一种是首先提出问题，然后根据已有的理论和事实提出对该问题的假设性解决方案，接着再通过观察实验对其进行验证；第二种是在观察实验的数据的基础上，建立理论模型。无论是哪一种方式，实验在科学认识中都至关重要。因此，对观察和实验的考察是澄清科学认识机制的第一步。

一、从科学观察到科学实验

（一）科学观察

人们通过感官接受外部刺激，就形成了对外部世界的感觉。如果我们主动地、有选择地、带有某种目的地去获取这种感觉信息，这就是观察。观察可分为日常观察和科学观察。日常观察是人们在日常生活中对事物主动的感知和探究，它植根于生活世界，可以出于功利性的生计目的，也可以是单纯出于好奇。日常观察的结果就是个体对世界的经验，但这种经验总是不可避免地渗透了认知主体的情感、性格和素养因素，并且受制于认知主体所处的文化和社会语境的影响。总之，日常观察获得的经验总是带有个人的体验。因此，日常观察是易谬的，即容易受个体主观经验影响产生偏差，在很多情况下，与科学知识相悖。比如对日月运行的日常观察结论，就会被现代天文学反驳。科学观察起源于日常观察，但它尽可能地排除了认知主体的主观因素，也即排除个体的体验，而试图得到对客观世界的真实表征。科学观察的结果经过科学语言的叙述就是科学的事实描述，成为科学理论的基础。

科学观察可以分为直接观察和间接观察。直接观察主要是自然观察，科学研究者不借助特别的科学仪器，而是直接通过感觉获得第一手的观察资料。之所以说是自然观察，首先是因为观察的对象是在自然条件下发生的，其次是因为人们并不使用专门的科学仪器。间接观察是通过借助科学仪器来获得自然条件下不能获得的观察资料，比如借助天文望远镜，可以看到肉眼所不能看到的天文现象。当间接观察涉及对观察对象的测量时，就可以称之为观测，比如要测量某地的海拔高度的时候，通过地球遥感卫星，就可以得到精确的数据。

无论是直接观察还是间接观察，都主张不改变观察对象，不干预自然现象，不介入外部世界，观察只是向研究者呈现现象。由于排除了主体的影响，科学观察的结果通常被认为是对外部世界的客观呈现。但实际上，科学观察的客观性是有局限的。首先，科学观察的对象，常常会受到自然中的各种因素的干扰，最终会影响我们的认知结果；其次，科学观察实际上并非被动地反映对象，包括观察对象的选择、观察过程的设计、观察资料的陈述，都涉及认知主体先前获得的理论结构。因此，科学理论并非只是观察陈述的派生，相反，科学理论预先影响了观察的意义、目的，甚至手段。在科学哲学家汉森看来，一个科学家在实验中所看到的东西比普通人所见要丰富得多，因为两人所接受的知识是不同的。因此，即便只是纯粹地看，也是"一件'渗透着理论'的事情"。[①] 这就是观察渗透理论的论题，它经汉森总结后，已经获得了广泛的承认。

（二）科学实验

如果说在科学观察中，主体只是干预了观察过程本身，而并不干预对象的话，那么科学实验则是通过对观察对象的主动干预，以获得更加精确的观察资料。科学观察限于自然条件，所获得的观察数据极为有限，为了突破这种限制，获得更为全面的数据，就需要进一步干预或模拟自然，以获得我们所需要的现象。这样，纯粹的科学观察就不能满足这种要求了，必须诉诸科学实验。科学实验是这样一种研究手段，它为了达到某种研究目的，在研究者精心设计下，在人工设备中干预和控制研究对象，或人工模拟自然现象，并且尽可能地隔离外界可能会对实验系统产生干扰的因素，通过操纵、监控和记录实验系统的活动变化，最终获得在自然条件下不能观察到的数据。

科学实验相比科学观察具有不少的优点。首先，科学实验是在理想状态下研究自然，它明确了研究对象的边界条件，纯化了各种环境因素，让研究对象少受干扰；其次，科学实验可以控制实验对象的变化，以便于研究者对其进行充分和准确的观察，而自然现象在很多情况下变化太快或太慢，以至于难以观察；第三，实验通过制造极端状态和特殊条件，可以人工制造自然中难以存在的现象，对这些现象的观察可以极大地扩展科学事实的范围；最后，不少科学观察的对象一般稍纵即逝，难以重复，而科学实验则可以在特定的控制条件下让研究的现象反复出现，从而获得更加具有稳定性的观察结果。

---

① ［美］N. R. 汉森：《发现的模式——对科学的概念基础的探究》，邢新力、周沛译，邱仁宗校，中国国际广播出版社 1988 年版，第 22 页。

（三）观察与实验的联系

从日常观察到科学观察，再到科学实验，实际上都在不断对观察对象进行纯化和简化，排除不相关因素对观察过程的干扰，与此同时也在对外部对象施加控制和干预，以获得客观、精确和可靠的数据。具体而言，从日常观察到科学观察，我们排除了个人的一切主观偏见和情感因素，而依据严格的逻辑程序来表征研究对象；从直接科学观察到间接科学观察，我们排除了感觉器官的限制，借助精密的科学仪器来表征研究对象；从科学观察到科学实验，我们又进一步排除了自然因素对研究对象本身的干扰，通过人工控制或模拟自然现象，而获得更为精确的表征。这个过程也是科学世界逐步脱离生活世界，获得科学知识的确定性和严格性的过程。

然而，科学实验并不能完全取代科学观察，科学观察也不能取代日常观察。科学实验应用较广的是物理学、化学和生物学这样一些容易对研究对象进行控制和干预的学科，但一些科学门类，如天文学、古生物学等，以及某些科学中的一些特殊领域，比如地理学、地质学和医学等，人们目前还不能，或许永远不能通过实验干预或模拟所要研究的自然现象，因此只能借助于科学观察来获取数据。

二、科学仪器与科学测量

（一）科学仪器

在间接的科学观察和科学实验中，都不可避免地会使用到科学仪器，并通过仪器对相关物理量进行测量。科学仪器是人类感官的延伸。具体来讲，科学仪器主要有三个方面的作用：

1. 科学仪器扩展了人类认识自然现象的范围

科学仪器对人类感官范围的扩展体现在两个方面。首先，它扩大了人类观察自然现象的时空尺度。在宏观尺度上，借助先进的哈勃空间望远镜，人类可以看到 137 亿光年外的星系；在微观尺度上，借助扫描隧道显微镜，科学家可以观察到单个的原子。其次，科学仪器也帮助科学家突破人类的感觉阈。比如，人的视觉器官只能感受到 390~750 nm 的电磁波，在明视距离（25 cm）上的视觉分辨力只有 0.1 mm 左右，听觉器官感受到的声波频率是 20~20 000 Hz。借助各种仪器，人类就可以探测到红外线、紫外线和超声波、次声波等靠自然感官不能表征的现象。

2. 科学仪器提高了人类认识自然现象的精度

人类的感官信息受主观因素影响较大，而且往往只能提供定性的信息，难以满足科学研究的精确性的要求。首先，科学仪器可以弥补人类感觉不够精确的自然局限性，提供精密和客观的计量标准，将凭借感官不可测量的自然现象以数学化的形式表征出来。其次，科学仪器还可以减少客观信息的衰减和失真，捕捉到更多、更精确的观察数据。

3. 科学仪器提升了人类处理表征信息的效率

科学仪器的功能除了获取观察数据，还包括处理这些数据。伴随着科学仪器的表征功能的飞速提升，科学家需要处理越来越多的巨量信息数据，所要求的处理能力远远超过了人类的生理极限，因此必须借助电子计算机。在一个高度现代化的实验室中，计算机几乎已经成为实验室的中枢系统，各种科学观测仪器所表征的信息被自动传递到计算机中进行处理。科学仪器不仅延伸了人类的感官，也延伸了人类的智能。①

（二）科学测量

科学仪器中很重要的一类就是测量仪器。在科学实验中，获取定量的数据是必不可少的，为此，需要诉诸定量的观察，即观测或测量。从科学史上来看，一门科学越成熟，数学化程度越高，使用的定量数据就越多，因此，可以把定量描述视为对定性描述的深化。在现代科学中，测量的地位更趋重要，以至于不仅自然科学在追求严格的定量数据，甚至社会科学也在应用各种统计技术获得定量数据。

可以给测量下一个这样的定义，即测量是在我们所设计的数字表征系统和可观察的物理系统之间建立映射关系的过程。测量要求每个特定的物理状态都能在表征系统中以特定的定量数据被表征出来，并且，表征系统和可观察系统之间应该存在一一对应的同构关系。因此，测量就是根据已观察到的或经验的关系系统 U，获得用数字表示的关系系统 B 的映射，B 保持了 U 所有的相关的经验关系和结构。② 一般而言，我们所要测量的对象、时间、过程、属性和状态都是不能直接观察到或未观察到的，测量的功能就是通过科学仪器的表征系统来测定观察对象的数量特征。

测量对于自然科学而言至关重要。只有通过测量，现实世界中的物理系统才可以用数学语言来描述，才能运用数学工具从科学观察中建构出科学定律，并为理论的发现提供足够的证据。具体而言，测量的作用体现在：（1）测量确立了与物理系统具有同构或同态关系的数学系统，精炼了科学结构，把物理学与数学联

① 参见 Adam Toon, Empiricism for Cyborgs, Philosophical Issues, vol. 24 (1), 2014, pp. 409—425.
② 参见 ［英］ W·H·牛顿-史密斯主编：《科学哲学指南》，成素梅、殷杰译，上海科技教育出版社 2006 年版，第 321 页。

结起来，让我们可以用更加简洁的数学语言做出关于自然规律的陈述。（2）通过测量可以对同一物体或材料的不同性质或不同状态进行比较，将不同的性质或状态的值联系起来，最终获得有关事物的各种性质或状态的客观评价。比如测量一定量的气体在不同压强下的体积，就会发现压强值与体积值成反比。玻意耳正是发现了这种反比关系，从而提出了玻意耳定律。（3）测量作为一种实验程序，可以作为科学确证的手段。通过对特定科学定律所预言的自然现象进行测量，我们就可以证实或证伪该定律。比如，爱因斯坦广义相对论预言视位置在太阳附近的恒星会发生星光偏折，爱丁顿通过观测证实了广义相对论。

（三）测量与实在的关系

与科学观察和科学实验一样，测量同样不可避免地渗透了科学理论，可以说，科学测量是科学实验和科学理论的融合体。测量是在实验者、实验对象和测量系统之间的交互作用中进行的。对测量的主客体关系的进一步探究，就导向了测量的认识论问题：测量是不是客观的，测量数据是否表征着客体的实在？对这个问题的不同回答，形成了不同的测量理论。

经典的测量理论认为，测量、数值、量与量之间的关系都是实在的，测量是对客观存在的量及其关系的测量，并且随着测量技术的进步，测量值会逐渐逼近真值。这种理论可能会忽视人在测量中的主动作用。与经典的测量理论相反，操作主义的测量理论强调测量的主观因素，并认为测量与独立于个人经验和操作的客观实在无关，只与完成了的测量操作有关，对象的可测属性及量的大小无法独立于测量操作而存在。测量结果是约定的，只有操作活动本身是实在的。关于测量的表征论不再关心测量是不是对客观存在的量的测定，认为测量只是在数学系统与非数字系统之间的关联，并将数字指派给被测的存在，数字并非是在测量中被发现的，而是独立于被测的存在。①

三、受控实验与仿真

（一）受控实验的意义

单纯的观察和不控制边界条件的实验，由于存在各种各样的干扰因素，往往难以重复获得稳定的观察数据和实验结果，从而也就不能从观察结果中总结出可靠的理论，科学也难以获得有效的积累，由此阻碍了科学的持续进步。比如，中

---

① 参见 Eran Tal，Measurement in Science，The Stanford Encyclopedia of Philosophy（Fall 2017 Edition），Edward N. Zalta（ed.）.

国古代典籍记录了很多实验，但它们都难以重复。中国古代科学家郭守敬曾经按照《续汉书》和《隋书》中的记载，做"候气密室"的实验。根据记载，每当交节气的时候，这种装置中代表相应节气的管子里的灰就会飞散出来。然而郭守敬无论怎么努力，都无法重复这一实验。[①] 在这种状况下，古代科学自然难以获得稳定的进步，而受控实验则可以克服这个缺点。受控实验通过对实验对象和边界条件的严格控制和精密设计，排除不可控的偶然因素对实验对象的作用，从而得到理想的观察或测试数据。对于一个设计规范和严格的受控实验而言，实验结果有极高的可重复性，任何人在任何地方，只要其所做实验满足同样的条件和方法，都可以得到相同的结果。其他科学家通过重复实验结果，基于这个实验提出的理论就获得了承认。由此，研究者才能不断通过理论设计出新的实验，又从实验中提出新的理论，科学理论和知识才能在实验中获得积累和进步。

法国哲学家乔治·索雷尔对"自然的自然"和"人工自然"的区分，或许可以有助于理解受控实验的本质。"自然的自然"在近代科学出现之前是唯一的研究对象，而"人工自然"则是近代科学创造出来的对象。在人工自然中，自然现象在人工支配下发生，自然展现出了比在自然状态下更典型、更明显的特性，而这些特性都可以通过实验仪器被人感知、测量和记录。近代科学的经验，并非意指不受控制的观察，而是意指积极讯问。[②] 因此，近代科学最为本质的特征并非对观察的重视，而是对自然的干预和支配。对于"自然的自然"而言，我们难以控制它的发生和重现，但对于人工自然而言，它是可以重复出现的。受控实验的对象在很大程度上可以归入人工自然的范畴，因为它一般不会存在于自然状态之中，人类为它划定了严格的边界条件，并且剔除了不相干的因素。然而，在受控实验中，研究者只是对"自然的自然"的运动和边界条件做出特定的限制，并没有完全创造出与"自然的自然"不同的客体。但在仿真中，这种人工自然就是完全由人创造出来的了。

（二）仿真模型

仿真模型是对客体的描述或模拟，模型的结构和原本的结构具有同态对应的关系。与受控实验相比，仿真在科学研究上有着不可替代的优点。在科学研究中，实验需要一定的技术手段、时间、资金和人力，但有的实验条件过于苛刻，要么

---

① 参见刘青峰：《让科学的光芒照亮自己——近代科学为什么没有在中国产生》，新星出版社2006年版，第75页。

② 参见［荷］H·弗洛里斯·科恩：《科学革命的编史学研究》，张卜天译，湖南科学技术出版社2012年版，第240—241页。

对边界条件要求过高而难以实现，要么实验时间过长，要么实验费用很高，要么研究对象变量过多，要么研究对象尚属阙如，等等。特别是，现代科学的许多研究对象已经越来越复杂。对这些复杂系统尤其巨复杂系统，我们根本无法用常规的方法对其进行实验。比如，对于二氧化碳排放对全球气候变化的影响，存在着各种各样的断言，因而我们根本不可能通过对其进行一次真实的实验来验证。然而，通过仿真技术建立仿真模型，我们不仅可以模拟各种苛刻的实验条件，而且可以模拟那些不能对其进行真实实验的研究对象，最终获得实验所需的结果。

根据模型的不同存在形式，又可以将仿真模型分为实体仿真模型和虚拟仿真模型。实体仿真通过实验仪器设备人工构造出与被模拟对象相似的物理模型，用以描述被仿真系统的内部特性，以及实验所必需的环境条件。比如在风洞实验中，通过在风洞中放置等比例缩小后的飞机模型，就可以测定飞机飞行中的各种气体动力学数据。虚拟仿真则是首先建立系统的数学模型，然后在计算机系统中将数学模型转换成仿真计算模型，最终在计算机输出端以动画与图形的形式显示出来。随着计算机技术的发展，虚拟仿真应用越来越广，甚至有取代实体仿真之势。比如，随着计算机图形学理论和计算流体力学技术的日益成熟，现在已经可以在计算机上建立虚拟风洞模型，只要将飞机的 CAD 模型数据调入虚拟风洞中，就可以计算得出飞机在风洞中的实际情况。

四、科学实验的结构和特点

（一）科学实验的结构

科学实验是在实验系统的中介下，认知主体与实验对象在特定的科学和文化语境下的交互活动。因此，可以把实验分为下述四个组成部分：（1）实验者；（2）实验系统，包括实验仪器、科学研究的一般程序等；（3）实验对象；（4）实验语境。

实验者及其活动是任何实验的主要组成部分。科学实验不仅需要实验者对研究对象进行具体的实验操作，而且需要实验者对研究对象进行理性分析，没有这种理性分析，就不会有任何实验。实验者必须具备一定的能力和水平，以便运用历史中积累起来的知识和技能。实验者的创造性，包括推理能力、思辨能力、观察力和想象力，对于实验的成功必不可少。因此，在实验中，实验者处于主动的地位，具有能动性。然而，这种能动性不仅表现在实验设计和操作中，而且还表现在实验室内外的交流、批评与合作中。科学实验不是象牙塔中与世隔绝的孤独沉思，而是需要在内部和外部都进行充分的协作。实验经费的申请、实验方案的设计和执行、论文的写作和发表、实验成果的展示，等等，都需要实验室人员的内部和外部的交际活动。因此，实验者同时在认知活动和社会活动两个维度开展实验活动。

实验系统是实验主体和实验客体交互活动的中介。它可以分为物质性中介和话语性中介，前者指的是实验中使用的仪器、设备、器械、实验装置和其他工具，后者是推理规则、科学语言和符号等。研究的主体通过它们对研究的客体施加作用和影响。在实验活动中，研究者不再只是凭借简单的观察进行研究，而是通过仪器设备作用于对象，以此获得实验数据。实验系统作为人与自然之间的媒介，克服了人的感官局限性，使得人对事物的作用和感知可以深入事物的内层，在宏观和微观上都扩展了人类认知的范围。

实验对象是被研究者控制、干预、形塑甚至创造的，但它有着自身的规律，实验的目的就是要通过实验系统对它的作用来揭示这种规律。它在实验活动中扮演着如下角色：（1）某个假说或理论所预言的现象；（2）被分析或测量的对象；（3）用以合成新物质的材料；（4）被研究的属性的承担者。[①] 实验对象具有可重复性和可模拟性的特点，因此它可以在不同时空中被不同的人在相同的实验条件下观察到。

实验语境包括实验室内部的认知语境和实验室外部的社会语境。在实验室内部，实验的设计和操作都跟既定的理论范式相关，这些范式包括既定的理论规则、研究的协作方式。而在实验室外部，文化和社会语境不仅会影响到实验室的建制、实验研究的方向以及实验室人员的往来等，而且还会影响到实验室研究者的科学信念和想象，从而对科学知识的发生产生影响。这些语境因素并非一套形式化的逻辑规则，也并非主观的能力或意志，更不是客体化的物质对象，因此它们不能归结为实验者主观、客观或中介方面，而是独立构成了实验的一个要素。

实验的四个方面的因素构成了一个整体的实验结构，它们处于相互作用的网络之中，并让自然规律在这种相互作用中呈现，只有这样我们才能由此揭开自然的奥秘。

（二）科学实验的特点

对科学实验的结构分析，揭示了科学实验中的各个结构要素之间的关系。而科学实验作为一种实践活动，也必然具有其特定的行为和功能，对它们的分析，有助于阐明科学实验的特点，从而深入理解科学实验的科学认识机制及其形成的

---

① 参见刘大椿：《科学哲学》，中国人民大学出版社 2006 年版，第 113 页。

原因。

具体说来，科学实验在行为和功能方面有如下三个特征。[①]

首先，科学实验往往需要创造出特定的人工条件，来对自然过程进行简化、纯化、强化或弱化，从而可以更好地研究对象的属性和运动的规律。在自然条件下，我们所要研究的自然现象，要么和其他自然现象错综复杂地交织在一起，要么没有达到临界条件而不能显露它们的本质特征，最终很难得到有效的数据。但在实验过程中，借助科学仪器和装备，实验者可以创造出所需要的人工条件，排除自然过程中的各种次要的、偶然的因素的干扰，从而可以把研究对象同其他对象隔离开来，或者创造出自然界中难以出现的环境条件，最终使它们的属性或联系以比较纯粹的形态呈现出来。马克思说过："物理学家是在自然过程表现得最确实、最少受干扰的地方观察自然过程的，或者，如有可能，是在保证过程以其纯粹形态进行的条件下从事实验的。"[②]

其次，科学实验通过各种形式模型对研究对象进行模型化处理。研究者经常会通过建立对象系统的理想模型来研究现实的对象系统，从而获得有关对象的系统知识。现实中因为受时间或空间条件的限制，人们在很多情况下很难对研究对象进行直接的实验，因此，往往只能采用建构模型再进行实验的方法。研究者先设计与研究对象相似的模型，然后再用该模型间接地进行实验，通过模型实验的结果来预测真实系统的运行机制或规律。比如，对地球生命起源的研究，很难回到地球的历史进行现实的实验。美国科学家米勒就采取模型实验的方法对此进行研究。他先根据地球的物理和化学环境设计了一个模型，然后再对这个模型进行实验。实验结果发现，在模拟原始地球的条件下，无机小分子生成了有机小分子。有机分子的产生说明，地球生命是从原始地球条件下通过自然过程产生的。

第三，科学实验具有可重复性的特点。现实中的自然现象往往是不可或很难重复的，对同一种对象，不同的人在不同的时间、不同的地点得到的观察数据往往不尽相同，这样就会极大地限制研究的客观性。而在严格规定实验系统的条件后，实验结果就可以重复再现，不会因人、因时、因地而异。因此，科学实验有一个明确的要求：任何一个实验事实，只有当它能够被另一位独立的研究者重复实现的时候，才能确立。可重复性可以保证人们通过实验，使实验对象的活动多次重复出现，从而可以进行深入、细致的观测和比较，并对实验结果进行反复校

---

① 参见刘大椿：《科学哲学》，中国人民大学出版社 2006 年版，第 115—118 页。

② 《马克思恩格斯文集》第 5 卷，人民出版社 2009 年版，第 8 页。

正，最终保证实验的客观性和现实可行性。

第三节   科学理论的结构与功能

科学理论并非零散的经验知识和观察数据的简单堆积，而是一个有着系统结构的知识体系。要揭示科学理论的结构，不仅需要对构成科学理论的各种元素进行分析，而且要对各元素之间的结构关系做出正确的描述。特定的结构总是与特定的功能联系在一起的，科学理论的结构预示了科学理论的功能。因此，对科学理论的结构分析必然要涉及对功能的分析。

一、观察语言与科学语言

（一）科学语言的区分

所有科学陈述都是用语言表达出来的。因此，对语言的分析就成为研究科学理论结构的起点。在一般的科学语言分析中，可以把词语分为三种：（1）逻辑词（包括纯数学词）；（2）观察词；（3）理论词。而科学语言中的语句也可以分为三种：（1）逻辑语句；（2）观察语句；（3）理论语句。在大多数情况下，又常常把科学语言划分为：（1）观察语言；（2）理论语言。它们都包含逻辑词，但非逻辑元素却有不同。除了逻辑词，观察语言还包括用以描述经验对象的词即观察词；而理论语言至少包含了逻辑词和描述不可观察对象和性质的词，即理论词，有时候也包含观察词。

观察语言包含了观察词和观察陈述，观察词陈述的是可观察的对象，比如"彩虹""金星"等。观察陈述可以是单称的经验命题，即陈述的是个别客体的属性，比如"这条河结冰了"；也可以是全称的经验命题，比如"所有天鹅都是白的"。而理论语言由理论词和理论陈述构成，理论词陈述的是不可观察或抽象的对象，比如"磁场""光速"等，理论陈述表达的则是抽象实体的属性，比如"真空中的光速是一个常量"。

（二）观察语言和理论语言

关于观察语言和理论语言之间的关系，构成了科学哲学中不同流派争论的焦点之一。在逻辑经验主义者那里，观察语言和理论语言之间的关系通常可以归结为以下三点。[1]

---

[1]   参见桂起权、张掌然：《人与自然的对话——观察与实验》，浙江科学技术出版社 1990 年版，第 48—52 页。

首先，观察语言与理论语言之间存在截然分明的区分，观察语言是基础句子，它们不受任何理论语言的影响。观察语言的意义是确定、清晰和固定的，它直接从观察过程中获得意义，每一个观察词都对应于某个特定的感官印象。逻辑经验主义者甚至认为，视觉观察就是视觉图像，任何正常的观察者在相同观察条件下看到的都是同样的东西，因此观察词的意义虽然建立在私人观察的基础上，但是它的意义却是公共的，是任何人都会做出相同理解的。在逻辑经验主义者看来，观察者所持有的理论框架和文化习惯，都对观察没有影响，观察语言是中立于理论的。因此，观察语言的真值判定只需要与观察经验对照，而毋需诉诸任何理论。

其次，理论语言的意义取决于观察语言。理论语言建立在观察语言的基础上，没有自身的独立解释。一个特定理论中的理论词之所以有意义，是因为含有该理论词的语句与该理论结合在一起能推演出该理论不能单独推演出的观察语句。换言之，一个理论词只有当它在与其对应的理论的应用中还原为观察词的时候，该理论词在该理论中才是有意义的。如果一个理论陈述所包含的所有理论名词都是有意义的，这个理论陈述就是有意义的。因此，逻辑经验主义者认为所有理论词的意义都可以由观察词来明确，所有的理论陈述都可以最终还原为含有观察词的陈述。

最后，观察陈述不仅是科学理论唯一的意义来源，而且是对科学理论进行辩护的唯一的依据。我们确立任何理论，都需要与之相对应的观察陈述的支持。一个理论所解释的经验事实越多，那么从中推演出的经验预测越多，观察陈述对它的支持便也越强。

逻辑经验主义者把观察语言视为绝对客观、中立，并以此作为理论语言的意义基础的观点，遭到了大量的反驳。在逻辑经验主义从早期的现象主义到后来的物理主义的发展中，人们越来越认识到了理论语言的不可还原性，但仍然坚持理论语言的意义必须从经验观察中获得。为了解决观察语言和理论语言的连接问题，卡尔纳普提出了对应规则，即在理论语言和观察语言之间存在这样一些公设，它们将理论词和理论语句与观察词和观察语句联系起来，使前者获得意义。理论语言有的离观察层次较近，可以通过对应规则直接与观察语言发生联系，有的则离观察层次较远，只能通过理论语言之间的关系和对应规则间接地与观察语言关联。在理论语言中，只有很少一部分直接与观察语言发生联系，大多数的理论语言与观察语言之间只有间接的联系。

从波普尔开始，科学始于纯观察的观点便遭到了质疑。自汉森以后，对观察语言与理论语言的关系便形成了另一种观点。首先，观察陈述必须使用相应的概念，而每个名词概念都是与某种特定理论相联系的，因此观察陈述的意义依赖于它的句子中所包含的术语及其使用规则。这些规则往往包含了经验知识，这就构成了观察陈述的背景知识。比如对于"这是 H_2O"这样一个观察陈述，如果不知道水的分子式是 H_2O，就不能做出这样的陈述。其次，对于同一个观察词而言，在不同的理论背景中有不同的含义，它的意义也因此会有不同。比如"这朵花是红色的"，在牛顿的颜色理论和歌德的颜色理论中便有不同的意义。因此，任何一个概念的意义实际上都是取决于它所处的理论系统，不同的理论系统赋予了概念术语不同的含义。

二、经验事实与科学理论

事实概念在科学认识论中有着基础性的地位。著名生理学家巴甫洛夫说过，在科学中要学会做细小的工作，研究、比较和积累事实。不管鸟的翅膀怎样完善，它任何时候也不可能不依赖空气飞翔高空。事实，就是科学家的空气，没有它，你任何时候都不可能飞起，没有它，你的"理论"就是枉费苦心。① 在科学研究中，科学理论的提出一般需要以事实为基础，科学理论的确证也大多需要诉诸事实。

（一）对事实的不同理解

对事实可以有两种理解：一种是把它视为外部世界的事件、现象和过程，即客观事实，这是把客观现象理解为现实，我们也可以称之为本体论意义上的事实；另一种是把它视为感觉经验给予主体的东西，即经验事实，它是某种特殊的经验陈述或判断，描述被认识的事件或现象，这是认识论意义上的事实。我们通常把这种经验事实称之为科学事实。

事实也可以分为日常事实和科学事实，并不是所有的事实都能成为科学事实，大多数事实都只有在生活世界中才有意义。比如"我感到寒冷"就是一个日常事实，而"现在的室外温度是零下十摄氏度"才可以作为科学事实。相比于日常事实，科学事实有两个特征：（1）科学事实必定可以被用来概括、论证或确认科学理论，只有与科学理论有关，至少是可能有关的事实才是科学事实，不能作为科学理论基础的事实只能是日常事实；（2）科学事实是公共性的。日常事实一般渗透了个体的不可传达的体验，或者这种事实在不同的人那里有不同的经验。比如某个人体验到"我感到寒冷"这个事实，但他可能是因为生病了，其实他所处的环境温度在 20 摄氏度以上，另一个人就不会感到寒冷。只有"现在的温度是 23 摄

---

① 参见《巴甫洛夫选集》，吴生林、贾耕、赵璧如等译，科学出版社 1955 年版，第 31—32 页。

氏度"这个事实是可以在不同的主体间传达并理解的，也是可以通过温度计为大家共同体验到的，因此它才能作为科学事实。

（二）从科学事实到科学理论

科学事实还不是系统的知识，因而需要从科学事实上升到科学理论。一般而言，科学事实基于观察语言，而科学理论基于理论语言；科学事实指称的是可观察的实体，而科学理论指称的是不可观察的抽象实体。然而，因为观察渗透理论，可观察和不可观察也并无一个明确的区分，因此科学事实与科学理论的界限并非那么截然分明。但科学事实与科学理论之间还是有质的区别，如何从科学事实上升到科学理论，这个过程就涉及科学方法论的问题。

经验主义者认为，归纳法是获得科学理论的唯一方法。归纳法，就是对科学事实进行系统的分类并对它们加以分析和概括，这种分析和概括的方法包括科学归纳、统计、类比等或然性推理。近代以来，人们一直强调归纳法对科学的基础性作用，而实证主义者则把这一倾向推向极端。培根最早系统地提出了归纳法的理论。培根把归纳的步骤总结为"三表法"，在收集了广泛而充分的自然史和实验史材料之后，就需要把这些材料列成三个表。首先是具有表，即把具有某种要研究的性质的事例列在同一个表内；然后是缺乏表，即缺乏该性质的事例；最后是程度表，一一列举表现出该性质的不同程度的事例。列完这三个表，就可以进行真正的归纳了。① 后来穆勒进一步发展了培根的归纳程序，创制了所谓的"穆勒五法"：契合法、差异法、契合差异法、剩余法、共变法。②

关于归纳法的作用，历史上一直存在着颇多争议。休谟最早对归纳法提出了系统的诘难。在休谟看来，归纳原理可以被归结为：如果 A 在各种各样的条件下被观察到具有 B 性质，那么，我们就可以说，所有的 A 都具有 B 性质。但人们却不能说明归纳原理是正确的，因为这在逻辑上无法得到证明。如果想要列举归纳成功的例子，从经验上推导出归纳原理的正确，这种推导本身又将诉诸归纳原理，这就会陷入循环论证的陷阱。休谟所总结的归纳法及其证明的难题被称为"归纳问题"。归纳问题一直困扰着经验主义者和实证主义者对归纳法的论证，无论是早期穆勒的朴素的归纳法，还是现代实证主义者的精致的归纳主义，都面临着这个问题。在支持观察渗透理论论题的学者们看来，观察依赖于理论，观察是易谬的，因此，归纳推理是不可靠的。

---

① Francis Bacon, The New Organon. New York: Cambridge University Press, 2000, pp. 110—126.
② ［英］约翰·穆勒：《穆勒名学》，严复译，商务印书馆 1981 年版，第 110 页。

从另一视角来看，历史上存在的对归纳法的这些反驳是偏激的，他们的反驳如果要成立的话，必须限制在很狭窄的范围内，只限于简单枚举归纳。作为经验认识方法的广义归纳，包含了多种不同的形式。归纳方法应该理解为概括和加工由观察和实验获得的事实，以便确立科学认识的客观基础，得出合乎情理的或然性的推论。或然性推论的目的是探索自然规律，是科学认识中不可缺少的环节。所以，贬抑归纳法，并因此忽视或然性推论的倾向是错误的。

三、科学理论的逻辑结构

（一）科学理论的构成

科学理论是科学哲学的主要分析对象，甚至有学者认为，"科学哲学就是对理论及其在科学事业中的作用进行分析"[①]。许多科学哲学论题都基于某种对理论的一般本质的理解，涉及理论之间的关系。比如实在论与工具论之争，就在于科学理论中的各种术语概念，究竟是指称了真实对象，还是仅仅是某种实用的约定或构造。而关于科学理论之间的更替、科学理论与科学观察的关系等，都处于科学哲学研究的核心地带。因此，澄清科学理论的构成要素及逻辑结构，对于我们进入科学哲学的问题域，进而理解科学的本质是至关重要的。

科学理论的构成要素包括科学概念、定律、假设、公式、推论和模型等。科学理论不是由这些构成要素任意排列组成的，而是依据逻辑演绎规则构造起来的形式体系。因此，科学理论有着严格的逻辑结构，它可以由少量的前提或判断，推导出大量带有逻辑必然性的结论。在这个意义上，任何零散的知识或经验都不能被称为科学，而只是有待被科学理论整合的经验材料。我们可以把科学理论区分为形式和内容两部分。科学理论的形式就是它的形式逻辑系统和数学工具，它们是科学理论的骨骼结构，具有自身的内在推演规则而不受外部实在的影响。一般而言，一种理论越成熟，越精确，它的形式结构就越完善。科学理论的内容包括经验知识和理论知识，前者是我们对可观察的经验实体的单称陈述，后者是我们对不可观察的抽象实体的全称陈述。

（二）对科学理论的不同认识

人们对科学理论的认识经历了一个不断深化的过程。最初在逻辑经验主义者那里，他们用卡尔纳普的"两层语言模型"来描述科学理论的结构。在卡尔纳普

---

① ［英］W·H·牛顿－史密斯编：《科学哲学指南》，成素梅、殷杰译，上海科技教育出版社2006年版，第622页。

看来："惯常并且有用的办法是把科学语言分为两部分，即观察语言和理论语言"，观察语言"运用标示可观察的属性和关系的词语来描述可观察的事物或事件"，它的意义是明确而固定的，而理论语言指称的则是"不可观察的事件、事件的不可观察的方面或特点"①，要澄清和解释理论语言的意义，需要建立一个对应规则 C，使理论词和观察词联系起来。其联系方式一般是，从理论中推导出可观察的定理，然后就可以通过观察或实验验证这个定理，从而间接验证了理论。因此，通过与观察词的联系，对应规则 C 赋予了理论词可理解的意义，如果没有对应规则，理论词就没有任何意义。可见，双层语言模型实际上包含了三个部分，下层是观察陈述，上层是理论陈述，中间是对应规则，其功能是将前两者联系起来。

卡尔纳普的"两层语言模型"过于简单化，至少面临着两点困难：首先，观察词和理论词难以严格区分；其次，观察陈述和理论陈述也难以严格区分。因为观察总是渗透理论，而可观察和不可观察的实体也是依据语境而界定的，比如，分子最早是不可观察的实体，但是扫描隧穿显微镜发明之后，它就成为了可观察的实体。

针对这种缺憾，科学哲学家亨普尔在"两层语言模型"的基础上，提出了科学理论结构的安全网理论。在亨普尔看来，科学理论就像一个复杂的空间网络，它的术语对应着这个网络上的网结，而连接网结的线索，则对应着对术语的定义以及一部分假说。整个理论体系浮在观察的平面之上，通过解释规则而与观察建立关系。② 因此，以往逻辑经验主义把孤立的命题严格区分为有意义的和无意义的是十分武断的。意义的基本单位并不是单个的命题，而是整个命题系统。亨普尔说："在科学理论中，单独一个句子照例不能推出任何观察句；要能从它推导出断定某种可观察现象出现的推论，非把它同其他辅助假说的某个集合连接在一起不可。在后者之中，有一些通常是观察句，另一些则是预先采纳的理论命题"③，"所以，假使认识意义是能够赋与某种东西的，也只能够赋与表述在有良好结构的语言中的整个理论系统。在这类系统中认识意义的决定性标准仿佛就是存在一种用可观察对象给出的该系统的解释"④。

---

① ［美］卡尔那普：《理论概念的方法论性质》，《逻辑经验主义》上卷，洪谦主编，商务印书馆 1982 年版，第 138 页。卡尔那普即卡尔纳普。

② Carl G. Hempel, Fundamentals of concept formation in empirical science, University of Chicago Press, 1952, p. 36.

③ ［美］亨波：《经验主义的认识意义标准——问题与变化》，《逻辑经验主义》上卷，洪谦主编，商务印书馆 1982 年版，第 116 页。亨波即亨普尔。

④ ［美］亨波：《经验主义的认识意义标准——问题与变化》，《逻辑经验主义》上卷，洪谦主编，商务印书馆 1982 年版，第 117 页。

这样，亨普尔依据理论陈述与经验的接近程度，把科学理论的意义相应地区分为不同的层次，即从全部由观察词组成的陈述开始，到在经验观察的基础上依赖理论构想来表述的理论，最后到那些几乎不同经验发生关系的命题。因此，科学理论的结构不再是简单的双层模型，而是一个网状模型，这被形象地阐释为"安全网模型"。这个安全网的上层是理论系统，底层则是各种观察陈述。在理论系统中，有少数的理论陈述，通过语义规则与底层的观察陈述有直接联系，而其他的理论陈述，是通过公理与其连接起来后，才与观察陈述有了间接的联系。亨普尔的安全网模型，说明了不同的理论陈述与观察陈述有不同的联系。亨普尔将与观察陈述有直接联系的理论称之为连接原理，而将有间接联系的理论称之为内在原理。内在原理描述了理论所假定的基本实体及其基本规律，它是纯粹的理论句。而连接原理的功能则是将理论中的一些理论词与观察经验连接起来，正是通过连接原理，内在原理才获得了经验意义。

亨普尔对科学理论的逻辑结构的解释，涉及科学理论的层次性特征。这种层次性体现在两个方面：一是不同的理论陈述与观察陈述发生联系的层次，二是不同的理论陈述在科学理论系统中的功能地位。我们在前面概述中已经涉及了第一个方面的层次性，而第二个方面的层次性指的是：在科学理论的语言系统中，不同的语句在理论的产生、应用、检验、修改、调整的过程中并不处于完全相等的地位。有些语句处于理论的核心，是决定理论之所是的基本内容，它们可称之为基本定理或定律，是科学理论赖以建立的基础，比如牛顿力学中的三个基本定律和万有引力定律、爱因斯坦的狭义相对论中的相对性原理和光速不变原理等。这些语句在其理论框架中是不可反驳的，任何对它们的证伪都将导致整个理论的崩塌。有些语句处在理论的外围，是作为辅助条件起作用的，它们在很多时候起到保护理论核心语句的作用，比如，在牛顿力学框架下，为了解释水星近日点的轨迹反常，就会提出一系列的辅助性假说，比如可能存在一颗并不为人所知的行星，来说明水星的反常轨迹，最终确保理论的核心语句的成立。此外，还有一些语句处在理论的表面，是基本语句和辅助条件的逻辑推论，这些科学推论发挥着理论说明和预见的功能。

四、科学说明与科学预见

科学理论的逻辑结构决定了科学理论的两个功能：说明和预见。对于既定的自然现象，科学理论能够调用基本的科学概念和原理规律说明现实中的相关现象，这就是科学说明。对于未知的自然现象，科学理论同样能依靠严密的演绎，从既有的科学事实和规律中推演出可能出现的自然现象，这就是科学预见。

科学说明和科学预见不仅是科学理论的基本功能，也是对科学理论的基本要求。科学理论应具有说明经验规律的基本功能，不仅要弄清事实和真相，而且还要对事实和真相给予说明。同时，科学理论不仅要能够说明已知的自然现象，而且还要能预见目前尚未观察到的自然现象。

（一）科学说明

科学说明有不同的模型。最具代表性的是亨普尔所提出的两种说明模型。在他看来，科学对"为什么"问题的回答，都要诉诸某种普遍规律来说明所针对的经验现象，在普遍规律与经验现象之间建立联系。基于这个见解，亨普尔提出了两种说明模型，其一是演绎—律则说明（Deductive-Nomological Explanation），简称 D-N 模型，又被称为覆盖律说明（The Covering-Law Model），其二是归纳—统计说明（Inductive-Statistical Explanation），简称为 I-S 模型。

可以把演绎—律则说明概括为：

C_1，C_2，$\cdots$，C_k 说明项语言

L_1，L_2，$\cdots$，L_r

E　　　　　待说明项语言

在这个图式中，C_1，C_2，$\cdots$，C_k 是初始条件，而 L_1，L_2，$\cdots$，L_r 是普遍定律，它们共同构成了说明项，二者结合可以演绎出待说明的结论 E。亨普尔用这个图式解释了 D-N 模型的逻辑构造，它表示的是在 C_1，C_2，$\cdots$，C_k 的个别条件下，依据 L_1，L_2，$\cdots$，L_r 等规律，E 为什么会发生。

后来，在覆盖律说明的基础上，亨普尔又补充了一个归纳—统计（I-S）模型，以试图涵括所有的科学说明。D-N 模型说明中的规律性陈述是普遍规律，但是还存在一些不具普遍性、只有或然性的陈述，对于这种陈述，只能通过诉诸某些统计形式的规律或定律做出统计说明。比如，琼斯感染了埃博拉病毒，琼斯会不会死亡呢？对琼斯会不会死亡的解释就可以通过诉诸一个统计规律来进行："埃博拉病毒的感染致死率是 90%"。从这个统计规律和"琼斯感染了埃博拉病毒"这个前提条件，可推出琼斯死亡的概率是 90%。归纳—统计说明中的说明项语句只能赋予待说明项语句或然的可能性，而不像 D-N 模型说明那样可以赋予其确定性和普遍性的特征。

亨普尔的说明模型非常清晰而简单地阐述了科学说明问题，所以长久以来他的观点一直是关于科学说明的标准解释。但是它只是对说明的理想描述，实际上

存在着很多与此不尽相符的说明。科学说明并非一定要诉诸定律，对于有的现象，即使不求助于定律，也可以给出恰当的说明。更严重的是，真正的科学说明是不对称的，说明项和待说明项不能调换，如果 A 说明了 B，那么 B 并不能说明 A，但在 D-N 模型中，逆推也是成立的。比如，在确定太阳的位置后，可以通过旗杆的高度说明影子的长度，但虽然可以通过影子的长度推导出旗杆的高度，却不能用影子的长度说明旗杆的高度。D-N 模型就没有反映出说明的非对称性特征。这主要是由于 D-N 模型没有给予因果关系足够的注意，因为因果关系是不对称的，如果 A 引起了 B，但 B 并不会引起 A。比如旗杆引起了影子，但影子不会引起旗杆。①

在对因果关系在科学说明所起的作用的反思中，产生了科学说明的因果相关模型（Causal Relevance Model），可以简称为 C-R 模型。在这种模型中，说明并非逻辑论证，而是找到自然现象的因果机制。然而，因果模型说明也有自身的困难，因为因果性一直面临着来自休谟的诘难，要阐明一种非休谟的因果相关性是非常困难的，而且因果相关模型也并未涵盖所有的说明类型，存在着非常多的非因果说明。比如我们通过平均分子动能来说明温度，但平均分子动能与温度却并非因果关系，在这种说明类型中，我们是通过同一性（Identification）而非因果性进行说明。此外，我们有时候也用模型、类比和统一性来说明事物，因此，想要找到一种涵盖所有说明的模型，是非常困难的。实际上，只能说存在着各种说明类型，如因果关系、同一性、类比、模型、统一性、目的性以及其他各种可能的类型。②

说明功能是科学理论活动的基本功能所在。一个理论不仅能通过作出真实的预言来说明世界，而且还能将熟悉的已观察到的事件与较不熟悉的或非常陌生的表象背后的实在联系起来。科学理论可以使我们将已观察到的事实和未观察到的事实相互联系起来，从而获得对周围世界的更深刻的见解。

（二）科学预见

科学预见模型和科学说明模型都涉及科学定律（L），先行条件（C），以及现象描述（E）这三者之间的关系。它们的功能机制都是通过科学定律（L）和先行条件（C），逻辑地演绎出现象描述（E）。其不同之处只是在于，在科学说明模型中，现象描述（E）是已知的，而在科学预见模型中，现象描述（E）是未知的，

---

① ［英］W·H·牛顿-史密斯编：《科学哲学指南》，成素梅、殷杰译，上海科技教育出版社 2006 年版，第 155—156 页。
② ［英］W·H·牛顿-史密斯编：《科学哲学指南》，成素梅、殷杰译，上海科技教育出版社 2006 年版，第 157—158 页。

它或者已经存在但尚未为人所知，或者未曾存在但将会发生或存在。正因为如此，很多科学理论在说明已知现象、经验和事实的同时，往往能够预言未知的现象、经验和事实。如爱因斯坦的广义相对论在对水星近日点的进动提供说明的同时，也预言了光谱线的引力频移和光线在引力场中的偏转等现象。

根据科学理论所预见的对象的特点，大体上可以将科学预见划分为两类:①

（1）对尚未发现但早已存在的事物或现象的预见。比如在 18 世纪威廉·赫歇耳偶然发现了天王星之后，发现天王星的轨道总是跟万有引力定律预报的位置有偏差，存在着神秘的异常现象——轨道摄动。后来法国天文学家勒维烈根据万有引力定律，利用数学计算方法作出结论，天王星运动中的摄动表明存在另一颗未知行星，并且计算出海王星的轨道和位置。后来在德国天文学家伽勒的帮助下，他们果然发现了海王星。

（2）对未来要发生的现象所做的预见。诸如天文学家关于日食、月食等天文现象的预言，气象学家关于未来气象变化的预言，流行病学家关于埃博拉病毒流行趋势的预言等。

类似于对科学说明模型的演绎—律则说明和归纳—统计说明的区分，也可以根据科学预见所依据的科学定律（L）的类型，将科学预见模型区分为两类。当采用遵循严格决定论的科学理论时，科学预见的结论常常是足够精确的、单值的，例如对日食和月食出现的时间、人造地球卫星、弹道导弹的运动轨迹等的预见就是如此。而在采用统计或概率规律的情况下，预见的结论则常常是概率性的，例如对传染病流行趋势的预测，对某一区域的地震活动的预测，等等。

科学规律和科学理论之所以对于我们认识世界和改造世界如此重要，不仅在于它能对已知的自然现象做出科学说明，更在于它能够对未知的现象做出科学预见，从而指导我们的生产和生活实践。

科学预见不同于占卜、算卦、占星、命理之类的神秘预测，也不同于普遍存在的各种经验预测。这些预测无论是基于某种神秘玄学，还是基于日常经验和个人经验，其结论都具有很大的不确定性。科学预见的预测建立在关于现象的规律的基础上，它要求从这些规律出发，通过严格的数学和逻辑推理导出被预测的现象，而且还要求对被预见的现象发生的边界条件做出精确的界定。因此，科学预见有着其他预测所不能比拟的准确率，它根据相同的定律，对不同条件下的大量的相关现象做出系统的预测。例如在门捷列夫发现元素周期律之前，化学元素的

---

① 参见刘大椿主编:《自然辩证法概论》第 2 版，中国人民大学出版社 2008 年版，第 202 页。

发现都是零星的、偶然的、不自觉的，而在他发现元素周期律之后，化学家就开始根据其科学预见去自觉地寻找新元素，发现的速率和准确率也极大地提升。与此同时，一旦这些被预见的经验和事实能够在进一步的科学实验和观测中得到确证，它们会反过来对科学理论的真理性和合理性的确立给予很大的支持。例如在门捷列夫提出元素周期律之后，1875 年布瓦博德朗发现镓，1879 年 L. F. 尼尔松发现钪，1886 年 C. 温克勒尔发现锗，这 3 种新发现的元素的性质都与门捷列夫的预言很吻合，由此证明了周期律的正确性。在现代科学中，几乎所有科学理论都是先推导出科学预言，然后通过实验观测证实这种预言，最终才获得科学共同体的接受和认可。

小　结

科学活动处于现代社会的核心地带，而对科学的反思也成为一项极为重要的理论活动。这种反思通常始于这个问题：科学究竟是什么？它常常又关联着另一问题：科学究竟不是什么？这两个问题涉及关于科学、非科学与伪科学的划界。在历史上，关于什么是科学，存在着很多划界标准，每一种划界标准实际上都是某种对科学的定义，旨在澄清科学的判定标准、基本规范和本质属性。科学哲学的发展过程正是一个对科学进行不断再定义的过程，科学的内涵和外延都处于变化之中。然而，虽然现在还没有一种公认的划界标准，但我们却可以把观察实验和逻辑结构视为科学知识的两种最重要的特征。

科学实验是在研究者的精心设计下，采取特定的科学仪器和技术手段去干预和控制研究对象或模拟研究对象的一种科学活动，它的目的是通过观测和记录实验系统的活动变化，最终获得自然条件下不能获得的数据。相比于自然条件下的科学观察，科学实验往往会对自然过程进行简化与理想化，有时也会建立对象系统的简化模型来研究真实的研究对象，因此，科学实验一般是人工可控、具有重复性的。由此，建立在科学实验之上的科学事实才可以被反复检验，最终保证科学的客观性。

然而，科学实验获得的数据，以及由此抽取提炼得到的事实和理论，都需要依据逻辑规则构造起来，如果只是任意的排列组合，就只是停留在经验总结的层次，而不是真正的科学体系。因此，科学理论是如何构造起来的，它的逻辑架构是什么样的等问题，就成为科学哲学重点探讨的对象。科学理论的特定结构也意味着它有着相应的功能，其中它最基本的两个功能是科学说明和科学预见，前者是用科学的基本概念和原理说明现实中的自然现象，后者是从既有的科学事实和规律推导出未知的自然现象。这两种功能都建立在科学的逻辑演绎之上，并且以科学的逻辑结构为前提。

思考题：

1. 科学的本质特征是什么？如何区分科学与伪科学？

2. 科学划界的标准是如何变化的？

3. 科学观察与科学实验的区别是什么？

4. 简述科学仪器在科学研究中的作用。

5. 简述观察语言和理论语言之间的关系。

6. 怎么评价归纳法在科学理论形成中的作用？

7. D-N 模型和 I-S 模型的区别是什么？

第二章 科学发现与科学理论的演变

科学发现作为人类科学探究的主要成果，不仅能够增进人们对世界的认知，而且能够引导科学理论不断发展的方向。本章论述科学发现和科学理论的演变问题，包括科学发现的实践与分类、科学发现的理论与问题，以及主要的科学理论演变模式。

第一节 科学发现的实践与分类

科学发现是人类探究世界的重要成果，是人类进一步改造世界的前提。科学探究由来已久，近现代以来随着科学仪器、数学方法和科学实验的引入，科学探究活动获得了大量科学发现。

一、科学发现与科学探究

科学发现与科学探究有着密不可分的联系。科学探究源自人们对世界的无知和疑惑，往往伴随着丰硕的科学发现。从某种程度上来说，科学发现的历史可以折射出整个科学探究的历程。

（一）科学探究

科学探究，一般是指科学家借助研究工具，对研究对象进行的有意识的探究活动。科学探究一般包括三个组成部分：探究主体、探究工具和探究对象。

科学探究历史悠久。古希腊人对天、地、人、物及其关系有着浓厚的兴趣，将理性精神运用在对自然界的探究中，产生了诸多科学成果。传说被称为"科学之父"的古希腊哲学家泰勒斯曾预言了日食，指出了小熊座更利于船舶导航。"希腊医学之父"希波克拉底通过长期的医学实践，获得了大量的医学知识。近代以来，实验手段的引入使科学探究开始拥有强大的工具系统。近代科学探究以实验和观察取代了以亚里士多德为代表的纯粹思辨的探究方式，开创了以实验事实为根据并具有严密逻辑体系的近代科学传统。伽利略不仅发现了月球构造、木星的卫星和太阳黑子，还发现了摆的等时性、落体定律和运动叠加原理等，为近代科学奠定了基础。在生物学领域，维萨发现了人体的基本构造，哈维发现了血液循环。现代科学探究向着更微观、更宏观、更综合等方向发展，完成了一系列的科学发现，实现了人类对自身和宇宙更细致、更深入、更广泛的理解，也为人类改造世界提供了强有力的支持。

（二）科学发现

科学发现，一般是指人类利用科学方法对已经存在的事物或规律经过探究过程而获得的科学成果。它强调的是对客观存在事物的发现，是对既存对象的一种揭示，并非发明新的东西。科学发现起码在原则上应该是可检验的，如果在实践上和原则上都不能得到检验，就不能算是科学发现。

科学事实的发现和科学理论的发现是科学发现的主要内容。科学事实的发现是从自然界发现新事实、新现象，即通过新的观察工具与实验手段发现新的自然客体或自然现象；科学理论的发现是通过概念、命题、推理等逻辑形式并借助数理形成科学假说和科学理论。

科学发现不只是观察到某种事实，还必须能够运用已有的知识对它进行正确的解释和说明。如果不能给予正确的说明，即使观察到了某种事实，一般也不认为这是一项科学发现。科学史上氧气的发现就是一个著名的例证。最先制得氧气并对其性质进行实验研究的是瑞典药剂师舍勒。1773 年，舍勒在加热硝酸盐、金属氧化物、浓硫酸与黑锰矿的混合物后得到了助燃的"火气"（实际上就是氧气），但是他坚信"燃素说"，从而没有对氧气给予恰当的解释说明。1774 年，英国人普列斯特里用聚光灯加热氧化汞时也得到了氧气，但是他并不知道自己得到的是氧气，误以为它只是具有"脱燃素"能力而不是自己参与了燃烧反应。普列斯特里将他的发现告诉了拉瓦锡，拉瓦锡通过进一步实验研究，在 1777 年提交给法国科学院的《燃烧概论》一文中，详细论述了氧气并对其给予了正确的解释和说明，从而标志着氧气的真正发现。

科学发现是一个复杂的过程，既有历史积累的因素，也有现实努力的成分；既有理性方法，又往往表现出对理性方法的"反叛"，即非理性的直觉、顿悟等；既有集体思想的启发，也有研究者本人的"灵光闪现"。总之，科学发现往往不是单个人在瞬间完成的单个科学陈述，而是一个复杂的过程，具有历史性、社会性、心理性和创造性等特点。

科学发现的历史性和社会性是指某个科学发现的获得，需要一定的理论积累或者思考积累，是许多人经过深入思考而最终获得的。牛顿三大定律以及万有引力定律的发现，并不是牛顿一人的功劳，很多人都为这一发现做了奠基性工作。试想：如果没有哥白尼的"日心说"，伽利略的落体定律和运动叠加原理，以及开普勒的"行星运动三定律"，牛顿如何能提出三大定律和万有引力定律？

科学发现的心理性是指，科学发现不仅仅是一个理性的逻辑思维过程，还包括一个非理性的心理创造过程，包括想象、顿悟和直觉等。科学史上的很多发现实际上都源于直觉。对于行星运动定律，开普勒充分肯定了直觉在这一发现中的作用："人们可以追问，灵魂既不参加概念思维，又不可能预先知道和谐关系，它怎么有能力认识外部世界已有的那些关系？……对于这个问题我的看法是，所有纯粹的理念，或如我们所说的和谐的原型，是那些能够领悟它们的人本身固有的。它们不是通过概念过程被接纳，相反，它们产生于一种先天性直觉。"①

科学发现的特质在于创新性，一般体现为具有重大科学意义的新事物、新现象、新规律的发现，具有重大影响的新科学方法的使用，以及基于科学概念和逻辑推理之上的科学理论的建立等。创新是科学的生命力，是科学进步的原动力。正是由于创新，科学发现才能不断涌现。可以说，科学发现是一个不断创新的过程。

二、科学事实的发现与建构

科学事实的发现强调的是对"潜存"科学事实的揭示。作为科学探究的初级成果，科学事实的发现不仅在科学发展中发挥着举足轻重的作用，而且是提出科学假说的依据和建构科学大厦的基石。然而，20 世纪 70 年代以来，在学术界出现了一种声音，即科学事实的"建构说"，认为科学事实不是发现的，而是人为建构的。为了更好地探讨科学事实的"发现"与"建构"这二者间的关系，应先厘清"科学事实"的概念。

（一）科学事实的含义和作用

在日常生活和科学研究中经常会用到"事实"这一术语，但是在不同的论域当中，它所表示的含义是不同的，因此在进行科学探究之前，首先应该区分客观事实、经验事实和科学事实的含义。

首先，在本体论层面上，"事实"是不依赖于人的意识而客观存在的事物、事件、现象、关系、状态、过程等的总称，如山河、日月、星辰、电子、光子等。它是进行科学研究的"质料"，是构成感性认识的对象，也就是通常所说的客观事实。

其次，在认识论层面上，"事实"是在客观事实的基础之上产生的认识成果，

---

① ［美］S·钱德拉赛卡：《莎士比亚、牛顿和贝多芬——不同的创造模式》，杨建邺、王晓明等译，湖南科学技术出版社 1996 年版，第 76 页。

是展开科学研究的基础性成果，包括经验事实和科学事实。所谓经验事实，是通过观察、实验等科学活动，利用人工语言对客观事实的表征、描述和判断。所谓科学事实，是人们在科学实践中运用科学语言对客观事实所进行的真的描述和判断。它既以客观事实为最终研究对象，又是对经验事实的再次认知。

经验事实和科学事实都来源于客观事实，因而都具有一定的客观性，都是主客观的辩证统一。但是在客观性的程度上，科学事实比经验事实更为可靠。借康德的术语来说，经验事实属于感性范畴，科学事实属于知性范畴。

科学事实在科学认识中的作用主要表现为：它既是形成科学概念、科学定理、科学假说和建立科学理论的基础，也是证明与反驳科学假说和科学理论的基本手段。

（二）由"发现"到"建构"

传统科学观认为，科学知识是客观的，是理性认知的结果，科学事实当然也不例外。因此对于科学事实的揭示是一个发现的过程。20 世纪 70 年代，科学知识社会学（以下简称 SSK）对该论断发起了挑战，认为科学事实不是客观地"发现"的，而是社会地"建构"的。

SSK 将社会因素和心理因素引入科学知识的生产过程中来，运用田野调查、案例研究等具体研究方法提出：科学事实并非纯粹客观的，而是人为的创造物，是由利益相关的科学共同体成员之间通过"协商"而达成的结果，是通过社会磋商手段产生出各方面都认可的"合格"信念。在《科学知识和社会学理论》中，巴恩斯指出："本书通篇所使用的'知识'这一术语，其含义是指'已被接受的信念'，而不是指'正确的信念'。"[①] SSK 认为科学事实并不存在普遍有效的客观基础，对于科学事实是什么这一问题，在不同的论域中会有不同的标准和答案。

为了搞清楚科学事实到底是如何产生的，SSK 中"巴黎学派"的代表人物拉图尔和伍尔加将研究深入到了科学事实产生地即实验室中。他们与美国的一个神经内分泌学实验室的研究人员共度了两年时间，亲身经历了科学事实的生产过程。他们以科学人类学的方法，描述了促甲状腺素释放因子 TRF（H）生化序列的确定过程，使我们看到科学知识是如何达成共识的。他们写道："其实，现象只依赖于设备，它们完全是由实验室所使用的仪器制造出来的。借助记录仪，人

---

① ［英］巴里·巴恩斯：《科学知识与社会学理论》，鲁旭东译，东方出版社 2001 年版，前言第 4 页。

们完全可以制造出人为的实在，制造者把人为的实在说成是客观的实体。"① 这就把科学事实完全看成了人们通过实验仪器而制造出来的东西。他们认为，科学事实是实验室内的社会建构物，实验室如同工厂一般，"科学事实"是实验室里生产的"产品"。

无疑，SSK 将社会学的分析方法运用到科学知识生产过程——这一长期被社会学视为禁区的研究领域，细致地剖析了科学知识生产的具体过程，着重突出了研究主体的地位，将社会性因素放在了第一位，加深了对科学事实的理解。但是，SSK 的观点具有明显的相对主义色彩，完全否认了科学事实的客观性，认为科学事实完全是人造出来的东西，只要条件允许，每个人都可以创造出科学事实，这是有失偏颇的。

三、假说、定律与规律

（一）科学假说

科学假说是指人们根据已有的科学事实和科学理论，对未知的自然现象及其规律性，经过一系列的思维活动而做出的假定性解释和说明。科学假说是人们将认知从已知世界推向未知世界的桥梁，是科学理论发展的重要形式。科学假说之所以会产生，一般是由于以下几种原因：第一，原有理论对新事实没有足够的解释力；第二，新旧事实之间出现了矛盾；第三，理论内部出现了矛盾；第四，不同的理论之间出现了矛盾。科学假说具有以下特征：

1. 科学性

科学假说与幻想、主观臆测的主要不同之处在于它具有科学性，它是以已有的科学事实和科学知识为基础，经过缜密的思维活动和严格的逻辑推理而提出来的。1912 年魏格纳提出了关于大陆漂移的假说，1915 年写成了《大陆和海洋的形成》，从地球物理学、地质学、古生物学等多个角度详细论述了大陆漂移说。魏格纳提出这一惊人的假说，绝非幻想：第一，地理大发现以来，欧洲航海家已发现南美洲东海岸的突出部分与非洲西海岸的凹入部分正好吻合；第二，20 世纪初，欧洲地质学家发现阿尔卑斯山的巨大推覆体，说明地壳发生过大规模的水平位移，魏格纳对此完全知晓。所以，正是大量的科学事实奠定了大陆漂移学说科学性的基础。

---

① ［法］布鲁诺·拉图尔、［英］史蒂夫·伍尔加：《实验室生活——科学事实的建构过程》，张伯霖、刁小英译，东方出版社 2004 年版，第 51 页。

2. 假定性

科学假说是在经验事实不充分的基础上对事物的本质和规律所做的推测，未经实践完全检验，包含大量不确定知识，因此随着研究的不断深入，新的科学事实不断被揭示，科学假说的真假问题会不断明晰。在以后的科学活动中，假说可能因为完全错误而被推翻，也有可能基本正确而得到修正、完善和发展，因而科学假说不同于经过实践确证的科学理论。假说的假定性意味着提出假说需要对自然现象进行猜测和推断。

3. 可检验性

科学假说要像科学理论那样具有可检验性。虽然囿于科学发展的条件，一些假说无法在实践上实现检验，但是起码它要在原则上是可检验的。如果它不仅在实践上是不能够检验的，而且在原则上也是无法检验的，那它就不能被称为科学假说，更不可能发展成为科学理论。

4. 不确定性

由于占有的材料、看问题的角度、知识背景、使用的方法等差异性原因，针对同一对象，科学家往往可以提出不同的科学假说。同一科学假说也会随着科学实践的深入而不断变化。针对宇宙的演化相继产生了"爱因斯坦宇宙模型""德西特宇宙模型""勒梅特膨胀宇宙""宇宙大爆炸学说"等不同的假说。

其实，整个科学发展的历史就是假说不断演化的过程。科学就是"科学问题—科学假说—科学理论—新的科学问题—新的科学假说—新的科学理论……"的不断更迭和循环往复的发展过程。在科学发展的过程中，科学假说扮演中介角色，是科学问题通向科学理论的桥梁，是科学理论的重要思维形式。

如果科学假说能够经受住科学事实和科学实践的考验，就会转化为科学理论。随着新的科学事实不断涌现，科学理论又会不断接受新的假说的挑战，一旦新的假说能够经受检验，就会转化为新的科学理论。因此，在科学认识过程当中，科学假说和科学理论之间并不存在一条明确的界线，科学假说可以转化为科学理论，科学理论也可以转化为新的科学假说。

那么，如何判断科学假说转化为了科学理论呢？这是一个很难判定的问题，但是如果科学假说能够符合下面两个条件，我们分别称之为解释性和预见性，一般认为科学假说就转化为科学理论了。

第一，把假说运用于科学探究活动，如果与既有的科学事实没有矛盾，并且与越来越多的新科学事实和假说相吻合，一般就认为该假说在某种程度上反映了客观规律。这是判定科学假说转化为科学理论的最为显著的标志。

第二，除了解释性条件外，还应有预见性，即科学假说所做出的科学预见能够得到实际的证实。

如果能够满足以上两个条件，一般就认为科学假说已经转化为科学理论了。

（二）科学定律与规律

在科学事实和科学假说的基础之上，人们通过抽象思维能力，利用逻辑符号和数学表达式来表示对客观世界系统的、全面的和深刻的认识，形成了科学定律和规律等，它们是科学理论的重要组成部分。

首先，科学定律是科学抽象的结果，是以通过观察和实验所获得的大量科学事实为基础，直接反映事物、现象、过程之间的本质性联系即客观规律的科学命题，是组成科学理论的重要部分。

科学定律作为对客观规律的描述，并不是纯粹客观和绝对无误的，而是主观性和客观性的统一，是绝对真理和相对真理的统一。科学定律的内容是客观的，而形式则是主观的。爱因斯坦在 1906 年提出的质能关系式 $E=mc^2$，它所表述的内容是质量和能量的本质联系，揭示质量转化为能量的可能性，然而它的数学表达式则是人类思维的产物，是主观的。科学定律的绝对真理性是指，它所揭示的内容具有绝对真理的成分，是对世界规律的反映；而相对真理性是指，由于受到历史条件、现实的科学研究工具等社会性条件以及人类认识能力的限制，定律对客观规律的反映是有局限性的，只是人类在特定条件下对世界的把握，离开了具体条件，它也许就不适用了。例如牛顿运动定律的适用范围就是在低速、宏观情况下，一旦超出这个范围，就不适用了。

其次，根据科学认知的深刻性和普遍性，科学定律可以分为经验定律和理论定律。经验定律在整个定律体系中处于较低层级，和经验、观察等联系密切，反映的是现象之间的某种普遍性联系，但不能解释这种普遍性联系的本质原因。开普勒的"行星运动三定律"，是在第谷留下来的大量天文观测资料基础上发现的，可以描述行星是"怎样"运转的，但是不能解释行星"为什么"运转。经验定律有三个重要特征：第一，经验定律是从经验（观察数据、实验数据等）中抽象得到的，或从理论定律经演绎推导得到，与经验材料有着天然的联系；第二，经验定律不是对经验材料的简单描述，而是对科学事实之间本质规律的揭示，是认识过程中的一种飞跃；第三，经验的可观察性决定了经验定律的检验可以通过观察和实验来完成。

理论定律反映的是事物间的必然因果联系，在知识体系中比经验定律层次更高。理论定律往往不是作为对科学事实或经验的概括和抽象而被提出来的，而是以科学假说的形式被创造性地陈述出来的，从理论定律中可以推导出经验定律。

与经验定律相比，理论定律有以下两个特征：第一，理论定律通过运用抽象的语言，借助人为创造的科学概念来描述规律；第二，它所涉及的内容是不可以直接观察的，因此对理论定律的检验只能通过由它推导出的经验定律而得以完成。

最后，科学认知的目的是为了把握世界的规律。规律是一种全称命题，科学事实是单称命题，有些单称命题通过归纳等逻辑方法，可以形成全称命题。但不是所有的全称命题都可以作为规律，还应由观察、实验等实践来检验，如果能够经受住检验，就可以称之为规律了。

规律一般可以分为两类：必然规律和统计规律。必然规律陈述的是一种在所有条件下都会表现出来的规则，统计规律是指在某些条件下才会出现而不是在所有场合出现的规律。由于统计规律表现出一定的概率特性，所以也可以称之为概率规律。

必然规律可以陈述为：对于所有的 x，如果 x 是 F，那么 x 也是 G。其逻辑形式可以描述如下：

$$\forall x\ (Fx \rightarrow Gx)$$

而统计规律是与必然规律不同的一种规律，它陈述的是一种可能性，可以陈述为：在某种条件 F 发生下，G 有可能发生。其逻辑形式可以描述如下：

$$RF\ (Q,\ P)\ = r$$

RF 表示相对频率。该规律是说，在一系列实验 P 下，出现 Q 的概率为 r。

虽然必然规律和统计规律有所不同，但二者都是对客观世界本质联系的描述，二者共同为人类解释世界和预测未来提供了可能，都是科学认识的目标。

四、科学发现的分类

科学发现的分类标准并非惟一，按照不同的标准，可以对科学发现进行不同的划分。

1. 不同内容的科学发现

依据发现的内容，大致可以分为知识型发现和方法型发现。知识型发现是科学事实、科学定律和规律以及科学理论的发现，它们一旦被发现且经过检验后，不论其发现成果是科学事实、科学定律还是科学理论，都将被归入科学知识体系之中，成为科学知识体系的组成部分。

方法型发现是指能够促进科学研究的方法被提出来，不论它是单一方法，还是一个系统的方法论体系，一旦被发现，都将会并入科学方法的系统之中。方法型发现可以分为经验方法、理论方法和综合性方法的发现。经验方法就是获取科学事实的方法，它包括观察法、实验法和测量法等；理论方法即是获取科学规律和科学理论的方法，它包括归纳法、演绎法、逆推法和类比法等；综合性方法主要指系统论方法，复杂性科学的研究方法。

2. 不同层次的科学发现

根据科学认知的逻辑顺序，知识型发现可以分为科学事实的发现、科学定律和科学规律的发现，以及科学理论的发现。科学事实的发现有很多，如化学中各种元素的发现，生物学中细胞、血液循环等的发现，物理学中电子、X 射线等发现；科学定律和科学规律的发现，如元素周期律、孟德尔遗传定律等；科学理论一般是涵盖了科学事实和科学规律的理论系统，如"日心说"、进化论等。

根据学科的不同，科学发现还分为数学发现、物理发现、化学发现、地理发现等。根据参与人数的多少，科学发现分为个人发现和集体发现。

第二节　科学发现的理论与问题

科学发现不仅表现为人类认识大自然的一种成果，同时体现为一种科学探究活动。作为一种以获得科学认知成果为目的的实践活动，科学发现是一个复杂的过程。

一、科学发现的起点

科学发现的起点就是科学问题。

（一）科学问题的含义

科学问题是指在特定时代背景下，科研工作者基于一定的背景知识所提出的、在科学的认识活动和实践活动中需要解决又尚未解决的问题。一般一个科学问题应包括事实基础、理论背景、问题指向、求解目标、应答域等基本要素。

科学问题是一定时代的产物，具有时代性特征。一定时代的知识背景决定着科学问题的内涵深度以及解决途径。针对遗传问题，历史上早有所探索。但是由于具有不同的理论知识，不同的人给予了不同解答：19 世纪末魏斯曼的"种质"，20 世纪初摩尔根的"基因"，20 世纪 50 年代沃森和克里克的 DNA 的双螺旋结构。

为了认清科学问题，还需要区别两类问题，即真问题与伪问题。所谓真问题是指不仅问题的提法本身是正确的，而且它的背景知识即预设也是正确的，问题的"真"是由预设决定的。伪问题是指如果问题的预设本身是错的，那么它的提出也是错的。今天，"永动机问题"，即"如何制造一部永动机"，就是伪问题，因为它预设永动机是可以制造出来的，但是通过能量守恒定律推理就知道永动机是不可能存在的。

（二）科学问题的来源与分类

科学问题往往来源于以下几个途径：

第一，科学事实积累到一定阶段，产生新的科学问题。科学的任务不仅是发现科学事实，而且要描述科学事实之间本质的、必然的、客观的联系，寻找科学规律，最终形成科学理论。当科学事实积累到一定量时，为了解释就需要回答它们之间的关系问题。在化学发展史上，当各种化学元素相继被发现时，人们就提出：这么多的化学元素之间有没有一种内在的必然联系呢？于是，许多科学家对这一问题进行了研究，最终发现了元素周期律。

第二，科学理论与科学事实之间的矛盾所产生的问题。随着科学观察和科学实验的不断扩展和深入，会出现许多新的科学事实，这些新的科学事实如果与现有的理论不相符，就会产生科学问题，这是科学假说产生的途径之一。

第三，科学理论内部存在的逻辑悖论和佯谬也能引出重大的科学问题。科学体系应当是自洽的、无矛盾的。科学中的逻辑悖论和佯谬是指，如果一个理论从同一个前提出发，却推出了两个相互矛盾命题的情况。它是严密的、自洽的科学理论所不能容忍的，因此应剔除。

第四，不同科学理论之间也会存在着矛盾，从这一矛盾也能产生科学问题。天文学中的"地心说"和"日心说"，地质学中的"水成论"和"火成论"、"渐变论"和"灾变论"，光学中的"波动说"和"微粒说"等，都是同一研究领域中存在矛盾的科学理论。

依据不同的分类标准，科学问题可以划分为不同的类型。

美国科学哲学家劳丹在其著《进步及其问题》中曾经把科学问题分为经验问题和概念问题。

经验问题如"苹果为什么会落在地上""水为什么会结冰"等，是对自然事物感到新奇和疑惑并寻求解释时产生的科学问题。经验问题可以分为未解决的问题、已解决的问题和反常问题。未解决的问题是由于条件尚不具备或者研究时机未到而没有解决，只能算是一种潜在的问题；已解决的问题是在一个领域内被认为解决了的问题、已经不成"问题"的问题；反常问题相对于现有理论反常，对现有理论的威胁比较大，容易吸引研究者的眼球，成为一时研究的热点问题，是理论变革的一个绝佳契机。

概念问题是理论所特有的，不能独立于理论而存在。它有内部概念问题与外部概念问题之分，前者是由于理论内部的逻辑矛盾而产生的问题，后者是由于一个理论与另一个理论或者外部的哲学、文化观念不协调而产生的问题，如热力学第二定律所揭示的系统演化方向与达尔文的进化论不一致而产生的问题就属于外部概念问题。

（三）科学问题的意义与解决

劳丹说过，科学本质上就是解决问题的活动。科学探究的过程是一个不断提出问题、解决问题和提出新问题的过程。问题在科学探究的过程中，一方面可以推动科学研究，比如 1900 年数学家希尔伯特从当时数学领域内概括出了 23 个最具生命力的问题，即著名的希尔伯特问题，极大地推动了数学的发展，影响了 20 世纪数学发展的方向。另一方面，由于一个科学问题往往包含着问题指向和一定的应答域，所以也可以指导科学研究。

科学问题一般比较复杂，对于复杂问题首先需要进行研究，通过比较与分类、分析与综合、抽象与概括等逻辑方法，找到问题的核心之所在，然后再攻克之。科学问题的解决方式一般有以下几种：

1. 通过获取新的科学事实

科学问题蕴含着问题的指向和应答域，因此解决问题通常应从背景知识出发，利用已知的科学原理，根据问题的指向和应答域，设计新的观察和实验，以获取所需的科学事实。

2. 通过引入新的概念

反常问题针对现有理论，尤其是与理论中的基本概念矛盾，通常需要引入新的概念来解决问题。例如爱因斯坦相对论对牛顿力学的超越就属于此类。两人的物理学体系都运用了时间、空间、物质、运动、质量、能量等基本概念，但是爱因斯坦却赋予它们全新的含义，揭示了宇宙间更为普遍的规律。

3. 通过引入科学假说

当原有理论无法解释新的科学事实时，人们常常会提出新的科学假说来解决问题。在科学史上，科学理论的建立几乎都经历了提出科学假说的阶段。

二、科学发现的原则与方法

（一）科学发现的原则

一般来说，科学发现应该遵循以下原则：

1. 客观性原则

应根据研究对象的本来面目来认识它，在科学观察和实验中坚持实事求是的科学态度，克服先入为主的观念，不可篡改科学实验数据。

2. 全面性原则

应尽量观察研究对象的各个方面、各种因素、各种关系和各种规定，这样既能较为容易地发现科学事实，又能获得丰富而完整的科学事实，客观地反映事物全貌。

3. 典型性原则

要注意选择能够集中反映一类事物的共性，其自然过程表现得比较纯粹、最少受干扰、最易于观察的事物作为研究对象。

（二）科学发现的模式

关于科学发现方法的探讨可以追溯到亚里士多德，他提出过一种归纳—演绎的发现模式。在近现代，也有所谓归纳主义模式、假说—演绎模式等。这里介绍几种主要的科学发现模式。

1. 亚里士多德的归纳—演绎模式

亚里士多德是最早系统研究科学发现方法的哲学家，归纳—演绎模式是对科学认识论最重要的贡献之一。这一模式分为两个阶段：第一阶段是通过自然观察归纳出解释性原理；第二个阶段，是从解释性原理演绎出符合观察现象的陈述。这两个阶段是一个整体。这一模式可以用图 2-1 来表示：

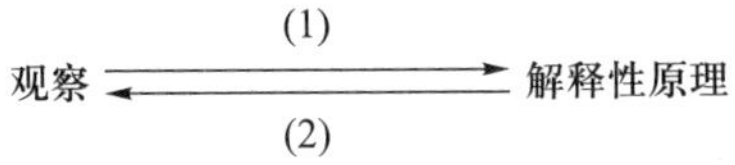

$$观察 \underset{(2)}{\overset{(1)}{\longleftrightarrow}} 解释性原理$$

图 2-1　归纳—演绎模式

亚里士多德讨论了两种归纳法：简单枚举法和直观归纳法，这两种归纳法都具有从特殊陈述上升到一般陈述的特征。所谓简单枚举法是指在简单枚举中，单独对象的陈述可以作为普遍结论的基础和前提。它的典型形式如下：

$$A_1 具有性质 P$$

$$A_2 具有性质 P$$

$$\underline{A_3 具有性质 P}$$

$$\therefore 所有的 A 都具有性质 P$$

直观归纳法是对所研究对象中一般原理的最直接的把握，是从研究对象中直接获得本质。亚里士多德曾举例说，月亮明亮的一面总是朝着太阳，通过直观归纳法就可以推断出月球发光是由于对太阳光的反射。

2. 培根的归纳主义模式

归纳主义认为科学知识是通过某种归纳推理从观察事实中推导出来的。培根对于亚里士多德的直观归纳法表示不满。他认为，寻求和发现真理的最佳途径是从感觉材料和特殊事物中引申出公理，然后逐步不断地上升，最后获得最普遍的原理，这是运用归纳法把研究对象逐渐上升到科学理论的过程。归纳过程会出现低级公理、中间公理和普遍公理三种形态，是连续性和阶段性相统一。

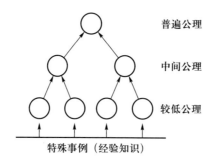

图 2-2 培根的归纳主义模式

3. 笛卡儿的演绎主义模式

作为和培根同时代的哲学家，笛卡儿精通数学，钟情于几何学中的演绎证明方法，这也促使他认识到理智的直观能力和演绎方法在科学发现中的作用。因此他不同意培根的归纳主义，认为人类一切知识都可以如同几何学那样从一些基本的原理出发，推导出其他知识。至于获得基本原理，他认为依靠理智的直觉，无须从经验中获得，并且认为最一般的原理是不证自明的、先验的。

演绎主义模式肯定了理性在科学认知中的作用，但完全忽略了经验在认识中的重要作用，因此无法解释某些推论与经验事实不符的情况。

4. 假说—演绎模式

假说—演绎模式是指在观察和实验的基础上通过直觉、创造性想象力等方式，提出一个假说，再由假说通过演绎推理方法导出一些可观察的基本命题，接着用观察和实验来检验这些命题。如果它们正确，则说明假说是正确的，反之则是错误的。

现代最流行的假说—演绎模式如图 2-3 所示：

$$P \cdots\cdots H \propto Oc \to Hc$$

图 2-3 假说—演绎模式

图 2-3 的意思是说，某项研究从问题（P）开始，在各种经验材料的基础上，

通过非逻辑的猜测（……），而提出假说（H），并从假说中演绎（∝）出一些可以观察的命题（Oc），如果这些观察命题能够被证明是正确的，那么就可以推导出（→）正确的结论（Hc）。

假说—演绎模式中的综合归纳和演绎，在现代科学中经常被使用，例如对基因和染色体的探究过程。孟德尔的观点于 1900 年被几位科学家分别重新发现，遗传学界开始认识到孟德尔遗传理论的重要意义。如果他假设的遗传因子即基因的确存在，那么它到底在哪里呢？1903 年，美国遗传学家萨顿发现，孟德尔假设的一对遗传因子即等位基因的分离，与减数分裂中同源染色体的分离非常相似，于是根据基因和染色体行为之间明显的平行关系，提出新的假说：基因位于染色体中，染色体携带基因，从亲代传递给子代。一开始，美国遗传学家摩尔根明确表示不相信孟德尔的观点，也不相信萨顿的假说，但后来他经过大量果蝇杂交实验，用实验把特定基因和特定染色体即 X 染色体联系起来，从而证实了萨顿的假说。

三、科学发现中的推理

（一）归纳推理

归纳推理是由个别事物概括出一类事物的本质或规律的推理。一般存在于个别之中，通过个别可以认识一般。在科学认识中，从经验事实到经验规律的途径，就是归纳推理。

依据是否考察了某类事物的全部对象，归纳推理可以分为完全归纳法和不完全归纳法。

完全归纳法是根据某类事物的全部对象做出关于该类事物的一般性结论的推理，如从所有 6 个惰性元素氦、氖、氩、氪、氙和氡的特性概括出共性命题"所有零族元素都是惰性元素"。完全归纳法由于结论没能超出前提所断定的范围，因而是一个必然性结论。

不完全归纳法是根据某类事物的部分对象具有某种属性，而推论出该类事物的所有对象都具有某种属性的推理。这种推理的结论超出了前提所提供的范围，揭示出某类事物中的普遍规律，在科学研究中具有一定的预见功能，能够促进科学的发展。但是，由于这种推理是从少数事实中推断出一般性结论，是一种或然性推理，因此可能犯"以偏概全"的错误。

不完全归纳法常用的有简单枚举法、科学归纳法和统计推理。

简单枚举法是指列举了某类事物中的部分对象具有某种属性，而且没有反例，从而推断出这一类事物都具有某种属性的方法。这种推理的可信度随着列举对象的增多而上升。

科学归纳法是根据某类中部分对象和某种属性之间具有因果关系，从而推断出该类对象都具有该属性的推理。比如，铜、铁、铝、银加热后体积膨胀，因而得出结论，金属加热后体积膨胀。由于这种方法引入了因果关系，也称为判明因果关系法。它包括以下几种常用的方法：求同法、求异法、求同求异共用法、共变法和剩余法等。

统计推理是以概率命题的形式来表述归纳成果的一种推理。一般方法是通过随机样本的属性来对样本所属的总体属性进行推断。由于其结论的范围超出了前提所断定的范围，所以它在本质上属于或然性推理。

（二）演绎推理

演绎推理是一种从一般到个别的推理。它从一般性的原理出发，对个别的事物进行分析、推理。由于它的结论蕴含在前提之中，因此是必然的，如果前提是正确的，那么结论也肯定是正确的。

较为典型的演绎推理是三段论，它由大前提、小前提和结论组成。大前提是已知的原理、规律或假说，小前提就是关于研究对象的判断，结论必然和大前提有蕴含关系。我们以三段论中的 AAA 式为例：

所有物质都有质量

空气是一种物质

所以空气也有质量

演绎推理具有科学证明、科学预见、建构理论等作用。

（三）类比推理

类比推理是根据两个或两类对象之间某些方面的相似或相同，推出它们在其他方面也可能相似或相同的一种推理方式。它以两个事物某些属性相同的判断为前提，推出两个事物的其他属性相同的结论，是一种从特殊到特殊或者从一般到一般的推理。例如：

A 有性质 $P_1P_2P_3\cdots\cdots P_n$

B 有性质 $P_1P_2P_3\cdots\cdots P_{n-1}$

B 也应有性质 P_n

类比推理的客观基础是同类事物之间具有某种相似性。可是事物间也有差异性，而类比推理忽略了这种差异性，因此，这种推理方式具有一定的或然性。

在科学探究过程中，有时候由于客观条件的限制，对于所要研究的事物或现象无法进行观察或实验，对于所要研究的过程或历史也无法再现或复原，在此就可以采用类比推理的方法，通过研究模型，来获得对研究对象的认知。因而，构建模型十分必要。

按照模型和原型（研究对象）之间的相似关系，模型可以分为物理模型、数学模型、结构模型和仿真模型等。物理模型反映的是模型和原型在物理性质上的相似，即矢量和标量在时间和空间上对应成比例；数学模型反映的是模型和原型具有一致的数学结构，它可以是一个或一组方程，也可以是方程间的某种适当组合，通过这些方程定量或定性地描述系统各变量之间的相互关系；结构模型反映的是研究对象的结构特征和因果联系，如常用的图模型和生物中的房室模型；仿真模型是通过数字计算机、模拟计算机或混合计算机上运行的程序来表达研究对象的计算模型。

（四）溯因推理

溯因推理又称逆推法，是最早由亚里士多德提出的一种推理形式。20 世纪初，美国哲学家皮尔士（1839—1914）将它翻译为"abduction"或"reduction"，并首先将这种推理形式看作是形成假说的推理形式。汉森接受了皮尔士的译法，并对它做了进一步的论证和阐发。

逆推法把观察句看作是待说明项，科学理论则作为说明项，推理就是从待说明项到说明项的逆行。在《发现的模式》一书中，汉森解释了溯因推理："1. 某一令人惊异的现象 P 被观察到。2. 若 H 是真的，则 P 理所当然地可解释的；3. 因此有理由认为 H 是真的。"① 溯因推理说明了观察事实的可能情况，是一种或然性的推理。

溯因推理的最大优点在于揭示了观察和因果说明中的理论渗透。它认为观察并不是与理论完全无关的纯粹观察；相反，观察是在先行知识指导下的观察，因果说明亦是如此。溯因推理将观察和理论联系起来，从而体现了科学认识过程中主体的能动性。

四、科学发现的认识论问题

（一）机遇

在科学史上，机遇的作用不容小觑，绝大部分开创性科学发现或多或少地都和机遇有着千丝万缕的联系，如青霉素、牛痘接种法的发现。

① ［美］N. R. 汉森：《发现的模式——对科学的概念基础的探究》，邢新力、周沛译，邱仁宗校，中国国际广播出版社 1988 年版，第 93 页。

一般把在科学观察和科学实验过程中意外出现的偶然事件或机会，称为机遇。它是偶然性和必然性的辩证统一。机遇具有很强的偶然性，但是并不意味着只能"守株待兔"式的消极等待；相反，应深刻认识到机遇的产生也有其客观性和必然性基础。我们可以通过以下几种方法，来更好地捕捉甚至创造机遇。

首先，丰富自己的头脑，做个有准备的人。这是把握机遇乃至创造机遇的前提条件，没有它，机遇没有任何意义。机遇只偏爱那种有准备的头脑。科学发现有赖于机遇，但机遇不能仅凭侥幸心理和瞎碰运气；相反，应不断丰富自己的头脑，增加知识积累，以便更容易捕捉到机遇。在科学探究中，"看到"和"发现"有着根本的不同。前者只是用眼睛看见了偶然现象而已，并未与我们的先行知识发生碰撞，更不可能产生火花；后者则不仅仅"看到"了，而且与已有的背景知识发生了联系，对它进行了恰当的解释和说明，使之成为科学系统的一个组成部分。

其次，主动提高机遇出现率。机遇的出现虽是个偶然性事件，但是可以创造条件来提高机遇的"曝光"率。第一，延长观察和实验的时间，提高观察和实验的频率，给足机遇"自我呈现"的空间；第二，扩大观察和实验的范围，在量上促进机遇的出现；第三，要勇于突破常规思维，运用新方法。在旧方法失灵的时候，转变思维方式，尝试新的方法，往往能够增加机遇的"曝光"率。

再次，善于利用线索，把握住机遇。机遇的出现往往有一些前兆，即一些细小的线索，可以顺着这些线索，进而把握住机遇，实现科学发现。

最后，要有细心、耐心和恒心，这是把握机遇和创造机遇的主要心理因素。

（二）观察与理论

观察和理论的关系问题是科学发现领域的一个基本问题。关于这一问题存在着不同的观点，大致有"纯观察说""中性观察说""理论渗透说""双向渗透说"等几种。

1."纯观察说"

古典经验主义提出了"纯观察说"，对近代科学认识活动产生深刻影响，代表人物有培根和洛克。他们认为，观察是一种纯粹的感官反应活动，不受理论的任何影响，人们对客体的感觉过程就是观察过程。洛克认为，人类所有的思想和观念都来自或反映了人类的感官经验，人的心灵开始时像一张白纸，向它提供精神内容的是经验。培根也有类似的观点，认为科学始于观察，观察是客观的，观察是科学理论形成和发展的绝对可靠的基础。

古典经验主义把人类的认知范围局限在经验之内，排除了形而上学的超验因素。但是，它把观察过程等同于纯粹主观的生理反应过程，把观察看成类似摄像机镜头的物理成像过程，忽略了人的主动性和能动性。事实上，观察过程不仅仅是生理反应，而且有复杂的认知机制。

2."中性观察说"

逻辑经验主义继承和发展了古典经验主义的思想，提出了"中性观察说"。在卡尔纳普的"两层语言模型"中，观察语言运用标示可观察的属性和关系的语词来描述可观察的事物或事件，如红色、水、石头等，因而是清楚明白、意义固定的，所以观察语言对不同理论保持中立，理论语言必须借助于一定的对应规则由观察语言来获得意义，可以指称不可观察的事件或事件的不可观察方面。因此，观察中立于理论，而理论却依赖于观察。

逻辑经验主义的观察理论比古典经验主义的"纯观察说"要更为细致和严密，对科学知识的结构分析富有启发性。但是，把观察陈述和理论陈述截然分开，也有很大的不足，因为在观察过程中，理论对于观察材料的选择、分析等都有影响。

3."理论渗透说"

前文已提过汉森在《发现的模式》中对观察渗透理论的总结。"理论渗透说"认为，科学观察不是简单的"看"，在观察的过程中组织模式等理论内容并不是一个"旁观者"，而是渗透在观察中的；因果说明也是理论渗透的，原因和结果是通过理论联结的，只有使用理论系统"原因 X"和"结果 Y"所隐匿的概念才能够联系起来，才能够被理解；观察语言和理论语言也是不能绝对区分的，二者的区分依赖于一定的语境。

如图 2-4 所示，对于同一张图，可以看到一个高脚杯或者两张对视的面孔。之所以会产生两种观察结果，主要因为对图片中的黑、白元素进行了不同的组织和处理。

图 2-4　杯子还是面孔？

由此可见，由于观察者具有不同的背景知识，观察到的结果就可能会不同。历史主义科学哲学家费耶阿本德对这一思想进行了相对主义的理解，认为不同的人对于同一观察材料的理解是完全不同的，从而取消了观察的客观性，走向了另一个极端。

4.“双向渗透说”

新历史主义者夏皮尔①反对对观察和理论做硬性的区分，认为这不是真正从科学史出发来考虑观察与理论的关系，尤其是没有考察科学活动中观察概念的变化。因此，他认为走一条中间的道路是可行的。通过考察科学中观察概念的变化，他提出科学上的理论和观察不是固定不变的，而是随着科学的进步而不断变化的，由于科学概念的不断发展，观察和理论是双向渗透的。

（三）逻辑思维与非逻辑思维

在希腊悲剧中，日神阿波罗理性、和谐和稳健，酒神狄奥尼索斯狂热、过度和不稳定，然而两者能够相辅相成，达到平衡与协调，从而造就了高度发达而又别具特色的希腊文明。在科学发展中，同样需要两种相辅相成的思维，即逻辑思维与非逻辑思维。

逻辑思维主要指人们在认识过程中，按照逻辑规律建立概念和命题之间的推理关系来进行形式化推理。它主要包括同一律、矛盾律、排中律、交换律等经典逻辑规律，概念、判断和推理等思维形式，抽象与概括、归纳与演绎、比较与分类、分析与综合等逻辑方法。非逻辑思维主要是指不受固定的逻辑规则约束，直接根据事物所提供的信息进行综合判断的一种思维方式，主要包括想象、灵感、顿悟等。

逻辑思维的成果往往是行之有效的、有约束力的定式和框架。方法论越是程式化，就越容易掌握，也就越能够发挥方法的作用。爱因斯坦曾经肯定了逻辑思维在科学中的重要作用：“科学家的目的是要得到关于自然界的一个逻辑上前后一贯的摹写。逻辑之对于他，有如比例和透视规律之对于画家一样。”②

科学发现有方法，但无定法。科学发现往往表现出对逻辑思维的“僭越”，许多重大的科学发现大都来源于非逻辑思维。费耶阿本德的无政府主义方法论反对固定的、唯一的方法论，提倡一种民主的、多元的方法论。他认为，每一种方法都有它的局限性，不能局限于任何一种方法，相反，应该充分利用每一种方法，扬长避短。科学探究的惟一方法就是：怎么都行。费耶阿本德的思想启示我们：在科学发现中不能囿于某种方法，应该保持一种开放性的思维状态，在逻辑思维

---

① 达德利·夏皮尔（1928—　），美国科学哲学家，美国科学院院士。主要著作有《自然科学的哲学问题》（1965）、《伽利略的哲学研究》（1974）、《理由和知识的探求》（1984）等。
② 《爱因斯坦文集》第一卷，许良英、范岱年编译，商务印书馆1976年版，第304页。

和非逻辑思维之间保持一种张力，既要追求方法的程式化，又要勇于打破思维定势，从而开创一片新的思维天地。

第三节　科学理论的演变模式

科学发展模式是关于科学发展的规律性、主要特征和内在机制的概括和描述。人类对科学理论演变模式的思考，是一个"否定之否定"的过程。

一、科学理论的累积模式

科学理论的累积模式是对科学发展的一种传统看法。这种模式认为，科学理论的发展是随着科学实践的深入，越来越多的真值命题不断积累的过程，因此科学发展就是一种量上的渐进，其中没有革命，没有渐进的中断，没有质的飞跃。这种模式的发展史如下。

（一）惠威尔"支流—江河"说

在科学发展史上，英国哲学家惠威尔①在《归纳科学史》中首次系统地论述了科学发展模式，提出了归纳表（图 2-5）。

惠威尔认为，科学发展其实就是支流汇合成为江河的过程，科学发展是通过将过去的成果逐渐归并到现在的理论中而进行的；科学史揭示了"归纳逻辑"的线索，这个线索就是"支流—江河"的类比；科学进步性就在于定律相继化归为理论，即使这个理论由于错误的理念而把有联系的事实结合在一起时，也对科学进步做出了贡献。

惠威尔认为，某一科学内的理论系统应当可以表现为一定的模式结构，这个结构就是具有"支流—江河"形式的归纳表。归纳表类似一个倒立的金字塔，其顶部是具体事实，底部则是范围最广泛的概括。从表顶到表底的过渡反映了循序渐进的归纳概括，其中观察和描述性概括包容在不断扩展的理论之中。惠威尔引用了牛顿力学作为归并和成长的范例。牛顿力学可以解释开普勒定律、伽利略的自由落体定律、潮汐运动以及其他各种事实和规律。从较低层次的到较高层次的

---

① 惠威尔（1794—1866），也译为"休厄尔"，英国科学家和哲学家，主要著作有《归纳科学史》（1837）、《归纳科学的哲学》（1840）等。

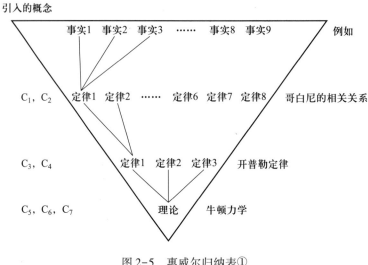

图 2-5   惠威尔归纳表①

概括不单纯是简单的累积，还需要有概念的引入，或许是一个概念，或许是一个概念系统（C_1，C_2，C_3…），只有引入它们后，较低层次的概念才能划归为范围更广的概括。从哥白尼的相关事实和开普勒定律到牛顿力学的归并，就是引入了力、惯性、加速度等概念后才完成归并的。

（二）内格尔的理论还原观

对于惠威尔的"支流—江河"说，美国哲学家内格尔②提出了批评，认为这种理论不能解决理论间的关系即理论的进化问题，因此他提出了理论的还原观（reduction），认为理论通过归并（incorporation）而成长。

内格尔在《科学的结构——科学说明的逻辑问题》一书中提出，科学理论的发展表现为"一个相对自足的理论为另一个内涵更大的理论所吸收，或者还原到一个内涵更大的理论"③。也就是说，科学的进步就在于先前的理论能够还原到后来提出的理论之中，或者后来的理论可以演绎出先前的理论。

内格尔认为有两种不同类型的还原，一种是"同质还原"（homo geneous reduction），一种是"异质还原"（hetero geneous reduction），前者是惠威尔提出来

---

①   John Losee. A historical to the philosophy of science. Oxford：Oxford Vniversity press，2001，p. 113.

②   内格尔（1901—1985），美国著名科学哲学家，代表作有《论度量的逻辑》（1932）、《概率论原理》（1939）、《科学的结构》（1961）等。

③   John Losee，*A Historical Introduction philosophy of science*. Oxford：Oxford University Press，2001，p. 173.

的，后者是内格尔对前者所做的补充。

在"同质还原"中，"一条定律后来被归并到利用出现在该定律中的'实质上相同'的概念的一个理论中去"①。在物理学中，伽利略自由落体定律、开普勒定律都被"吸收"到牛顿力学体系中去了，而牛顿力学体系又被爱因斯坦的广义相对论还原，这就属于"同质还原"类型的还原，这种还原不存在概念上的还原困难。

"异质还原"所指的是"一条定律通过演绎包容在一个缺乏表达该定律所用的一些概念的理论内"②。这种还原是不同性质的理论间的还原，也就是一种理论包含在另一个理论中，后一个理论缺少表达前一个理论所要用的一些概念。被包含的理论往往涉及客体的宏观性质，而起包含作用的理论涉及客体的微观性质。例如经典热力学归化到统计力学中。经典热力学只涉及对象的宏观性质，而统计力学则涉及对象的微观结构，存在于经典热力学中的"温度""自由能""熵"等概念并不直接运用于统计力学当中去，但这并不妨碍人们从统计力学中可以推演出经典力学的一些规律。

由于"异质还原"存在一些概念上的还原困难，因此在还原的过程中需要费些周折。内格尔为此提出了科学分支还原到另一个科学分支的充分必要条件，他也认为，这些还原条件应当用于具有形式化表示的学科中。

如果把 T_2 还原到 T_1 中去，就需要满足下面的条件：

1. 还原的形式条件

① 可连接性：对于出现在 T_2 中而没有出现在 T_1 中的一个词项，存在着一个连接词语，可以把这个词项与 T_1 中的词项连接起来。

② 可推导性：T_2 的实验定律是 T_1 理论假定的演绎结果。

2. 还原的非形式条件

① 经验支持：T_2 的证据支持 T_1，此外还有其他的证据支持 T_1。

② 增值力：T_1 的进一步发展是由 T_2 的理论假设提示的。

在内格尔的科学发展模式中，成功的还原就是归并，科学通过归并向前发展。这种还原的科学进步模式又被卡尔纳普称为"中国套箱"模式：魔术师的小箱子套在一个大箱子里，大箱子又套在一个更大的箱子里，就这样层层相套，每一个

---

① John Losee，*A Historical Introduction philosophy of science*. Oxford：Oxford University Press，2001，p. 173.

② John Losee，*A Historical Introduction philosophy of science*. Oxford：Oxford University Press，2001，pp. 173-174.

小箱子都被特定的箱子保存下来。

（三）逻辑实证主义的直线积累观

逻辑实证主义者看到了传统归纳主义者把"归纳"既看成发现的方法，又看成证明的方法的缺陷。他们提出归纳不是发现的方法，而是一种证明的方法，只有通过经验即"观察句子"而得以证明的学说才能成为科学理论。关于一个命题的意义标准问题，虽然逻辑实证主义内部也会有细微的分歧，但他们都公认科学知识只有通过经验才能得到验证。在此基础上，逻辑实证主义提出了一种直线积累的科学发展模式，认为科学知识的增长是不断归纳的结果。它把科学知识的增长看成一个量变的过程，否认科学发展中的质变和飞跃。逻辑实证主义的直线积累观如图 2-6 所示：

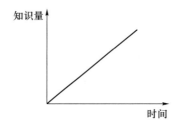

图 2-6　直线积累观模式

总之，科学理论的累积模式是以一种渐进的、连续的视角来观照科学知识的发展。它能够很好地说明科学理论的继承性关系，因为新的理论总是通过归纳的方式而从旧理论和观察中获得的，新的科学知识不是凭空捏造的。但是，它的弊端也是显而易见的。科学发展并不总是连续、渐进的，也存在着中断甚至革命性的变化。另外，这种累计模式也过分注重归纳方法的作用，把归纳推理看作是科学知识从事实中推导出来的惟一路径，有很大的片面性。

二、从证伪主义到精致的证伪主义

（一）波普尔的证伪主义

波普尔所提出的证伪主义又称为批判理性主义、朴素证伪主义，几乎和逻辑实证主义同时出现，但是它的流行始于 20 世纪 50 年代。基于对科学发展的渐进累积模式的不满，波普尔提出了证伪主义模式即"猜想—反驳"模式。

1965 年 4 月 21 日，波普尔在华盛顿大学作的题为《关于云和钟——对理性问题与人类自由的探讨》纪念讲演中首次详细地论述了他的科学发展模式。这一模式可以用图 2-7 作为解释：

图 2-7 中，"P_1"表示起始问题（Problem），"TT"表示试探性理论

$$P_1 \rightarrow TT \rightarrow EE \rightarrow P_2$$

图 2-7　波普尔"四段图式"

（Tentative Theory），"EE"表示排除错误（Elimination of Error），"P_2"表示新的问题（Problem）。由于已有理论同新的观察事实不符，从而产生了矛盾，提出问题，从这个"问题 P_1 出发，提出一个尝试性的解答或尝试性的理论 TT，它可能（在部分或整体上）是错误的；无论如何它都必须经受消除错误的阶段 EE，这可以由批判讨论或实验检验组成"[1]，由于新的理论在新的观察事实面前又会出现矛盾，说服力明显下降，从而又提出新的问题，产生新的理论，如此往复，直至无穷。

后来波普尔认识到，在上面的形式中，丢了一个重要的因素：试探性解决办法的多样性。因此，他的图式变成了这样：

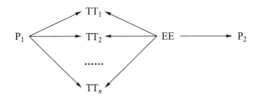

图 2-8　波普尔改良后的科学发展模式

按照达尔文主义优胜劣汰、适者生存的原则，波普尔增添了试探性理论竞争的可能性，各种理论在竞争中，经过选择只有一种才能留存下来，成为比较稳定的理论。他认为，科学的发展就是一个猜想、证伪、再猜测、再证伪的不断逼近真理的过程；对于真理，我们不能占有，只能探求而已。

波普尔证伪主义的模式包含着诸多合理的思想。首先，它把科学的发展看成一个动态的、不断革命的过程，反对归纳主义者对科学发展所作的静态描述，强调科学总是存在着一个个否证的阶段，认为科学的特殊意义就在于不断生长和发展，科学进步是不断逼近真理的过程。其次，它把问题作为科学发展的开始，从而与归纳主义有了明确的区分，强调问题是认识的起点和终点："科学和知识的增长永远始于问题，终于问题——愈来愈深化的问题，愈来愈能启发新问题的问题。"[2] 最后，它体现出科学的创造精神和批判精神。波普尔把理论置于观察之前，人们需要什么样的观察完全是由创造理论知识的人来选择，科学家们不是消极地

---

① ［英］卡尔·波普尔：《客观知识——一个进化论的研究》，舒炜光、卓如飞、周柏乔等译，上海译文出版社 2005 年版，第 137—138 页。

② ［英］卡尔·波普尔：《猜想与反驳——科学知识的增长》，傅季重、纪树立、周昌忠等译，上海译文出版社 2005 年版，第 320 页。

等待经验积累，而是主动地提出问题，进行大胆猜想。对于猜想也应大胆否定、大胆批判，因为理论只有经过证伪，才能不断地上升，达到逼真度较高的理论。

当然，波普尔的理论也存在着问题。第一，它过分强调连续性的中断，强调革命，试图将批判、否定作为科学发展的动力，却否认了科学的继承性和连续性。科学发展不是单纯的空洞的质变，而是由量变做积累的质变。第二，它夸大了猜想、想象、灵感等非理性因素，弱化了经验的作用。第三，它片面强调证伪，而否定证实，这也是有失偏颇的。

（二）拉卡托斯的精致证伪主义

拉卡托斯①是英籍匈牙利著名数学哲学家和科学哲学家。作为波普尔的学生，他认为波普尔的证伪主义过于简单，认为理论不是遭到经验否证就立即被抛弃，故他称波普尔的证伪主义为朴素证伪主义。拉卡托斯受库恩理论的影响，汲取了其合理因素，在波普尔理论的基础上提出了精致证伪主义理论。

精致证伪主义区别于朴素证伪主义的一个重要特征就是用理论系列的概念取代了单一理论的概念。朴素证伪主义认为科学理论是一系列相互独立的命题的集合，单个命题是理论的基本单位；精致证伪主义则认为科学理论是由许多相互联系的理论系列（包括辅助性假设、背景知识等）构成。拉卡托斯把理论系列称为科学研究纲领。他的科学研究纲领一般指的是范围较大的理论系列，该理论系列不仅仅指导一个时代的科学活动，而且还会影响到人们的思维方式，例如牛顿的研究纲领。当然，纲领一词有时也指范围较小的理论。

拉卡托斯的科学研究纲领由四个相互联系的部分组成："硬核""保护带""反面启示法"和"正面启示法"。

"硬核"是整个研究纲领的基础理论部分，它是"不许改变的"和"坚韧的"。对于一个研究纲领来说，如果其硬核发生了改变，则整个研究纲领将不会牢固。地心说就是托勒密天体理论系统的硬核，牛顿运动定律和万有引力定律则是牛顿研究纲领的硬核。

"保护带"是由许多辅助性假设所组成的用以保护硬核的科学理论系统，它的职责在于尽全力保护硬核以免受经验事实的反驳。至于如何保护硬核，拉卡托斯认为，当反常出现时，保护带将问题引向自身，往往主动面对并解决反常现象，通过修改、调整和增加辅助性假设，甚至有时候牺牲自己的方式，来消解反常现象对硬核的冲击和威胁。在托勒密研究纲领中，本轮和均轮的假设就起到了保护带作用。

---

① 拉卡托斯批判地继承了波普尔的科学哲学理论，提出了科学研究纲领方法论。

"反面启示法"是一种方法论上的禁止性规定。纲领的反面启示法禁止把经验反驳的矛头指向硬核，相反应该尽量保护硬核。经典力学研究纲领的反面启示法就是禁止科学家们把经验反驳的矛头指向牛顿运动定律和万有引力定律。

"正面启示法"是一种鼓励性的方法论规定，它由部分明确的提示和部分的暗示构成。它提倡并鼓励科学家们通过精简、修改、增加或完善辅助性假设等办法，来发展整个科学研究纲领。正面启示法和反面启示法不同的是，不是消极地等待反常的出现，而是积极主动地探求可能出现的反常，是从根本上消除"反常"以改变被动局面。

拉卡托斯所理解的成熟科学就是由硬核、保护带以及正面启示法和反面启示法所组成的研究纲领。科学进步与发展就表现在科学纲领的进步上。那么如何判定一个科学纲领是进步还是退步的呢？拉卡托斯认为，权衡标准在于研究纲领所包含的经验内容。如果一个研究纲领是进步的，那么它就比旧的研究纲领具有更多经验内容。经验内容的增加也可以理解为研究纲领对经验事实能够做出更多的预言和解释。科学纲领的进步可以分为理论上的进步和经验上的进步。理论上的进步是指能做出更多的预言，经验上的进步是指这种预言能够得到实验和观察的检验。一个科学研究纲领只有不仅在理论上，而且在经验上有进步后，才能算是一个成功的研究纲领。

某个科学研究纲领并非永远进步的。当一个进步的研究纲领进化到一定时期，就必然进入退化阶段，逐渐被新的进化研究纲领取代，这一取代的过程是众多研究纲领相互竞争的过程，这种取代就是科学革命。科学的历史就是进步的科学纲领和退化的研究纲领不断交替的循环往复的过程，这一过程模式可以公式化如下：

科学研究纲领的进化阶段→退化阶段→新的进化的研究纲领否证、取代退化的研究纲领→新的研究纲领的进化阶段……

这一模式与波普尔和库恩的科学发展观既有联系，也有区别。与波普尔证伪主义不同的是，它不仅体现科学发展过程中的质变，也体现了量变。与库恩模式不同的是，肯定了在常规科学时期科学研究纲领的多元性和相互竞争性，否定了科学的发展在于非理性的信念转换。拉卡托斯的精致证伪主义的主要缺陷在于，仅以对经验事实的预见性作为判定科学理论的进步与退化的标准有失偏颇。

三、从整体主义到历史主义

（一）整体主义

对于逻辑经验主义的还原论取向，美国哲学家奎因①表示反对。他在《经验主

---

① 奎因（1908—2000），又译蒯因，20 世纪最有影响的美国哲学家、逻辑学家之一，主要著作包括《从逻辑的观点看》（1953）、《语词和对象》（1960）等。

义的两个教条》一文中对逻辑经验主义的两个教条进行了有力批判，并汲取了法国科学家迪昂的确证整体论以及美国实用主义的哲学思想，提出了他的整体主义科学观。

奎因认为，逻辑经验主义存在两个教条：一是分析真理和综合真理的绝对区分；二是科学理论的每一个科学陈述均可以还原为对应的基本的经验事实，并加以检验。奎因基于对两个教条的批判，阐述了他的整体主义科学观：

1. 分析真理与综合真理是相互联系、相互渗透的

在《纯粹理性批判》中，德国哲学家康德区分了分析命题和综合命题：前者是指一个其谓词概念会包含在主词概念中的命题；后者是指一个其谓词概念不会包含在主词概念中的命题。后来，逻辑实证主义者继承了康德的区分，把分析命题定义为真伪只依赖命题内名词的意义的命题，把综合命题定义为不是分析命题的命题。奎因认为，分析真理和综合真理是不可分割的，并不存在二者的绝对区分。分析与综合的区分，不应该基于意义概念，因为作为隐晦的中介物，意义概念本身应该被抛弃。无论求助于同义性概念，还是求助于语义规则，分析性概念都无法得到一个妥当的解释。因此，他认为"说在任何个别陈述的真理性中都有一个语言成分和一个事实成分，乃是胡说，而且是许多胡说的根源。总的来看，科学双重地依赖于语言和经验；但这个两重性不是可以有意义地追溯到一个个依次考察的科学陈述的"①。

2. 科学理论是一个整体

逻辑实证主义认为每个命题都是孤立的，每个命题都可以利用经验事实进行真伪验证。奎因认为，实际上科学理论是无法通过把它还原为一个个的经验事实进行检验。科学理论是一个相互联系的有机整体，不能拆分为各个基本命题，对它检验一定是理论整体的检验。他指出："我们所谓的知识或信念的整体，从地理和历史的最偶然的事件到原子物理学甚至纯数学和逻辑的最深刻的规律，是一个人工的织造物。它只是沿着边缘同经验紧密接触。或者换一个比喻说，整个科学是一个力场，它的边界条件就是经验。"②

科学理论系统难免会与周围的经验世界发生矛盾，作为整体如何解决矛盾呢？奎因认为，每一个理论系统都具有自身调整能力，能够依据经验事实变化的性质、特点和程度，调整科学系统的内部结构和有关的科学命题与陈述，以保持在一定

---

① 　包利民编选：《西方哲学基础文献选读》，浙江大学出版社 2007 年版，第 365 页。
② 　包利民编选：《西方哲学基础文献选读》，浙江大学出版社 2007 年版，第 366 页。

限度内科学整体的"真值"。

3. 检验科学的标准在于实用性

奎因认为，检验科学的标准不在于证实或者证伪，而在于它是否有用。他认为科学概念系统本质上只是经验生活的一种工具，只是根据过去的经验而预测未来的一种工具；科学也只是常识的继续，并为了理论简单化和本体论建设之需而继续使用常识。因此，物理对象和《荷马史诗》中的诸神一样，都是作为一种为方便起见而设立的文化上的"设定物"，它们都不是经验的结果。科学之所以比荷马史诗中的诸神具有优越性，仅仅是因为在实际经验生活中，科学比它们更有效、更实用而已。奎因声称："卡尔纳普、刘易斯等人在选择语言形式、科学结构的问题上采取实用主义立场；但他们的实用主义在分析的和综合的之间的想象的分界线上停止了。我否定这样一条分界线因而赞成一种更彻底的实用主义。"①

奎因的整体主义理论观产生了深刻影响。首先，对逻辑经验主义两个教条的批判可谓切中要害，直接撼动了逻辑实证主义的基础；其次，强调了科学理论的整体性，开启了科学的整体论研究的视角；最后，从动态的角度论述了科学发展的整体推进模式，认为科学的进步是科学理论整体的更选。这些思想对库恩、拉卡托斯、夏皮尔影响很大。

（二）历史主义

科学历史主义是在逻辑实证主义和批判理性主义基础上而发展起来的科学哲学派别。美国著名科学哲学家库恩②是历史主义的代表人物，他既反对科学理论的渐进累积模式，又反对波普尔"不断革命"的发展观，因此在 1962 年出版的《科学革命的结构》一书中，提出了以"范式"（paradigm）为核心的科学革命观。库恩的科学发展模式如图 2-9 所示：

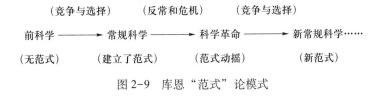

图 2-9　库恩"范式"论模式

在库恩看来，科学发展是一个以"范式"为核心，沿"前科学""常规科学"

---

① 包利民编选：《西方哲学基础文献选读》，浙江大学出版社 2007 年版，第 368—369 页。

② 库恩（1922—1996），美国科学史家、科学哲学家，代表作有《哥白尼革命——西方思想发展中的行星天文学》（1957）、《科学革命的结构》（1962）和《必要的张力——科学的传统和变革论文选》（1977）等。

和"科学革命"三个阶段不断交替上升、循环往复的过程。库恩认为，科学发展是渐进和革命不断交替的过程，在这一过程中起支配作用的是范式的转变和稳定。范式主要是指科学共同体具有的包括基本理论、基本观点和基本方法等在内的共同信念，为科学家解决问题提供共同规则系统和操作模型，形成了共同体的某种传统，左右着科学发展方向。

"前科学"是尚未形成该学科范式的原始阶段，以频繁而激烈地争论合理方法、问题和求解标准为标志，没有大家所接受的公认理论。

"常规科学"是形成了统一范式的成熟科学期，是科学家团体在范式的指导下不断积累知识的过程。范式的产生是一门科学达到成熟的标志。在库恩看来，"常规科学"是一个"解谜"的过程，是在范式的指导下去解决该领域的难题。难题的谜底是唯一的，但是猜到它的途径却是多种多样的。常规科学的发展并非一帆风顺，也存在着"反常"和"危机"。所谓"反常"是指出现与范式预期不相符合的现象。在常规科学发展过程中不仅要"解谜"，也要应对来自反常现象的冲击，通过修改、扩大范式或提出辅助性假设等途径对范式进行调整。随着反常现象出现的频率逐渐增多，科学家们敏锐地感觉到"危机"的到来，调整范式已经无效甚至是多余的，唯一需要的就是用新范式来代替旧的范式，科学革命就由此开始了。

"科学革命"是新科学范式取代旧范式的阶段。在这一阶段，那些符合科学发现、对科学研究对象具有更强解释力，并且与既存的理论不存在矛盾的范式最终成为新范式。这种范式转变是一种格式塔式的转换，是一种世界观的改变。为了同累积模式相区别，库恩用了"不可通约性"（incommensurability）这个术语来表示新、旧范式之间的巨大差别。强调新旧范式之间不可翻译、不可比较、不可交流。

库恩的"范式"理论有许多深刻的洞见。第一，他将科学发展的渐进累积模式和波普尔的"不断革命"模式进行了综合，吸收了二者的长处，将科学发展描述成为一个包括渐进和革命、量变和质变的辩证过程。第二，与把科学发现描述成为科学知识的积累不同的是，他认为，科学发现是一个由一些科学家参与的历史过程，每一项重大科学发现都要求范式做出调整直至出现科学革命，科学革命是对知识积累过程的中断和创新。第三，他不仅从科学内史的角度来理解范式，而且从社会学、心理学等更广泛的角度来对范式进行解读。范式不仅是认识论的知识体系，而且是一种知识的社会形式、一种共同信念和操作准则。

库恩的"范式"理论也存在着一些缺陷。首先，"范式"的含义过于宽泛，难以捉摸和把握。其次，"不可通约性"割裂了新旧范式的联系，这也与他的初衷相违背。最后，片面夸大了科学共同体在选择"范式"时的灵感、直觉、心理信念等非理性因素。

四、多元主义："怎么都行"

费耶阿本德在 1975 年出版的《反对方法——无政府主义知识论纲要》（书中将作者译为法伊尔阿本德）中，详尽阐述了他的多元主义科学方法论，以及以反归纳法、理论增生原理和韧性原理为核心的科学发展模式。

（一）多元主义的方法论：怎么都行

费耶阿本德对逻辑经验主义、波普尔的证伪主义、拉卡托斯的精致证伪主义进行了彻底的批判。实际上，他抨击一切形式的经验主义和理性主义，认为它们的支持者企图坚持理性方法一元论。他所提倡的是"反对方法"，反对理性方法一元论，主张方法论的多元主义。

费耶阿本德认为，科学中其实并不存在一元论的东西，科学本质上是一种开放的事业，是一种无政府主义的事业，在从事这项事业时，任何一种方法都有它的局限性，"我的意图倒是让读者相信，一切方法论、甚至最明白不过的方法论都有其局限性"①。因此，不能迷信于任何一种所谓"科学的""唯一的""理性的"方法，这样的方法既难以证明自己的优越性，往往在使用时也是漏洞百出的。在科学的实际发展中，也往往表现出对这些规则的"反叛"。所以，唯我独尊式的科学方法论是不存在的。那么到底该采取何种方法论呢？费耶阿本德给出的答案是"怎么都行"。由于每种方法本身都是平等的，对科学发展都做出了贡献，因此应该破除一元方法，采取"怎么都行"的多元方法。只有采取这种方法，才能无束缚地、无限制地、自由地从事科学研究；也只有这样，才能激发一切有利于科学发展的创造力，促进科学发展。总之，促进科学进步和在实践中应遵循的唯一原则就是"怎么都行"："无论考察历史插曲，还是抽象地分析思想和行动之间的关系，都表明了这一点：唯一不禁止进步的原则便是怎么都行。"②

（二）理论多元论模式

在多元主义科学方法论的基础之上，通过对科学史料的案例分析和研究，费

---

① ［美］保罗·法伊尔阿本德：《反对方法——无政府主义知识论纲要》，周昌忠译，上海译文出版社 2007 年版，第 11 页。

② ［美］保罗·法伊尔阿本德：《反对方法——无政府主义知识论纲要》，周昌忠译，上海译文出版社 2007 年版，第 1 页。

耶阿本德发现科学理论的发展不是一元的，而是多元的。他认为，应该尽可能多地提出一些与公认的且得到高度确证的理论或者充分确凿的事实不一致的假说，通过它们之间的竞争来促进科学进步。科学的进步不是向真理的渐次逼近，而是各种互不相容的理论形成为一个集合体，他称之为理论"海洋"。

他的理论多元论模式主要内容包括反归纳法、韧性原理和理论增生。

1. 反归纳法

逻辑经验主义在方法论上坚持一元主义的归纳法，这种归纳法由两个一致性规则组成：（1）新理论必须与已被确证的理论一致；（2）新理论必须与科学事实和实验结果相一致。如若不一致，新理论就将会被抛弃。对此，费耶阿本德是持批判态度的，他认为这种一元的独裁式的归纳法必然淘汰很多有利于科学发展的理论。

费耶阿本德提出了"反归纳"方法："与之对应的'反规则'则劝导我们引入和制定与得到充分确证的理论以及（或者）充分确凿的事实不一致的假说。它劝导我们反归纳地行事。"[①] 反归纳法有两种情形：一种是只需要一个不相容的理论或假说就可以反驳一个确证的理论；另一种支持假说与观察、事实和实验结果不一致。反归纳法能够促进理论的"韧性"和"增生"，不断丰富理论的"海洋"，促进科学的发展。

2. 韧性原理和增生原理

所谓韧性原理，是指"从许多理论中选出一种可望取得最有效理论、即使遇到巨大困难时仍然加以坚持"[②]。费耶阿本德认为，理论遇到与它不一致的科学事实或研究结果时，不能立即舍弃掉，因为理论都是有韧性的，遇到困难仍需坚持。韧性之所以是需要的和合理的，是因为理论还可以发展和改进，通过调整可以使之适应起初遇到的困难。并且，科学事实和实验结果也不是绝对可靠的，不能完全相信，应采取慎重的态度。

为了应对理论所面临的困难，需要提出一些假说或理论，由此导致理论的增生现象。费耶阿本德不认同库恩所坚持的在常规科学时期一个范式一统天下的局面，他认为增生现象存在于科学发展的各个阶段，只有增生现象，才能促使各种理论的自由竞争。

---

① ［美］保罗·法伊尔阿本德：《反对方法——无政府主义知识论纲要》，周昌忠译，上海译文出版社 2007 年版，第 7 页。

② ［美］D. Feyerabend：《科学发展的模式——"韧性原理"和"增生原理"》，邱仁宗译，纪树立校，《世界科学》1980 年第 6 期，第 52 页。

从某种程度上来说，费耶阿本德所理解的科学发展的图景是波普尔模式和库恩模式的一种综合。波普尔认为，科学的发展是通过不同观点的批判而前进的。库恩的范式具有韧性作用。在科学的发展中，韧性和增生相互作用，没有逻辑的先后顺序，贯穿于科学发展的始终。韧性往往意味着可以随心所欲，并利用对它的批判以更加清楚地认识它，从而在高层次上进行捍卫。增生则意味着人们自由地从事科学研究，让各种理论竞相发展。

总之，多元主义的方法论认为，在科学研究中不存在一元的独裁式的方法论，唯一能行的就是使用多种方法；在此基础上，科学的进步不是一个理论战胜一个理论的战争史，而是一个多种（甚至是不相容的）理论不断形成一个理论"海洋"的过程，在这个海洋中各种理论相互竞争。换言之，科学进步不是不断逼近绝对真理的过程，而是一个不断扩大真理选项的理论"海洋"的过程，这个过程是在一个自由的、民主的社会里应该发生的。

费耶阿本德的思想对于破除科学沙文主义无疑具有很大的杀伤力，这是对科学哲学做出的最大贡献。然而，不可否认的是，他的理论具有明显的相对主义倾向，过分夸大了非理性的作用，因而遭到了许多科学哲学家的反对和批判。

小　结

科学发现既是人类认识世界的一项重要的实践活动，也是人类认识世界的重要知识成果。它在人类文明发展过程中，扮演着重要角色，有着悠久的历史。尤其近现代以来，科学仪器、数学方法和科学实验的引入，使人类的科学探究从偶然的科学发现转变成了规律性、常规性的科学发现。一般来说，科学发现主要包括科学事实和科学理论的发现。按照科学的构成，科学发现大致可以分为知识型发现和方法型发现，前者包括科学事实、科学定律和规律、科学假说与科学理论的发现，后者包括经验性方法、理论性方法和综合性方法的发现。

科学探究是以科学问题为起点的。科学发现坚持客观性、全面性、典型性、耐心性等原则，主要借助归纳推理、演绎推理、类比推理和溯因推理等推理方式，遵循归纳主义模式、演绎主义模式、归纳—演绎模式、假说—演绎模式等发现模式来实现。科学探究是一个复杂的过程，机遇、原有的理论背景和想象、灵感与顿悟等非逻辑思维常常发挥着不可替代的作用。

科学理论的产生，标志着人类对客观世界的认识上升到了一个新的高度。对于科学理论发展模式的思考，哲学家大致沿着直线积累观—证伪主义—整体主义—历史主义—多元主义这一线索进行了详细而又深刻的探讨。然而，无论是直线积累观模式、证伪主义模式，还是整体主义模式、历史主义模式和多元主义模式，它们都是人类在不同的历史阶段对于科学理论发展的认识不断深化的体现，都是认识世界的重要知识成果，因而都具有一定的合理性。

思考题：

1. 试述科学发现的内涵和分类。
2. 试述科学发现的几种常见模式。
3. 如何看待机遇在科学探究中的作用？
4. 如何理解"观察渗透理论"这一命题？
5. 试述科学发展的累积模式。
6. 试述库恩的"范式"理论。

第三章 科学哲学的当代发展

一旦人们关注科学的历史进程与社会过程，传统科学哲学及其所辩护的科学便出现所谓的合理性危机，这促使科学哲学做出一系列的理论重建。本章着重介绍经验主义的新建构、现象学与解释学的科学哲学，以及从历史和社会文化实践来理解科学的努力。

第一节 经验主义的新建构

一、新实验主义和新经验主义

（一）面对冲击的调整

西方哲学传统把科学主要视为一种理论化的知识体系。传统科学哲学承袭这种理论主导的观念，试图用逻辑分析的方法重构科学的理论陈述。相关的哲学分析假定，科学理论可以获得对世界的表征或表象，同时世界又独立于我们对它的表征。因此，科学被视为寻求理论知识以表征自然的事业，其宗旨为描摹、映照和反映独立于主体而存在的世界的真实面貌。基于这种表征主义的认识论或知识观，传统科学哲学致力于对理论表征诉诸独立的经验检验，并对那些与观察不符的理论加以修补或替换，以提高其逼真度，推动科学知识的进步。然而，随着观察渗透理论、证据对理论的非充分确定性以及科学革命与范式转换等论点的提出，传统科学哲学受到挑战，通过科学理论的确证与说明以捍卫科学对世界的成功表征的主旨甚至为科学自身合理性的辩护都受到质疑。

面对这一冲击，科学哲学做出了相应的调整。一方面，以分析科学的理论结构为其合理性辩护的传统进路，发展出贝叶斯方法、最佳说明推论、科学实在论、结构实在论、自然主义、科学与形而上学等新方向，并愈益汇入分析哲学的主流；另一方面，转向科学实验与科学模型等实践向度，开拓出新实验主义、新经验主义和科学实践哲学等新路径。

强调从实验中为科学找一个相对可靠的基础的方法论路线，通常被称为"新实验主义"。新实验主义产生于 20 世纪 80 年代，主要代表人物有伊恩·哈金[①]、

[①] 伊恩·哈金，加拿大科学哲学家，其主要著作有《表征与干预——自然科学哲学主题导论》（1983）等。

艾伦·富兰克林、皮特·加里森、德博拉·梅奥①、大卫·古丁等。哈金是新实验主义的开创者，富兰克林对新实验主义的主要思想进行了总结，梅奥为之进行了精致的哲学辩护。新实验主义的主要问题域包括：实验的物质实现、实验和因果关系、科学-技术关系、实验中理论的角色、建模和计算机实验、使用仪器的科学和哲学意义②，而其中对实验活动的分析及对实验与理论之间关系的探讨是新实验主义讨论的核心问题。其主要贡献可以概括为三点：（1）打破了理论优位的科学哲学传统；（2）重新认识了实验与理论的关系；（3）新实验主义在科学实在论上的观点有助于建构实践的实在论。③

（二）"实验有其自己的生命"

在《表征与干预》中，哈金就指出传统科学哲学所关注的用于证实理论的观察只是实验活动的一部分，而实验实际上是一个复杂的实践过程——"实验有其自己的生命"。

"实验有其自己的生命"旨在强调，实验者往往无须诉诸高层次的理论即可论证或证实其主张。其主要内涵包括三个方面：（1）实验探究不同于确证等理论分析，其所关注的是仪器校对、误差消除、优化精确度、区分真实现象与人为效应、估计背景因素的影响等局部实践；（2）实验数据可以独立于理论而得到辩护，实验证据并不必然负载理论，科学哲学所设定的观察陈述可能不尽符合科学实践；（3）实验结论往往不容易跟随理论变迁而改变，因此，实验知识不仅可以在相互竞争的理论之间做出调整，还为科学知识通过不断累积而进步奠定了基础，使科学知识的增长乃至科学的合理性免受理论变迁或科学革命的威胁。在哈金看来，包括理论科学探究在内的大多数科学认识活动是在局部假设层面展开的，而对系统的理论不甚关注。

由此开启了科学哲学的新实验主义进路：实验可以独立于理论为其自身的合理性辩护，并成为科学的认识论基础；对获取实验数据与实验知识的真实过程的分析，为探讨科学中的证据、推理等问题开创了新方向。新实验主义者认为，法

---

① 德博拉·梅奥（又译"黛博拉·迈约"），美国弗吉尼亚理工学院哲学教授，主要研究统计哲学和科学哲学，其著作主要有《实验性知识的错误和增长》（原名为 Error and the Growth of Experimental Knowledge，1996）等。

② 参见［荷］汉斯·拉德：《科学实验哲学》，吴彤、何华青、崔波译，吴彤、张春峰审校，科学出版社 2015 年版，第 3 页。

③ 参见吴彤、郑金连：《新实验主义：观点、问题和发展》，《学术月刊》2007 年第 12 期，第 46—47 页。

拉第电动机和赫兹发现电磁波等案例表明，实验并不总是以检验理论为目的，也不一定依赖理论，实验者可以在独立于高层次理论的情况下开展受控实验，并通过实验本身证明实验效应或其所产生的新现象的存在。

在这一思想的影响下，富兰克林、梅奥等通过对科学实验案例的剖析展开了对实验的科学哲学研究。借助宇称破缺的验证、密立根油滴等实验，富兰克林讨论了实验在理论选择与确证中的角色、实验事实与实验中的人为现象的区分等认识论问题。这些研究的确为科学哲学的理论骨架提供了历史的"血肉"，但实验中的条件制约、偶然性甚至非理性因素表明，完全由实验主导的认识论难免遇到规范性与情境依赖的冲突。在对具体的实验案例进行描述和分析的基础上，富兰克林试图在传统的理论主导的确证理论架构内构建一般性的实验认识论。但密立根油滴实验中的数据选择等案例表明，这并非易事。

梅奥赞同哈金有关科学大多关注局部假设的主张，她认为科学实验的主要任务是消除环境干扰和区分真实现象与人为效应等局部性的任务，而不是整体性地检验高层次的理论。为了拒斥理论主导的科学哲学的确证理论，梅奥试图通过严格的哲学分析推进新实验主义。在对主观贝叶斯主义提出质疑的同时，她提出了一种基于实验误差统计分析的确证理论。梅奥指出，包括归纳逻辑与主观贝叶斯主义在内的确证理论都以理论为主导，实际上是对科学推理的事后重建，新实验主义则聚焦于标准误差分析等真实实验层面所使用的局部统计方法。由此，她提出了"通过错误论证"或"从错误中学习"的论证模式。"通过错误论证"的要义在于：对于一个假设 H，没有找到某个可能的错误，就意味着 H 通过了检验。这一模式强调，经过严格的错误排查之后，可以证明错误已经消除，并以此作为待检验主张成立的证据。更进一步而言，只有当一个主张经受住实验的严格检验——该主张各种可能错误的情况得到研究并被排除之后，才能说它为实验所支持或证明。在具体的实验中，据此论证模式，只有在查明一个主张可能为假的各种情况下某现象或结果极不可能出现，才能指出该现象或结果使这一主张得到了严格的检验，该主张即由此得到确证。

在梅奥看来，新实验主义者关注的是独立于高层次理论的实验知识领域，可以运用上述模式对实验定律加以严格检验并使其得到确证。例如，爱因斯坦预言光会在引力场中发生弯曲，爱丁顿观测到了这一现象。通过对爱丁顿实验细节的分析，梅奥认为，尽管对该现象的观测使作为广义相对论组成部分的爱因斯坦引力场方程的推论得到了严格确证，但由于这些实验不能将爱因斯坦的广义相对论与其他替代理论区分开来，因而无法使广义相对论得到严格的检验或确证。换言之，当实验现象与某一理论预言一致时，必须先排除出现这种一致的其他可能情况（如替代理论），才能认定该现象是此理论的合理证据。

简而言之，新实验主义将科学合理性的来源投射于实验活动。它强调仪器运用、错误排查、样本处理、误差分析等细节的实施使实验得以独立于理论，并可以对理论进行严格的检验。这使实验不再只是对理论问题的尝试性回答而有其自己的生命，即对理论产生着实际的约束、推进和触发作用，乃至可将科学进步与科学革命解释为实验知识不断累积的结果，这是对科学发展一种新的解释途径，开辟了一条科学哲学发展的新路径，是对过分强调理论主导的传统科学哲学的一种有益的矫正。但这一进路至少存在两个理论困境：一是实验不可能完全不依赖理论，新实验主义无法将理论或高层次理论从科学实践中排除；二是无论怎么深入剖析实验的细节，我们都既无法在被实验严格确证的实验定律与超越这些定律的推测之间做出绝对的划分，也难以在所谓得到严格确证的实验定律与高层次理论之间分出泾渭。

（三）多元主义实在论的斑杂世界

新经验主义是与新实验主义几乎同时出现的一种科学哲学分支，其主要代表人物是南希·卡特赖特。她为人们描绘出了一幅定律拼凑、反基础主义、反普遍主义和坚持多元主义实在论的斑杂的世界图景。

首先，卡特赖特认为物理定律不具有完全的客观性和普遍性。这是为什么呢？她认为，这主要是因为它只对模型为真，而不对世界为真。具体来说定律可以划分为四种：基本物理定律、不太基本的方程式、高层次现象定律、具体因果律或因果原理。卡特赖特认为，在这所有层次的定律中，只有因果律和某些现象定律可以是真的。[①]

在她看来，自然科学的定律只是用"律则机器"（nomological machine）构造出来的，在此范围之外就不适用了。什么是律则机器呢？按照卡特赖特的说法："它是组分或要素的（充分）固定安排，有着（充分）稳定的能力，该能力在适当的（充分）稳定的环境中，将通过重复运作来产生我们用科学定律表达的规则行为的种类。"[②] 它主要有三个功能：第一，规则性的建构与原理性的组合和运用；第二，特殊性情景的建构；第三，屏蔽条件。有了律则机器，意味着在其他情况

[①] 参见张华夏：《斑杂破碎的世界还是系统层次的世界——简评新经验主义和简述系统实在论（一）》，《系统科学学报》2013年第3期，第1—2页。

[②] ［英］南希·卡特赖特：《斑杂的世界——科学边界的研究》，王巍、王娜译，上海科技教育出版社2006年版，第59页。

均同的情况下，定律就是真的了。然而，卡特赖特认为将律则机器所包括的所有条件拼凑在一起是不容易的。自然科学的基本规律是具有局域性或地方性的。

其次，卡特赖特反对科学的统一，倡导一种多元主义的科学观。在逻辑实证主义或逻辑经验主义看来，所有科学都是相互联系的大系统，每个科学领域的定律和概念都可以还原为更为基础的领域，全都安排在一个等级体系之中，其内部按照某种规则有序地排列，最基础的则是物理学。然而，作为维也纳学派的一员，纽拉特却不这样认为，在他看来维也纳学派所谓的统一的系统实际上是一个科学谎言，"每门科学在适用与验证中都与同一物质世界相连接；他们的语言是共同的时空事件的语言。但除此之外没有系统，它们之间没有固定的联系"①。卡特赖特的科学观受纽拉特的影响颇深，她认为自然科学的真实情况根本不像逻辑实证主义者所普遍认为那样，实际上学科之间是任意联系的，不存在统一的科学定律系统，各种学科或科学定律平时各有各的边界，是相互独立的存在，彼此并不能被整合和统一，这也是她所谓的"斑杂世界"（dappled world）的一个根本特征；只有当解决科学问题时，它们才会以某种方式组合连接在一起。在卡特赖特看来，追求科学统一的美梦是不可能实现的，多元主义才比较符合真实科学的本真状态。

二、当代科学哲学的发展走向

（一）质疑一元论的宏大图景

自柏拉图以来，寻求统一知识的努力一直没有中断，其最近的一种形式就是科学的世界观或科学一元论。20 世纪初，科学及其实证主义方法的影响如日中天，科学哲学在"统一科学运动"的旗帜下应运而生。虽然正统的科学哲学以拒斥形而上学为出发点，但在其话语体系中，科学的内涵始终未脱离亚里士多德的理论知识的意味。这一古典的思想断言，"知识是受宇宙的客观组织所决定的"或者说"理智和自然结构是内在地相符的"。② 作为理论知识的科学是一种人们必须无条件地接受的"必然的科学"，这一观念一直影响到近代自然哲学对必然性与规律的探讨。但恰如杜威所言，只有在首先假定宇宙本身是按照理性的模型而组织的这种主张之后才可能如此断言；实际上，哲学家们首先构造了一个理性的自然体系，

---

① ［英］南希·卡特赖特：《斑杂的世界——科学边界的研究》，王巍、王娜译，上海科技教育出版社 2006 年版，第 7 页。

② ［美］约翰·杜威：《确定性的寻求——关于知行关系的研究》，傅统先译，上海人民出版社 2005 年版，第 221、222 页。

然后借用其中的一些特征来指明他们对于自然的认识的特征。① 这种源自希腊的思想可以称为哲学化科学的思想，它使西方自然哲学或科学得以产生和发展，但同时导致基础主义和本质主义强预设。基础主义主张，理论知识是一种不会发生变化的知识；本质主义则强调，事物存在着本质，事物的属性是本质的固有成分，而且事物的本质和属性是一种实体性的存在。

20 世纪初逻辑经验主义兴起的主旨之一就是试图构建一个单一的、融贯的并构成所有科学基础的"科学的世界观"。卡特赖特将这种世界观称为基础主义，即"所有事实必定属于一个宏大图式，而且，在这一图式中，第一个范畴的事实具有特殊和特权地位"②。这种本体论意义上的基础主义往往与表征主义认识论相互支持，后者主张，人们可以通过理论知识表征自然，可以描摹、映照和反映独立于主体而存在的世界的真实面貌。沿着这一理路，科学一元论的基本观点是：（1）科学的终极目标是建立一种对自然世界（或科学所考察的那部分世界）的单一的、完整的和可以理解的解释；（2）世界的本性至少在原则上可以通过这一解释得到完整的描述或说明；（3）至少在原则上存在一些探究方法，若其得到正确的遵循，就能形成这种解释；（4）探究方法是否被接受取决于其能否形成这种解释；（5）对科学理论或模型的评价多半取决于它们能否提供或接近于提供一种基于基本原理的完整的和可理解的解释。③ 由此，科学一元论及其基础主义和表征主义立场会进一步导致还原论或附随性解释，即所有的自然科学理论或定律要么可以还原为一个基本物理理论的定律，要么为一套基本定律所附生，前者意味着基本层次的定律或属性充分而必要地规定着高层次的定律或属性，后者意味着基本层次的定律或属性充分但非必要地规定着高层次的定律或属性。

统一的科学运动落幕之后，这种建立在形而上学预设之上的知识蓝图开始受到系统性的质疑。对此，科学家出身的元科学研究者齐曼指出："不存在一个单一的实在的'科学'地图——或者，即使有，它也会太过复杂和庞大，以至任何人都不能掌握或使用它。但是有很多不同的关于实在的地图，它们分别来自不同的

---

① 参见［美］约翰·杜威：《确定性的寻求——关于知行关系的研究》，傅统先译，上海人民出版社 2005 年版，第 221—222 页。

② ［英］南希·卡特赖特：《斑杂的世界——科学边界的研究》，王巍、王娜译，上海科技教育出版社 2006 年版，第 27 页。

③ See Stephen H., Kellert, Helen E., Longino C., Kenneth Waters (eds), *Scientific Pluralism*, Minnesota：University of Minnesota Press，2006，p. x.

科学观点。"① 这实际上反映了科学中种种旨在统一或大统一的研究纲领纷纷以失败而告终的实情。正是这一基本事实，促使新经验主义者一方面致力于否定由"唯一的、完备的以及演绎封闭的一系列精确陈述"构成的"伟大的科学理论"的存在，另一方面则进一步思考科学寻求局域实在，以突显科学知识的局域性或地方性的可能。

（二）多元主义取代基础主义

自 20 世纪 70 年代末以来，基于科学统一性和一元论的科学知识观开始走向衰落，科学不再被视为一种具有统一的内在特征的活动，还原论的科学体系与世界图景不再被理所当然地接受。面对方法论的无政府主义和科学知识建构论等挑战，一般的科学哲学展开了一系列自我调整：以各种形式的实在论或反实在论的建构与讨论为主线，并直面证据对理论的不完全确定性、悲观元归纳等理论难点，使得科学的认识论与形而上学研究获得新发展，也使得科学理性至少获得了一定程度的辩护。20 世纪 90 年代后期，直接受到库恩影响的斯坦福学派哈金、卡特赖特、杜普雷②与加里森等人共同发起了"科学的非统一性"运动。富勒③将此运动的元理论共识概括为：（1）反决定论并质疑自然律的实在性；（2）本体论的多元主义并以此作为方法论相对主义和学科间的包容的依据；（3）有意复兴局域的目的论与本质主义，但同时放弃这些立场的普遍性版本；（4）典范性的科学（paradigmatic science）由物理学转向生物学，编史学取向由牛顿—爱因斯坦转轨为亚里士多德—达尔文；（5）在经验层面，关注的焦点从科学的语言转向科学的非语言实践；（6）放弃对科学参与者的规范性视角。这些共识在很大程度上重新划定了当代科学哲学的元理论立场。④ 值得指出的是，斯坦福学派在当代科学哲学中独树一帜，乃因为其研究尤其强调通过真实的科学发现与创造过程获得对科学的理解。

在"科学的非统一性"的元理论架构下，科学不再被视为统一而自治的知识体系或强还原论的理论体系。这种非基础主义的立场超越了表征主义的标准的科学观，它不再要求将多样性的科学实践纳入一个超验的统一架构，因而甚至与拉

① ［美］保罗·费耶阿本德：《征服丰富性——抽象与存在丰富性之间的斗争故事》，伯特·特波斯特拉编，戴建平译，中国人民大学出版社 2007 年版，第 152 页。
② 约翰·杜普雷，英国哲学家，主要致力于科学哲学和生物哲学的研究，与哈金、卡特赖特、加里森和帕特里克·苏佩斯一起被称为科学哲学的斯坦福学派。
③ 史蒂夫·富勒，美国哲学家和社会学家，主要致力于科学技术研究（STS），代表作有《科学的统治——开放社会的意识形态与未来》等。
④ Steve Fuller, *The Art of Being Human: A Project for General Philosophy of Scienc*, Journal for General Philosophy of Science, 2012, pp. 113–123.

图尔、哈拉维①和皮克林②等后现代和后人类主义意味的科学技术论思想结盟。这一结盟并非偶然，因为库恩之后科学哲学的一个基本共识是主张历史认识论：科学认识是一种历史性科学探究实践，科学哲学研究必须深入科学实践的历史细节之中。由此，单一的科学就成了非还原性的多种科学，科学作为一个过程的观点取代了科学作为一个体系的观点。③ 这个过程必然受到科学对自然的认识限度以及人的认知能力的制约，同时它又具有实践的开放性与稳定性。正因为如此，在放弃了基础主义之后，科学哲学的主流并没有走向"什么都行"的相对主义，而选择了自然主义与多元主义等有条件的理性主义科学观作为其元理论立场。

逻辑实证主义与逻辑经验主义的式微表明，我们难以通过理论重建为所有的科学构造一个规范性的统一的理论与方法体系，这使得自然主义成为当代科学的形而上学与认识论研究中最为重要的进路。所谓自然主义或自然化是一种认识论态度，它拒绝对任何事物做出超自然的或先验的断言，主张科学与哲学是在自然与科学范围之内开展的没有明确界限的连续性的研究。在当代形而上学研究中，自然主义的形而上学成为一个新的进路，并使科学的形而上学研究得以复兴——像科学研究那样探讨具体科学中的形而上学问题。在认识论层面，自然主义强调，对科学的观察或推理等知识形成过程的理解应建基于人的认知能力——也就是认知科学已揭示出的人的认知系统的功能，这就使得科学认识论讨论的目标从科学是否认识了实在变为人的科学认知能在多大程度上认识实在。吉尔④提出的透视主义所采取的即是此进路。他认为，从自然主义出发，可以对"科学大战"做出恰当的理论回应："科学大战"中作为论辩焦点的强客观实在论以及自然律、科学真理和科学理性等概念所描述的启蒙主义的科学的世界图景不足以全面把握真实的科学实践，科学知识社会学的强纲领与认知相对主义对科学理性的反对实际上是对强客观实在论的批判；为了超越强客观实在论并避免相对主义，应该用模型论和透视主义的实在论替代理论与强客观实在论——科学实践表明，科学只能用模

---

① 唐纳·哈拉维，美国知名后人文主义、女性主义及科学技术论学者，其研究兴趣十分广泛，主要作品有《赛博格宣言——1980 年代的科学、技术以及社会主义女性主义》等。

② 安德鲁·皮克林，英国埃克塞特大学哲学社会学系教授，主要致力于 STS、科学技术的历史、哲学和社会学研究等，主要作品有《构建夸克——粒子物理学的社会学史》《实践的冲撞——时间、力量与科学》等。

③ Hans-Jörg Rheinberger, *On Historicizing Epistemology：An Essay*, ［trans.］ David Fernbach, Stanford University Press, 2010, p. 1.

④ 罗纳德·吉尔，美国科学哲学家，主要著作有《理解科学推理》、《解释科学——一种认识的视角》（*Explaining Science：A Cognitive Approach*）、《科学的透视主义》（*Scientific Perspectivism*）等。

型描述世界的某一方面，而无法以理论概观世界之全部。① 实际上，吉尔的透视主义具有多元主义的意味。

在非基础主义、历史认识论和自然主义的背景下，多元主义取代一元论而成为当代科学哲学的基本立场，当然，多元主义呈现出多种表现形态。从元理论的意义上来看，自然主义与多元主义的立场使得科学哲学不再将科学视为某种哲学上的必然性的产物，而是开放性的科学实践的结果。

第二节 现象学与解释学的科学哲学

现代科学的发展使得自然主义成为主流的科学观。在自然主义的影响下，有关科学的形而上学和认识论研究都以科学的最新成果为依据。然而，在现象学和解释学家看来，自然主义的科学观和科学哲学无法通过哲学层面的反思，理解和超越科学，容易忽略科学认识的主体性根源，遗忘其在生活世界的起源，进而陷入科学主义的窠臼。现象学和解释学的科学哲学则力图回到科学的事实本身，通过阐明科学在生活世界中的起源，探究科学理论的历史发生与构成，直面科学与当代人类精神生活的危机。

一、对近代科学起源的追问

（一）自然主义科学观之误

20 世纪初，面对科学时代的兴起与人类文明的无序发展，现象学家胡塞尔发出了"欧洲科学的危机"与"人类生活的危机"的警示。在他看来，近代科学对自然的数学化、理念化的迷恋，使科学远离了其原初意义，变得十分抽象和难以理解。让他倍感担忧的是，如果从自然主义的科学观出发，将自然科学的规范视为知识的唯一标准，"一切有关作为主题的人性的，以及人的文化构成物的理性与非理性的问题全都排除掉"②，进而人类的生活世界被科学的世界图景取代。

在哲学层面，自然主义的科学观和科学哲学的根本问题在于，将科学方法层面对客观性预设为存在的根本特征和实在的基本属性。一方面，逻辑实证主义独

---

① Ronald N. Giere, *Scientific Perspectivism*, Chicago：University of Chicago Press, 2006, pp. 1–15.
② ［德］胡塞尔：《欧洲科学的危机与超越论的现象学》，王炳文译，上海译文出版社 2001 年版，第 16 页。

断地将形式逻辑等科学方法和规范设定为一切哲学的方法论基础，彻底抛弃了传统形而上学、认识论之类的纯粹理性问题的合法性，更将伦理和道德实践排斥于科学领域之外——"实证主义可以说是将哲学的头颅砍去了"①。另一方面，进一步将自然科学方法上升到本体论高度，使原本建立在生活世界基础上的科学理念实在化，并试图以这一超越的幻象取代生活世界本身。

由此，胡塞尔十分担心自然主义科学观对科学方法和科学知识的绝对化解读："如果科学只允许以这种方式将客观上可确定的东西看作是真的，如果历史所能教导我们的无非是，精神世界的一切形成物，人们所依赖的一切生活条件，理想，规范，就如同流逝的波浪一样形成又消失，理性总是变成胡闹，善行总是变成灾祸，过去如此，将来也如此，如果是这样，这个世界以及在其中的人的生存真的能有意义吗？"② 在他看来，这非但会导致"欧洲"的文化和科学的危机，而且会使传承自古希腊并在近代欧洲复兴的理性生活的理想岌岌可危。一旦人们放弃了建立在纯粹理性之上的科学和信念，就不会再将自然科学当作现象学等理性的理想科学的有机组成部分，会放弃以理论的、纯粹的哲学塑造和规范政治和社会生活。要克服由此带来的现代科学与生活的危机，必须诉诸超越论的现象学，以此追寻自然科学的历史发生过程，从中洞见重振理性生活的理想的价值所在，重新为科学奠定基础。

（二）追寻科学发生的理性根源

在胡塞尔看来，自然科学在人类认识史上的发生有其纯粹的理性根源，由伽利略等所开创的近代自然科学受到了作为纯粹几何学的欧氏几何的启发。在伽利略所生活的时代，欧式几何在测量学上的成功运用表明，理论可以克服人们在把握自然几何形态时由主观性所带来的相对性，从而使人得以明见直观世界中的对象的几何形态的客观规定性，认识到其中的本质性的真理。这是一个从经验上的给予性出发、不断上升和逼近理想形态的过程。受此启发，伽利略试图运用与欧氏几何类似的方法，以纯粹的数学-物理学客观地规定自然的形式与内容，逼近对物理经验直观的理想化认识。由自然的数学化所获得的认识典范是用数学表达的自然界的普遍因果联系或自然规律，其客观规定性在于，任何人都可以运用普遍适用的逻辑对其加以质疑或论证，也可以通过函数关系描述直观现象遵循的经验

① ［德］胡塞尔：《欧洲科学的危机与超越论的现象学》，王炳文译，上海译文出版社 2001 年版，第 19 页。

② ［德］胡塞尔：《欧洲科学的危机与超越论的现象学》，王炳文译，上海译文出版社 2001 年版，第 16—17 页。

规则。

从现象学的视角来看，认识理性发生的历史过程比简单地接受其结果的普遍性、客观性和真理性更重要。胡塞尔认为，尽管科学理论在经验层面具有普遍性，其本质依然是假说；它们固然可以通过严格的客观化方法加以论证，其论证却是一个无限的过程。只有认真追寻伽利略的自然数学化等科学理论的发生历史，才能不仅仅将其科学假说视为独断的真理，进而真正理解它们在人类的理性生活史上所具有的真正价值和决定性意义。因此，要想从哲学上揭示科学的本质，不应该像自然主义的科学观和科学哲学那样将科学方法所预设的客观性固化，更不可将科学的结论拔高为独断的真理，而应该从其发生的历史中追寻其在直观的生活世界中的原初意义。

尽管伽利略之后自然的数学化进程使科学越来越抽象，离直观的生活世界越来越远，使其原初的意义根源为人们所遗忘，但在其抽象的构造中，依然蕴涵着可追寻的基于直观生活世界的原初的意义构成。在胡塞尔看来，应该运用现象学的方法对科学在生活世界中的原初意义结构展开发生学的追溯，揭示其在科学发展中不断生发与传承的脉络。他对纯粹几何学的原初意义构成进行了追溯性的现象学研究，并强调可以此为典范对整个人类历史展开现象学的发生学探究。

（三）从本体论迷思到科学世界的异离

基于伽利略的自然的数学化传统的现代科学在理论和应用等层面大获成功，科学被普遍视为对自然最好的解释，主张哲学讨论要基于公认的科学观念的自然主义立场日渐流行。作为一种理论思考，哲学一直强调理论对象较现象更接近存在和真理。但自然主义则将科学理论置于更优越的位置，不仅强调科学的理论对象和理论术语优于人们所直观感受到的现象和描述现象的日常语言，而且认为它们优于科学之外的知识体系中的理论和术语。自然主义强调，抽象的科学理论构架比那些关于直观现象的描述更系统、更严密、更接近真理；科学理论表征的对象更加实在，科学术语对世界的描述更正确。

由于现象学的基本立场强调原初的直观生活世界是一切真实存在的基础和起源，因此现象学家认为自然主义的立场和态度实际上是一种本末倒置的本体论迷思。在他们看来，自然主义以及使此立场得到强化的朴素的科学实在论仅仅执着于科学的成功而赋予科学理论对象以本体论的优越性，无可避免地导致了对科学理论对象的发生历史的遗忘。这一对起源的致命的遗忘使其无法通过对其原初意义的追溯理解科学理论的先验构成，难以解读科学说明所蕴涵的规范性的本质，最终颠倒了直观现象对科学理论、生活世界对科学世界的真实的奠基关系，将科学理论对象误认为实存之物，将科学理论误读为关于存在的客观真理。

在现象学的科学观看来，科学理论对世界的构造是超越性的，超出了人所直观明见的范围，而世界则是无限的，永远处于我们视域的地平线之外。因此科学始终面临的困境是：基于非明见性和抽象性的科学理论，何以在有限的经验之上通过超越性的分析与综合把握无限的世界？而自然主义者和朴素科学实在论者对科学理论的起源的遗忘无疑使这一困境更加凸显。不通过对科学的发生学追问，既无法看到科学原本是主观意向构成的成果，也不能意识到科学只是生活世界中意识生活的一个局部且奠基于生活世界的原初的经验。这一认识上的缺失使得自然主义者和朴素科学实在论者只能将基于非明见性和抽象性的科学理论当作对完全超越主观世界的存在或自在实在的描述，视之为绝对的客观真理，而无法还其具有明见性的原初意义，更不能洞见其与直观生活世界相联结的深层文化结构。由此无可避免地造成了一系列的本体论误置：科学理论的对象似乎比我们生活世界中的直观经验更为本源、更真切，科学的世界也比生活世界更为真实和客观。这些误置所带来的最大问题之一就是社会批判理论所诟病的科学世界对生活世界的殖民化。

现象学的科学观最为担忧的是，自然主义的科学观最终会导致科学世界对生活世界的异离。自然主义立场对科学的原初发生过程的遗忘所带来的本体论误置使原本作为理论预设的科学理论实体被赋予了本体论上的优越性乃至先在性，使科学理论超出了其自身的有限性而被误置为自在存在的实体，甚至令科学的语言和文化成为日常生活所推崇的语言和文化典范，原本是衍生性的科学世界成为引领原初性的生活世界的范本。对科学世界的生活世界的起源和奠基的遗忘所带来的必然性的悖论是：一方面，科学理论被赋予本体论优越地位，另一方面，其非明见性和抽象性又令其处于理论幻象的阴影之中。

在自然主义立场或自然态度下的朴素科学实在论中，所谓的实在的理论实体往往陷入科学超越自己的有限性而产生的超越的幻象。殊不知，这一幻象使人们失去了对科学的理性反思和批判，拘泥于以一种自然态度朴素地看待科学。基于此幻象，自然主义者和朴素科学实在论者心目中的科学世界在文化上与生活世界渐行渐远，他们不仅将科学理论的抽象构造视为真实的客观世界对主观的生活世界的取代，将科学理论视为关于世界的客观真实的知识对主观的感知经验的取代，而且把科学的语言看作表述真实世界的语言对描述直观的生活世界和日常表观现象的语言的取代。而由此所导致的科学世界与生活世界的区隔与异离则成为现代以降科学文化与人文文化之间对立与争胜的根源。

二、实验室生活世界中的解释学

受到海森伯和爱因斯坦在量子力学和相对论等现代物理理论中对科学基础的重新诠释（reinterpretation）的启示，当代科学哲学家希伦试图将作为人文学科的哲学思想方法的解释学运用于对自然科学的阐释。[①] 从科学自身而言，现代物理学对经典物理以及非欧几何对欧氏几何的超越表明，科学难以建构起统一的一元论知识体系，科学的合理性因而不可能仅由科学说明得到自洽的论证，对科学的合理性的全面理解还应该引入解释学、社会学等与意义诠释和价值负载等相关的维度。

对自然科学的解释学解读主要以现象学的生活世界理论为切入点，其科学哲学的基本纲领是科学的现象学—解释学研究。生活世界是在历史中发生和演变的。近代以来，科学和技术介入传统的生活世界，使其向一种新的可能的综合性类型转变——科学家共同体以及他们的研究范式、设备、实验室等构成的实验室生活世界，它属于现时代生活世界中的子类型生活世界。由此，可开启科学的现象学—解释学研究，对实验室生活世界中的科学实践所涉及的真理、意义和价值等问题展开深入的追问。

（一）从实验室生活世界到视域实在论

实验室生活世界是现象学—解释学科学哲学的核心概念。希伦认为，科学家共同体既生活于日常生活世界，也建构了他们所特有的实验室生活世界，科学研究活动就是在实验室生活世界之中的实践活动。

所谓实验室生活世界，并不是一个封闭的世界，而是一个无限开放的、显现自然的世界性的视域。科学的观察实验以技术和仪器设备为中介，建立了一种特定类型的理解自然的方式，自然现象在其中以种种方式显现给观测者。在科学研究中，科学实验所使用的技艺（包括仪器、设备、实验规范和制度等）是一种"可阅读技术"，它使科学研究中主体与对象相互适应而建立关联，进而建构出一种使主体契合于对象的关系。实验室生活世界一方面是文化、制度、科学规范、传统和技术手段等的产物；另一方面，它也影响、改变甚至塑造着我们的生活世

---

① See Patrick A. Heelan, "The Scope of Hermeneutics in Natural Science", *Stud. Hist. Phil. Sci.*, vol. 29, no. 2 (1998), pp. 273-274.

界的政治、文化、社会结构和环境等方面，从而改变整个生活世界的结构。①

科学的观察实验是在实验室生活世界中解读自然之书的过程。科学观察使理论实体与可观察对象同时得以落实和显现，并进而在实验室生活世界中融合为一种实践性的存在，即视域实在。科学家通过理论研究提出理论实体，理论实体又通过实验观测而成为实验室或科学家的生活世界中的现象。可见，科学理论所涉及的"理论实体"并非自在存在，而是通过观察实验的检验，在实验室生活世界的文化环境之中所显现的实体，具有理论和文化双重负载，是对于科学共同体有意义的存在物。尤其是通过现代显示技术与可视化等显现手段，使科学文化视域之中的"理论实体"得以具象地显现给公众。虽然这种显现要通过一系列的中间性的技术性链条而实现，但在广义上也是一种视域实在。

实验室生活世界中所显示的理论实体所具有的实在性，是一种可以调和其理论负载与文化负载的视域实在性。一方面，理论实体通过实验中的可观察对象而得以间接呈现，由这种具象化的路径而在实验室生活世界中获得意义，并因而具有一定程度的间接的明见性；另一方面，科学文化之中的对象、实体等在日常生活世界之中的广泛传播，使得实验室生活世界的视域与日常生活世界视域出现了局部的融合。训练有素的科学家，可以在普通人视角和科学文化视角之间自由切换。例如对于一棵树，既可以以普通人的视角看作一个具体对象，也可以把它看作是由原子、分子等组成的复杂的结构。在这些思考的基础上，希伦提出了一种新的实在观，并称之为"视域实在论"。在希伦看来，对象的显现形式，是与作为显现的前提的视域结构内在相关的，我们所认知到的实在及其意义，是我们所处的视域的结构赋予的。

（二）"回到实事本身"和诠释学循环

"回到实事本身"是现象学提出的革命性的口号。胡塞尔的现象学认为，以往的哲学要么基于一种柏拉图式的思辨构造体系，要么停留于纯粹的感觉经验，都建立在某种预设的理论立场和存在判断之上，而作为真正严格科学的现象学，必须悬置任何预先假设，面对实事本身。现象学这里所谓的"实事"，是指原初给予的直观或直观地原初给予的知识。而且，现象学十分强调生活世界中意向性的主客观结合。

---

① See Patrick A. Heelan, "Phenomenology and the Philosophy of the Natural Sciences", *Phenomenology World-Wide*. ed. By Anna-Teresa Tymieniecka. Springer, 2002, p. 633.

在科学诠释学看来，我们对一切事物的认知都建立在具有意向性的理解的结构之上。首先，理解具有其前见的结构和传统。对此，海德格尔指出，此在（人）对存在及存在者的理解，基于其"前有""前见"和"先行掌握"。① 在自然科学的诠释学视野中，科学共同体的科学传统、范式，就是前有、前见和先前掌握的结构在科学理解自然的实践过程中的体现。作为实验室生活世界的活动的科学观测渗透着实践，建基于科学共同体的语言、范式、传统、经验以及所处的地域、实践和文化制度等因素。对科学"事实"的理解，需要澄清其理解的前结构以及意义赋予的方式和类型，才能对科学予以本质性的理解。因而，影响科学的理论建构和观察实验的社会经济、政治、文化、传统等因素都应被纳入科学解释学考察的视野，这无疑是对科学哲学研究的深化和发展。其次，回到事实本身，意味着对认知的视域或视角的反思。如前所述，在科学活动得以展开的实验室生活世界中，由我们的理解所赋予的事物的意义具有理论实体和可观察对象的双重结构，而这种意义的双重结构又奠基于我们理解事物的视域所具有的双重结构——理论研究的视域和基于生活世界的实践的文化视域，它们并存于我们对一切事物的理解（认知）之中。这些赋予意义的视角并非任意，而具有其相对的客观性与相互间的互补性。

透过科学诠释学的视角，科学观测与实验所呈现的是关于自然的文本，对这一文本的解读离不开对其文化环境的理解。在实验室生活世界中，科学观测与实验不仅仅是对自然的显现，而且是以仪器的方式对自然之书进行诠释与测量的过程，或者说是为科学共同体提供关于自然的文本（仪器测量的数据）的过程。科学观测与实验所提供的关于自然的文本是一个人工物，只有训练有素的科学家才能读懂。特别地，在分析关于自然的文本时，相关的考量不可能脱离它所产生于其间的文化环境。

从关于自然的文本的提供到科学共同体的解读，科学研究的过程实际上是具有诠释学意味的，而且遵循着诠释学循环②模式前进。概言之，研究活动是在理论与实践两个维度进行的。为了发现关于对象的理论，人们集中于研究目

---

① 参见［德］马丁·海德格尔：《存在与时间》，陈嘉映、王庆节合译，熊伟校，生活·读书·新知三联书店1987年版，第181—188页。

② 所谓诠释学的循环是指，"诠释学要求，在解释文本时，要注意到作者写文本时的语境、史境或有关情境（context），而要理解情境时，又需要理解文本；犹如要理解部分，必须理解整体；要理解整体，又必须理解各个部分。这就是诠释学循环。"（范岱年：《P. A. 希伦和诠释学的科学哲学》，《自然辩证法通讯》2006年第1期，第27页。）

标；而发现理论后，要进一步对它进行检验，如果它能够成功地诠释和预测经验现象，就说明它是有效的。如果不起作用，接下来我们会根据之前的经验证据来修改理论，再次实验，如此在理论和实验事实之间反复循环，直到找到合适的理论为止。这就是一个诠释学循环的过程。不过这种过程并不是封闭的循环，而是不断地修正理论并不断获得正确认识的过程。因此，将此过程称为"诠释学螺旋"（hermeneutical spiral），相较"诠释学循环"（hermeneutical circle）更为贴切。

更重要的是，科学研究的诠释学循环并不局限于科学理论与实验事实之间的螺旋式互动，而是还体现在科学研究与生活世界之间的相互影响和改变。因此，范岱年认为："因为科学研究开始时的生活世界，由于科学研究的成功与进展，由于科学理论被应用于技术、应用于文化实践，已发生了巨大的改变，成了新的生活世界。而新的生活世界又提出了新的研究课题。"①

（三）基于实践的真理与科学价值

在诠释学看来，真理是人们在具体的历史情境和传统中理解的成果，它依赖于语境、文化以及诠释者的先见等，因此具有历史与文化的相对性。在传统的观念中，科学是真理的代表，它是不断进步的，价值中立而具有权威性。但科学实践则显示，科学不仅仅是一种对自然的认知，实际上还与我们生活世界的很多方面密切关联。

科学诠释学阐明了科学是生活世界之中的历史的、文化的产物，科学的意义不能脱离现实抽象地诠释，而只能从其在生活世界的实践中去理解和阐发。借助科学的诠释学视角，科学的理论在生活世界中可以具有多重的意义和多角度的理解。科学与社会的政治、文化、宗教都有复杂而多样的内在关联，对于科学的深入理解，必然涉及对这些关联及互动机制的了解。科学在生活中的广泛应用更是基于人们的价值评价和利益权衡，科学及技术涉及的种种伦理问题正在使科技所负载的理论价值和文化实践价值呈现出前所未有的复杂性与开放性。因此，我们需要反思科学的应用及公共科技政策的决策背后所蕴含的价值预设以及伦理选择，而科学的诠释学则为我们理解科学的社会和文化维度提供了基本的理论视角和方法论支持。

哲学诠释学对于科学的重新理解，消融了自然科学与人文社会科学人为设立的界限，由此，它们都可以是对于对象领域的理解或说明，都是生活世界的

① 范岱年：《P. A. 希伦和诠释学的科学哲学》，《自然辩证法通讯》2006 年第 1 期，第 27 页。

文化实践。对于方法论和形而上学的科学主义，科学诠释学是持反对和批判态度的。实证科学虽然极大地推动了物质文明的发展，但它并不能解决人生的意义问题，也不可能把实证科学的方法论和局部的观念推广到人类生活的所有领域。诠释学对于科学的理解，有助于我们通过对意义和价值的整体思考来规范科学的应用。

综上所述，科学与其他的知识探求方式一样，起源并奠基于我们的生活世界。科学共同体通过代际的连续努力，构建出了充满意义沉积的自然科学的实验室生活世界；科学共同体的工作本质上是在实验室生活世界中对自然之书的直观和诠释。在对科学的诠释学分析中，只有不断地揭示科学理论的构成和表征方式，才可能理解科学理论本身的意义和理论对象本身的实在性问题。自伽利略以来的科学理论的数学化和抽象化原本出于表征自然知识的需要，我们不必将其本体化，把抽象的理念看作根本的实在。现象学和诠释学科学哲学反思的中心任务之一是揭示近代科学对科学理论的实在性和意义的误读。正是这种误读导致了生活世界被科学世界侵蚀乃至殖民化等现代性迷思。这些迷思不仅使我们难以理解科学的本质和意义，反而会由于科学主义的僭越，导致包括社会人文科学在内的整个科学以及人类的精神生活的危机。因此，现象学与诠释学的科学哲学的使命在于，从原初意义上，阐明科学在生活世界中的起源并为其奠基，促使科学的发展回归主体和意义，令其不但可以丰富我们的生活世界，还有助于我们按照理性进行沉思，追寻有意义的生活。

三、科学实践解释学

当代科学哲学的发展，很难忽视美国新一代科学哲学家约瑟夫·劳斯的科学实践解释学。劳斯的理论探索三部曲：《知识与权力》（1987）、《参与科学——如何从哲学上理解其实践》（1996）、《科学实践何以重要——重提哲学自然主义》（2002），分别展开了三种不同的研究方案：科学的政治哲学、科学的文化研究与哲学自然主义。特别是他关于实践优位和地方性知识的思想，引起学界的重要反响。

（一）理论优位与实践优位

劳斯将库恩的"范式"概念解读为一种共同的实践，或者说是"共有实例"，即相同规则之下的认知功能。这样，人们接受一种范式就等于接受一种实践，也即"获得和应用一种技能"。他认为，范式是一种操作性的概念或者工具，"最重要的技能就是知道如何处理与以前相类似的新情况，并且要像在范例中已经做过的那样来处理它们"①。劳斯通过将库恩的范式作为实践、操作、参与等来解读，表明知识不再是一种完整地表征世界的理论体系，而是由实践活动建构出来的东西。对库恩范式的这种解读，也表明劳斯确立了实践优位的观点。

劳斯为什么主张"实践优位"？

首先，劳斯赋予"实践"更基础的概念地位，即一般意义的科学实践。在这里，实践不再是传统科学中与理论对立的概念，而是更为基础性或者更为底层的概念。劳斯赋予"实践"更为基本和广泛的意义，乃至将理论视为一种宽泛的活动而纳入实践领域中去了。

其次，理论发展的动机不是主动解决某个理论难题，而是基于现有的资源来应用，以此发现我们能解决什么困难，并寻求可能解决问题的方法。诚如劳斯所说："许多科学研究的开展并不是因为人们觉得需要解决当前理论中已知的困难，也不是因为人们想要揭露诸如此类的困难，而是因为他们想要利用现有的资源：设备、技术、训练有素的人员以及相关的科学成果。"② 也就是说，科学研究的出发点和最终动力不应当是理论，而应当是实践；对当前知识、技能等的考察评估不应当仅是一种理论活动，更应该是一种实践活动。

再者，传统科学将理论摆在主导或优先地位，并且将理论视为一个完整的、统一的表征系统，追求一种普遍有效的知识。相形之下，实验仅仅是证明或推导这种理论的活动，实验室也仅仅是实现这种理论的一个偶然场所，知识一旦产生，就具有脱离该活动和场所的独立意义。由此，实验和实验室是附属于理论的，没有独立存在的价值而仅仅起一种工具性的作用。然而，以劳斯为代表的科学实践哲学家却秉承了哈金的思想——实验有其独立的生命。劳斯认为，实验设计虽然部分服从某种模糊的理论，但更多地是受实践本身的调整，也正是在实验的调整中，模糊的理论模型得以精确化或者具象化。实验室具有独立性价值，这在以往是很难被纳入理论优位的科学发展图景中的。

（二）地方性知识与普遍性知识

在劳斯看来，理论知识来源于以技术、实验为代表的实践活动，知识就其本身来说是具体的、依赖于特定情境的，因此，知识在首要的意义上说不是普遍性知识，而是局域性或地方性知识。普遍性知识不是科学实践追求的终极目标，只

---

① ［美］约瑟夫·劳斯：《知识与权力——走向科学的政治哲学》，盛晓明、邱慧、孟强译，北京大学出版社2004年版，第31页。
② ［美］约瑟夫·劳斯：《知识与权力——走向科学的政治哲学》，盛晓明、邱慧、孟强译，北京大学出版社2004年版，第92页。

不过是地方性知识从一个地方经过标准化进而由标准化的知识转译到另一个地方的中间环节而已。

劳斯是在海德格尔的解释学意义上理解实践的，因此实践是一个动态的、开放的、变化的、互动的概念。获取科学知识的科学实践是基于对研究机会的评估，即对现有的成果、技术、工具、仪器等考察而做出的一种判断，这就决定了我们的知识或理论是具体的、情境化的。"你必须考虑到哪些技巧和门道适合于自己的研究方案，不仅要普遍地考虑，而且也要基于自身的地方性情景来考虑。并不是所有有用的、合适的技巧和门道都能够通过使用已有的或很容易获得的设备和专业知识而得到充分施展。"①

那么，怎样处理地方性知识与普遍性知识的关系？传统科学观认为，在实验或其他方式中形成了某种理论，理论一旦形成就具有脱离具体情境的普遍有效性，这些普遍理论的具体应用便是地方性知识。显然，这种知识观建立的基础是表征主义的理论，而这是劳斯所不赞成的。劳斯认为，我们在实践中获得的首先是地方性知识，经过标准化，将这种知识由一个地方转译到另一个地方，从而形成普遍性知识。地方性知识经过标准化（使用条件的宽泛化）而成为一种形式概念的普遍知识，而我们要想在另一个地方应用这种知识，必须重新基于普遍知识情境化的条件，才能重新获得在这个地方的可理解性。

第三节　作为历史和社会文化实践的科学

一、科学史的重建

（一）科学编史学与科学史

科学编史学（Historiography of Science）和科学史（History of Science）是科学技术哲学领域内两个联系十分紧密的研究方向。虽然在萨顿以前，已经存在着对科学史、科学史研究之编史目标、原则与方法的零星探讨，但是二者逐渐成为显学，学科建制日渐成熟，则是从科学史家萨顿开始的。

科学编史学是指以写定的历史，即科学史为对象而进行的元历史研究。所谓科学史，按照萨顿的说法，是"考虑到精神的全部变化和文明进步所产生的全部

---

① ［美］约瑟夫·劳斯：《知识与权力——走向科学的政治哲学》，盛晓明、邱慧、孟强译，北京大学出版社 2004 年版，第 94 页。

影响，说明科学事实和科学思想的发生和发展"① 的一门学科。简而言之，它是对科学的历史现实的研究。科学编史学需要触及某种具体的科学史问题，但作为史学理论研究，它却更关注这些问题背后的形而上的内容，即方法论问题、科学观及科学史观问题等。作为一种元历史研究，一般来说它包括科学史学史、科学史哲学和科学史编史方法研究。

总体来说，科学编史学和科学史大致可以分为三个阶段。第一阶段始于 1912 年，止于 20 世纪 50 年代末 60 年代初；第二阶段从 20 世纪 60 年代到 20 世纪 70 年代中期；第三阶段从 20 世纪 70 年代至今。在第一阶段，萨顿作为科学史学科的开拓者发挥了重要作用，成为科学史第一阶段的关键性灵魂和人物。1912 年，他创办了现今国际上最权威的科学史学术刊物 Isis 杂志，并于 1913 年正式出版。1924 年创办了科学史协会（History of Science Society），逐渐完成了科学史学科在现代大学的建制化过程，例如：设立科学史的博士学位（1936 年）、任命科学史的教授职位（1940 年）。他分别于 1927 年、1936 年和 1947 年出版了科学史巨著《科学史导论》的第一、第二和第三卷。1936 年，萨顿又主持出版了 Isis 的姊妹刊物——专门刊登长篇论文的专刊 Osiris。至 50 年代末，逐渐形成了以柯瓦雷为核心人物的科学思想史学派。在此阶段，科学史主要以内史研究为主，但外史研究也逐渐兴盛起来，如赫森、默顿②等人所做的工作。

在第二阶段，科学思想史研究纲领逐渐失去了其原有的范式地位，与此同时，受默顿的科学社会学影响颇深的科学社会史研究却开始全面兴起，科学史学科呈现出了思想史与社会史某种对峙的格局。

在第三阶段，在知识社会学、科学知识社会学、建构主义、后现代主义、语境主义、现象学—诠释学等思潮的影响之下，原来的为科学或科学史的合理性所做的辩护逐渐遭到消解，其研究范式亟待重构。

（二）科学史的重建维度

科学史的重建，是建立在其现有的发展基础之上的，故而其重建不是将以前的基础全部推倒重来，而是在新的思潮和新的语境之下，对科学史进行新的认知和建构。因此，在对科学史进行重建时，我们要把握好以下两个维度：

第一，内史和外史相结合的维度。

---

① ［美］乔治·萨顿：《科学的生命》，刘珺珺译，上海交通大学出版社 2007 年版，第 32 页。

② 赫森（1893—1936），苏联物理学家、哲学家和科学史家；默顿（1910—2003），美国社会学家。赫森的《牛顿〈原理〉的社会和经济基础》（The Social and Economical Roots of Newton's Principia）一文和默顿的《十七世纪英格兰的科学、技术与社会》开创了科学史的外史研究传统。

1968 年库恩在为《国际社会科学百科全书》撰写"科学史"① 词条时，区分了科学的"内部史"与"外部史"。他总结说，内部编史学家应当撇开他所知道的科学。他的科学要从他所研究的时期的教科书和杂志中学来，并应洞悉其所赖以发生的固有传统。② 外部史的方法，则是把科学放在文化背景中加以考察研究以加深对其发展和影响的理解，③ 也就是说剔除科学、科学家、科学史的独特性和神圣性，以平等的姿态和视角从人类学、社会学、心理学等角度把科学、科学家和科学史作为文化整体的一个部分来研究。在科学史领域，内部史学家往往更关注科学思想的产生、科研手段的发展及研究结果被接受的缘由与形式；而外部史学家往往更关注社会、宗教、军事等因素对科学所产生的影响。总的来说，内外史研究争论的焦点在于外部社会因素是否能够影响科学的发展，进而谈到科学史学家应不应该关注和研究外部社会因素。

20 世纪 30 年代之前的科学史的研究主要是内史研究，萨顿和柯瓦雷继承了这一传统，并在 70 年代以前一直占据着主流。20 世纪 30 年代之后，随着社会学的发展和影响力逐渐扩展到科学领域，受马克思主义和韦伯的社会学思想影响的赫森和默顿开辟了科学史研究新方向，即外史研究。外史研究在赫森和默顿之后，曾一度陷入沉默和低潮，直到 20 世纪 70 年代科学知识社会学和历史主义科学哲学的发展才逐渐复苏。科学知识社会学认为社会因素不仅仅从社会建制、经济、宗教精神、军事需求等方面影响着科学的发展方向、规模和速度，而且社会因素已经渗透进了科学知识的生产地，即实验室之中。在他们看来，科学知识的产生与社会利益和权力有着天然的联系。历史主义科学哲学家库恩认为科学革命的发生渗透着社会学和心理学的因素。

然而，无论是内史研究还是外史研究，都无法单从一个侧面把握真实的科学史。若从文化的视角来看待科学知识、科学家和科学史，它们与人类其他知识和群体具有共性，故而社会学的视角是必需的。然而，科学究其本性来说，毕竟和其他文化因素有区别，其发展亦有自己的逻辑和规律，即内史研究不可丢弃。因而，内史研究和外史研究都是科学史研究所必需的，不仅不能偏废，而且应该在两者之间保持一种适当的张力。

---

① 后来该词条以"科学史"为题载于《必要的张力——科学的传统和变革论文选》之中。
② 参见［美］托马斯·库恩：《必要的张力——科学的传统和变革论文选》，范岱年、纪树立等译，北京大学出版社 2004 年版，第 111 页。
③ 参见［美］托马斯·库恩：《必要的张力——科学的传统和变革论文选》，范岱年、纪树立等译，北京大学出版社 2004 年版，第 113 页。

第二，辉格解释与反辉格解释相结合的维度。

所谓辉格史（Whig history），亦称辉格解释，简单说就是参照今日来研究过去，而赞扬过去的进步，是为了肯定与颂扬今日。这种直接参照今日的观点和标准解释历史的研究方法主要选择的是进步的人物和事件，必然会剔除不符合今日主流话语的部分。这样写出的历史带有今日的强烈烙印，使真正意义上的历史必然"失真"。这种研究历史的方法不仅会"把古人现代化"，改变历史的原有风貌，还会使丰富复杂的历史简单化，甚至导致人们对历史与今日关系的误解。实际上萨顿坚持的就是一种辉格史。他认为我们研究人类历史，应该把主要精力放在科学史上。这主要是因为虽然非科学领域或许存在着进步，但这种进步是不明显的；和非科学领域比起来，科学的进步更为基本，非科学领域在任何方向上的进步总是从属于科学进步的这种或那种形式。[①] 因此可以说："科学活动是这些活动中唯一具有一种显而易见和无可怀疑的积累性与进步性。"[②] 根据对科学进步的这种认识，萨顿进一步认为编史学家应该把精力主要放在那些有利于科学的进步的因素、那些创造性的永恒的成就上面。萨顿的这种编史学思想无疑带有明显的辉格解释色彩。如果遵循这种原则，科学史则会简化成为实证知识史，科学史学家只是科学知识进步过程的记录或整理者。

辉格史的解释遭到了英国编史学家巴特菲尔德的批判，他在 1931 年出版的《历史的辉格解释》中集中批判了这种参照今日来研究过去的编史方法。所谓反辉格史或反辉格解释是指以过去的眼光，从当时的文化背景来全面的理解科学。在反辉格史看来，科学史不应该以现代人的眼光，为了符合现代人的某些观念和利益而对真实历史进行改变、重组乃至歪曲。相反，对于科学的研究应该本着实事求是的态度，从当时的社会和文化背景与特定的情景来理解科学产生和发展的真实的、丰富的内涵。然而，20 世纪 70 年代以来，在对辉格史批判的基础上，人们对反辉格史的研究逐渐形成了以下共识：在科学史中既不能采用极端的辉格史方法，也不应该走向另一个极端，即反辉格史，我们应该在辉格史和反辉格史之间

---

① 参见［美］乔治·萨顿：《科学史和新人文主义》，陈恒六、刘兵、仲维光译，上海交通大学出版社 2007 年版，第 18—21 页。

② ［美］乔治·萨顿：《科学史和新人文主义》，陈恒六、刘兵、仲维光译，上海交通大学出版社 2007 年版，第 13 页。

保持适度的平衡和某种必要的张力。①

二、社会建构主义的扩张

（一）从知识社会学和科学社会学走出来

在社会学发展史上，涂尔干②、马克思和曼海姆③等人曾进行过知识社会学研究。他们对宗教、信仰、信念等思想范畴的知识的形式及内容与各种社会因素的关系作了深入探讨，从不同角度揭示出，人的社会地位、社会关系和社会利益决定着人的认识以及知识的内容和形式。但是，作为人类知识之重要组分的科学知识未被纳入社会学研究。涂尔干在强调人的认识受社会结构的影响时，将科学知识置于一种特殊的地位。他认为，人类的智力活动将日益从社会结构的限制下解放出来，而科学思想就是这种解放的产物，相对而言，不直接受到社会因素的影响。实际上，虽然近代以后科学的繁荣发展是资本主义工业化的结果，科学发展的速度、科学发展中的热点等也是由社会决定的，但科学知识的真理性内容是由自然决定的，不受社会因素的影响，并且社会利益或其他社会因素可能会导致对自然的歪曲。曼海姆知识社会学也只是谨慎地局限于数学和自然科学以外的知识形式。

知识社会学之所以将科学知识本身排斥于社会学研究领域之外，与早期大部分社会家所采用的"标准科学观"（Standard View of Science）密切相关。在"标准科学观"看来：（1）自然真实而客观，人类的科学活动是一项对真实的客观世界进行准确解释的事业；（2）自然科学知识源于观察，具有严格的、非个人化的科学实验程序，在科学理论的产生和接受（拒斥）过程中遵循客观标准，这些规范一方面可以保证科学知识具有可靠的经验基础，另一方面使科学知识的形式和内容与科学工作者的个人偏好、情感意志及利益等社会因素无涉，进而使科学活动所探知的真理性知识成为一种反映真实世界的陈述体系。这种科学观恰如伽利略所言：自然科学的结论真实而必然，人类的主观判断对它丝毫没有任何影响。

---

① 参见刘兵：《历史的辉格解释与科学史》，《触摸科学——若干历史、哲学与文化视角的考察》，福建教育出版社 2000 年版，第 23 页。

② 爱米尔·涂尔干（涂尔干又译迪尔凯姆，1858—1917），法国社会学家、人类学家，与卡尔·马克思及马克斯·韦伯并列为社会学的三大奠基人，主要著作有《社会分工论》《社会学方法之规范》《自杀论》和《宗教生活的基本形式》等。

③ 卡尔·曼海姆（1893—1947），德国社会学家，经典社会学和知识社会学（Sociology of Knowledge）的创始人之一，主要著作有《知识社会学问题》《意识形态与乌托邦》等。

英国社会学家马尔凯①认为，以默顿为代表的科学社会学家深受上述标准科学观的影响。在他们看来，科学知识是从自然界得到的、具有客观检验标准的知识体系，科学知识的内容与社会无关，所以，社会学所关注的方面不应是科学知识本身，而只是确保获得这些知识的社会条件。默顿在发表了他那篇题为《十七世纪英格兰的科学、技术与社会》的著名论文之后，不再一般地论述社会环境中的科学发展。在《科学的规范结构》《科学中的马太效应》等论著中，他将注意力集中于科学的体制结构和科学研究的行为规范。默顿的科学社会学的中心思想是：科学研究中的客观标准、科学的体制结构和科学研究的行为规范能够保证研究者创造出系统有效的知识。默顿及其追随者，如巴伯、普赖斯、科尔兄弟等人的工作沿着这一研究进路将科学当作一种社会建制，并将其作为社会中的人所从事的一项活动来研究。他们主要从社会化职业或专业、社会组织机构和社会行为规范的角度来研究科学的社会建制及其逐渐体制化的过程。因此，在这种"默顿范式"支配下的科学社会学实际上是科学家或科学职业的社会学。

英国和欧洲的一些激进的社会学家认为，应依据上述科学哲学和科学史的新成果，对标准的自然观与科学知识观作一些修订。其中，马尔凯的修订结果具有一定的代表性：（1）自然的一致性乃是科学解说的人为创造物；（2）事实依赖于理论，且其在意义上是可变的；（3）观察是一个主动的诠释过程；（4）知识主张是协商的产物。据此修订后的科学观，科学知识不再是默顿范式中的"黑箱"，而是一种社会产品。对标准自然观与科学知识观的修订是在科学知识社会学的兴起这一理论背景下进行的。

（二）科学知识社会学的兴起

20世纪60年代末，英国爱丁堡大学一群对科学知识感兴趣的历史学家和社会学家，包括埃奇、巴恩斯、布鲁尔、夏平②、麦肯齐等人，共同开创了科学知识社会学的研究，形成了所谓的爱丁堡学派。他们认为社会因素对科学知识的产生起着决定性的作用，情境与知识是不可分的，偶然性是知识的构成要素。布鲁尔在《知识和社会意象》中提出了科学知识社会学的"强纲领"。他认为科学知识社会学应遵循以下四条原则：（1）因果性原则。我们应该运用社会原因和其他因素说

---

① 迈克尔·马尔凯（1936— ），英国科学社会学家，主要著作有《科学与知识社会学》《科学社会学理论与方法》等。

② 史蒂文·夏平（1943— ），英国科学史家和科学社会学家，主要著作有《科学革命——批判性的综合》《真理的社会史——17世纪英国的文明与科学》和《利维坦与空气泵——霍布斯、玻意耳与实验生活》等。

明科学信念和科学知识的产生和发展。（2）公平性原则。科学知识社会学应该公平地对待真的或假的、合理的或不合理的、成功的或失败的信念，这些对立的两方面都要求得到说明。（3）对称性原则。用同一类原因对真的或假的、合理的或不合理的对立信念做出解释。（4）反身性原则。科学知识社会学对科学知识的说明方式也适用于对科学知识社会学本身的研究说明。

从研究方面来讲，爱丁堡学派继承了传统的知识社会学所采用的宏观研究方法，这种方法着重研究科学知识和社会环境以及社会结构间的关系。他们常通过历史和现实中的一些案例说明科学研究者的旨趣、性别、种族、阶级和价值观念等因素对科学信念的产生所起的决定性作用。在他们看来，科学与艺术、法律等文化产品相类似，其内容取决于社会情境。显然，"强纲领"中有很强的相对主义倾向，它也因此遭到了劳丹等坚持理性主义的科学哲学家的严厉批评。后来，一些温和的理性主义者作了一些让步，他们同意合理的或不合理的信念的产生可以用社会因素和认知因素共同解释，但拒斥社会因素起决定作用的说法。

爱丁堡学派的研究导致了科学知识的社会建构主义（建构论）的兴起，这种潮流很快扩展到欧洲大陆和北美。建构论者一般不去寻找科学家的信念的宏观的社会原因，而是着力探究科学共同体内部的合作、交往和沟通等微观过程对科学信念形成的作用。他们的研究方法是微观的和发生学的方法，又称微观—倾向发生学方法。他们中的许多研究者都有过从事科学研究的经历，这使得他们能够深入科学研究的微观进程，分析科学家的交流和谈话，或者像人类学家考察原始部落那样，对实验室进行人类学研究。这些经验研究方法鲜见于传统的知识社会学，与默顿范式和普赖斯等人的工作也不尽相同。在对科学实践的微观研究中，他们所关心的是科学家如何谈论和进行科学工作，而不是为什么这样做。他们关注的是科学家的日常活动、言论和谈话，而不是对科学建制的规范及其运行效率的研究。

建构主义者以参与者的身份描述科学活动。通过"谈话分析"，马尔凯试图探明科学家在非正式谈话中对他们的行为和信念的描述与正式论文中有何差异；在实验室研究中，拉图尔等人则试图说明，"科学活动不过是构造知识的舞台"。他们认为，科学实验活动是一种有目的（负荷决策）的人工的制造知识的过程，科学知识是通过科学家的活动所建构出来的，因而具有因地而异（局部的历史性）和偶然产生等特性。他们尤其强调，科学家的实验活动处于一个靠普通资源关系来维系的超科学的多领域社会关系网络之中。

特别地，拉图尔等人将"奖励"比作"信用"。他们认为默顿范式中将奖励作为科学活动的最后目标是不正确的，而实际上科学家获得奖励类似于商人信用的增强，依此他更具某种借贷能力，即能够获得外部因素（如金钱和机构）的支持，生产出更多的知识以获取进一步的信用（奖励），使其科学活动得到维持和拓展。这种信用和借贷能力的循环意味着科学家与科学以外的非科学机构和角色处于一种经常性的互动与磋商之中，这些相互作用不能不影响到研究方案的选择乃至知识生产的结果。大量实验室生活研究的个案都力图表明，社会因素决定着知识的生产过程，换言之，科学知识是社会建构的。

显然，科学知识社会学及其社会建构理论的兴起是一种相对主义思潮，尤其是其中的激进派，将科学等同于有关劝说、操作及制造事实与知识的技艺。而且，激进的社会建构论者往往持有反基础主义的观点。他们认为客观性知识是一种空想，知识毋需真理和客观性作为保障，知识是利益、权力等社会因素作用的结果，这些可以看成后现代主义思潮在科学的社会研究领域的一种扩张。

三、基于实践与文化的技术化科学

在当代科学与技术研究中，科学、技术、知识、人工物、文化、社会等要素不再拘泥于逻辑与概念上的分殊，而在实践层面互动整合。正是基于此视角，拉图尔、利奥塔等人在 20 世纪 70 年代末、80 年代初引入了技术化科学（technoscience）这一实践性概念，此诠释具有内在关联的科学与技术实践的复杂性与多向性，由此带来了基于异质性的技术化科学实践的科学-技术观：一方面，强调技术与科学在知识与人工物的建构中整合为同一过程；另一方面，坚持物质论的立场——"科学与技术通过物质性的行动与力量的相互转换而运作起来，科学表征是物质性操控的结果。"[1]

在当代科学实践的挑战下，科学理论不再理所当然地被视为具有真理性的、与世界相符合的表征，也不再拥有绝对优先的地位。这迫使科学哲学领域内外的一些学者或视技术为科学的内在要素，或将技术与科学整合进异质性的实践网络，或将技术与科学统一于人的知觉层面的现象，开始从新经验主义、科学与技术研究（如后 SSK）和现象学等不同的视角关注"作为技术的科学"（Science as Technology）。这些新的思潮不再将技术视为低科学一等的"科学的应用"，而从技术与科学相互交织的角度统观二者，形成了一组不同于基础主义的、非表征主义的科

---

[1] Sergio Sismondo, *An Introduction to Science and Technology Studies*, New Jersey: Blackwell Publishing Ltd. 2004, p. 66.

学与技术意象。

（一）从实验实体到现象创造

面对基于后实证主义和建构论的相对主义的挑战，新经验主义的基本策略是诉诸实验以拯救实在论，强调实验实体与现象创造，这使狭义的技术化科学的意象——作为实验科学的意象得以凸显。

针对由相对主义激发的科学实在论与反实在论之争，哈金提出了实体实在论。他指出，关于科学实在论与反实在论的探讨大多拘泥于理论、解释和预言等层面，在这些层面上的争论必然是没有结论的。只有在实验等技术实践层面，才可能为科学实在论辩护，并且这种实在论并不是一般意义上关于理论和真理的实在论，而是关于实体的实在论。哈金认为，尽管这两种实在论看似孪生关系，但事实上大多数实验物理学家都是实体实在论者而非理论实在论者。在实验物理学家看来，电子不是理论实体，而是实验实体；当他们承认电子和夸克真实存在时，是因为对这些原则上无法直接观察的实体，通过有规则的操控能产生出新的现象，并引向对自然的新探究。在他看来，干预与制造都是形成实在的素材。他从培根的思想中看到，实验者之所以相信实体的实在性，是因为他们能把握实体具有的因果属性并将其用于干预自然。一些实体在发现之初，不过是假设的实体，而一旦掌握了它们所具有的因果力量，就可以用它们建造一些实验设施并产生新的效应，实体因此变得真实。① 在实体实在论的基础上，哈金又提出了现象创造的论点，强调实验现象是由科学家创造的。他拒斥了"实验科学家发现世界中的现象"这一刻板意象，并指出"实验就是通过创造和制造获得精致而稳定的现象"，而现象是"公开的、规则的、可能是规律般的，但也可能有例外的"②。他认为，有史以来在实验室中首次产生的现象就是制造出来的，如霍尔效应就是由霍尔在实验室中创造出来的。当然，他也注意到现象创造不等于物理实体的创造。

对此，哈瑞③也主张，论及真实世界的行动与实体时必须研究实验，科学有所发现是因为它能制造人工物，研究者训练有素的行动是实验现象与自然的因果属性的中介；并且实验现象不能纯化为仪器探测的语用关联，实验室技能不可通过归纳论证模式加以还原。他强调，在当代科学中，科学发现所与（given）实在而

---

① See Ian Hacking, *Experimentation and Scientific Realism*, Philosophical Topics, 1982, pp. 71–87.

② See Ian Hacking, *Representing and Intervening*: *Introduction Topics in the Philosophy of Natural Science*, Cambridge: Cambridge University Press, 1983, p. 222, p. 230.

③ 罗姆·哈瑞（1927—　），英国哲学家和心理学家，主要著作有《认知科学哲学导论》《科学哲学导论》等。

技术仅以造物为旨归的二分已经消弭，真实世界的因果属性是某些实体在一定条件下可探测到的能力①，只有透过恰当的仪器才能揭示实验现象的因果机制进而驱使自然释放其能量。② 显然，正是实验实体的功能性的呈现和发挥使其得以证明自身的真实性：一方面，支撑起理论实体对世界的结构性描述，另一方面，也决定了可以揭示的现象的范围及其深度。实验科学中所涉及实体和现象的内在的功能性和技术性是使之成其为科学的前提，也正是在这种意义上，我们可以说实验科学是技术化科学。

（二）从知觉拓展到工具实在

现象学作为一种欧陆的思想资源更倾向于将科学和技术作为一种整体现象加以考察，也就是说在相关的语境中，提及科学往往也包含了技术，谈到技术并不排斥其科学内涵。因而，在现象学乃至解释学层面更易于呈现技术化科学意象。

在科学哲学中，克里斯曾用现象学的方法探讨过实验。③ 他将实验类比作表演，认为其所上演的是自然之剧。他从胡塞尔的知觉现象的双重视域（内与外）出发，结合杜威的科学探究观，将科学实体视为可以运用可读技术加以把握和探究的现象。在后SSK谱系中，论及实验室作为解释科学成功机制和过程的场所时，诺尔-塞蒂娜④放弃了理性或合理性等视角，转而诉诸梅洛-庞蒂⑤的"自我-他者-事物"系统和科学所制造的现象域在形式上的重组。她认为："对梅洛-庞蒂来说，'自我-他者-事物'系统并不是独立于人类行动者，独立于主观印象，或独立于内在世界，而是一个被经历的世界（world-experienced-by），或与力量者相关的世界（world-related-to-agents）。实验室研究所暗示的实验室是一种改变与力量者

---

① "能力"（capacities）这一概念在卡特赖特处得到发挥。（参见［英］南希·卡特赖特：《斑杂的世界——科学边界的研究》，王巍、王娜译，上海科技教育出版社2006年版，第69页。）

② 参见 Rom Harré, *Modeling：Gateway to the Unknown：A Work*, Elsevier, 2004, pp. viii-ix.

③ 参见 Robert P. Crease, *The Play of Nature：Experimentation as Performance*, Indiana：Indiana University Press, 1993.

④ 卡琳·诺尔-塞蒂娜（1944—   ），奥地利社会学家，其代表作有《制造知识——建构主义与科学的与境性》和《认知文化——科学如何生产知识》。

⑤ 莫里斯·梅洛-庞蒂（1908—1961），法国哲学家，其主要著作有《行为的结构》《知觉现象学》《意义与无意义》《眼和心》《可见的与不可见的》等。

相关世界的手段……它改进了与社会秩序相联系的自然秩序。"① 这种改进依赖于自然对象的可塑性：实验室很少研究那些仿佛是在自然中显现的现象，而大多数研究对象是想象或视觉的、听觉的或电的，诸如此类的踪迹，并进而研究它们的构成、提取物和纯化了的样本。以天文学为例，随着观测仪器和信息处理手段的提升，天文学正在从观测科学转变为处理影像的实验室科学。

伊德②现象学意义上的工具实在论所彰显的也是技术与科学相互会通的意象。他认为，假如人们可以借助仪器拓展知觉，即便是一些涉及高深抽象理论的科学研究也是与知觉高度相关的，甚至可以在知觉层面使人的身体获得拓展，进而涉身于最前沿的科技现象之中。③ 他运用"知觉解释学"的方法将身体对世界的知觉与解释结合起来，由情境主义的方法揭示了作为经验中介的科学工具如何创造出新的知觉，并获得了工具实在论的立场：科学是一种解释学实践，依赖工具对事物的科学分析，真实的世界只有当其为科学工具所构建时，才成为科学探究的对象。他十分重视可视性，进而主张科学的视觉主义。他指出，X 射线、CT、MRI、声呐等图像技术使得事物变得可视，甚至像文本一样可读。在较弱的意义上，这种视觉主义的工具实在论认为，已经有越来越多的实在被工具转换为图像。在较强的意义上，则意味着工具可以使得其他不可视的实在变得可视。这些科学透视装置不仅意味着愈来愈多的科学的对象得到显示，还可能塑造和改变我们所能感知的世界。正是在这个意义上，伊德也谈到了技术建构（technoconstruction）。④ 伊德的研究再次表明，在现象学层面科学与技术可以在现象域整合为技术化科学。

（三）从实验室科学到实践的冲撞

拉图尔等人倡导的实验室研究和渗透于技术化科学概念中的异质性实践分析方法激发了后 SSK 研究，形成了整合性的科学与技术研究进路，也带来了广义的技术化科学意象——"实验室科学"或作为实践和文化的技术化科学。

拉图尔在《科学在行动——怎样在社会中跟随科学家和工程师》一书中提出了技术化科学这一概念，旨在描述"正在形成的科学"，并冀图以此涵盖所有与科

① ［奥］卡琳·诺尔-塞蒂娜：《睡椅、大教堂与实验室——论科学中的实验与实验室之间的关系》，［美］安德鲁·皮克林编著：《作为实践和文化的科学》，柯文、伊梅译，中国人民大学出版社 2006 年版，第 122 页。

② ［美］唐·伊德（1934— ），当代美国著名技术哲学家和现象学家，其主要著作有《技术与实践——一种技术的哲学》《生存的技术》《技术与生活世界——从伊甸园到尘世》等。

③ 参见 Val Dusek，*Philosophy of Technology*：*An Introduction*，Blackwell，2006，pp. 22-23.

④ 参见 Don Ihde，*Expanding Hermeneutic*：*Visualism in Science*，Illinois：Northwestern University Press，1999，pp. 158-177.

学或技术实践相关的异质性要素。他从行动者-网络理论出发，在符号学的意味下考察了各种人和非人的作用要素的相互作用，从文本到实验室再到自然，将其诠释为一种以技术为中介并负载权力的创造和解决争端的社会建制。显然，他所说的技术是一般的操作和制造意义上的。一方面，作为中介的实验室是产生记录的地方，但我们并不是通过仪器直接把握自然，而是对仪器所显示的可视的内容进行解释。为了减少不同解释间的冲突，实验室会引入新仪器，直到就解释达成某种共识。因此，人们所说的自然或科学事实并不像传统科学观所声称的那样——被发现、独立于科学解释而存在并作为科学争论的裁判，而是恰恰相反——科学事实是在实验室中建构的，是实验室与权力关系相互影响的结果。另一方面，科学并不是少数人的事业，而是一种大规模的知识生产机制；当人们使用"科学和技术"这一虚构的概念来谈论科学活动时，会形成一种错误的刻板印象：少数科学家和工程师担负着生产事实的全部责任。①

　　技术化科学这一概念的内涵并不仅仅指涉内在于当代实验科学的技术性，而意在进一步揭示当代科学技术活动的基本特征——异质性的社会文化实践。在拉图尔等人的实验室研究的基础上，实验哲学家哈金从对科学实验的关注转向对"实验室科学"的讨论，并与皮克林等人共同开启了后 SSK 研究。在哈金看来，"'实验室'（laboratory）是一个远比'实验/试验'（experiment）严格得多的概念"，"实验室科学在孤立状态下使用仪器去干预所研究对象的自然进程，其结果是对这类现象的知识、理解、控制和概括的增强。"② 而引入这一概念辨析的根本原因是，实验室科学能够较实验科学承载更多的实践与文化意蕴；由此，我们可以透过实验室之中和实验室之外所有可见的异质性文化因素的相互作用，将科学理解为一种实践过程。③ 正是在此意义上，实验室科学呈现出广义的技术化科学意象——作为实践和文化的技术化科学。

　　沿着后 SSK 的脉络，代表人物皮克林运用"实践冲撞"的概念，从人类学视角分析了作为实践和文化的技术化科学的意象。他主张一种基于人与物力量的实践冲撞所带来的开放式的世界场景。他指出，我们不应该认为世界是由隐藏的规

① 参见［法］布鲁诺·拉图尔：《科学在行动——怎样在社会中跟随科学家和工程师》，刘文旋、郑开译，东方出版社 2005 年版，第 289 页。
② ［加］伊恩·哈金：《实验室科学的自我辩护》，［美］安德鲁·皮克林编著：《作为实践和文化的科学》，柯文、伊梅译，中国人民大学出版社 2006 年版，第 36 页。
③ 参见［美］安德鲁·皮克林编著：《作为实践和文化的科学》，柯文、伊梅译，中国人民大学出版社 2006 年版，中文版序言第 2—3 页。

律控制的，不应只关注表征。因为那样只会导致人和事物以自身影子的方式显示自身，即便是科学家也只能在观察和事实框定的领域中制造知识。而真实的世界充满了各种力量，始终处在制造事物的过程之中，各种事物不会因人的观察陈述而依赖于人类，而是人类要依赖于物质性力量，人类一直处在与物质性力量的较量之中。① 因此，应该超越仅仅作为表征知识的科学，运用操作性语言，把物质的、社会的、时间的维度纳入其中，将"科学（自然包括技术）视为一种与物质力量较量的持续与扩展。更进一步，我们应该视各种仪器与设备为科学家如何与物质力量进行较量的核心。作为人类力量，科学家在物质力量的领域中周旋……构造各种各样的仪器和设备捕获、引诱、下载、吸收、登记，要么使那种力量物化，要么驯服那种力量，让它为人类服务"②。在他看来，这不仅仅凸显了技术化科学的文化实践意象，更昭示着技术化历史这一后人类情境。

小　结

自 20 世纪 80 年代以来，科学哲学经历了新的发展。科学实验主义、新经验主义和科学实践解释学是当代科学哲学颇为重要的三个走向。总体来看，当代科学哲学呈现出了以下三个发展趋势，即从理论优位转向实践优位、反科学一元论和反基础主义以及走向科学的非统一性。

实证主义和自然主义的科学哲学曾经在很长一段时期内成为一种统治性的观念形态，统摄着人们的世界观和方法论。由其本身的缺陷而形成的唯科学主义形象，破坏或阻挡了我们认识世界的途径，故而导致我们不能够正确地理解科学和真实地认识世界。在此情境之下，以现象学和解释学的视角来认识理解科学可以帮助我们更好地把握整个客观世界。

以历史的眼光和文化的视角来看待科学，科学就不仅仅表现为人类的一种认知活动和真理系统。20 世纪 70 年代以来，科学编史学和科学史经历了来自 SSK、社会建构主义、语境主义等新挑战，因而我们需要在内史和外史、辉格史和反辉格史之间保持一种张力。在新的语境下，技术与科学相互交织，形成了一组不同

---

① 参见［美］安德鲁·皮克林：《实践的冲撞——时间、力量与科学》，邢冬梅译，南京大学出版社 2004 年版，第 6 页。

② ［美］安德鲁·皮克林：《实践的冲撞——时间、力量与科学》，邢冬梅译，南京大学出版社 2004 年版，第 7 页。

于基础主义的科学技术意象的非表征主义的技术化科学意象。

思考题：

　　1. 试述评科学实验主义。

　　2. 当代科学哲学发展的走向如何，请结合相关科学哲学思想进行说明。

　　3. 请以现象学的视角，试述近代的科学危机和生活危机是如何形成的。

　　4. 试述科学知识社会学的"强纲领"原则及其影响。

　　5. 如何理解科学编史学和科学史的重建。

　　6. 结合当代科学的发展，试述技术化科学的主要特征及其对人类未来的影响。

第四章 技术哲学思想的形成与发展

人类对技术活动的认识可以追溯至文明初期，然而，学术界对技术现象的系统反思以及技术哲学的形成，却直到第一次技术革命之后才出现。本章介绍技术哲学思想的形成与发展过程，包括技术哲学思想的历史源流、技术哲学的发展脉络、现代技术哲学的新进展。

第一节 技术哲学思想的历史源流

人是目的性活动的动物。作为人类目的性活动序列、方式或机制，技术与人类相伴而生，协同并进。人一开始就是技术的人，社会一开始就是在技术基础上建构与运行的。作为文明的元素和内生变量，技术广泛渗入人类目的性活动的众多领域，在社会生活中发挥着不可或缺的支撑作用。尽管体系化的技术哲学成熟较晚，但原始、零散的技术哲学思想却源远流长。

一、古代哲学中的技术思想

技术是一种古老的文化现象，先哲前贤对技术活动的关注以及技术哲学思想的萌芽，可以追溯到东西方文明的历史"轴心期"。

（一）古希腊哲学中的技术

古希腊的阿那克萨戈拉、苏格拉底、柏拉图、亚里士多德等哲学家，都对技术活动及其效应有过一些论述，散见于他们的哲学著述之中。例如，作为手工工匠的儿子，苏格拉底力图从手工劳作视角理解技术：（1）技术操作知识先于事实；（2）所有技术对象都源于人的目的，最终的结果也是完全清楚的；（3）技术产品的形象以精神为样板，源于创造对象的理念；（4）产品的创作以知识为前提；（5）技术创作不是任意的或意外的，而是知识尺度的实现；（6）目标的完成附有价值。在苏格拉底看来，技术活动以知识为基础，以目的为导向，以理念为样板，经过加工而完成。[1]

---

[1] 参见王飞、刘则渊：《德韶尔的技术王国思想——简评〈关于技术的争论〉》，《自然辩证法通讯》2005年第5期，第37页。

柏拉图立足理念论，把技术制作划分为两个阶段：一是神创造人造物的理念，二是工匠依据理念制造各种具体的人造物。他还从多个视角对制作活动进行了分类。例如，从产品角度把制造活动划分为"辅助性技艺"等七种类型①，给后世留下了技术评价、技术人类学和技术本体论三重思想遗产。在论及技术活动的特征时，柏拉图指出："技艺的有效原因在于制作者而不是被制作物。因为，技艺同存在的事物，同必然要生成的事物，以及同出于自然而生成的事物无关，这些事物的始因在他们自身之中。"②

亚里士多德继承和发展了柏拉图的技术思想，著名的"四因说"就是以手工技术制作活动为原型而阐发的。他还把技术与各类具体实践活动联系起来，指出技术的核心就是人类劳作的技能（skill）；人类是唯一依赖技术而生存的动物，凡是由于必然而存在或生存的东西都与技术无关，那些顺乎自然的东西也是这样，它们在自身内有着生成的始点。再如，"一般地说来，技术有一部分是完成自然不能完成的东西，有一部分是模仿自然。"③ 等等。

（二）中国思想史中的技术

早在先秦时期，我国的手工业就十分发达，丝织、冶金、陶瓷、酿造等手工业技术都达到了相当高的水准。在先秦时期的许多历史文献和哲学著作中，就有众多关于技术活动的零散论述，蕴藏着丰富的技术思想。例如，春秋末期的《考工记》记述了先秦时期官营手工业的各类工种规范和制造工艺，涉及木工、金工、皮革工、染色工、玉工、陶工等六大类 30 个工种。作者认为，一件工艺品的质量源于多重因素的共同作用："天有时，地有气，材有美，工有巧。合此四者，然后可以为良。"④

战国中期道家的代表人物庄子，一生倡导自然质朴的生活方式，反对一味追求效率的技术活动。"有机械者必有机事，有机事者必有机心。机心存于胸中，则纯白不备；纯白不备，则神生不定；神生不定者，道之所不载也。"⑤ 儒家的荀子则指出，自然界是技术创造的基础和材料，许多技术成果都是巧妙地利用自然事物及其机制的结果。"登高而招，臂非加长也，而见者远；顺风而呼，声非加疾

---

① 《柏拉图全集》第 3 卷，王晓朝译，人民出版社 2003 年版，第 135—137 页。
② ［古希腊］亚里士多德：《尼各马可伦理学》，廖申白译注，商务印书馆 2003 年版，第 171 页。
③ 北京大学哲学系外国哲学史教研室编译：《西方哲学原著选读》上卷，商务印书馆 1981 年版，第 147 页。
④ 《考工记注译》，张道一注译，陕西人民美术出版社 2004 年版，第 10 页。
⑤ 《庄子集释》，郭庆藩撰，王孝鱼点校，中华书局 2004 年版，第 433—434 页。

也，而闻者彰。假舆马者，非利足也，而致千里；假舟楫者，非能水也，而绝江河。君子生非异也，善假于物也。"① 战国末年的《吕氏春秋》一书中有四篇农学著作，其中论述了耕地、整地、播种、定苗、中耕、除草、收获以及不违农时等一整套农业生产技术规范。

纵观人类思想史，不难发现，东西方历史上许多思想家都从各自的学术视野和立场出发，或多或少或自发或自觉或直接或间接地论及技术问题，留下了丰富的技术思想史遗产。尽管这些技术思想多元、多维、多彩，颇有见地，闪烁着真理之光，但是毋庸讳言，这些观点大多零散、朴素、粗糙和肤浅，有待于我们挖掘、梳理和系统化，进而归入技术哲学的历史源流。

二、技术与科学关系的历史演变

技术不是从来就有的，也不是永远如此的，而是经历了一个从产生到发展的漫长过程。在这一历史进程中，技术与科学的关系由远而近，逐步密切。因此，对技术现象的分析最好从它与科学的起源开始考察，这也是技术哲学体系展开的重要起点。

（一）技术的历史发生

技术的起源可以追溯到人类诞生之初的原始器物制作活动。人类学研究表明，生活在距今 550 万~150 万年之间的南方古猿，是迄今公认的最早的人类祖先，其中的一支后来进化成为能人。能人生活在距今 300 万~150 万年之间，它的手骨和足骨与现代人相似，已经能够用砾石打制砍砸器等简单工具。粗制石器的制作是一种有意识、有目的的创造性活动，是人类有别于动物的重要特征，标志着从猿到人过渡阶段的结束。"劳动资料的使用和创造，虽然就其萌芽状态来说已为某几种动物所固有，但是这毕竟是人类劳动过程独有的特征，所以富兰克林给人下的定义是'a tool-making animal'，制造工具的动物。"② 有了人就有了人类文明及其演进，人类史是自然史这一部历史巨著中最为丰富和精彩的最后几页。

与人类早期的进化历程相对应，技术的萌芽期大致经历了动作技能的发展、使用外物技能与制造工具技术三个阶段。③ 随着能人生存环境与生活场所的变更，以往用完即弃的天然工具并非都是随手可捡的，这就迫使能人踏上了改造天然工

---

① 《荀子简释》，梁启雄注，中华书局 1983 年版，第 2—3 页。
② 《马克思恩格斯文集》第 5 卷，人民出版社 2009 年版，第 210 页。
③ 参见王伯鲁：《技术究竟是什么——广义技术世界的理论阐释》，科学出版社 2006 年版，第 48—50 页。

具、创造人工工具的技术道路。经过无数次尝试和世代经验积累，能人终于摸索出一套相对稳定的粗制石器的打制技术流程。粗制石器的问世是人类进化史上的一座里程碑，它表明"形成中的人"从顺应自然开始，经由利用自然阶段，最终踏上了按照自己的意志改造自然的技术道路。

作为人类目的性活动的序列、方式或机制，技术一开始就与生产实践活动密切相关。进入原始社会末期，在作物栽培基础上孕育的原始种植业以及在动物驯养基础上催生的原始畜牧业，逐步取代了采猎经济的主导地位，产业技术开始演变为技术的主要门类。长期以来，直接从事生产劳动的工匠是技术的研发者和传承者，他们多是处于社会下层的体力劳动者。新技术主要是通过工匠的长期经验摸索与反复试验获得的。工匠们很少以一般性技术活动为专门研究对象，也很少求助于当时的自然哲学等认识成果。技术的这种独立演进状况直到第一次技术革命前后，才逐步发生改观。

（二）科学的历史演变

与技术的演变相比，科学的起源要晚得多。在漫长的原始社会，人类的认识尚处于以感性认识为主导的初级阶段，理性而系统的科学认识无从谈起，顶多只有感性、直观、零散的科学知识。日月星辰的运行、春夏秋冬的交替、生老病死的轮回等自然现象，与人们的日常生活和生产实践密切相关，成为滋生科学认识的土壤。正如马克思指出的："感性（见费尔巴哈）必须是一切科学的基础。科学只有从感性意识和感性需要这两种形式的感性出发，因而，科学只有从自然界出发，才是现实的科学。可见，全部历史是为了使'人'成为感性意识的对象和使'人作为人'的需要成为需要而作准备的历史（发展的历史）。历史本身是自然史的一个现实部分，即自然界生成为人这一过程的一个现实部分。"①

事实上，较为系统的科学及其研究出现得很晚，至今也不过三千年的历史。在古代四大文明中先后形成了与当时生活与生产实践密切相关的天文学、数学、力学、医学、农学等学科雏形。然而，与近代实验科学大相径庭，这些原始的科学认识大多依附于哲学或宗教，往往以自然哲学或神学"婢女"的面目出现，其中直观、思辨、猜测、想象、定性的成分较多。它们虽有经验来源，但并未建立起相对独立和完善的研究范式。在这一时期，对科学问题感兴趣的人多是好奇心较强的脑力劳动者或者上流社会的其他职业者。直到文艺复兴之前，科学基本上沿着与技术分立的理性道路独立发展，好奇心与求知欲是它的主要驱动力。同时，

① 《马克思恩格斯文集》第 1 卷，人民出版社 2009 年版，第 194 页。

业余从事科学研究者大多鄙视生产实践，瞧不起工匠及其技艺，不愿意探究生产实践中的技术问题与科学问题，也对把他们的研究成果应用于生产领域不感兴趣。

严格意义上的科学形态是在文艺复兴运动中出现的。伽利略、吉尔伯特把实验方法和数学方法引入科学研究之中，培根、笛卡儿随后对这些方法进行了哲学概括，从而奠定了近代实验科学的基础。"英国唯物主义和整个现代实验科学的真正始祖是培根。在他看来，自然科学是真正的科学，而感性的物理学则是自然科学的最重要的部分……按照他的学说，感觉是确实可靠的，是一切知识的源泉。科学是经验的科学，科学就在于把理性方法运用于感性材料。归纳、分析、比较、观察和实验是理性方法的主要条件。"① 从此，人类文明的理性传统与工匠传统得以有机融合，科学认识既以严格的逻辑推理为依据，又得到了实验观察的保证。这种两端都有所凭依的知识发展模式，使科学开始摆脱自然哲学的窠臼，走出宗教藩篱的羁绊，步入了全面快速发展的轨道。

（三）科学与技术的合流

科学的兴起深刻地改变了人类的理性认识样式，也使科学发展成为一种独立的文化形态。从此，科学逐渐演变为理性的唯一形态，进而取代神学成为新的知识立法者。同时，以实验为基础的新科学潜伏着巨大的实用价值，为技术的快速发展提供了可能。"只有现在，实验和观察——以及生产过程本身的迫切需要——才达到使科学的应用成为可能和必要的那样一种规模。"② 以前那种为了追求纯粹的知识而进行的科学研究，现在开始转而面向生产实践和产业技术发展的实际问题，涌现出了像达·芬奇、伽利略、惠更斯、维萨留斯、斯台文等一批面向生产实践需求，关注产业技术动态的新型科学家。

从技术史角度看，工业革命之前，技术活动大多与各类具体实践活动浑然一体，技术革新依附和隶属于不同的社会实践活动，人们常常处于技术上的不自觉状态。技术发明创造与实践变革难以区分，大多依赖于工匠的长期经验摸索，尚未分化和形成相对独立的、专门解决技术问题的技术研发机制或机构。"在文艺复兴之前，以及其后长达数百年，技术进步都是在没有科学知识相助的情况下产生的。"③ 在这一时期，科学是神学的"婢女"，尚未从哲学和神学中分化独立出来；生产与技术的发展一直走在科学的前面，生产实践与技术创新也是科学知识的重要来源，例如蒸汽机的改造催生了热力学。反过来，以自然哲学与感性经验为基

---

① 《马克思恩格斯文集》第 1 卷，人民出版社 2009 年版，第 331 页。
② 《马克思恩格斯文集》第 8 卷，人民出版社 2009 年版，第 357 页。
③ ［美］乔治·巴萨拉：《技术发展简史》，周光发译，复旦大学出版社 2000 年版，第 111 页。

本形态的科学知识，对技术进步的推动作用微弱，而且也多是间接的。生产、技术、科学之间的主导作用传递方式可以概括为：生产→技术→科学。

工业革命之后，伴随着科学实验从生产实践领域分化出来，生产、技术、科学之间原有的主导作用传递模式不断被打破，其间的相互作用关系转入了复杂的调整时期。把技术活动置于科学研究的视野之下，运用科学理论与方法分析技术过程，加快了技术的科学化进程，为技术科学、工程科学的诞生准备了条件。在科学发展的支持下，日趋复杂、频繁的技术革新逐步从生产实践活动中分化出来，形成了一个相对独立的专业技术领域及其研发机构。技术研发以科学与技术原理为依据，按照科学研究成果的指向有目的、有计划地展开，从而打破了以经验摸索为主导的传统技术发展模式。技术目的也随之从具体实践目的中分离、派生出来，更趋单纯、抽象或一般。从此，实现独特技术效果，追求更高技术效率，逐步演变为专业技术研发活动的直接目的。

以电力应用为核心的第二次技术革命之后，科学的发展开始超越生产与技术的现实需求，走到了技术发展的前面，成为现代技术创新的主要源泉。科学向技术转化，对技术创新起着规范和指导作用，"科学日益被自觉地应用于技术方面"①。技术按照科学理论指导来创造，逐步摆脱了传统的经验摸索模式，减少了技术创新过程中的盲目性。这一时期生产、技术、科学之间的主导作用传递模式呈现为：科学→技术→生产。这一模式充分体现了科学研究突破引发技术创新，技术发明引发产业技术创新，进而形成催生新产业或改造传统产业的逻辑递进关系。

在新科学技术革命的推动下，从科学理论突破到技术发明再到实际应用的转化速度不断加快，转化周期日趋缩短。现代科学与技术一方面高度分化，另一方面又高度融合，形成了由各门基础科学、技术科学、工程科学构成，并经由各层次、各学科之间的边缘学科、交叉学科、横断学科的联系和过渡，构成了一个立体的、网络状的、开放的巨型科学技术体系。

三、技术的内涵与分类

技术是什么？是一个关涉技术哲学基础的元理论问题，也是划分技术哲学流派的主要依据。这一问题的不同解决方案，直接决定着技术哲学的研究目标、内容与走向，影响着研究范式、方法与路径的选择，进而造成了不同技术哲学传统

---

① 《马克思恩格斯文集》第 5 卷，人民出版社 2009 年版，第 874 页。

之间的分野以及理论派别、学术观点之间的分歧。

（一）技术定义及其分歧

给一个事物下定义就是揭示它所反映的本质属性，然而，给技术概念下一个人人都认可的定义却并非易事。"初看起来，'技术'一词的含义似乎十分明白，因为到处都可以看到技术装置、器械和工艺，人们已承认它们是'第二自然'。不过，倘若要给技术概念下一个明确的定义，人们马上就会陷入困境。这种情形与那些同样具有高度普遍性的概念有些类似。"① 技术定义上的种种分歧就是在这一背景下产生的。

几乎在每一部技术哲学著作中，都或多或少、或隐或显地提及技术定义上的分歧。"甚至有人说，在对技术作整体考察的人们中间，似乎根本没有完全相同的技术定义。"② 据不完全统计，有关技术的不同定义有数百种之多。虽然这些技术定义之间千差万别，但存在着某些相似性，大致可以简并、归约为狭义技术定义与广义技术定义两大类。正如米切姆所概括的："在通常的流行语言中，技术一词有狭义、广义之分——它们取决于工程技术人员和社会科学工作者运用这个词的不同方式。一开始就注意到这一点是很重要的，因为这两种用法之间的不同引出了一系列的概念之争，很容易由此造成分析上的混乱。"③

狭义技术的界定有多种表现形态，其中，国内"有代表性的、新一点狭义技术定义，认为技术（technology）是'人类为了满足社会需要而依靠自然规律和自然界的物质、能量和信息，来创造、控制、应用和改进人工自然系统的手段和方法。'这里讲的手段既可以指知识手段，也可以包括物质手段——尽管对此是有争论的。"④ 概而言之，狭义的技术定义把技术仅限于人与自然的关系维度，不超出人工自然界。其实，这只是一种简单的外延框定做法，涵盖面狭窄，存在着许多理论缺陷。例如，简单的"外延"框定，人为地割断了技术概念"内涵"的连续性、一贯性，容易导致技术概念"内涵"与"外延"之间的非协调性等问题。正如恩格斯所指出的："定义对于科学来说是没有价值的，因为它们总是不充分的。唯一真实的定义是事物本身的发展，而这已不再是定义了。"⑤

---

① ［联邦德国］F. 拉普：《技术哲学导论》，刘武、康荣平、吴明泰译，陈昌曙审校，辽宁科学技术出版社 1986 年版，第 20 页。
② 远德玉、陈昌曙：《论技术》，辽宁科学技术出版社 1986 年版，第 47 页。
③ 邹珊刚：《技术与技术哲学》，知识出版社 1987 年版，第 244 页。
④ 陈昌曙：《技术哲学引论》，科学出版社 1999 年版，第 95 页。
⑤ 《马克思恩格斯文集》第 9 卷，人民出版社 2009 年版，第 351 页。

事实上，作为文明的元素，技术广泛存在于人类目的性活动的各个领域，是人类行为的基本特征。"技术无处不在，它将一项活动经过充分设计，从而可以使人们从中区分出一个目的和为实现这一目的所必需的一些中介……'技术就是这样地被包含在每一项活动之中的，人们可以说祈祷的技术、禁欲的技术、思考与研究的技术、记忆的技术、教学法的技术、政治与神权统治的技术、战争的技术、音乐的技术（比如某位名家的）、某位雕塑家或画家的技术、诉讼的技术，等等，而且，所有这些技术都可以有一个极其不稳定的合理性阶段。'"① 可见，技术是人类目的性活动的格式或"基因"，只是以往人们不自觉罢了。

人是有目的性的自为的存在物。如何有效地实现目的？是人类生存与发展面临的首要的基本问题。因此，技术可以广义地理解为围绕"如何有效地实现目的"的现实课题，人们后天不断创造和应用的目的性活动序列、方式或机制。可见，技术与人类相伴而生、协同进化，遍及人类目的性活动的所有领域。可以说，有多少种目的性活动，就有多少种不同的技术形态。在这里，尽管动物本能、自然运动机制不是技术，但它们都可以纳入人类目的性活动序列、方式或机制之中，转变为技术系统的构成部分。其实，在广义技术视野中，狭义的自然技术只是技术的一种典型形态，而并非它的唯一形式。人类目的性活动的一切形式都可以理解为技术活动，在技术维度上进行图解，进而还原或抽象出其内在的技术结构或格式。

（二）技术的基本类型

对技术概念进行划分就是技术分类，从不同的技术定义、划分依据及方式出发，所得到的技术类别往往不尽相同，五花八门。例如，在中国图书馆分类法、国际图书集成分类法、教育部学科门类分类标准、国际专利分类表、国家高新技术产品目录等规范中，对技术的划分就各不相同。在广义技术视野下，以客观世界的基本构成为依据，得到的思维技术、自然技术与社会技术分类，就是对技术形态的最高层次划分。这与人们把客观世界划分为自然、社会和人类思维，以及把认识活动及其成果划分为自然科学、社会科学和思维科学是一致的。

思维活动可理解为一种指向主体目标的认识与建构活动，它展现出目的性活动序列、方式或机制的特征，故而可以纳入技术范畴讨论。在思维进程中，为达到某一目标的思路、方法、程序等都可以理解为流程技术形态，它呈现为以过程或时间为形式的运作。例如，勾股定理的数百种证明方法，都可以看作证明该定

---

① ［法］让-伊夫·戈菲：《技术哲学》，董茂永译，商务印书馆2000年版，第22—23页。

理的流程技术形态；计算机程序也可以视为人们完成某一任务的机器思维流程技术形态。同样，思维活动中创建或应用的定义、公理、定律、构思、算法、案例、思想实验甚至思想家的著作等思维成果，则可视为思维领域中的人工物技术形态。与人们外在的具体目的性活动过程相比，思维技术形态展现出基础性、精神性、抽象性、流动性等特点，多以无形的智能技术面目出现，广泛渗透于目的性活动过程的各个阶段。

认识、改造和控制自然，拓展人工自然疆域，是社会发展的基本任务。人类对自然界的改造与控制是一项有目的的实践活动，它的序列、方式或机制形成了千姿百态的自然技术形态。由于不同国家或地区的地理、气候、物产等自然条件，以及民族、风俗习惯、宗教信仰等社会文化因素的差异，人们塑造出了各具地域特色的众多自然技术形态。这就是技术的地域性特征。一般地说，技术层次越低，人类活动对自然条件的依赖性就越强，自然技术的地域性特色也就越突出，反之亦然。技术的地域性是促使自然技术形态多样性、差异性的根源，也是制约自然技术扩散与传播的主要因素。

在长期的社会实践活动中，人们也创造出了促使社会正常运转与进步的众多目的性活动序列、方式或机制，形成了丰富多彩的社会技术形态，展现出存在抽象性、结构松散性、形态可塑性、运转灵活性、建构与应用一体性等特征。在某一层次的社会系统中，流程技术形态主要展现为围绕具体社会目标的实现，不同社会组织之间彼此协同、依次动作的程序、流程或形制。为了保证社会物质文化生活的有效展开，人们所建构的社会组织及其运作机制也被赋予了技术属性或规范。人工物技术形态则主要体现为以个体或团体为基本单元，并按照一定运行规则建构起来的具有特定结构与功能的社会组织，如消防队、医院、学校、检察院、监狱等。在社会技术体系中，一个组织或团体往往被同时纳入多种流程技术形态之中，并行实现着多重社会功能或目标。

事实上，思维技术、自然技术与社会技术形态之间的区分是相对的，只在抽象的理论分析层面才有意义。在现实生活中，这三种技术形态总是互动协同，联成一体，滚动递进，其间水乳交融，密不可分。一方面，思维技术是属人的，体现在人的思维活动之中；而人又总是社会的人，并处于一定的社会技术体系之中，同时又拥有一定的自然技术资源。另一方面，自然技术又总是在一定的思维技术支持下设计、建构和运转的，是智能技术物化的产物；同时，它总是为处于一定社会关系之中的个人或团体所掌控，并被纳入多种社会技术体系的建构与运转之中，服务于个人或社会目的的实现。同样，社会技术系统的设计、建构、运转与控制总是通过人的实践活动实现的，而人又是思维和掌控一定自然技术的人，离不开思维技术与自然技术的支撑，其间并存着错综复杂的相互作用机理。

四、技术的形态与体系结构

尽管技术世界枝繁叶茂、族系众多、错综交织，但我们却能够从中分析和概括出技术的构成要素、基本形态以及建构模式。

（一）技术的构成要素

追溯技术史不难发现，人类在动物本能基础上延伸和发展起来的动作技能（skill），是技术系统的原初形态与建构基础，此后才衍生出实物、操作与知识三种相互关联的构成要素，如图 4-1 所示。位于中心位置的"技能"是技术演变的历史和逻辑起点，由内向外的三个方框，分别表示古代技术、近代技术与现代技术三个历史阶段。实物要素是技术系统的物质表现形态，刚性可触，是技术活动得以展开的物质基础；操作要素源于思维能力与动作技巧，存在于驾驭物化技术系统运行的过程之中，柔性灵活，是技术活动的灵魂和向导；知识要素是有关技术活动的属性、机制、规范与规律的凝结，潜在无形，可视为技术的遗传"基因"。这三种要素既相对独立，扮演着不同的角色，又彼此融合，进而构成三位一体的现实技术系统。其中，任一要素的革新都将牵动其他要素的相应调整与改进；同时，各要素及其演进之间又是不平衡的，在一定历史时期或技术领域，某一种要素往往居于主导地位，规约和带动着其他要素的演进。

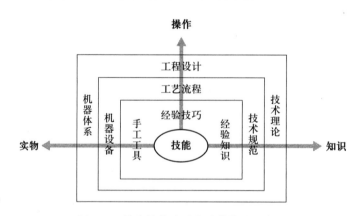

图 4-1 技术的构成要素及其演进示意图

（二）技术的基本形态

技术存在的基本形态在时间、空间上的表现方式不同。在时间上，技术展现为一个指向目的的有序运行过程，体现了人类行动的理性化；在空间上，技术则表现为一个具备独特功能的人工建构体系，是文化世界的构成单元。前者就是流程技术形态，它是以目的的实现过程为组织线索，把目的性活动诸阶段或环节所运用的设备、操作技巧等融为一体，依次协调动作，主要展现为一种时间结构。手艺流程、工艺流程、园艺流程、工作流程等都是它的典型形态。后者就是人工物技术形态，它是由多种要素或单元构成的具有特定运行机制、结构与功能的实物体系，主要呈现为一种空间结构。手工艺品、工业产品、仪器设备、建筑物、社会组织等都是它的典型形态。流程技术形态与人工物技术形态是技术存在的两种基本方式，可视为构成技术世界的"细胞"。事实上，技术世界就是以人工物技术形态为纽结，以流程技术形态为纽带，而编织起来的一个分层次的、开放的、立体的巨型网络体系。

作为技术存在的基本方式，流程技术与人工物技术相互依存、互动并进，彼此建构、相互转化，共同参与人类文明大厦的建构。在某一具体的目的性活动领域，流程技术与人工物技术之间的区分是绝对的，泾渭分明。然而，超出具体的目的性活动范围，流程技术与人工物技术之间的界限又是相对的，与人们审视技术形态的角度、时段有关。一般地说，简单、集约、快节奏运转的流程技术形态，也可视为一体化的人工物技术形态；而复杂、松散、慢节奏运转的人工物技术形态，也可以看作流程技术形态。同样，流程技术形态可视为展开的、分阶段建构或间歇式运转的人工物技术形态的集合，而人工物技术形态也可以看作压缩的、一次性建构或连续运转的流程技术形态的联合。

（三）技术的建构模式

技术族系是技术存在和发展的基本形式。从逻辑视角看，技术问题的提出与技术创新思路的拓展，总是沿着从目的到手段的顺序展开的，进而派生出从目的向手段转化、流变的多簇"树状"路径。例如，要实现往来于河流两岸的目的，就并存着泅水、造船、架桥、挖隧道、空中飞越等多种技术路径，其中的每一条途径又会派生出多种具体的实现方式及其环节。单就造船而言，为了造船（目的），就需要伐木、捻钉、合绳、造锚等（手段）；而为了伐木（目的），就需要造锯、打造斧子、搬运等（手段）……如此，从基本目的的实现出发，就衍生出了一个由多级多簇"目的—手段"转化链条构成的辐射状的立体技术族系。技术族系的分叉越多或链条越密、越长，表明该族系越发达、越精致，反之亦然。不同的人类基本目的会催生出不同的技术族系，众多技术族系之间既相对独立，又彼此关联、交织、缠绕、融合，由此构成了错综复杂的技术世界。

以综合集成为基础的"嵌套"是技术系统建构的基本模式或机理，进而形成了技术世界的层级结构。技术系统是按照技术原理、设计方案与运行程序等规则，通过层层"嵌套"的组织方式建构起来的。在这里，单元与系统之间的区分是相对的、可变的，技术系统本身也可以作为一个技术单元，被整合或"嵌套"进更大的技术系统之中；同样，技术单元本身也可能就是一个技术系统，它当初也是通过这种"嵌套"方式被建构起来的。一般地说，沿着从原材料到制成品，从思维技术、自然技术到社会技术的逻辑顺序，处于前面的技术形态往往会被依次"嵌套"进后面的技术系统之中。因此，先前的技术成果就像"滚雪球"般被吸纳或累积到后发展起来的技术形态之中；新技术系统中也总是凝聚着前人的技术成就，展现为继承与创新的有机统一。

这里的"嵌套"模式与技术族系结构反映了技术发展过程的不同侧面，技术系统结构层次的递增与技术路径的延伸是一致的。前者主要是从人工物技术形态角度描述技术的建构方式，后者则是从流程技术形态视角刻画技术的发展轨迹。任何技术系统总是处于一定的技术族系之中，反过来，任何技术族系总是由一系列具有"亲缘"关系的具体技术系统集聚而成的。同样，众多技术系统或技术族系也不是孤立的、封闭的，它们之间犹如丛林中的一棵棵大树一样，枝丫交错，盘根错节，共同植根于人类认识与实践活动的"沃土"之中。事实上，越是处于技术系统结构中的低层次或技术路径上游的技术单元，自由度就越大，也就越容易处于"游离"状态，进而被纳入其他技术族系或技术系统之中。正是这些单元性、分支性技术成果的不断创造、派生与累积，才为人们目的性活动序列、方式或机制的建构奠定了坚实的基础，也才使后来者目的的实现越来越容易、越来越迅速。

在技术世界的扩张过程中，围绕着众多人类基本需求或目的的实现，在纵向上形成了多簇技术族系，如运输技术族系、建筑技术族系、通信技术族系、医疗技术族系、军事技术族系等。在技术研发活动中，沿着从认识指向实践、从科学指向技术的方向，依次形成了基础技术、专业技术与工程技术的层级结构。同时，在横向上各技术族系又通过相关环节上的同一技术成果彼此贯通，相互关联，如图 4-2 所示。植根于科学研究与理智创造之中的基础技术、专业技术与工程技术成果，为具体技术问题的解决或技术族系上各环节的建构提供支持。因此，处于演进之中的技术世界，形成了一个以人类需求或目的为核心，众多技术族系纵向上分立并行，横向上彼此贯通，错综交织，互动渗透，同根同源，融为一体的立体的辐射状网络结构。

正如目的与手段结伴而行一样，人类生活总是离不开技术创造以及技术运行的支持。在技术世界的演进历程中，技术编织着人类生活世界的种种神话，创造性地植入了社会文化运行体制。作为技术单元，人也被编织进这一巨型网络之中。人既是技术之网的设计者和编织者，也是技术之网的构成单元或编织材料。如同蜘蛛与蜘蛛网、蜗牛与蜗牛壳之间的关系一样，人与技术世界也是不可分离的。"网中人"既依赖于技术之网生活，也为技术之网所限制和束缚。正如地球上的水圈、大气圈、岩石圈、生物圈一样，技术世界已构成了人类赖以生存和发展的"技术圈"。随着技术进步与社会发展，这一张巨大而无形的技术之网也将被编织得愈来愈细密、愈来愈结实。

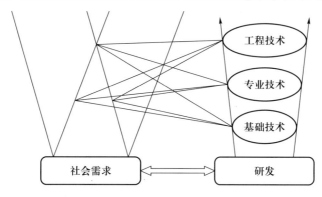

图 4-2　技术世界的网状结构示意图

第二节　技术哲学的发展脉络

在技术哲学一百多年的演进历程中，人们从多种视角切入技术问题，出现了多种观点、理论和流派。"虽然不能按哪一种模式来总结技术哲学的发展，不过大体上可以区分出四种研究方式。在一定时期，它们各自在哲学探讨中占主导地位，不过并不排除其他观点。这四种观点是工程科学、文化哲学、社会批判主义和系统论。"[①] 米切姆认为，在技术哲学的孕育和发展历程中，虽然学派林立、观点纷呈、切入点与研究方法各异，但是却逐步形成了工程派技术哲学与人文派技术哲学两种学术传统。另外，还兴起了现象学技术哲学等新流派。因此，了解它们的形成与演变、区别与联系，是把握技术哲学发展脉络，鸟瞰技术哲学派别流变，梳理技术哲学基本内容的关键。

一、工程派技术哲学

作为技术哲学的两大学术传统，工程主义传统与人文主义传统之间的差异，

---

① ［联邦德国］F. 拉普：《技术哲学导论》，刘武、康荣平、吴明泰译，陈昌曙审校，辽宁科学技术出版社 1986 年版，第 3 页。

根源于探究技术哲学问题的视域不同。米切姆曾就此指出："技术哲学是像一对孪生子那样孕育的，甚至在子宫中就表现出相当程度的兄弟竞争。'技术哲学（philosophy of technology）'可以意味着两种十分不同的东西。当'of technology（属于技术的）'被认为是主语的所有格，表明技术是主体或作用者时，技术哲学就是技术专家或工程师精心创立一种技术的哲学（technological philosophy）的尝试。当'of technology（关于技术的）'被看作是宾语的所有格，表示技术是被论及的客体时，技术哲学就是指人文科学家，特别是哲学家，认真地把技术当作是专门反思的主题的一种努力。第一个孩子比较倾向于亲技术，第二个孩子则对技术多少有点持批判态度。"① 荷兰技术哲学家舒尔曼则把技术哲学研究进路上的这一重大分歧，概括为实证论传统与超越论传统之争②，前者与工程主义传统类似，而后者则与人文主义传统相近。

工程与分析的技术哲学是工程主义传统的产物，渊源于工程技术或科学研究人员对技术哲学问题的理解与探究。他们大多持狭义技术观念与乐观主义态度，主张人外在于技术，可以认识、创造、操纵和驾驭技术，而不受技术运作之约束，彰显了科学精神与技术精神。他们从哲学视角探讨技术性质、体系结构、内在矛盾、运行机制等问题，力图揭示技术自身的演进逻辑。卡普、尤尔、德韶尔、拉普、维纳等人都可视为工程与分析的技术哲学的代表。

（一）卡普：器官投影说

作为技术哲学的创始人，卡普是历史上第一个把技术与人体器官关联起来的思想家。在长达20年的农场生活中，卡普对工具与机器有了更真切的体验和更深入的观察，为有关技术本质与起源的"器官投影说"奠定了经验基础，进而开辟了一种分析和认识技术的独特视角。他运用这一新发现、新观点，力图通过对工具的发生与演变历程的考察来解释人类文化史。

卡普认为，人类的肢体、器官及其功能是人们理解事物的出发点，也常常被不自觉地作为创造技术的原型或功能的尺度，投影到生产实践与技术发明之中；所有工具技术都可以在人类器官、肢体中找到它的原型或源泉。"在工具和器官之间所呈现的那种内在的关系，以及一种将要被揭示和强调的关系——尽管较之于有意识的发明而言，它更多地是一种无意识的发现——就是人通过工具不断地创

① ［美］卡尔·米切姆：《技术哲学概论》，殷登祥、曹南燕等译，天津科学技术出版社1999年版，第1页。
② 参见［荷］E·舒尔曼：《科技文明与人类未来——在哲学深层的挑战》，李小兵、谢京生、张峰等译，东方出版社1995年版，第3页。

造自己。因为其效用和力量日益增长的器官是控制的因素，所以一种工具的合适形式只能起源于那种器官。"① 正是基于这一观念，卡普对许多器物、工具的器官原型进行了追溯和详尽的解释："这样，大量的精神创造物突然从手、臂和牙齿中涌现出来。弯曲的手指变成了一只钩子，手的凹陷成为一只碗；人们从刀、矛、桨、铲、耙、犁和锹中看到了臂、手和手指的各种各样的姿势，很显然，它们适合于打猎，捕鱼，从事园艺，以及耕作。"② 这也是卡普对技术的一种人类学或文化哲学的理解。

（二）维纳：控制论纲领

自动化、信息化是现代技术发展的显著特征，而研究动物和机器中的控制和通信问题的控制论，则是这一技术趋势的理论基础。控制论以现实的人工（电子的、机械的、神经的或经济的）系统为原型，探讨它们的信息交换、反馈调节、自组织、自适应的原理，以及改善系统行为、保持系统稳定运行的机制，从而创建了适用于各门科学的概念、模型、原理和方法，并揭示了它们在行为方式上的一般规律。传统科学常常把系统分解为一些简单的组成部分，用"每次变动一个因素"的机械方法处理问题。作为技术科学的控制论，则把自动化系统分解为传感器、控制器、执行器和控制对象四个部分，强调系统的行为能力和目的性。控制论不是把这些组成部分孤立起来，而是在分解之后再加以协调，采用分解—协调的方法加以处理，进而形成了反馈概念、黑箱方法、功能模拟方法等。

作为控制论的创始人，维纳具有浓厚的工程主义技术哲学情结和技术精神。控制论的核心问题是：设有两个状态变量，其中一个是能由我们进行调节的，而另一个则不能控制。这时我们面临的问题是如何根据那个不可控制变量从过去到现在的信息来适当地确定可调节的变量的最优值，以实现对于我们最为合适、最有利的状态。从此不难看出，控制论的一个预设是，人游离于技术系统之外，始终以系统的认识者、创建者和控制者的身份出现；通过创造性的技术认识和建构活动，人们可以有效地实现自己的目的。

除把信息、反馈、控制、通信等概念加以推广外，维纳还把他的技术哲学观念、方法扩展到人文社会科学领域，力图解释众多社会文化现象。以维纳为代表的"实证论者欲图探考现代技术的方法和控制论原则。他们从这些原则和方法中

---

① ［美］卡尔·米切姆：《技术哲学概论》，殷登祥、曹南燕等译，天津科学技术出版社 1999 年版，第 6 页。

② ［美］卡尔·米切姆：《技术哲学概论》，殷登祥、曹南燕等译，天津科学技术出版社 1999 年版，第 6 页。

得出计划未来的观念。他们的未来观是受技术可能性的鼓舞，并受控于这样一种思想：技术—科学方法是唯一正确的方法。他们的共同特征是理性主义。与旧理性主义不同，并不是把现实置入先验的判断而是把科学看作技术控制的工具。因而就出现了他们想消除自然科学和人文科学的界限，至少适用控制论原理，消除自然科学与人文科学在方法上的差异。在他们的哲学中，技术—科学方法被绝对化；在实践中，这种技术论变成一种任何东西都要由技术控制的技术万能论"①。面对未来的技术演变，维纳可谓是悲喜交加。他认为，一方面，科学的控制论将产生出无法想象的强大机器；另一方面，这些新机器将把人变成牺牲品，人类文明将为这些新技术的可能性所动摇。②

由此可见，工程与分析的技术哲学往往与技术决定论并行。他们立足技术科学与工程技术实践，注重对技术哲学内部问题，尤其是技术体系结构、运行机理与发展前景的探究。它把人在人世间的技术活动方式看作是了解其他各种人类思想和行为的范式，"在技术中看出了对人类力量的确认和对文化进步的保证"③。工程与分析的技术哲学对技术问题的研究虽然精细、深入、具体，但往往视野狭隘，缺乏理论高度，也缺少对众多技术形态统一基础的深入探究，在理论上多是不完备、不彻底和不深刻的。它们对技术活动及其影响的概括也多是不全面的，往往无视社会领域、文化领域和思维领域的技术存在及其后果，无视充当技术单元或子系统的人类的命运，也无视人的技术化与社会的技术化进程等重大理论问题。

二、人文派技术哲学

随着技术的快速发展以及对社会文化生活影响的广泛而深入，许多原本并不直接从事工程技术活动的人文社会科学学者，也开始关注和探究技术文化现象，进而形成了技术哲学的人文主义传统。事实上，早在文明史初期，先民们就通过神话、巫术、图腾、诗歌等文化形态表达对技术的诉求。"我们可以说，正是人文学科孕育了技术，而不是技术构想出人文学科。尽管这一原则，即人文学科对技术的优先地位，是人文主义的技术哲学赖以成立的基础，但这一原则，特别是在

---

① ［荷］E·舒尔曼：《科技文明与人类未来——在哲学深层的挑战》，李小兵、谢京生、张峰等译，东方出版社 1995 年版，第 150 页。
② ［荷］E·舒尔曼：《科技文明与人类未来——在哲学深层的挑战》，李小兵、谢京生、张峰等译，东方出版社 1995 年版，第 185—186 页。
③ ［荷］E·舒尔曼：《科技文明与人类未来——在哲学深层的挑战》，李小兵、谢京生、张峰等译，东方出版社 1995 年版，第 3 页。

技术高度发展的文化中，并不是不言而喻的，也不是不受诘难的……我们可以把人文主义的技术哲学，看作是为了把非技术的东西放在优先地位这一基本思想而进行的一系列明确辩护的尝试。"①

人文主义者关心人类技术生活的境遇与命运，大多持广义技术观念与悲观主义立场。他们立足于技术对生活世界的深层次影响，侧重从人类学与文化视角透视和解释技术活动，力图探究技术的社会运行机理，以及影响政治、经济、文化、精神生活、生态环境等生活层面的路径与模式，彰显了人文精神以及对技术的批判态度。"他们的目的是探索这样的问题：为什么技术对人成为一种威胁。以及为什么它在未来似乎会成为更大的威胁。对他们来说，技术的未来绝对不是有意义的东西。"② 芒福德、加塞特、海德格尔、马尔库塞、埃吕尔、芬伯格等都是人文派技术哲学的代表人物。这里主要介绍芒福德和海德格尔的相关思想。

（一）芒福德：破除机器的神话

芒福德是从技术史研究走上技术哲学道路的，经历了从技术乐观主义转向技术批判主义的演变，被誉为人文派技术哲学的鼻祖。对人性的独到理解以及所持的广义技术观念，奠定了芒福德技术哲学的基础。他反对"人是工具的制造者和使用者"的传统观念，提出了"心灵首位论"假说，主张人是符号的创造者和使用者，心灵活动（minding）比制作工具（making）更重要、更基本。"没有对人性的深刻洞察，我们就不能理解技术在人类发展中所扮演的角色。"③ 在人性发育及结构问题上，芒福德主张心灵比工具更基础，有机的心理、意识比机械技术贡献更大。他认为早在人类诞生之初，心灵技术、身体技术和社会技术就开始萌发，此后才有自然技术的发生，前者为后者的产生和发展准备了条件，而不是相反。人类在创造工具之前必定先完成了自己心灵与身体的重塑，并在心理、语言、艺术、神话、仪式、组织等精神文化方面为技术发明做好了铺垫。每一种技术甚至现代技术的发明创造都源于人类心灵的某一种模式。"工具和我们引申出来的机械技术，都不过是生活技术的特定化的碎片。"④

---

① ［美］卡尔·米切姆：《技术哲学概论》，殷登祥、曹南燕等译，天津科学技术出版社 1999 年版，第 17 页。

② ［荷］E·舒尔曼：《科技文明与人类未来——在哲学深层的挑战》，李小兵、谢京生、张峰等译，东方出版社 1995 年版，第 61 页。

③ Lewis Mumford, *Technics and the Nature of Man. From Knowledge Among Men*, Paul H. Oehser, Simon&Schuster（ed.），1966, p. 77.

④ Lewis Mumford, *Technics and the Nature of Man. From Knowledge Among Men*, Paul H. Oehser, Simon&Schuster（ed.），1966, p. 79.

芒福德评价技术的另一标准就是有机论思想。他认为价值与有机论内在相关，而机械论中却没有价值的地位。为此，他把技术划分为有机技术和无机技术两大类。前者是他喜欢的技术，即简单的、家庭作业的、民主的、多元的、生活化的、综合性的技术；后者则是他所厌恶的技术，即大工业的、专制的、巨型的、复杂的、一元的、权力指向的技术。按照这一评价标准，他认为身体技术优先于制造技术，生活技术优先于权力技术，内在技术优先于外在技术，原始技术优于现代技术。因为原始技术的目的不是要控制外部环境，而是旨在规训和装饰身体，以实现性别区分、自我表现或群体辨别等社会文化目标。原始技术成就也主要不体现在工具方面，而是以身体技术为基础，展现为表达心灵的语言和符号，兼具适应环境的有机性质，因而是均衡的、有限的、和谐的，意义与价值更为丰富。

芒福德从有机论和生态主义理念出发，反对以巨机器或"巨技术"为标志的现代技术。他认为，无机的"巨技术"是与适用性技术、生活技术、多元技术相对立的一元化的专制技术，是对有机的生活世界的背离，其价值诉求是控制和权力，力图建构整齐划一的秩序。现代巨机器起源于古埃及的金字塔建造工程。它不是由机械零件组成的，而是由高度组织化了的个体构成的，主要体现在专制主义的政治结构、军工体系和官僚管理体制之中。芒福德认为，中世纪以来，人类进入了一个新的巨机器时代，修道院、军队、财政、科学和资本主义经济制度等都为巨机器的建构创造了社会条件。例如，"寺院是生活有规律的地方，因此按钟点打钟，或按时提醒敲钟人的仪器可以说是这种生活的必然产物。……这些寺院用机械的方法使人们的活动有了一个共同的脉搏和节奏，这与事实不会相差很多；因为，时钟不仅可以告诉人们时间，也可以协调人们的活动。"① 时钟的发明与普及给定了人们整齐划一的生活节奏，也催生了"效率""守时"的观念，从而为大工业的流水线、标准化生产的协调运作提供了统一的时间基准。

在芒福德看来，现代技术所引发的问题并不在于机器自身，而在于机器背后的"巨机器"本性。"调整技术体系的下一步就在于把它和我们已经开始发展的新文化以及地域新模式、社会新模式、个人新模式协调统一起来。如果认为所有由技术造成的问题都应当在技术领域的范围之内寻找答案，那么这种想法就大错特错了。"② 芒福德指出，要克服巨机器的种种弊端，其基本路径就是技术必须回归

---

① ［美］刘易斯·芒福德：《技术与文明》，陈允明、王克仁、李华山译，李伟格、石光校，中国建筑工业出版社 2009 年版，第 14 页。刘易斯又译"路易斯"。

② ［美］刘易斯·芒福德：《技术与文明》，陈允明、王克仁、李华山译，李伟格、石光校，中国建筑工业出版社 2009 年版，第 383 页。

人性、生活世界和生活技术。为此，他强调生命是意义世界的不竭源泉，只有把目光转向人性的全面发展，追求多元文化价值，人类才有可能真正摆脱巨机器的控制。

（二）海德格尔：技术的追问

海德格尔是一位影响深远的现代哲学大家，也是现象学技术哲学的先驱。他从关于"此在"的本体论分析出发，把反思的焦点对准了"现代性"，技术问题正是在"现代性"之处与我们相会照面的。海德格尔认为，在现代技术的演进过程中，已经没有什么事物能够以它原有的方式呈现出来，所有的事物都被纳入一个巨型网络体系之中。在这一巨型技术体系中，一事物存在的唯一价值就在于实现对其他事物的有效控制。事物在"促逼"性的展现过程中，丧失了对象性和独立性；也就是说每一事物都是出于技术的内在要求而产生的，这种产生又是为了去生产其他技术物品。现代技术是形而上学的完成形态，是一种"促逼"性的"去蔽"。古代技术汇聚起天地神人，保护着物之物性；而现代技术向着现代工业体系"预置"一切，使物转变为"持存物"。技术时代的人比物更原始地归属于"预置"和"持存"，众多"预置"的集合构成了"集置"（旧译"座架"）。"集置（Ge-stell）意味着对那种摆置（Stellen）的聚集，这种摆置摆置着人，也即促逼着人，使人以订造方式把现实当作持存物来解蔽。集置意味着那种解蔽方式，此种解蔽方式在现代技术之本质中起着支配作用，而其本身不是什么技术因素。"① 正是这种作用于人的促逼性要求展现了现代技术的本质。

在海德格尔看来，"集置"是一种展现的方式以及一种存在的天命。在它的支配之下，没有什么东西，包括人自己，能够以其本来的面目出现，事物存在的真理被隐蔽起来。奔走于集置中的现代人不再倾听天命，相反却成了天命的奴隶。海德格尔认为，集置将人放逐到一种促逼性的展现之中。在这种促逼盛行之处，一切其他展现的可能性不复存在，而且所有的展现都受到了技术展现的影响，打上了技术展现的印记。因此，当"集置"以这种方式支配世界时，它就构成了一种超过人类迄今所知道的任何危险的危险。海德格尔指出，应当在艺术与自由之中寻找现代人救渡的可能性。因为艺术是对真理的自发流露与抒写，本质上植根于自由之中。在艺术作品中可以对存在者之整体有所觉知，从而重新思索单独的存在者与世界整体之间的关系，使得对世界的另一种关联成为可能。

---

① 《海德格尔选集》下卷，孙周兴选编，上海三联书店 1996 年版，第 938 页。

　　由此可见，在技术哲学问题上，尽管人文主义者的切入点、进路、结论各异，但他们对技术的反思却都植根于人的主体性、自由和价值之中。与工程派技术哲学相比，人文派技术哲学"用非技术的或超技术的观点解释技术意义"①，"觉察了人类与技术之间的冲突，他们确信技术危及人类自由。"② 这一学术传统侧重于对技术哲学外部问题的研究以及技术价值的评判，理论普遍性更强，哲学色彩更浓郁。同时，还应当看到，人文主义传统虽然长于对技术价值尤其是技术负效应或奴役性的全面而深刻的批判，但却短于对技术活动、技术体系结构以及技术效应发生机理等具体问题的精细分析和系统研究，理论基础大多不够深入、扎实和细致。这也是两种技术哲学传统、范式应当对话、交流，进而走向互补、融合、统一的内在要求。

三、现象学技术哲学

　　技术哲学自诞生之日起，就存在着工程派技术哲学与人文派技术哲学之间的分野。前者从认识客体出发，强调对技术应进行由内而外的分析，即从对技术本身的分析入手，进而扩展到考察技术与外部世界之间的联系等层面；后者则从认识主体出发，强调从人文主义视角考察技术，而很少关注技术结构及其运行机制等问题。现象学技术哲学虽然与人文派技术哲学颇有渊源。但它却力图统一这两种彼此对立的研究进路或范式。它运用现象学本质直观的方法，将对技术及其效果的哲学分析建立在充分的经验性描述之上，使技术哲学与具体问题紧密相连，进而实现技术哲学的经验转向。

　　在现象学技术哲学家看来，技术哲学研究应当遵循现象学方法，即"朝向事物本身（Sachen selbst）"。"合理化和科学地判断事物就意谓着朝向事物本身（Sachen selbst），或从语言和意见返回事物本身，在其自身所与性中探索事物并摆脱一切不符合事物的偏见。"③ 因此，应当区分技术的"事实"与技术的"语言和意见"，并从对后者的分析转向对前者的探寻。该技术哲学主张技术哲学不应当是头脑中的概念游戏，而应当与现实中的具体技术现象相联系，并在此基础上探寻

---

① ［美］卡尔·米切姆：《技术哲学概论》，殷登祥、曹南燕等译，天津科学技术出版社1999年版，第17页。
② ［荷］E·舒尔曼：《科技文明与人类未来——在哲学深层的挑战》，李小兵、谢京生、张峰等译，东方出版社1995年版，第3页。
③ ［德］胡塞尔：《纯粹现象学通论——纯粹现象学和现象学哲学的观念》第一卷，［荷］舒曼编，李幼蒸译，商务印书馆1992年版，第75页。

技术现象背后所隐藏的它与生活世界之间的复杂关系。在这里，当我们谈到技术哲学的经验转向时，并不是要把技术哲学转变为经验性的实证科学，而是强调要把经验材料的收集与分析作为讨论技术哲学问题的前提与基础，以揭示事实之所以呈现的可能性条件。因此，这里隐藏着一条连接物理世界与心理世界的路径——现象学路径。

（一）德雷福斯：人工智能的局限

休伯特·德雷福斯从现象学出发，分析了人工智能这一具体的技术实体与人类智能之间的联系与区别。在他看来，我们所处的世界可以区分为物理世界和心理世界。人类智能就体现在通过对物理材料的收集、加工以创造具有心理功能的机器上，是对人类智能的模仿。但是，人类之所以能够理解事物的意义，并不仅仅因为人类能够在心理层次上对生活中的物理现象进行反思，更在于人类具有一种指称客体的功能，即通过对认识客体进行意向性的建构，进而通过其所处的具体环境来达成对事物整体的全面认知。因此，这里还隐藏着沟通物理世界与心理世界的第三个世界——现象学世界。

在德雷福斯看来，人工智能研究者忽视了世界的现象学部分。因此，他们所设计的人工智能算法缺乏人类对认识客体进行意向性主动建构的能力，从而几乎无法区别简单的事物。以椅子为例，"使某物成为椅子的是它的功能，使它能起坐物的作用的是它在全部实践环境中的地位。这又预设了有关人类的某些事实（疲劳、人体弯曲的方式），一种文化所决定的其他设备（桌子、地板、灯）的网络和技能（吃、写、开会、讲演等）的网络。"① 人类智能可以理解这一意义的网络，即根据其发挥作用的具体环境来定义椅子。但是人工智能却只能用"可坐于其上的某物"来定义椅子，以便计算机能够识别它。这样做的后果就是人工智能无法理解认识对象所处的意义网络，从而混淆了认识对象。例如，除了椅子之外，符合"可坐于其上的某物"这一定义的事物还有许多。可见，单纯的物理对象如果缺乏对其进行意向性建构的过程，就无法转化为现象学世界中的意向性对象，从而无法建构出关于此物理对象的意义。

德雷福斯将这种通过意向性活动找寻认识对象意义的行为，称为非确定性的全局预感或设定。也就是说，物理世界与心理世界之间并不是直接关联的。人们对于事物意义的探寻，不仅建立在对于该事物的抽象认识上，还建立在对于该事

---

① ［美］休伯特·德雷福斯：《计算机不能做什么——人工智能的极限》，宁春岩译，马希文校，生活·读书·新知三联书店 1986 年版，第 43—44 页。

物及其所处环境的整体感知上。"我们经验中突出的、会引起我们注意的东西都出现在某种背景上。"① 现象学世界即是这一背景,它也是沟通物理世界与心理世界的桥梁。人类智能通过对认识对象进行意向性建构,使其在现象学世界中获得了意义。当然,这一建构过程无法脱离人类躯体而独自存在。因为知识是具身性的,是人们通过各自躯体在日常生活中的亲身实践而获得的,而人工智能无法模拟人们在现象学世界中的这一实践生活整体。因此,就模仿人类智能这一目的而言,人工智能是注定要失败的。

在德雷福斯看来,人工智能所依赖的根本原则是笛卡儿的理性主义。人类智能就是运用这一原则来达成对于现实的理解。但德雷福斯认为,人们的头脑对于这个世界来说是开放的,直接与这个世界和其他人进行交流和互动,而且这种交流不必通过理性原则的中介来实现。因为人们的思维、情绪以及躯体本身的种种体验交织在一起,进而形成了不同主体对于这个世界的不同认知。因此,理性主义试图将世界全部数字化的尝试并非完美无缺,因为没有什么理性原则可以完全还原某一特定个体的具体生活经历。

总而言之,德雷福斯认为人工智能是有局限的,并运用现象学方法指出现有人工智能的研究路径是无法成功的,因为人的心理及身体特性是无法完全赋予机器的。因此,人工智能研究必须摆脱理性原则的束缚,从现象学视角寻求新的方向与进路。

(二)伯格曼:装置范式与聚焦物

阿尔伯特·伯格曼是经验的现象学技术哲学的代表人物。他认为现代技术的发展在给人们的生活带来诸多便利的同时,也对我们的日常生活造成了许多威胁。因此,我们必须努力克服现代技术的弊端,实现对现代技术的改造。

伯格曼技术哲学的研究起点是技术人工物。他认为,技术人工物是人类通过技术创造出来的结构与功能意向的动态统一体。当我们试图去研究生活中复杂的技术现象时,唯一能够为每一个人的实际经验所直观和体验的,正是生活中随处可见的技术人工物。它不仅是我们日常生活中最常见的技术现象,而且是我们感知其他技术现象的基础。因为任何技术现象或技术要素最后都必须物化或具体化为技术人工物。因此,通过将技术社会条件下复杂的技术现象还原为技术人工物,我们就能获得技术研究的逻辑起点和物质立足点:一方面,当把研究的焦点置于

---

① [美]休伯特·德雷福斯:《计算机不能做什么——人工智能的极限》,宁春岩译,马希文校,生活·读书·新知三联书店 1986 年版,第 247 页。

技术人工物时，我们就打开了技术的黑箱，从而使技术人工物作为一种开放的、动态的基本构成因素，参与到社会建构之中；另一方面，将技术人工物作为研究的物质立足点，可以使我们对于技术现象的研究不脱离具体的实际情况，从而避免了对技术现象的单纯主观评价。

"装置范式"（Device Paradigm）是对我们周围大量技术人工物之作用方式的一种描述，是现代技术的本质特征。在伯格曼看来，不断变革发展的装置范式反映了技术的本质。人们用装置范式所生产出来的商品消费，取代了参加围绕聚焦物的丰富的聚焦实践，从而使日常生活不再聚焦。也就是说，当从经验的现象学技术哲学的视角出发，联系具体的情景考察技术人工物时，我们发现，这些依附于最新技术的产物，一方面是人之目的意向的产物，另一方面，由于现代技术的强大力量，技术人工物反过来对人产生了深刻的影响，使人们依照技术所建构的思想框架来分析与解决问题。因此，技术已经不仅仅是一种简单的工具，而是演变成了一种环境和生活方式。伯格曼将技术人工物的这种动态的、始终与具体情境紧密相连的作用方式称为装置范式。它反映了技术人工物与生活世界之间的对立关系。装置范式虽然凭借其强大力量给人们的生活提供了诸多便利，但也试图统治整个生活世界。

伯格曼认为，如果让装置范式继续占据生活的中心地位，聚焦物就会从人们的生活中彻底消失。为此，伯格曼提出了变革现代技术的历史任务。这里所谓的变革并非要彻底地抛弃装置范式，而是指我们要理解装置范式，并将它的应用限制在适当的范围内，以便让聚焦物重新在我们的生活中占据核心位置。聚焦物如同镜片中的焦点，可以像会聚光线一样会聚它所处环境中的各种关系，从而使它们得到澄清与说明。"聚焦物是一个不可分离的实体，它居于人与人、人与自然和文化背景关系之网的实质中心。"[①] 它使人们能够知道自己生活的方向，并使人能够感受到一种向心力，而非装置范式所带来的一种短暂活力。

可见，伯格曼的技术变革就是要把装置范式限制在仅仅作为一种手段的地位上，而把聚焦物和聚焦实践当作我们的目的。这就打破了传统技术改进仅仅将目光放在装置范式上的局限，通过限制装置范式的使用范围而形成一种根本性的变革。这一变革是通过聚焦实践对技术产生一种明智和有选择性的态度实现的。这里的聚焦实践就是指围绕聚焦物而展开的具体实践活动，"亲自动手"是聚焦实践的座右铭，"自我满足"是聚焦活动的奋斗目标。聚焦实践力求为聚焦物和聚焦活

---

① 　傅畅梅：《伯格曼技术哲学思想探究》，东北大学出版社 2010 年版，第 83 页。

动清理出一个核心位置，并要求简化其背景，还敦促人们尽可能亲自参与。

（三）伊德：人—技术—世界

唐·伊德的技术哲学建立在对以往技术哲学理论进行现象学还原的基础之上，还原与悬置是伊德研究技术的基本途径。伊德认为，以往的技术哲学家对于技术所持的赞成或否定态度都脱离了技术"事实"本身。因此，它们应当被悬置起来，存而不论。如果我们想要探寻技术的本质，就必须直面技术事实本身，即"人—技术—世界"的相关性。在伊德看来，技术是一种关系性的存在，它既不是我们头脑中的概念，也不是现实中的具体存在，而是体现在"人—技术—世界"的相关性之中。伊德的现象学技术哲学没有分析技术产生和形成的机制与条件，他所关注的重心在于人类使用技术的经验和知觉与没有使用技术的经验与知觉之间的对比。[①] 他由此探究技术对于人乃至整个生活世界的影响。

伊德认为，作为一种沟通人与世界的关系性的存在，技术在现实生活中可以被概括为四种模式：首先是具身关系（Embodiment Relations），即人类经由技术来理解世界，技术在此体现出某种透明性，它本身并非人们所关注的中心。例如，人通过眼镜来观察世界时几乎感觉不到镜片的存在。其次是解释性关系（Herme-neutic Relations），即人与世界之间是以技术为中介沟通的。技术成为人们关注的焦点，人所感受到的是由技术加工之后所展现出来的世界。例如，人们通过观察气象仪器上的数值来推测天气的变化。再次是背景关系（Background Relations），即技术演变为一种与人既对立又结合的事物。一方面，技术按照自身规则运行，人与技术之间只是一种瞬时性的操作关系；另一方面，技术已成为人们生活中处处存在的背景，人们生活在技术之中却又常常忽视它的存在。最后是他者关系（Alterity Relations），即技术在使用中演变为一种完全独立于人的存在物。技术在此具备了某种自主性，人类也不再通过技术感知世界，而是把技术作为人们感知的目标。

伊德指出，在上述四种复杂的模式中，技术总是表现为一种非中立的、放大—缩小的结构。这种结构就是"人—技术—世界"相关性的本质特征。概而言之，"伴随着每一个放大，必然同时存在一个缩小。放大是显著的、吸引人的，而缩小是经常被忽略和遗忘的，特别是当这种技术真正优良时，即当它的透明性被高度加强之时。"[②] 例如，跑步机可以使我们更方便、舒适、高效地锻炼身体，但却使

---

① 参见舒红跃：《技术与生活世界》，中国社会科学出版社 2006 年版，第 131 页。

② Don Ihde, *Technics and Praxis：A Philosophy of Technology*, Dordrecht：D. Reidel Publishing Company, 1979, p. 21.

我们不再在优美的自然环境中锻炼，从而丧失了跑步的原有乐趣。

总之，伊德认为现代技术特别是各种精密仪器，对人类自身以及对世界的认知都产生了深刻的影响。由于这些技术只在某些方面具有卓越的功能，当我们通过技术感知世界时，必然会凸显世界的某一方面特性，而且还会放大或强化我们对于世界这一方面的认识。高度相关的整体性世界由此被技术肢解成彼此割裂的分立单元。因此，我们应当关注"人—技术—世界"的相关性研究，在现象学技术哲学视野中寻求技术发展的新方向。

第三节　现代技术哲学的新进展

技术哲学是一个以问题为核心的开放的进化体系，它的快速成长一方面得益于现代技术的快速发展，层出不穷的新技术问题为技术哲学的成长提供了不竭的动力；另一方面也受惠于现代学术思潮的滋养，众多新理论、新观念、新方法不断涌现，使现代技术哲学充满了活力，也孕育出许多新的生长点。与技术哲学的既有学术传统不同，这些新趋势扎根于传统而又不拘泥于传统。它们既是对传统的一种否定，同时又是一种创新和超越，为现代技术哲学的发展开辟出一片新的天地。

一、技术哲学的经验转向

技术哲学的经验转向是由荷兰学者率先提出和推进的。为了重新审视技术哲学的批判传统，1998 年 4 月 16—18 日，在荷兰代尔夫特理工大学召开了"技术哲学的经验转向"国际学术研讨会，以探讨技术哲学的特性、任务和发展方向。克洛斯和梅耶斯在会上倡导"技术哲学的经验转向"研究纲领，得到了与会学者和技术哲学界的积极响应。

（一）经验转向的内涵与进路

技术哲学的经验转向既是现象学研究纲领的具体贯彻，也是一项正在孕育和有待完成的研究任务。作为这一转向发生的前提与场域，经典技术哲学体内就孕育着经验转向的萌芽。人文派技术哲学看到了现代技术潜在的危险性，着力探究现代技术对社会、文化、人类生存境遇产生的诸多消极影响。然而，对现代技术所持的这种强烈的批判进路影响广泛而深远，以至于人文主义传统以压倒性优势占据了当代技术哲学史的主导地位，使技术哲学的发展淡忘了诞生之初的历史使命，即揭示技术现象的本质与发展规律。

正是由于经典技术哲学自身的缺陷以及面临的发展窘境，"技术哲学的经验转向"才成为一种可能的研究进路与思想形态，出现在当今技术哲学的历史舞台上。"经验转向"得以发生的前提就在于对既成研究传统的批判性认知，即对经典技术哲学的缺陷做出回应。只有发现了那些为经典技术哲学所忽视的问题域，技术哲学的"经验转向"才能作为一种顺应时代发展需要的思想，赢得出场的合法性、必要性。

人文派技术哲学的首要特征当属对现代技术所持的批判态度，然而这种批判视域下的技术图景只能是悲观的单纯否定。人文主义者认为，技术的发展有自身的逻辑，并具有相当大程度的自主性。这就更加深了对待技术的悲观主义情绪。人文派技术哲学总是以"大写字母 T 指称技术"，技术始终是作为一个笼统而抽象的不变整体而被探究的。因此，技术作为整体保持自身是一个黑箱，而人文派技术哲学并不试图去打开这一黑箱。

以批判性为旨归的人文派技术哲学的主要缺陷就在于，侧重对现代技术进行批判性的研究，而忽略了对技术和工程本身的描述性研究。因此，当今回归探究技术本身的呼声越来越高。作为对经典技术哲学的替代性超越，技术哲学的经验转向就是在这一背景下出场的。"经验转向"之所以能够超越经典技术哲学思想，就在于它并不只是发生在经典技术哲学内部的一场自我变革运动，而是现代技术哲学对传统的一种方法论、本体论层面上的颠覆式革命。它的目的就在于突破经典理论的困境，挣脱研究传统的藩篱，为技术哲学的未来发展探索新方向、新道路。毋庸置疑，这一场革命具有丰富的内涵与旨归。

荷兰学者布瑞指出，自 20 世纪八九十年代以来，技术哲学研究中显现出两种转向：经验转向与应用技术伦理转向①。而技术哲学的经验转向同样存在两种形式：一是依附于经典技术哲学，经由芬伯格（借用了 STS 中的技术哲学观念）、伊德（技术现象学）、德雷福斯（新海德格尔主义），立足于传统批判理论基础发展而来的研究路线；与此同时，在技术哲学领域还出现了如实用主义、后结构主义和 STS 导向的理论探索，主要体现在希克曼、莱特、哈拉维、拉图尔等人的技术哲学思想中。这两种进路都旨在理解现代技术对社会以及人类生存境遇的影响，可将其归为"面向社会"的研究进路。二是以更加激进的方式宣布自身与经典技术哲学的决裂。这一转向源于世纪之交，倡导者主要有米切姆、克洛斯和梅耶斯

---

① 相关内容可参见第八章第三节。

等人。他们以或同或异的方式将技术哲学的关注点引向"工程"和技术本身，试图扭转人们对技术所持的盲目悲观、片面否定的态度，强调应客观、公正、全面地看待技术。因为研究对象转向"工程"和技术本身，这种研究进路更加关注工程实践及其后果，被归为"面向工程"的研究进路。

（二）技术与社会协同进化的经验转向

在"技术哲学的经验转向"中，"面向社会"的研究进路是经验转向阵痛期的产物。这一进路继承了经典技术哲学的主题和问题，但并未采取批判的视角和方法。"技术与社会"之关系仍然是这一进路的关注焦点，但与经典技术哲学只注重批判技术对社会的消极影响的做法不同，它强调技术与社会之间存在着一种动态、双向的互动关系。在对待这一关系时，他们强调首先要秉持一种客观、全面的分析态度，不偏不倚地审视技术与社会之间的协同进化。这一进路的"经验转向"，使技术哲学从以往"对大写的 TECHNOLOGY 的批判性研究"，转入"对小写的technology 的描述性研究"。现代技术是一把双刃剑，对社会造成的诸多负面影响固然值得批判，但是无视它给人类带来重大福祉的态度，则只能是另一种偏见。

"面向社会"的研究进路呈现出更富经验化、更少决定论、更多描述主义或者中立化的特征。在经验转向后的技术哲学研究中，"技术与社会"这一主题被赋予了更为丰富、全面和客观的内涵。作为同属一体的事物，技术与社会具有一种深刻的内在关联性，即技术发展总是在复杂的社会文化因素影响下实现的，社会决策、社会需要都会左右或决定技术的发展方向；而技术的进步同样也会参与社会的自我形塑过程，带来更多新的社会问题。这就是说，现代技术与社会之间始终保持着一种协同性与连续性，其间并不存在一条截然分离的界线，二者相互建构、共同发展。受库恩之后的建构主义思潮的影响，学术界普遍把技术存在视为社会建构的产物，即技术自身的演变取决于政治、经济、文化等诸多社会因素的协同作用。而反过来，技术在社会中的自我实现，即技术功能的释放，也同样改变着社会文化结构。技术最终将转变为人类社会的有机组成部分，我们甚至不能在技术阙如的情况下完整准确地定义现代社会本身。

尽管"面向社会"的研究进路与经典技术哲学研究传统之间存在着类似的旨归，即它们都试图理解和评估现代技术对社会和人类生存境遇的影响，但"面向社会"的研究目的不仅在于批评、解构现代技术，而且还在于积极干预技术发展决策，提出改良技术的可操作性方案。技术哲学研究的最终目标就是要让技术更好地服务于人类社会发展，即如何使社会建构下的技术更积极、正面地反作用于社会。

总之,"面向社会"进路强调技术与社会共属一体,具有交互建构的特征,二者在深层次的互动中协同进化;技术活跃于人类社会之中,这是最为"坚硬"的现实。它认为对技术一味简单否定,并非一种负责任的学术态度。只有客观公正地揭示技术的本质,积极主动地寻求解决技术与社会重大问题的具体方案,才是切实可行的现实选择。

（三）技术设计及研发中的经验转向

技术哲学经验转向的重大突破就在于吸收和继承了工程主义传统的成果,从对技术的外部研究转向对技术内部问题的探究。它试图打开技术黑箱,更加注重对技术进行经验性描述,全面深入地理解技术本身。作为技术哲学经验转向的第二条进路,"面向工程"的技术哲学彻底扬弃了经典技术哲学的问题和主题,开启了对工程师设计、研发技术等工程实践及其过程的经验分析和探索。现代技术哲学源于工程主义传统,经验转向后的技术哲学通过对经典技术哲学的扬弃,再次回到了工程派技术哲学领域,完成了对传统工程派技术哲学的否定之否定过程。

与传统的工程派技术哲学相比,经验转向后的技术哲学特色更加鲜明。传统的工程研究大都局限于工程实践的内部问题,主张工程师是工程研究的主导者;工程师从工程实践的具体需要出发,在实践层面上对技术研发、工程设计等过程进行探究。而工程学与哲学并举、实践和反思并进,则是"面向工程"的技术哲学的重要特征。工程师研究工程实践时也不再仅仅局限于工程学视角,他们借鉴哲学理论与方法,从多角度、多视域审视工程和技术活动;哲学家也不再从工程和技术的外围,抽象地、纯理论化地对其进行片面的批判和否定。他们越来越关注工程实践问题,试图从实践层面展开哲学上的反思。经验转向后的技术哲学打破了工程界与哲学界各自相对封闭的状态,工程实践与哲学反思已演变为不可分割的统一体。

既然哲学家要密切关注工程实践,他们就应在技术研发与设计实践中真正发挥哲学反思的干预作用。而这就要求技术哲学家应当首先熟悉"工程语言",掌握工程实践中运用的诸多术语及概念体系,如技术人工物、设计、结构和功能等。在具体的技术设计情境中,技术哲学还应当"面向技术人工物设计"过程,从本体论、认识论和方法论等层面为技术研发与设计提供理论支撑。

在工程设计过程中,工程师和哲学家的第一研究对象便是技术人工物。而技术人工物一方面是具有特定结构的物理对象,另一方面又是具有特定功能的意向对象。人工物的物理结构在设计的情境中实现,而意向功能在使用的情境中才出现。技术研发与设计过程旨在解决物理结构与意向功能在人工物上如何统一的问题。因此，如何有效地进行技术研发与设计也是技术哲学亟待探究的重大问题。从这一层面上说，我们不仅需要设计科学，更需要研究设计过程中的相关哲学问题。

"面向技术人工物设计"的工程设计哲学的发展进程可分为三个阶段：一是传统分析哲学的进路（1996—2006）。荷兰学派技术哲学依靠分析哲学传统，使用分析哲学的方法解读技术与工程中的一些重要概念，并致力于对技术人工物的结构与功能关系问题的探讨。二是还原的工程进路（2006—2007），即以工程师的思维方式贯彻经验转向纲领，解决工程设计中的具体问题。然而，在分析具体工程问题时，工程师所采用的还原论方法往往会出现无穷倒退的困境，从而导致还原的工程进路失效。三是非还原的工程进路（2007—2009），即坚持工程师的思维方式，采用实践推理逻辑，运用分析哲学整体论的分析方法、非还原性的工程方法论，并引入工程数学支撑哲学分析。这一进路能够基本澄清人工物的结构与功能之间的关系。

在技术研发与设计过程中，工程师与哲学家在认识论、方法论层面上的相互交流与借鉴，使技术哲学的经验转向具有更为丰富的内涵，为现代技术哲学的发展开辟出更为广阔的疆域。在摒弃了经典技术哲学的问题与主题后，技术与工程本身逐步演变为技术哲学的首要研究对象。经验转向后的技术哲学在融会诸多思想传统的基础上，开启了对技术与工程的经验性、实践性探究道路。这一进路仍然需要工程师与哲学家的合作与互动，从而将工程哲学研究推向新的阶段。

总之，技术哲学的经验转向是一个演进过程，不可能一蹴而就。首先，"经验转向"意味着研究问题与主题的转变，即由人文派技术哲学对技术与社会文化互动关系的研究，转到对技术本身的探究。其次，"经验转向"还意味着方法论的变更。人文派技术哲学的批判性、规范性，为转向后的对技术的描述性、实践推理性所替代。再次，"经验转向"后的技术哲学与人文派技术哲学的研究目的也有所不同。人文派技术哲学侧重于对现代技术的批判与反思，澄清技术概念的内涵；而转向后的技术哲学不仅侧重于对技术的批评，而且更加注重对工程设计、技术发展进程的积极干预，旨在让技术更好地服务于人类社会及其进展。技术哲学的经验转向改变了技术哲学的研究走势，已演变为技术哲学研究中富有生命力的潮流，必将深刻地影响技术哲学的学术生态。

二、技术哲学的政治转向

任何技术活动总是在一定的社会历史场景下展开的，关涉技术建构者、所有者、操控者与作用对象等多方利益及其冲突，也体现了他们的目的、意志或价值诉求。因此，技术天然具备作为政治学研究对象的潜质，在以往的人文派技术哲学视野下也有所涉及。20 世纪 60 年代末期以来，随着技术政治属性与功能的充分显现，人们发现要约束和引导技术的发展，仅有宗教、道德、文化等方面的努力是不够的，还必须诉诸制度、法律、政策等多种政治力量。技术哲学的政治转向由此逐步展开，技术政治学也初显端倪。

（一）技术权力问题源流

权力是一个颇具争议的政治学基本范畴，可以理解为一个人或组织支配他人或他组织的力量，是主体意志的集中体现。任何技术系统都具有特定的功能，其运作可以达到预定的效果，实现技术所有者或使用者的目的，展现为一种强制性的力量。谁拥有或使用技术，谁就能够支配和驾驭这一力量。技术权力就是技术所有者或使用者所拥有的支配或控制他人的技术力量。除与技术系统功能相关外，技术权力还与技术系统的归属和操控密不可分，并随他们的社会关系而衍生出多种表现形态。

在技术哲学视域下，最早探讨技术权力问题的学者可以追溯至马克思。在分析资本运动的过程中，马克思发现技术已转变为资本扩张的动力，从属并服务于资本的全面统治，进而演变为资本家压迫工人阶级的"帮凶"。例如，作为产业技术的典型代表，机器已转变为资本家对付工人抗争的利器。"为了进行对抗，资本家就采用机器。在这里，机器直接成了缩短必要劳动时间的手段。同时机器成了资本的形式，成了资本驾驭劳动的权力，成了资本镇压劳动追求独立的一切要求的手段。在这里，机器就它本身的使命来说，也成了与劳动相敌对的资本形式。"①

以法兰克福学派为代表的西方马克思主义者，继承和发展了马克思的社会批判传统，对晚期资本主义条件下科学技术异化等问题进行了深入剖析，也触及技术权力问题。例如，哈贝马斯认为，科学技术已被纳入资本统治体系，发挥着"意识形态"及其统治权力的职能，为资本主义的合法性进行辩护。"因为现在，第一位的生产力——国家掌管着的科技进步本身——已经成了（统治的）合法性的基础。（而统治的）这种新的合法性形式，显然已经丧失了意识形态的旧形态……变得更加脆弱的隐形意识形态，比之旧式的意识形态更加难以抗拒，范围更为广泛，因为它在掩盖实践问题的同时，不仅为既定阶级的局部统治利益作辩解，并且站在另一个阶级一边，压制局部的解放的需求，而且损害人类要求解放

_____

① 《马克思恩格斯文集》第 8 卷，人民出版社 2009 年版，第 300 页。

的利益本身。"①

法国后现代主义者福柯，从"权力/知识"的双面理论出发，剖析了人类文明的多种微观形态及其起源。福柯指出，权力是通过合理性的形式组织、实施和合法化的，而这些合理性形式很容易从历史的角度进行研究。"知识——至少是关于人类事务的知识——是通过认知程序来获得的，但这些程序同样也是权力的实施……按照福柯的理论，权力/知识是一个社会力量和张力的网络，每个人都作为主体和客体深陷其中。这个网络是以技术为中心构造的，这些技术中有些具体化在机器、建筑或其他设施中，另一些则体现在举止行为的标准模式中……在这种分析中，技术仅仅是社会控制的许多类似制度中的一种，这些制度都建立在自命是中性知识的基础上，都对社会权力具有不均衡的影响。"②

技术与权力在社会生活中处于基础和枢纽地位，因而与众多社会问题相关联、缠绕。许多学者从各自研究视角、问题切入，或多或少或直接或间接地论及技术权力问题，为其相关研究主题作铺垫，充分展现了技术权力问题的复杂性与丰富内涵。例如，在海德格尔对座架的分析、马尔库塞对单向度社会特性的揭示、芬伯格对技术代码的探究、赫勒对现代性理论的阐释、波兹曼对电视媒体与技术垄断的剖析等研究成果中，都能看到有关技术权力问题的具体论述。

（二）政治转向的多条进路

技术与政治体系的复杂性、开放性就决定了技术哲学政治转向进路的多样性。来自不同领域的学者从各自问题情境出发，聚焦技术与政治之间的互动关系，具体探讨了政治清明与技术善化之间互动融合的可能路径。

法兰克福学派是技术哲学政治转向的开拓者，他们从意识形态、技术理性、社会控制工具、资本主义统治、文化工业等视角，对科学技术展开了激烈的批判。马尔库塞曾指出，在发达的工业社会，技术已经成为控制社会的新形式，然而人们心甘情愿地被技术形式控制。这种技术合理性俨然成为资本主义社会正常运转的重要保障，变成了政治合理性，已经触及社会精神文化层面和终极价值取向。

安德鲁·芬伯格继承了法兰克福学派的社会批判传统，把对技术的探讨融入现代性语境之中，将批判理论与社会建构主义相结合，从历史、社会、政治、文化等向度揭示了多重因素对技术进化的形塑作用，推进了对技术问题的政治学研

---

① ［德］尤尔根·哈贝马斯：《作为"意识形态"的技术与科学》，李黎、郭官义译，学林出版社 1999 年版，第 68—69 页。

② Andrew Feenberg, *Transforming Technology: A Critical Theory Revisited*, Oxford: Oxford University Press, 2002, p. 68.

究。在技术代码（Technical Code）概念的基础上，芬伯格还创立了技术工具化理论，并提出了技术民主化方案，指明了可选择的现代性道路，进而形成了他的技术批判理论体系。

技术代码源于马尔库塞的"技术理性"概念。芬伯格认为，技术设计并非由"效率"标准唯一决定，而是由具体语境下的政治、经济、文化、宗教等多重标准共同决定的。技术设计无形之中把价值、利益凝结到规则、程序、设备和物品之中，从而使霸权统治对政治利益及其优势的追逐正规化、合理化。现代技术并不比传统技术更具有中立性，而是体现着特定工业文明价值观，特别是那些靠掌握技术而获得权势的精英的价值观。"批判理论将表明这些代码是如何在无形之中将价值和利益沉淀到规则和工艺、设备和产品中去的，这就使得占主导的霸权对权力和利益的追求常规化了。"① 芬伯格还通过"技术代码"概念发展出了一种微观技术政治学。

通过对资本主义霸权和现代性的批判，芬伯格提出了技术民主化和可选择的现代性理念。在芬伯格看来，资本主义的现代性通过控制技术来追求高效率和高额利润，而技术的其他多种潜能却被压抑了。这种现代性扼杀了自身技术多元化的发展可能。要解决技术霸权带来的问题只能从技术本身入手。在技术设计之初就应当考虑弱势群体的利益和价值诉求，从根本上推翻霸权阶层对技术的单独操控，重塑技术形态。"现代技术既不是救世主，也不是坚不可摧的铁笼，它是一种新的文化结构，充满着问题但可以从内部加以改变。"②

芬伯格指出，在技术领域推行民主的关键在于设法使公众关心技术发展问题。公众对技术的兴趣有助于技术走向民主，反过来，技术领域的民主化又能调动公众参与技术活动的积极性。通过技术争论、创新对话、参与设计、创造性的再利用以及技术代议制等途径③，可以动员公众广泛参与技术设计，把更多的利益和价值诉求纳入考虑范围，进而转化为合理的现实技术形态。芬伯格认为，技术设计的选择是多种多样的，这就意味着社会的合理性也是可以选择的，最终会导致可选择的现代性。这种可选择的现代性，为保护全球不同国家的本土文化提供了切实可行的路径，必将推进全球文化的多元共存和进化发展。

英国社会学家安东尼·吉登斯，以他的结构理论、社会本体论与"第三条道路"

---

① ［美］安德鲁·芬伯格：《技术批判理论》，韩连庆、曹观法译，北京大学出版社 2005 年版，第 16 页。

② ［美］安德鲁·芬伯格：《可选择的现代性》，陆俊、严耕等译，中国社会科学出版社 2003 年版，第 2 页。

③ Andrew Feenberg, *Questioning Technology*, Abingdon-on-Thames: Routledge, 1999, p. 121.

而闻名于世。近年来，他的研究重点是全球化背景下英国和欧洲的政治发展问题。他认为，现代通信技术与运输技术是全球化的直接基础，科学技术的发展是全球化的推动力量。"全球化是政治的、技术的、文化的以及经济的全球化。全球化首先受到通信系统发展的影响，通信系统的发展只可以追溯到 20 世纪 60 年代晚期。"① 但是，科学技术本身并不能引导人类社会的健康发展。我们"不能只从技术角度来衡量技术创新的影响和价值。例如，技术信息无法就是否应建立核电站作出结论。这种决定必然涉及政治因素。"② 同样，吉登斯反映现代生活变化的时空分离、抽离化机制、制度的反射性等观念，都可以在现代技术的发展中找到它们的渊源。

此外，从温纳的技术自主论、凡勃伦的技治主义、贝尔的后工业社会理论、詹明信的晚期资本主义的文化逻辑、高兹的生态学马克思主义等思想或流派中，都可以看到对技术与政治关系问题的深入讨论，它们都可视为技术哲学政治转向的初步尝试。

（三）政治转向的前景及意义

政治是经济的集中体现，政治学是政治实践的概括与前瞻。人类步入知识经济时代以来，技术不仅是左右经济发展的首要因素，而且是影响社会发展的主要因素。因此，无视技术政治功能与政治技术运作的技术哲学是狭隘的，不关注技术问题的政治学也是缺乏现代视野的。这就是推动技术哲学政治转向的历史契机。

现代技术的快速发展以及社会文化功能的增强，迫切要求人们探讨规范、约束和引导技术发展的政策、法律、制度与治理机制。这就是技术哲学政治转向的现实基础与直接动力。例如，当今的转基因技术、核技术、空间技术、军事技术等都演变为一个个社会政治问题，需要借助政治学的理论与方法加以解决；同样，现代权力建构与运作的技术化、科学化，也离不开技术哲学的参与和研究。在这里，技术哲学的政治转向可视为人文派技术哲学在政治领域的延伸，有助于澄清技术的政治属性与功能、社会的技术化、权力的技术化运作机理、技术风险的预防机制等重大理论与现实问题，进而规范和引导现代技术的健康发展。

学科之间的交叉融合既是学科发展成熟的标志，也是现代学术研究扩展的基本趋势。技术哲学的政治转向与政治学的技术转向，有望催生出一门新兴学科——技术政治学。今天，技术哲学的政治转向已初露端倪，未来仍有较长的路

① ［英］安东尼·吉登斯：《失控的世界——全球化如何重塑我们的生活》，周红云译，江西人民出版社 2001 年版，第 6 页。

② ［英］安东尼·吉登斯：《失控的世界——全球化如何重塑我们的生活》，周红云译，江西人民出版社 2001 年版，第 118 页。

需要去走，也有许多重大理论和现实问题需要研究和解决。

三、技术哲学的文化转向

近年来，以信息技术和生物技术为核心的高新技术呈现高速且加速发展态势，对社会文化生活产生了广泛而深刻的影响。现代技术这把越来越锋利的"双刃剑"，在给人类提供新的自由度与发展空间的同时，也给社会文化发展带来了一系列新挑战。技术哲学的经验转向与政治转向，并不能全面解答高新技术时代的所有新问题。技术哲学的文化转向就是在这一背景下产生的。它将技术建构的组织的、社会的、价值的和信仰的等诸多因素置于文化哲学框架下进行剖析，更加重视技术的人性化维度以及技术创新的人文价值。它从文化哲学的多元视角建构了技术哲学研究的新范式，通过对技术的文化背景和文化影响的双重聚焦，从细节上描绘技术与文化之间的互动，关注人的价值与生活世界。这些必将为技术社会诸多问题的解决贡献新的哲学智慧。

（一）文化转向的背景及其含义

在现实生活中，文化与技术水乳交融，融为一体，技术本身就是一种文化形态。一方面，技术实践历来就是在文化环境中展开的，受到众多文化因素的渗透与制约。技术实践的社会性、历史性表明，技术哲学的分析应当深入具体技术形态或人工物建构的文化背景和社会关系之中；另一方面，作为当今影响最为广泛而深远、作用最为强大而持久的力量，技术正在塑造现代社会文化生活的面貌。在高新技术时代，竞争的社会环境对文化形态的选择机制，促使当今的技术文化与科学文化走向繁荣。技术文化中彰显的工具理性正在抑制、排挤甚至吞噬价值理性与意义世界，排挤或替代人类对其他目的、意义与价值的追求，从而导致技术文化与人文文化分裂、精神生活源泉枯竭等文化疾患；日趋复杂的技术系统潜伏的巨大风险，已演变为当今风险社会的主要根源。技术发展所引发的种种危机与困境，促使人们开始反思技术文化形态。在文化背景中展开的技术哲学分析就是技术哲学的文化转向，可视为力图消解技术与人性对立的一种理性尝试。

文化转向是技术哲学发展的内在要求与必然结果。20 世纪末期，技术哲学的经验转向突破了"经典时期"的困境，而经验转向的目标就是要理解技术本身，贯穿其中的主题涉及技术性质、结构、社会、文化和伦理等。① 如前

---

① Peter Paul Verbeek, *Accompanying Technology: Philosophy of Technology After the Ethical Turn*, Techné: Research in Philosophy and Technology, 2010, p. 50.

所述，技术哲学的经验转向主要从技术本身以及技术与社会的共同演化两个层面展开。为了更好地理解技术的本性，学者们更多地探究了技术的文化多样性及其价值。技术哲学的经验转向呈现出明显的文化倾向，但美中不足的是它并未能被完全确立为新的分析维度或框架，进而实现对当代技术的系统深入解读。

技术现象学分析深入技术体系内部，为实现技术哲学的经验转向找到了一条重要路径。在对超声波技术、基因技术等技术形态的结构、原理与社会影响等的案例分析中，技术现象学剖析技术演进的各个环节，挖掘技术的文化价值与社会意义，随处可见文化分析的印记。同样，技术哲学的伦理转向实质上就是从文化视角出发，思考并回答技术催生的伦理与道德问题，并试图通过伦理规范约束技术活动，以实现技术与社会、技术与环境之间的良性互动。由此可见，技术哲学的文化转向是在技术哲学的经验转向与伦理转向基础上发展起来的。

技术哲学的文化转向首先通过把单向度的技术探究拓展到对"技术文化体"的综合分析，实现了技术的文化分析与文化的技术理解的结合；同时，也把对具体技术的描述与分析置于"人—技术—文化"的框架下。其次，技术哲学的文化转向主要是通过描述性与规范性相结合的方法实现的。文化转向的研究范式要求深入具体的技术实践之中，将技术与文化价值相联接，思考技术与价值实现之间的关系，进而形成一系列伦理和非伦理的价值观，以及对各种技术形态和技术实践进行全面评价的理论。文化转向深入考察技术与社会文化的互动关系，进而形成描述技术产品和技术实践如何与社会生活相互关联、相互影响的理论。在实践层面上，文化转向需要规范、界定和聚焦技术活动的人文价值，理性看待技术活动的多重价值诉求，并制定和优选与技术、资源、环境相匹配的最佳方案，进而消除技术与人文之间的断层或差异，达到理论与实践的统一。

（二）文化转向的代表人物及其主要观点

20世纪下半叶以来，技术哲学与STS、文化研究、媒介与传播研究等之间的互动频繁，交互影响，相继涌现出一批著名的技术文化学者。他们关注技术的文化功能及其演变，力图理解和评估现代技术对文化以及人类生存状况的影响。

法国哲学家与科学家让·拉特利尔，在应联合国教科文组织之约而著的《科学和技术对文化的挑战》一书中明确指出："由于科学与技术既能导致文化的逐步的分崩离析反之亦能导致发展新型的文化，因此，越来越迫切地需要研究科学和技术与文化相互作用的方式，特别是研究它们可能对未来文化的影响。"① 简言之，通过与社会中的经济、政治与文化因素的相互作用，科学与技术对整个文化系统产生了破坏效应，即科学技术日趋毁坏使文化统一的因素；同时也产生了诱导效应，即由科学技术揭示出新的价值观与客观的历史可能性。

拉特利尔在上述一般性论述的基础上，还集中从伦理尺度与美学尺度出发，考察了科学和以科学为基础的技术对文化的影响，并对科学和技术做出批判性评价，揭示了两者之间的内在制约性。最后，他着眼于未来社会发展，就科学、技术与文化如何能够令人满意地融为一体展开了讨论。他指出，科学和技术使文化"异化的危险确实存在，但是创造性机会的增多与此危险相匹敌……提供的机会代表一种挑战，自由意志看起来只有以思维清晰、富有勇气和忠于自身的不屈不挠的努力，倾全力于自身的源泉，倾全力于自身中创新的力量，才有可能接受这种挑战。"②

美国著名媒介理论家和批评家尼尔·波斯曼（1931—2003），在其媒介批评"三部曲"（《童年的消逝》《娱乐至死》《技术垄断——文化向技术投降》）中，表达了对西方媒介体制转型与技术主导文化现状的忧虑和反思。他通过追溯媒介的变迁历史说明技术对文化的影响，指出每一次媒介技术的更迭，都会改变人们在旧媒介时代所形成的思想传统。视听文化时代以现时为中心，直接用图像和声音影响观众，猛烈地冲击了印刷时代的读写文化，使人们逐步放弃思考，并把人们引向文化的反面——娱乐。他强烈地抨击了当时美国的电视文化，感叹电视文化抹杀成人和儿童之间的界限。然而，电视只是更为巨大的社会技术体系的一部分，计算机才是当今技术文化的象征或标志。以移动互联技术为代表的新的传播技术极大地扩充了文化信息传播的流量，导致信息爆炸、泛滥，难于自制。因此，文化免疫系统无法过滤、无力甄别更多的信息，信息的防御系统同样也面临崩溃。"抵御信息泛滥的防线崩溃之后，技术垄断就大行其道了。"③ "所谓技术垄断论就是一切形式的文化生活都臣服于技艺和技术的统治。"④ 面对技术垄断所带来的现

---

① ［法］让·拉特利尔：《科学和技术对文化的挑战》，吕乃基、王卓君、林啸宇译，商务印书馆 1997 年版，第 5—6 页。
② ［法］让·拉特利尔：《科学和技术对文化的挑战》，吕乃基、王卓君、林啸宇译，商务印书馆 1997 年版，第 159 页。
③ ［美］尼尔·波斯曼：《技术垄断——文化向技术投降》，何道宽译，北京大学出版社 2007 年版，第 42 页。
④ ［美］尼尔·波斯曼：《技术垄断——文化向技术投降》，何道宽译，北京大学出版社 2007 年版，第 30 页。

实威胁，他认为应倡导现实关怀、人文关怀和道德关怀。

当代荷兰哲学家冯·皮尔森在《文化战略》一书中反复强调："'文化'这个术语与其说是名词，不如说是动词。"① 他主张文化是一个动态过程，进而给出了一个宽泛的"文化"定义："文化是按一定意图对自然或自然物进行转化的人类全部活动的总和。"② 为了应对日趋紧张的人与自然之间的关系，人类必须采取各种灵活的战略，使自己的发明创造对自然环境施加反作用，从而赢得生存地位和空间，进而赢得自由与发展。可见，文化战略就是技术化时代人类的生存战略。

皮尔森还提出了文化战略变迁的三阶段模式，即神话（或原始）阶段、本体论（或科学和技术）阶段和功能阶段。他认为，在神话阶段，人同宇宙是统一的，主体（人类）完全为客体（自然）所包容和渗透。随着控制和改造自然能力的不断提升，人们在实践中逐渐发现了自然和技术规律；与此同时，人们也不断地将自身的功能外化为工具，这些工具帮助人实现对自然的征服和控制。在本体论阶段，主体从客体中分离出来，并与之形成对峙。在功能阶段，已分离的主客体之间又出现靠拢之势，主体逐渐消融于发挥功能的关系网络之中。人类不再只关心个人的存在，整体意识趋于增强；自然也不再是完全外在的客体，它也被纳入人的生存意识之中。

皮尔森强调这三个阶段"并不总是进步的"，每一阶段都可能有，也的确出现了后退的负面效应。"这就提醒我们，在任何时候都要注意防止人创造出来的用以提高人和解放人的文化异化成为贬低人和压制人的异己力量；还要防止人创造出来的缓解人同自然的紧张关系的文化，由于不恰当的应用，转而加剧人同自然的紧张关系，甚至危及人的存在。"③ 为此，皮尔森十分强调伦理—道德因素的作用。他指出，人不仅是一种创造与应用技术的存在，更应该是一种献身于道德评价的有责任心的存在。

（三）文化转向的意义与影响

技术哲学的文化转向继承了经验转向、政治转向与伦理转向的研究特征，拓

---

① ［荷］C. A. 冯·皮尔森：《文化战略——对我们的思维和生活方式今天正在发生的变化所持的一种观点》，刘利圭、蒋国田、李维善译，苏晓离校，中国社会科学出版社 1992 年版，第 2 页。

② ［荷］C. A. 冯·皮尔森：《文化战略——对我们的思维和生活方式今天正在发生的变化所持的一种观点》，刘利圭、蒋国田、李维善译，苏晓离校，中国社会科学出版社 1992 年版，第 3 页。

③ ［荷］C. A. 冯·皮尔森：《文化战略——对我们的思维和生活方式今天正在发生的变化所持的一种观点》，刘利圭、蒋国田、李维善译，苏晓离校，中国社会科学出版社 1992 年版，第 5 页。

展了技术哲学的研究视野，并逐渐形成了新的研究范式。技术发展带来的众多问题离不开社会文化背景，技术的伦理和价值考量应当在文化维度中拓展。技术文化的哲学探究、技术活动文化背景的考察、技术创新的文化激励、技术过程的文化控制、技术后果的文化溯源等取向，都为技术哲学的文化转向提供了新的研究进路和发展空间。文化转向以多元化的价值路径推进，把技术价值与经济的、社会的、人文的、审美的、生态的等多重目标进行融合，创立了一种多元文化视野下技术哲学研究的新范式。

技术哲学的文化转向提供了一种理解人类生存与社会发展的新视角、新思维。当代技术演进的不确定性使技术前景或后果难以预测，技术研发的文化规约与引导就显得尤为重要。对技术的文化反思有助于实现科学与人文、理性与感性、物质与精神、解构与建构、控制与引导等诸多两极对立的消融与平衡。现代技术活动规模迅速扩张、技术产品广泛应用与生态环境恶化、资源枯竭之间的矛盾，社会物质生活水平提升与人们精神生活迷茫的对立等问题，都需要从价值观念、行为规范、生活方式等文化视角加以分析，以便给人们以正确的价值观引导，进而走出技术发展困境。

技术哲学的文化转向不能仅仅停留在理论反思层面，还应当深入到具体的技术实践活动之中，以探寻解决技术社会问题的哲学路径或方案。虽然技术哲学并不直接解决具体的工程技术问题，但却可以提供解决这些实际问题的方向与思路。确立技术哲学的文化分析维度，将技术发展催生的组织、环境、资源等问题置于文化框架下进行分析，有助于消解技术化时代的诸多复杂问题；当代技术社会面临的人文精神与科学精神断裂、经济效益与生态效益对立、工具理性与价值理性分离等严峻挑战，都有望得到逐步化解。

小　结

技术是一种与人类相伴而生的文化现象。尽管技术哲学成熟较晚，但人类认识技术的历史却源远流长。自古希腊以来的历代思想家都对技术及其社会文化效应提出了各自的独特见解，汇合成技术哲学的思想源流。

与技术的发生相比，科学的起源要晚得多，并长期以自然哲学形态存在和发展。文艺复兴运动以及近代实验科学的兴起促使科学摆脱了宗教羁绊与哲学窠臼，步入了全面快速发展时期。工业革命之后，科学与技术日渐融合，互动共进，并按照资本的要求自觉规划和发展，告别了求知与增效的纯真年代。

技术可广义地理解为围绕"如何有效地实现目的"的现实课题，人们后天不断创造和应用的目的性活动序列、方式或机制，可区分为思维技术、自然技术与社会技术三大类。实物、操作与知识是构成技术系统的三个基本要素。现实技术活动总是表现为流程技术形态或人工物技术形态。

工程主义传统与人文主义传统是技术哲学的两大学术传统，两者在研究进路、学术视野、价值观念等方面差异明显。现象学技术哲学把对技术及其效果的哲学分析建立在充分的经验性描述之上，使技术哲学探究与具体问题紧密相连，力图融合工程主义传统与人文主义传统，实现技术哲学的经验转向。

现代技术的快速发展催生出一系列严重的社会问题，促使人们从哲学视角重新审视技术发展及其挑战，出现了技术哲学的经验转向、伦理转向、政治转向、文化转向等新趋势，把现代技术哲学研究推进到一个新的发展阶段。

思考题：

1. 试述技术与科学关系演变的主要历史阶段及其特点。

2. 简析技术构成要素及其历史演变的基本特征。

3. 试述工程派技术哲学与人文派技术哲学的联系与区别。

4. 简述技术哲学经验转向的特点与意义。

5. 在《单向度的人》一书中，马尔库塞指出："政治意图已经渗透进处于不断进步中的技术，技术的逻各斯被转变成依然存在的奴役状态的逻各斯。技术的解放力量——使事物工具化——转而成为解放的桎梏，即使人也工具化。"请你谈一谈对这一段话的理解。

第五章 技术的特性与工程的社会建构

技术和工程的哲学问题与人们的日常生活和工作紧密相关。本章主要梳理技术和工程的特性及其与人和社会之间的关系，着重阐述技术决定论、技术异化及工程的社会建构等问题。

第一节 技术的特性与人

技术和工程都是因人而出现的。作为人类生存和发展的基础，它们的形态和个性也打上了人的烙印，彼此之间展现着一种深刻而内在的联系。深入挖掘和揭示这种联系，对于透彻地理解和把握二者的特性具有重要意义。

一、作为工具制造者的人

人是工具的制造者，这个结论来自于对人类漫长形成史的观察和概括。尽管有些动物也能制造简单工具，也能使用简单技术，但比起人则相去甚远。然而，尽管这一观点广为流行，却未能全面揭示人类与工具制造之间的本质关系，因而还需从哲学的角度对其做更深入的探索。

（一）人就是集一切于自身的生产过程

传统形而上学习惯于追问本质问题，然而对本质的追问很难不陷入"美诺悖论"："一个人既不能试着去发现他知道的东西，也不能试着去发现他不知道的东西。他不会去寻找他知道的东西，因为他既然知道，就没有必要再去探索；他也不会去寻找他不知道的东西，因为在这种情况下，他甚至不知道自己该寻找什么。"[1] 同理，若直接追问技术是什么，我们也将一无所获。因为若知道技术是什么，我们就无须追问；若不知道技术是什么，我们根本就不知道在追问什么。[2] 究其原因，说到底是因为人的存在、技术的存在不是追问出来的，而是他们本就存在，不因人的追问而存在，也不因人的忽略而不存在。如此我们就进入本体论的视域来讨论技术及其与人的关系问题。

---

① 《柏拉图全集》第 1 卷，王晓朝译，人民出版社 2002 年版，第 506 页。
② 参见［法］贝尔纳·斯蒂格勒：《技术与时间——爱比米修斯的过失》，裴程译，译林出版社 2000 年版，第 112 页。

在人的问题上，马克思认为，人不是什么固定的东西，而是集一切于自身的生产过程。他一改传统形而上学的方式而对人的本质做出了具有革命性的界定："人的本质不是单个人所固有的抽象物，在其现实性上，它是一切社会关系的总和。"① 对于人类制造工具这种特殊性，马克思也曾做出精辟的论断："最蹩脚的建筑师从一开始就比最灵巧的蜜蜂高明的地方，是他在用蜂蜡建筑蜂房以前，已经在自己的头脑中把它建成了。劳动过程结束时得到的结果，在这个过程开始时就已经在劳动者的表象中存在着，即已经观念地存在着。"② 这里，马克思意在说明，动物是靠本能来行动，而人却是根据理性的指引和目的性的价值判断来行动，也就是根据自由世界的原理来行动。因此，在马克思看来，人类制造工具是人的本质力量的展现，是人的目的的实现，对工具的使用也是目的和形式的统一。对此，法国著名技术哲学家贝尔纳·斯蒂格勒借用爱比米修斯（又译"埃庇米修斯"或"厄庇墨透斯"）的遗忘的典故以及卢梭的论述，也得出了"人就是集一切于自身"的相似结论。这一典故出自柏拉图的《普罗泰戈拉篇》：爱比米修斯在分配属性时没有给人留下属性，人赤身裸体，既无皮毛也无尖牙利齿。为了挽救人类，普罗米修斯便给人类盗取了技术和火。③ 这则神话的意味在于，它指出人没有固定的属性，人不像动物那样具有固定的属性，人不是固定的"什么"，对于人来说一切都在变化和发展之中，但人却可以借助技术来模仿和拥有动物的属性。人就是要集一切于自身，集万有之属性于一身。

如果一定要按照"人是什么"的方式进行追问，那么就等于用看待动物的方式也即看物种的眼光来看人，用这样的观察方式所看到的人就只能是动物。卢梭在《论人类不平等的起源和基础》中借助对原始人生存状态的分析，探究了人和技术的关系。他认为原始人处于最佳状态，他们不使用技术也就意味着他们的身体要足够健壮，他们的器官得到了完全的开发。"美洲的野蛮人象最好的猎狗一样，能够由足迹嗅得出西班牙人的行径。"④ 同时，卢梭还敏锐地指出，野蛮人因为不像现代人这样依赖技术，他们没有时间的观念，没有对死亡的畏惧，更不懂得沉思为何物。"他的欲望决不会超出他的生理上的需要……他所畏惧的唯一灾难

① 《马克思恩格斯文集》第1卷，人民出版社2009年版，第505页。
② 《马克思恩格斯文集》第5卷，人民出版社2009年版，第208页。
③ 《柏拉图全集》第1卷，王晓朝译，人民出版社2002年版，第441—443页。
④ ［法］卢梭：《论人类不平等的起源和基础》，李常山译，东林校，商务印书馆1962年版，第82页。

就是疼痛和饥饿。"① 可见，真正意义上的人的诞生就是从使用技术开始，从不是"人"开始，从"去是"开始。

人的存在是一种事实，人和技术的共在也是一种事实，与动物相比人的特殊性在于，人为了达成一定的目的会通过制造和使用工具集一切力量于自身，技术和人从来都是不可分离的。

（二）制造工具与"制造人"

人既然集一切于自身，并通过制造和使用工具来达到自己的目的，那么人就必然随着技术的变化而变化。

人是工具的制造者，但反过来工具也制造人。人类文明史的每一次变革都与新工具的使用紧密相关，每一次人类文明的变革都重新塑造了人，每一项有较大影响的发明也都在改变着人。例如，镜子的发明催醒了人类的自我意识，钟表的发明使得人类臣服于抽象的可计算时间。正如美国著名技术哲学家路易斯·芒福德所言："抽象时间变成了生存的新媒体。有机功能本身被它所调节：一个人吃饭不是因为饿了，而是时间到了；一个人睡觉不是因为累了，而是因为时间到了。"② 就此可以说，人在制造工具的同时，工具也在制造人，而且在当前的社会处境中每时每刻都在制造着人，因为我们已经处于技术的包围之中，技术成为了人与世界的完全中介。

人类通过制造和使用工具而同自然界发生关系，并因使用工具而日渐强大。一般说来，人类对工具的使用程度（即制造和使用工具在人类活动中所占的比重）越高，则人类文明就越先进。以至于在现代社会中人类对工具的使用程度如此之高，导致人类时刻都处于技术的包围和约束之中，技术已经成了人类和自然环境的中介与屏障。对此，法国著名技术哲学家雅克·埃吕尔指出："这些中介是如此扩展、延伸、增加，以至它们构成了一个新的世界。"③ 这个结论还意味着，我们制造工具不只是制造工具本身，也是在制造一种影响世界和他人的中介，是在通过制造工具来制造人。所以，归根结底在技术的本质中透射着人的本质，在技术对人的决定中折射着人的自我决定性。

（三）工具制造成为文明进化的区分标准

工具是人与周边环境打交道的中介，所以对人类有着重大的影响，每一次重

---

① ［法］卢梭：《论人类不平等的起源和基础》，李常山译，东林校，商务印书馆1962年版，第85页。
② Lewis Mumford, *Technics and Civilization*, California: Harcourt Brace, 1934, p. 15.
③ Jacques Ellul, *The Technological System*, ［Trans.］ Joachim Neugroschel, Continuu, 1980, p. 39.

要工具的发明制造都深深地改变了人类的文明进程，甚至工具制造已成为文明进化的区分标准。根据工具制造所用的材料，人类文明的历史进程可划分为石器时代、陶器时代、铜器时代、铁器时代等阶段；根据人类使用工具的用途，人类文明史可划分为采摘渔猎时代、农耕时代、工业时代、信息时代等阶段；从兵器技术演变角度看，人类文明史可划分为冷兵器时代、火器（热兵器）时代、信息化武器时代等阶段。总之，人类的文明进程往往以重要的技术发明来标示，每一项重大的技术发明也往往标志着一场重大文明变革的到来，我们对工具的重要性再怎么强调都不为过。

马克思曾经深刻敏锐地指出："工艺学会揭示出人对自然的能动关系，人的生活的直接生产过程，以及人的社会生活条件和由此产生的精神观念的直接生产过程。"① 按照历史唯物主义的基本原理，"生产力决定生产关系"，而生产力包括劳动对象、劳动资料和劳动者。其中，作为劳动资料工具的使用不仅会改变人们的劳动对象，影响着劳动者，甚至反过来直接改变劳动资料。因此，工具是生产力中有活力的重要组成部分。正如马克思谈到工业革命时所指出的："工业革命首先涉及到的是机器上进行工作的那一部分。"② 这也是从哲学高度对"工具制造成为文明进化的区分标准"这一规律的概括。

二、技术、人和世界的关联

人是工具的制造者，工具也在每时每刻地制造人；人通过技术来改变世界，世界也在通过技术来改变人。同时，技术自身也构成了一个更加复杂的技术世界。于是，人、技术和世界三者互相联系、互相制约、互为因果、循环促进，构成了一组十分复杂的研究课题。

（一）人就是人的世界

人们对"世界"这一概念如此熟悉，却很少对其认真进行思考。结果，导致熟知未必真知，所以黑格尔才说："有一种最习以为常的自欺欺人的事情，就是在认识的时候先假定某种东西是已经熟知了的，因而就这样地不去管它了。"③

我们一般认为"世界就是由自然、社会、思维构成的整体，"世界是一个先在的背景，"这一切似乎都是非常明晰的，然而全部问题正出在这里。"④ 我们没有理

---

① 《列宁专题文集 论马克思主义》，人民出版社 2009 年版，第 13 页。
② 《马克思恩格斯文集》第 8 卷，人民出版社 2009 年版，第 329 页。
③ ［德］黑格尔：《精神现象学》上卷，贺麟、王玖兴译，商务印书馆 1979 年版，第 20 页。
④ 俞吾金：《哲学的"世界"概念》，《长白论丛》1996 年第 1 期，第 26 页。

由默认世界是一种独立于人的、先在的、与人的思维相对立的、静止不变的形而上学的存在，这种默认只是出于我们理性的局限和思维的惰性。为了打破这种僵化的思维模式，已经有许多近现代哲学家对世界做出了独到的论断。从胡塞尔的"前科学的生活世界"，到海德格尔的"天""地""神""人"共居的世界，再到卢卡奇、赫勒和列斐弗尔等人所坚持的"日常生活"世界，都对我们重新理解"世界"的概念有所启迪和促发。

关于人和世界的思考，马克思曾做出一个深刻的论断："人不是抽象的蛰居于世界之外的存在物。人就是人的世界，就是国家、社会。"[①] 这一论断道出了人和世界最本质的关系，即人不是抽象地思维地存在着，而是实实在在地具体地实践地存在着；人不是与世界孤立地相互脱离地存在着，而是每时每刻都在通过实践与世界发生着作用。"离开了世界，人无以存在；同样，离开了人，亦无所谓世界。"[②] 人的实践活动形成了各种社会关系，它们的总和便形成了人的世界。尤其是随着人类作用于自然世界的力度越来越大，人和世界截然二分的观点愈来愈站不住脚，二者彼此不可分割的特性愈来愈突出。从这个层面上分析，我们依然可以得出"人就是人的世界"的结论。

（二）自然世界、人工世界、可能世界

我们日常用语中所说的"世界"其实往往指的是自然世界。"自然"是东西方都有的表述，但含义不同。在古希腊自然哲学中，意为"本质""本性"以及"生长"。在中国则语出老子《道德经》第二十五章："人法地，地法天，天法道，道法自然。"老子的"自然"就是"自己如此"，指本来的样子，我们平常所说的"回归自然""自然点儿""不太自然"，说的就是这个意思。自然世界就是以符合自然本性的方式存在的领域，也可称为"天然自然"。自然世界不仅构成了我们日常观念中的一个重要组成部分，形成了我们诗意栖居的母体，而且成为无数诗人和哲人想回归的家园。自然世界并不是单指与人相对的大自然——自然界，也指人的本真世界。在现代社会，地球表面的有机圈中真正的自然世界已经丧失殆尽，自然世界更多的是以一种理念的形式存留在我们的头脑中。我们处处所宣称的"自然"其实大都不再自然，而是掺杂进了人类的技术因素。试想，当南极检测出DDT、人类活动甚至引起了气候变化，真正的自然世界又在何处呢？我们所常说的"自然科学"其实已经很难再研究单纯的自然现象，而是必须面对人化了的自然。

[①] 《马克思恩格斯文集》第 1 卷，人民出版社 2009 年版，第 3 页。

[②] 陈曙光：《人与世界：从"原初分离"到"原初统一"——马克思在人学"基本问题"上的革命》，《湖湘论坛》2007 年第 4 期，第 13 页。

所谓"人化自然"，是指带有人类印记的自然。人审视着、理解着、变更着自然，这样的自然都是人化自然。在这样的自然中最突出和最有影响的是被人实际改变了的世界，或由人的活动所创造的世界，一般称为人工世界，有时也称为"人工自然"。人工世界首先是指用技术改变过的物质世界，即由人造物所构成的世界。大到跨海大桥，中到汽车房屋，小到纽扣针线，这些都属于人工世界。其次，人工世界还指由各种技术系统所构成的技术世界，例如工业世界、航天世界、电影世界等。再次，人工世界还可指人类精神世界。根据马克思的观点，人类的精神也具有物质性，依赖于物质变换；人类的精神世界也时时刻刻都被周边的技术世界影响着。更何况随着科技的发展，人类靠药物或技术来改变精神状态的情况已非新闻。因此，在当今社会，无论如何我们都不得不承认，人类的精神世界也属人工世界。

由于人具有自由意志和奇异的创造性，因而可以借助技术通向一种具有多种可能性的世界。近代德国哲学家莱布尼茨首先提出"可能世界"范畴。他认为，我们的世界完全可以成为不同的样子，但它必须符合一定的逻辑规律，不符合逻辑规律的属于不可能世界。例如，在莱布尼茨看来，"太阳既升起又不升起"的世界肯定属于不可能世界。技术亦有其内在的逻辑规律性，这些规律必须首先与科学所揭示的自然规律相符合，但它同时又有着自己的独特性。例如，技术与人具有不可分割性，就如不同的厨师按照同一份菜谱会做出不同味道的菜肴一样；同时，技术还具有自主性等。因而，人通过使用技术开辟出了一个无限的可能世界，这使得我们对技术有了更深的认识。

（三）三个世界与人的世界

自然世界、人工世界和可能世界构成了一个由既定到无限的世界图谱，演变为我们世界观的基本架构。这三个世界之间存在着动态的联系，对技术的态度决定了我们对待这三个世界的态度，反之亦然。若这种动态的指向是"自然世界→人工世界→可能世界"，那就意味着我们对待技术以及技术文化持乐观主义态度；若这种动态指向的顺序是"人工世界→可能世界→自然世界"，则意味着我们盼望着摒弃技术，从而回归自然世界，这就是海德格尔所说的"抑制"①。这两种动态指向都具有合理性，它再次反映出了技术与人的纠缠，以及不同的人对待不同的技术所持有的不同态度。这是因为，归根到底这三个世界都属于人的世界，都是人的活动所参与构成的世界。如果没有了人的存在，这三个世界都将失去存在的

---

① 参见［德］海德格尔：《哲学论稿》，孙周兴译，商务印书馆2012年版，第38页。

意义和价值。

三、技术进化及其动力机制

技术和人在本体论上虽然是不可分离的，但从技术本身的演化角度去理解技术、考察技术的发展却具有不可替代的方法论意义。特别是这种考察与人类的其他史学思想相结合，便形成了人们对技术史的认识。其中，自 19 世纪以来对人类影响最大的史学思想莫过于历史进化论，这一思想对技术史研究的影响便促进了技术进化论的形成。

（一）技术进化论

进化的思想古已有之。虽然中世纪因受《圣经》影响比较流行的是不变论、退化论（末世论）或循环论，但社会中逐渐形成了演化的思想，再经启蒙运动和资本主义迅速发展等社会经济文化因素的推动，便开始催生了系统的进化论思想。斯宾塞的《社会静力学》和达尔文的《物种起源》的诞生，就与当时的社会文化环境紧密相关。技术进化的观点也是在这一历史背景之下形成的。

如同进化论与《圣经》的特创论相对，技术进化论也与天才发明论相对。传统教科书告诉人们，发明只是少数天才发明家的灵感火花在充分发挥的巅峰状态下才出现的。"这种发明的英雄史观略去了技术上的小改进，一味强调特定的个人对重大技术突破的贡献——譬如一口咬定是詹姆斯·瓦特（James Watt）发明了蒸汽机，伊莱·惠特尼（Eli Whitney）发明了轧棉机。"[①] 然而，通过考察技术发展的历史本身，我们会发现，发明是一系列细小变革的累积结果，"没有一样变革足以彻底割断与过去物质文明的联系。"[②] 仅就蒸汽机的发明而言，美国技术进化论集大成者乔治·巴萨拉就曾写道："通常人们会告诉你，年轻的詹姆斯·瓦特在观察水蒸汽从茶壶盖边喷出的景象时得到了灵感……事实上，在瓦特面对沸腾的茶水作沉思的当下，英国已有了可用于生产的纽可门（Newcomen）蒸汽机。托马斯·纽可门的应用型常压蒸汽机是在 1712 年出现的；而瓦特成功地完成第一台蒸汽机实样是在 1775 年，中间相隔差不多 60 年。使问题更复杂化的是，瓦特因为对他受命去修理的一台小型纽可门蒸汽机不满意，才萌生了制造他自己的蒸汽机的念头。"[③]

虽然很难三言两语就将瓦特蒸汽机与同时代的其他蒸汽机的内在关联阐述清

---

① ［美］乔治·巴萨拉：《技术发展简史》，周光发译，复旦大学出版社 2000 年版，第 23 页。
② ［美］乔治·巴萨拉：《技术发展简史》，周光发译，复旦大学出版社 2000 年版，第 23 页。
③ ［美］乔治·巴萨拉：《技术发展简史》，周光发译，复旦大学出版社 2000 年版，第 39—41 页。

楚，因为这需要对汽缸、活塞、分离冷凝器等专业的机械部件进行对比研究，但众多学者的研究结果却足以表明，蒸汽机是个复杂的机器系统，这离不开瓦特个人的天才创造，也是在前人及同时代人的成果基础上长期进行逐次改进的结果。

无独有偶，伊莱·惠特尼发明轧棉机之神话传说的破灭，也再次提醒了人们：在 1793 年"惠特尼去佐治亚时，南方已广泛使用一种机械轧棉机了，这种工具可以用于长绒棉"①；"1725 年滚动轧棉机从黎凡特（Levant）引入到路易斯安那一带，至 1793 年时它已经在美国南方产棉区站稳了脚跟"②；"惠特尼的艰巨任务就是要造出一种能清理短绒棉的机械装置"③。可见，他的工作是有前提背景和社会基础的。不仅如此，若我们真正进入技术史内部后就会发现，曾经的电动机、晶体管、爱迪生照明系统等一系列发明神话都将会逐一破灭。或许人们会问："以上人造物都是现代人的发明，那么在人类古代社会的技术也是这样绵延进化的吗？"对此，乔治·巴萨拉在《技术发展简史》中提供的两个案例（澳洲土著武器的进化和锤子的进化史④）表明，即便是那些最不引人瞩目的发明，也全然不像"仓颉造字""嫘祖养蚕""有巢氏""穴居氏"等中国古代传说所说的那样，只是个别英雄人物的发明。事实上，他们都是在继承前人成果的基础上产生的。所有的人造物都是在对已有人造物的学习、模仿和改进的基础上制成的。上述事例不但为技术进化论提供了有力的佐证，同时也凸显了技术进化的延续性特点。

（二）技术进化的机制

从学术史的角度看，技术进化论无疑是受到了达尔文生物进化论的深刻影响。因为就在达尔文发表《物种起源》后不久，马克思即开始呼吁写一部以进化论学说为参照的技术史类著述。⑤ 可见，将技术进化论与生物进化论进行类比，也有助于我们探求技术进化的机制。达尔文的生物进化论有以下一些预设或核心理论：生物多样、环境变化、基因突变、自然选择、性状遗传和渐变论。与此类似，技术进化论也有这样一些预设或核心理论：人造物多样、技术延续发展、环境变化、人造物改进、社会选择和人造物为载体等（见表 5-1）。其中，技术的延续性前述已有论及，以下所述为技术进化的其他几个特性。

---

① ［美］乔治·巴萨拉：《技术发展简史》，周光发译，复旦大学出版社 2000 年版，第 35—37 页。
② ［美］乔治·巴萨拉：《技术发展简史》，周光发译，复旦大学出版社 2000 年版，第 37 页。
③ ［美］乔治·巴萨拉：《技术发展简史》，周光发译，复旦大学出版社 2000 年版，第 37 页。
④ 参见［美］乔治·巴萨拉：《技术发展简史》，周光发译，复旦大学出版社 2000 年版，第 20—21 页。
⑤ 参见马克思：《资本论》第 1 卷，中央编译局译，人民出版社 2004 年版，第 428—429 页。

表 5-1　生物进化论与技术进化论对照表

生物进化论			技术进化论
生物进化论	生物多样性	人造物多样性	技术进化论
	自然环境变化	社会、地理等环境变化	
	基因突变	人造物变革	
	自然选择	社会选择	
	性状遗传	人造物作为载体	
	渐变论	延续性	

1. 技术与需求的辩证关系

人造物的多样性是技术进化论的明证。人是追求价值的动物，人做事必须要有一定的理由。这种人性的预设自然会引申出"满足需求"的技术观，即主张技术发明就是为了满足需求。然而，这种技术观并不符合技术史的事实考察。以汽车为例，事实上，"汽车的发明并不是由于全球范围内严重的马荒或马匹短缺"[①]；"在汽车露面的头十年，即 1895—1905 年，它一直是一种玩具，供那些可以买得起它的人玩。"[②] "同汽车的情形一样，对卡车的需求并不是它被发明之前，而是在此之后。换句话说，以内燃发动机为动力的车辆的发明创造了对汽车运输的需求。"[③]再以较不引人瞩目的轮子的发明和使用为例，"满足需求"的技术观会认为人类为了运输方便而发明了轮子。然而，对墨西哥地区的考古发现却揭示出，阿兹特克人的小型祭祀用品中已经在使用轮子（见图 5-1），但他们在现实的日常生活中却极少使用它。因为当地的地理环境并不适合用轮子运输。这再次反驳了"满足需求论"的技术观。

至此，我们可以得出一个明确的结论：并不只是需求创造技术，技术也会创造需求。而且，这里还存在一个有趣的现象：原始人因某些基本需求而发明并使用了技术，但随着人类文明的进展，人类所发明的技术也开始反过来影响人，也开始制造新的需求，就像今天的广告引导消费一样。技术就是在这种"技术—需求"的循环下愈加复杂化，进而形成多样化的人造物。

2. 技术的社会选择

生物进化的动力是自然选择，技术进化的动力则是社会选择。这里的社会不

① ［美］乔治·巴萨拉：《技术发展简史》，周光发译，复旦大学出版社 2002 年版，第 7 页。
② ［美］乔治·巴萨拉：《技术发展简史》，周光发译，复旦大学出版社 2002 年版，第 7 页。
③ ［美］乔治·巴萨拉：《技术发展简史》，周光发译，复旦大学出版社 2000 年版，第 7 页。

图 5-1 阿兹特克人制作的有轮泥塑（墨西哥）①

应简单地理解为人们组建的社会结构，还包括文化、军事、经济、地理等多种因素。一个人造物不是单个的存在，它像基因一样是一个序列，集合了多种人造物的因素。最近，人们造了一个不同于生物基因概念的新词——模因（Meme），来说明文化传承中的某类基因属性，一个新的人造物的发明也不是彻底的推陈出新，而是继承性地改变其中一个或多个模因（类似于基因突变），甚至只是模因的简单重组（类似于基因重组）或者是与其他人造物进行结合（类似于嫁接），同时人造物也会进行地域传播（类似于物种的地理隔离）。人造物的世界属于无限的可能世界，理论上讲人造物的世界是永无边界的，然而哪一种人造物能够留下来被人类社会接纳，则需要经过社会的选择。每一种被成功选择而存留下来的人造物都是适应社会的结果，早一步则需要等待，晚一步则可能丧失存在的机会。

例如，在前面所举的汽车例子中，由于当时人们对公路运输的需求还不够，汽车发明之后就只能被当作玩具。再如，尼古拉·特斯拉是一位超越时代的发明家，众所周知的是他发明了交流电，但其实他更多的发明都被埋没了，无线遥控潜艇、球形闪电、X 射线、尼亚加拉水电站等，甚至有人揣测著名的通古斯大爆炸也是他的"杰作"（真实性存在质疑）。但这样一位跨时代的大发明家却很少被科学技术史著作提及，原因有很多，其中一条就是因为他的发明太过超前，以至于在当时并没有迅速得到推广。等到他的技术发明真正得到推广时，他却已不在人世了，时代也不会再去回顾这些技术的最初发明者，有无数的候补人员在等待着那耀眼的发明家席位。

---

① ［美］乔治·巴萨拉：《技术发展简史》，周光发译，复旦大学出版社 2000 年版，第 11 页。

技术的选择还与地理因素分不开，后者影响到技术影响的制作和使用。例如，我国著名的贵州茅台酒的酿造技术是不可复制的。茅台酒的酒曲一旦离开了茅台镇就难以被用来酿造出好的茅台酒。技术的选择与人文背景也存在密切的联系。例如，中国清朝建设的第一条铁路只是用来观赏，不在国内推行铺设的原因是有伤风水，这与当时中国的天人合一的自然观是分不开的。[①]

3. 技术进化与社会选择的辩证关系

当然，技术并不是被动地被选择，它也会反过来影响社会甚至为自己的生存创造条件（图 5-2）。

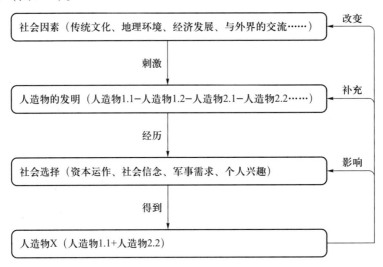

图 5-2 技术的进化机制

这种情况在现代社会尤其明显。技术发明者在利益的驱使下会为自己的发明做广告、搞推销，甚至会让消费者先行免费试用，以耕耘技术生长的土壤。在这种情况下，技术已经渗透到人类生活的每一个角落，对社会环境的影响也就越来越大，甚至在某些领域技术已经演变为统治力量，成为一种自主的存在而显示出匪夷所思的自主性。

（三）技术自主性

生物的进化由低级到高级，由简单到复杂，技术的进化也类似。在现代社会，技术已经发展成为具有系统性、自增性和自主性的"高级技术体"。从进化历程来看，技术是单个人造物要素的集合，任何技术本身就是一个系统；人造物之间又可以联合起来形成另一种具有系统性的技术，以此类推。技术作为系统还表现在

① 参见张明国：《技术文化论》，同心出版社 2004 年版，第 161 页。

它对其他社会系统的嵌入上。由于技术与人不可分割，而社会更是人的联合体，因此技术嵌入社会系统就形成一种更复杂的技术—社会系统。作为系统的技术在社会经济、文化、军事、资本等因素的拉动下发展愈加完善、愈加复杂、愈加庞大、愈加独立。它追求效率的本性也会为自身的完善创造条件，从而表现出了自我增殖的特点。此外，在现代社会，技术和人类的密切利益关系，使得大部分人形成了这样一种习见，即由技术所导致的问题也只能用技术来解决，似乎以为除了发展技术之外，人类别无选择，从而加剧了技术竞争和发展的张力。这种对技术的依赖更是技术自增性的体现。

以技术的自增性为基础，人们形成了关于技术自主性的论断。所谓技术的自主性通常包含三个方面：

其一，技术独立于经济和政治，体现为自主性。不是经济和政治决定技术的发展，相反往往是技术决定经济和政治。如人类避孕技术的发展加速了禁欲主义的衰落，而不是禁欲主义遏止了避孕技术的自增。

其二，技术独立于道德，体现为自主性。就技术问题而言，道德无以评判，只有技术标准与之相关。甚至技术反过来成为判定道德的标准，例如测谎仪、亲子鉴定、婚检等技术的使用，都实实在在地影响了人们的道德观念。

其三，技术开始逐渐脱离人、控制人，导致人的异化。前述已经提到工具也制造人，这意味着技术对人的控制达到一定程度时就会导致异化的产生。在后工业社会，技术使"神圣的"单个的人成为卢卡奇所说的原子式的孤立存在。在技术面前，单个的人像零件一样随时可以被换掉，甚至开始出现像居伊·德波所说的人为了技术而生产人。

四、技术时代与人的自由发展

虽然技术日益表现出自主性的特征，加剧人类的异化，但不可否认，人类通过技术在某些方面实现了前所未有的自由，后者本是人类使用技术的初衷，也是人类集一切于自身的本性使然。预计这二者的矛盾在一定时期内不是缓解而是可能继续加剧，成为人们普遍关注的一个大问题。

（一）技术提高了人的主体能力

马克思在《共产党宣言》中曾指出："资产阶级在它的不到一百年的阶级统治中所创造的生产力，比过去一切世代创造的全部生产力还要多，还要大。"[1]

----

[1] 《马克思恩格斯文集》第2卷，人民出版社2009年版，第36页。

资产阶级能够取得如此巨大的成就，原因就在于借助了技术的力量提升了生产力水平，使单个的人可以完成多人甚至上千人才能完成的任务。例如，人借助望远镜和显微镜拓展了自己的视阈，借助交通工具大大拓展了自己的活动范围，借助机器锻造出人手造不出的各种人工物。仅此看来，人类的主体能力因技术的使用得到了空前提升，两者成正相关，这就为人的自由发展提供了条件和可能性。马克思和恩格斯就曾强调："代替那存在着阶级和阶级对立的资产阶级旧社会的，将是这样一个联合体，在那里，每个人的自由发展是一切人的自由发展的条件。"① 只有单个人的主体能力首先得到了提升，只有单个的人的自由得到了实现，共产主义才有可能真正实现。马克思、恩格斯这段话的深意还在于喻示了，全人类自由发展的实现离不开生产力的大发展，而技术又是生产力的一部分，并且在大多时候还直接影响着生产力，因而人的全面发展离不开技术的使用，后者是前者的条件。

（二）技术改变了人类的思维方式

人的自由的发展并非虚无的乌托邦和黑格尔的绝对精神，而是可以通过生产生活实践最终实现的。单个人或许可以通过后天学习和操练而达到一定的自由境界，然而社会整体的自由实现却由生产力和生产关系所决定。这也是唯物史观的基本立场。随着技术的大发展，人类逐渐从劳动中解放出来，从而有更多的空闲时间来追求精神世界和探索可能世界，人类的思维方式也越来越与过去的僵化模式分离，人们逐渐相信只有依靠人的力量和技术的力量，才能渐次实现那个全人类的共同理想，才能将宗教想象中的"天国"拉向人间。

同时，人类对技术的使用所招致的诸多困惑和问题，也使得人们重新思考自由问题。技术的使用向古典哲学一次又一次地提出了挑战，从奥古斯丁到托马斯·阿奎那，从笛卡儿到康德，从黑格尔到叔本华，古典哲学在论述自由时关于技术伦理讨论的缺场，都为当时的哲学家预留了宽广的舞台。例如，德国技术哲学家德韶尔就试图通过提出技术王国思想来超越康德哲学。同时，在现实的情境下，因技术的滥用而招致了毁灭性的世界大战，使人类对自由有了更深刻的思考和认识。人类逐渐认识到自由绝不是为所欲为，绝不是狭隘的个人主义，也绝不是像弗洛姆在《逃避自由》中所说的那样是孤独的恐惧；相反，自由作为一种理念和状态，不但需要理论探究，更需要人们通过实践活动去努力实现，需要通过发挥主观能动性、运用技术去改变现实世界，去消灭贫穷、疾病、愚昧、冷漠和

---

① 《马克思恩格斯文集》第 10 卷，人民出版社 2009 年版，第 666 页。

自私，以最终实现整个人类自由而全面的发展。

（三）技术时代人的自由发展的危险性

当前，一个不可否认的事实是人类对技术的深入了解还太少，当我们意识到技术是如此重要、如此独特、如此庞大、如此具有控制欲时，技术早已大步走在人类理解力的前头。这就导致人类对技术的掌握常常出现偏差，甚至对技术的使用常常有将全人类彻底毁灭的危险，而人类对因技术而进入风险时代、风险社会，进而走向绝地等，还缺乏明确的意识。

从本体论上讲，技术与人共在，这就导致人们从根本上很难辨别哪些意愿是出于自身的，哪些意愿是受技术影响所致。假若影响人做出决定的技术本身存在问题的话，人类的自由发展就受到了阻碍。而事实上技术本身确实存在风险，技术首先是被个别的人（群）因个别的境遇发明，因而技术在使用方法上具有个别性，在使用范围上具有局部性，在使用时间上具有滞后性①。由这样的个别技术所构成的技术系统，在其系统内部以及在不同技术系统之间，都不可避免地会存在矛盾冲突，从而再次增加了人类的生存风险，更何况人类目前对技术的认识严重不足，对自我能力盲目自信，总是"预吉"而不"预凶"，总是通过臆想的"技术普遍化"来实现自己的利益最大化，而结果却导致了许多未料之结局，给社会造成了很多不可挽回的损失。人类的这些做法不但违背了最初追求自由的理念，而且对人类自由的实现带来了前所未有的挑战。为此，人类急需摒弃自身的傲慢和懒惰，去认真对待技术问题，真正地将技术问题作为一门学问来研究。

总之，技术的王国因其几何级数般的快步发展，已将人类的精神王国远远地甩在了身后，人类需要努力拓展自己的精神领域并跟上技术前进的步伐，才能把技术的运行纳入伦理和德性的规范，从而推动人类实现真正的自由和解放。

第二节　技术决定论与技术异化

近代以来，技术在人类社会发展中的影响如此之大，以至于滋生了技术决定论的主张。然而，过高地估价和依赖技术，无疑又排挤或贬低了人的地位，加重

---

① 参见刘孝廷：《超越技术与进步——从核风险看人类发展文化的取向》，《山东科技大学学报（社会科学版）》2011年第5期，第8页。

技术的异化程度，使技术的发展陷入两难境地。

一、技术决定论与专家治国论

技术决定论建立在两个重要预设基础之上：一是技术发展具有自主性，二是技术变迁导致社会变迁。技术决定论可划分为强技术决定论和弱技术决定论两种，前者认为技术是决定社会发展的唯一因素，否认或低估社会对技术发展的制约作用；后者认为技术产生于社会，又反作用于社会，即技术与社会之间是相互作用的。

（一）技术决定论及其演变

培根、圣西门、孔德、托夫勒、奈斯比特、芒福德、埃吕尔，以及法兰克福学派的诸多成员和鲍德里亚等诸多学者均可算作技术决定论者。技术决定论者普遍认为技术是一种自主和自律的力量，有不受社会作用的独立逻辑，其发展不受任何非技术因素的影响和制约；技术能够独立地自我发展并对社会进行影响和改造，对社会的作用是单向度的。因而，在技术决定论者看来，由技术所引发的问题只能靠技术自身的发展才能解决，除技术以外的其他一切手段都是无用且无意义的。当然，在认识上得出技术具有决定作用的结论，并不简单意味着这些人在价值选择上都拥护技术的决定性而否定社会与环境的积极意义。

技术决定论从发展走向成熟主要经历了技术自主论（Autonomous Technology）和技术统治论（Technocracy①）二阶段。

技术自主论是在技术决定论与社会决定论二者的争执中产生的，其争论的焦点是在与社会的关系中，技术的自主性程度究竟如何？社会决定论认为，各种技术产物总是承载或反映着社会对它们的影响，完全把技术独立于社会是不可能的。技术自主论倾向于把技术看作社会的一个子系统，但该系统具有自主性，并对其他一切社会子系统具有决定和主导作用，因而也被称为温和的技术决定论。

在技术与社会关系上通常以是否承认技术对社会具有决定作用来作为区分技术统治论与非技术统治论的标准。经过法兰克福学派尤其是其代表人物哈贝马斯的批判之后，技术统治论不再仅仅强调单纯的技术或技术产物，而是突出技术系统和技术作为资本主义发展背后的理性力量来突出新技术存在的作用。

（二）技术统治论（专家治国论）

伴随着关于技术决定论的争论，技术统治论或专家治国论思潮随之孕育和发

---

① 又译作专家治国论、技治主义等。

展起来。虽然它在本质上依旧属于技术决定论，但它们关注的角度却各不相同，技术统治论或专家治国论主张应由科学家、技术专家统治或管理社会。

首先，技术决定论作为一种思潮，与社会决定论或社会建构论相对立，并在与后二者进行理论探讨的过程中获得发展。而技术统治论则在坚持技术决定论的基础上，强调如何对社会进行管理并做出理论预设和规划。技术统治论认为，技术发展表现出了某种日益上升的影响力和规范性，因此社会需要按照某种技术的原则来统治或治理，并且社会经济发展乃至社会建构自身也都应该被科学家和工程师掌控。

其次，就学说史或思想史而言，技术统治论作为一种按技术或知识的原则来治理社会的基本主张则源远流长。比如，古希腊哲学家柏拉图就认为最理想的国家应该以哲学家为王，因为自己掌握治理国家的技艺，柏拉图也因此而被奉为技术统治论的远祖；顺着同一思路，英国近代思想家 F. 培根在《新大西岛》中设想了一个以"所罗门之宫大学"为最高权力机构的理想社会，结果被誉为技术统治论的近代前驱；而空想社会主义者圣西门更主张建立一个由学者和实业家联合专政的社会秩序，以提高社会的规范和效率，从而被尊为技术统治论之父；马克思站在历史的制高点，强调生产力特别是生产力中科学技术的决定意义，认为其是"最高意义的革命力量"，进而揭示了现代社会日益技术化与资本急剧私人化之间的内在矛盾。20世纪以来，美国经济学家凡勃伦也指出，随着现代工业体系的日趋专业化，缺席主人（Absentee Owners）对工业体系的控制必将被技术专家系统取代；美国社会学家丹尼尔·贝尔则在《后工业社会的来临——对社会预测的一项探索》中通过其"中轴原理"，估价和预测了后工业社会中技术统治的可能状况和趋势，最终完成了现代技术统治论的思想体系。

第三，当然，与所有理论一样，技术统治论也有自己的缺陷。这通过技术统治论的集大成者丹尼尔·贝尔的困惑可略见一斑。在他看来，后工业社会如果按照社会—经济组织发展的逻辑运行的话，技术—知识性质的变化必然要影响社会性质，而社会上的主要社会集团意识到基本的社会变革却依旧有权利去抉择是否接受这一变化，是加速还是阻碍或改变这一变化。因此，后工业社会中的政治制度是否完全符合技术统治论的预设成了技术统治论者新的理论困境。[①]

从以上对技术统治论（专家治国论）的思想渊源、发展及其困境的讨论中可知，技术统治论作为一种现代思潮，其核心思想是将人类的进步诉诸科学知识的

---

① 参见［美］丹尼尔·贝尔：《后工业社会的来临——对社会预测的一项探索》，高铦、王宏周、魏章玲译，高铦校，商务印书馆 1984 年版，第 532—533 页。

增长，而这种思想又恰好与现代性的精神理念不谋而合，即伴随着科技理性的发展，科技理性具有的内在发展逻辑本质上必然推动人类社会向前发展，其中科技工作者以及科学家则是突出代表。也正因此，这一理论一经提出就备受推崇。但随着科技进步给人类带来的种种危害日益凸显，人们开始意识到过分偏重科技理性的发展而忽视价值理性，已使人类理性趋于孤立狭隘且难以实现和谐发展的境地。于是，越来越多的人相信价值理性的完善需要政治领域的制度建设、文化领域的思想建设，而科技理性只是技术专家的专属领地；如果让科技理性过分单向度发展，人类社会及人类本身便难免因为失衡而陷入困境乃至绝境。

二、技术异化与人的自主性丧失

"异化"一词最早见于拉丁文 Aliena-tio，德文作 Entfremdung，英文作 alienation，意即化为异物的意思。在许多外语词典中，一般有如下三种含义：转让、让渡，疏远、分离，神经错乱等。早在中世纪的基督教神学中就有了异化的说法，文艺复兴之后，异化一词被引入社会科学。人类通过制造工具走出洪荒，但工具也倒过来影响和制约人的选择和成长，人与工具互相型塑，形成文明进步中的循环。然而，随着工业社会的无度发展和技术的无限渗透，人与技术的互动关系发生了偏转和失衡，导致了技术异化的现象，人的主体性受到严重威胁。

（一）技术异化的本质

"异化"一词在近代可追溯到卢梭讲的权力转让意义上的异化；后来费希特用"自我设定非我"的哲学命题将异化理论引入哲学探讨；到了黑格尔那里，自我的异化变成了绝对理念的异化，即作为主体的绝对理念的客体化（对象化）；费尔巴哈从唯物主义人本论的考察视角指出了异化理论的双重性；莫泽斯·赫斯把人本主义的异化理论从宗教推广到政治经济领域，联系货币考察异化，进而给出其货币异化理论；马克思早期批判地继承了前人的异化思想，用异化去分析社会的政治、经济现象，提出了异化劳动论。在唯物史观创立之后的马克思主义论著中，异化不再是马克思思想体系的中心范畴，也丧失了其世界观、方法论的意义，只是作为表述阶级对抗社会特别是资本主义社会某些特定社会现象的一个具体的、历史的概念。

当然，由于历史的原因，许多讨论异化现象的学者还未能走出人类社会内部，未能看到现代科学技术在改造自然的同时，更使人类面临整体上背离其"自然"的普遍的新异化状态①，即技术异化。

---

① 参见张秀华：《历史与实践——工程生存论引论》，北京出版社 2011 年版，第 192 页。

通常，考察技术异化可以从自然、社会和人本三个向度入手。

从自然的向度来看，人们早已习惯于把诸如能源危机、人口膨胀、城市化环境污染以及核恐怖等直接归于技术，此外，还有被看作是由于技术的误用和滥用所引发的诸如交通事故、医疗事故、核泄漏、战争杀伤等种种直接后果。

从社会的向度来看，人们除了不同程度地对"技术统治""技术专制""技术殖民""技术官僚"表示担忧，更是习惯于抱怨技术分工、技术失业和等级差别特别是技术对人类社会交往与联系的割断（即"技术割裂"，Technological Separation），有人甚至极端地把贫穷和饥饿、国际争端、不平等、道德沦丧、文化贫困等和技术发展连起来，似乎技术与发展的一切社会病都有干系。

从人本的向度来看，人们普遍感觉到在现代技术社会中个人自由的丧失，因为技术控制已无处不在；技术理性更使个体人格趋于分裂，本能受压抑，心灵变空虚，生活无目标，生命无意义等。虽然这些表现在人本层面上的技术负效应，也常被冠之以"技术异化"的称谓，但显然技术异化还不是一个含义特别精确的术语，需要认真梳理和规范，因为技术负效应在自然和社会维度上的体现，同在人本维度上一样，最终也都是要作用于人本身的。

（二）技术异化形成的根源

为不致与流行的技术异化的称谓出入太大，这里主要在人本层面上使用该术语。

1. 技术理性是技术异化的思维基础

理性是人类思维的精神和武器，然而理性亦有多个种类和形式。在启蒙时代，理性是相对于宗教信仰而言的，指人的心智按照自然和客观规律行事的能力；稍后，理性是人们认识现实世界的普遍规律的能力，即通过主体思维，首先对对象进行抽象概括，再在思维中进行概念演绎推理，并通过实验将理性转化为现实；在现代，主体能动的理性与技术的互动越来越紧密，逐渐形成了技术理性，通过使用技术理性，人们实现了对自然的控制和改造。随着技术理性的不断扩张，人类社会生活的方方面面都受到了渗透和影响，如将一切对象都进行技术化理解和处理，以实现自身的目的。此时，"理性"逐渐等同于"技术理性"，理性变得狭隘单一并日益暴露出对自然基础和人类生活、文化、价值观等存在的威胁。

2. 技术异化是人类长期忽视技术问题所致

长期以来，人类对技术的理解依然只是停留在技术是人的手段的层面上，导致在工业革命之后，人类在借助于技术使用而迅速发展时，盲目乐观而忽略了技术的复杂性，甚至出现了技术崇拜热潮。而当技术所引发的问题逐渐凸显时，技术异化已经形成，其结果是对技术没有防备心理的技术使用者纷纷变成了被使用者。

3. 资本主义制度是技术异化的社会根源

虽然技术带给人类社会诸多问题，但根据以上对技术与人的关系分析可知，技术并不天然具备控制和奴役人的欲求，主要是在资本主义社会中技术被当作谋利工具并照资本运营的方式使用，这才是其异化的社会原因。对此，马克思明确指出："一个毫无疑问的事实是：机器本身对于工人从生活资料中'游离'出来是没有责任的……，矛盾和对抗不是从机器本身产生的，而是从机器的资本主义应用产生的！因为机器就其本身来说缩短劳动时间，而它的资本主义应用延长工作日；因为机器本身减轻劳动，而它的资本主义应用提高劳动强度；因为机器本身是人对自然力的胜利，而它的资本主义应用使人受自然力奴役；因为机器本身增加生产者的财富，而它的资本主义应用使生产者变成需要救济的贫民。"[①] 当代法国青年经济学家皮凯蒂发挥马克思的思路，用长时段的统计事实表明，20 世纪的知识特别是科技投入不但没有缩小贫富差距，反而使之扩大化。其中，最富的 1% 人口竟占有全球 50% 的财富，而占总人口半数的后半段穷人的总财富则仅占全球总财富的 5% 以下。[②] 也就是说，正是技术与资本的合谋，才使它最终成为奴役人的异己的力量。

（三）技术异化的表现

技术作为一种独立的存在系统，对人发生作用导致人的异化，对社会发生作用导致社会的异化，对世界发生作用导致世界的异化。可见，从单个的人到由人所组成的社会，再到由社会和自然所组成的世界，都体现了技术的全面异化。

1. 人的异化

自启蒙运动以来，人就被视为具有自由意志的理性存在者，以此与受本能驱使的动物区分开来。然而，当初资本主义打倒封建主义的手段已经变成了目的，资本主义社会中的人逐步被资本运行的逻辑控制，被工厂、机器和流水线控制，从而演变成了异化的人。人的异化的象征或里程碑式的标志之一是福特流水线的产生，它将过去人的零散的自由劳动转变成了孤立的、单个的、简单的、重复的、机械的、可替换的、不可停歇的程序性劳动。从此人受缚于机器属性的摆布，成为一种可随时被替换掉的零部件，启蒙运动所宣称的人的尊严在这种劳动中丧失

---

① 《马克思恩格斯文集》第 5 卷，人民出版社 2009 年版，第 508 页。

② 参见［法］托马斯·皮凯蒂：《21 世纪资本论》，巴曙松等译，中信出版社 2014 年版，第 451 页。

殆尽。福特流水线的象征体现在社会组织的方方面面。例如，职业分工的逐步细化，教育分科的细化等，都使我们只能看到技术化的单面的人，而无法见到"全面"的整全的人。

前述提到，卢卡奇将现代工业社会中的人的这种异化表现称为"原子式的存在"①。人和人之间都是孤立的存在，一群人看似是一个集体，但事实上只是单个人的孤独的共在，人的社交本能被最大程度地压制或扭曲。法兰克福学派代表人物之一马尔库塞认为，后工业社会中的人是单向度的人。在思想上，现代人过分强调形式逻辑，从而导致了对抽象的沉沦而不是对经验具体性的回归，加之现代人忽略了具有否定性的辩证思维，从而导致了人的思维方式逐渐单向度②。在文化上，人类趋于资本主义所营造的"高级文化"③，这种文化等级观念导致了后工业社会中的人在审美、价值判断等方面趋于单向度。这种趋向达成了一种默认或共识，即只有追求此种高级文化才是正确的和应该的。鲍德里亚认为，后工业社会中的人已经被资本主义的消费文化控制，人类开始为了消费而消费，甚至消费已经成为人的第一性，并逐步取代了传统的勤俭节约的生产第一性观念，即"增长，即丰盛；丰盛，即民主"④。法国思想家居伊·德波指出，现代社会中的人已经被诸多景观控制，资本家为了利益所营造的景观影响到消费者，但最终其本身也被这些景观占有，导致人不再是其所是，而是其所占有，呈现出"符号胜过实物、副本胜过原本、表象胜过现实、现象胜过本质"⑤ 的社会情境。人类的繁育本身成了资本运作的手段，人彻底异化为资本的工具。

2. 社会的异化

社会作为一种被考察的实体存在，表现为不同的组织形式，当社会的各个方面也出现技术异化现象时，这个社会就处于技术异化状态了。因此，人的异化与社会的异化是互为前提的，人的异化必然导致社会的异化，而社会的异化也必然导致社会中的人的异化。

首先，在生活世界里，无产者在技术社会中的生活向度，与资产阶级趋于同

---

① 参见［匈］卢卡奇：《历史与阶级意识——关于马克思主义辩证法的研究》，杜章智、任立、燕宏远译，商务印书馆 1992 年版，第 152 页。

② 参见［美］赫伯特·马尔库塞：《单向度的人——发达工业社会意识形态研究》，刘继译，上海译文出版社 2006 年版，第 156 页。

③ 参见［美］赫伯特·马尔库塞：《单向度的人——发达工业社会意识形态研究》，刘继译，上海译文出版社 2006 年版，第 60 页。

④ ［法］让·波德里亚：《消费社会》，刘成富、全志钢译，南京大学出版社 2000 年版，第 35 页。

⑤ ［法］居伊·德波：《景观社会》，王昭凤译，南京大学出版社 2006 年版，第 1 页。

一化，人们的神经被看似发达的技术麻痹，不再去为自己的自由和平等而奋斗。工具理性战胜了政治理性，技术上升为一种虚假的意识形态，它产生的虚假需求在工具理性的合理性维度下也变得合理起来。人们开始追逐高档的技术产品胜过追逐自由和平等，时髦手机、名牌皮包、豪宅别墅等成了人们生活的全部追求，从而导致人的需求越来越脱离最基本的生存需要，社会进入一种消费狂热而随意挥霍有限的物质资源的时代。

其次，技术的意识形态化使得无产阶级在政治领域失去自己的否定性和革命性，甚至站到了他们的对立面资产阶级的一方。这是因为，一方面，随着技术的发展，工人在劳动过程中消耗的体力越来越少，使得劳动变得越来越轻松。这就模糊了劳动者和资本家的对立情形，甚至改变了劳动者看待资本家的态度。另一方面，技术的发展使得人们的生活水平提高，人们在舒适的背后忘记了自己对机器的依赖，也忘记了拥有机器的不是自己而是资本家。还有，技术的强大和严密也使得生活于其中的个人，颇显弱小和无奈而只能按部就班，因为非此则无所适从。这种遗忘和无奈进一步使得人们迷失在工具理性的合理化世界中，丧失了自己的批判和否定属性而甘愿成为工业文明的奴隶。

再次，技术理性将一切文化因素变成了产品，通过传媒的方式兜售自己的理念。在具有对抗性和持不同政见者之间使用各种文化传播手段摧毁反对派的文化根基，使得文化逐渐变成了异化的文化，由此便诞生了异化的社会；而这样的社会同时"生成"了异化的人，从而反过来更巩固了异化的社会。

3. 风险社会

风险社会的概念由德国社会学家乌尔里希·贝克于 1986 年提出，其核心思想是在未来的几十年内，人们将面临深层的社会矛盾和严重的生态危机。这是技术深度异化的全面体现。

在贝克看来，"风险概念是个指明自然终结和传统终结的概念。或者换句话说，在自然和传统失去它们的无限效力并依赖于人的决定的地方，才谈得上风险。""风险概念表明人们创造了一种文明，以便使自己的决定将会造成的不可预见的后果具备可预见性，从而控制不可控制的事情，通过有意采取的预防性行动以及相应的制度化的措施战胜种种副作用。"[①] 那么，风险社会究竟是如何产生的呢？贝克认为，人类对现代性的追求与理性的特性密不可分：从积极的方面看，

---

① ［德］乌尔里希·贝克、约翰内斯·威尔姆斯：《自由与资本主义——与著名社会学家乌尔里希·贝克对话》，路国林译，浙江人民出版社 2001 年版，第 118 页。

理性的运用推动了现代性的进程；而从消极的方面看，现代性在其发展过程中也造成了理性自身的分裂，特别是过度张扬技术理性，导致理性价值日渐衰颓，带来了生态环境的不断恶化、核武器的威胁、基因技术的滥用、金融风险的全球化以及恐怖主义的盛行、军事冲突的不断加剧等人类不愿看到却又无法回避的现实，使我们今天生活于其中的世界变成"一个可怕而危险的世界"①，于是人类进入了风险社会时代。

一般来讲，社会风险主要来自以下三个方面②。

首先，对技术的无节制使用导致风险的产生。迄今为止，人类社会发展的根本指数就是生产力的发展，而生产力发展的主要标志是生产工具的改进，生产工具直接与技术相关。所以说，人类的演进史从根本上就是一部技术进步史。可是，人类一旦把技术作为获取一切财富的手段而用于生产和生活实践的各方面时，就会导致对自然界和社会财富的无节制掠夺，使全球性的生态和环境遭到严重破坏，也使自然资源日益枯竭，各种危机频繁发生，由此形成严重的发展风险。

其次，对技术的不合理使用诱发风险。人类发明技术本是为自身服务的，但人类对技术的应用往往与技术发明者的本意相悖。这既包括技术的许多误用，如医疗事故的发生、网络风险的出现等，由此产生的人为的风险也包括利用先进的技术从事有违人类根本利益的事，其中，细菌战、核武器的研制就是有力的佐证。对此，马克思曾作过精辟的论述："技术的胜利，似乎是以道德的败坏为代价换来的。随着人类愈益控制自然，个人却似乎愈益成为别人的奴隶或自身的卑劣行为的奴隶。甚至科学的纯洁光辉仿佛也只能在愚昧无知的黑暗背景上闪耀。我们的一切发现和进步，似乎结果使物质力量具有理智生命，而人的生命则化为愚钝的物质力量。"③ 正是由于对技术的不合理运用，才使其被异化为凌驾于人类自身之上的统治工具，导致风险系数的加大。

最后，技术本身的不确定性导致风险的加剧。创新是技术进步的灵魂和主要环节，而现代技术创新既给人类带来巨大的福祉，也使社会发展面临严峻风险，造成现行社会秩序和道德规范的失效甚至引发全社会混乱。这是因为人类在进行技术研发时，往往限于对自然界各组成部分的单一性研究，结果可能是只见树木不见森林，导致以偏概全或用个别代替整体的错误；同时，技术专家由于受主客观因素的影响，对自然规律的认识往往有一个过程而不是一蹴而就的，那么以此认识去改造自然，就必

① ［英］安东尼·吉登斯：《现代性的后果》，田禾译，黄平校，译林出版社 2000 年版，第 9 页。

② 杨伟宏：《风险社会视域下的技术伦理》，《学术交流》2009 年第 10 期，第 42—43 页。

③ 《马克思恩格斯文集》第 2 卷，人民出版社 2009 年版，第 580 页。

然会形成潜在的风险，一些技术如克隆、转基因、计算机网络技术化、核能技术等已经被多次证明蕴含着不可知的巨大社会风险和道德难题，人类需要审慎对待。正因此，近年来欧盟才在全球率先提出负责任创新的设想。

三、技术悲观主义与技术异化的扬弃

随着技术问题的大量涌现，技术悲观主义在 20 世纪六七十年代逐步上升为西方社会的一股重要思潮，引起了巨大关注。特别是 1972 年意大利罗马俱乐部的年度报告《增长的极限》的发表，更是在全球激起了强烈反响。技术悲观主义的兴起与发展，不断提醒人们如何更好地理解和看待技术自身的本质，以及重新审视技术与人、社会、自然之间的关系。虽然目前学术界广泛弥漫着技术悲观主义情结，但尚未见人明确宣称自己就是技术悲观主义者。即便不少学者如海德格尔、埃吕尔、法兰克福学派的理论家，以及爱因斯坦、居里夫人等，他们对技术的批判虽然是深刻的，甚至对技术的恶果和无限制的发展表示巨大担忧，但却不是彻底地反对技术。同样，那些对未来充满信心的学者，像托夫勒、贝尔、维纳等人，也都对技术强权及其引发的危机深表忧虑。可见，虽然关注和忧虑技术是一种普遍现象，却并不存在单纯的技术悲观主义者。那么，什么是技术悲观主义？它的本质和内涵究竟是什么呢？

（一）技术悲观主义的本质与内涵

技术悲观主义体现出多样性的内涵和本质，"作为一种人类的心理倾向，它是根植于人的潜意识层面的忧患意识；作为一种理性存在，它是一种否定性的思维方式；作为一种方法，它是技术理性批判的一种表现形式；作为一种社会思潮，它是技术两重性内在矛盾剧烈冲突的外部体现。"[1]

作为人类当今认识世界、改造世界的主要工具，科学和技术不可避免地承载着人类特有的文化、伦理、社会等多方面的属性。当人们在使用科学和技术为自身服务之时，由于其并不总是能够完善地体现人的意志、实现人的全部目的，因此人们既对科学技术的利己作用欣喜若狂，也对它充满了肯定，反之则遗憾失望、消极否定。技术悲观主义者就是持有后一种态度的突出代表。

关于否定性，黑格尔在其代表作《精神现象学》中有系统描述，意识的本质是思维，而思维的本质是否定，怀疑性就正是否定性和无限性的表现[2]。通过否

---

① 赵建军：《技术悲观主义思潮的当代解读》，《中共中央党校学报》2004 年第 3 期，第 119 页。

② 参见［德］黑格尔：《精神现象学》下卷，贺麟、王玖兴译，商务印书馆 1979 年版，第 136 页。

定，人类发现了自己的错误，并在不断否定自身中发展着自我，也在不断对所认识世界的否定中增加着对世界的认识。这种怀疑批判中也包含着肯定，包含着一种创生的萌动及合理性期望，因而具有很强的透视功能。

由于现代人过分推崇技术理性，缺乏价值理性的制约和平衡，从而使社会、信仰、文化、环境等频频出现危机。由于这诸多负面性，"对技术理性进行批判就成为一种必然。技术悲观主义只是对技术理性负面性进行反思、批判的形式之一。但作为一种忧患意识，它普遍存在于人的潜意识之中，任何对技术的不适反应都有可能引发消极、悲观的情怀。尽管文明的追求是社会的理性不断强化，但是应当看到，理性化隐藏着文明的陷阱，技术理性的强势带来了人性的异化和文化的断裂。"[1] 技术悲观主义恰恰是技术两重性在自身方面的内在发展逻辑以及在社会功利主义驱使下的矛盾展现的思想反映。

（二）技术异化的扬弃

在技术哲学的历史传统里，技术异化扬弃理论大致经历了两个阶段。

1. 技术批判阶段

以斯宾格勒、雅斯贝尔斯、海德格尔以及法兰克福学派等为主要代表的技术批判理论，大都从人本主义的立场出发来清理现代技术，认为："技术是导致文明堕落、道德沦丧的祸根，应对工业社会中人的种种异化现象负责。"[2]

如斯宾格勒就认为，异化是资本主义生活制度的重要特征，异化通过技术对资本主义社会的文化进行控制，最终实现其对人的控制。雅斯贝尔斯认为，技术与资本主义官僚政治一道成为资本主义异化人的工具。人们在技术鼓吹的"平均化、机械化、大众化"中迷失了自我，个人不成其为个人[3]。海德格尔则悲观地认为，如今的科学技术正以"集置"的方式将人的文化及人的本质彻底抹去，而不再与艺术相关。

法兰克福学派主要从人本主义出发，对现代技术进行了深刻的批判。

其中，埃里克·弗洛姆指出了人的本性在科学技术高度发展的现代工业社会受到极大的摧残和压制，人不再是自然之人，而变成一架"没有思想、没有情感"的机器。马尔库塞在《单向度的人》一书中指出，科学与技术本身就成了意识形

---

① 赵建军：《技术悲观主义思潮的当代解读》，《中共中央党校学报》2004 年第 3 期，第 120 页。

② 刘文海：《技术异化批判——技术负面效应的人本考察》，《中国社会科学》1994 年第 2 期，第 102 页。

③ 雅斯栢斯：《生存哲学导言》，中国科学院哲学研究所西方哲学史组编：《存在主义哲学》，商务印书馆 1963 年版，第 153 页。雅斯栢斯即雅斯贝尔斯。

态，这是因为科学和技术具有明显的工具性和奴役性，同意识形态一样，起着统治人和奴役人的社会功能，所以所谓后工业社会实际是一个"利用技术而不是利用恐怖"有效地统治个人以及"窒息人们要求自由的需要"的极权社会。

哈贝马斯明确反对马尔库塞把技术与科学作为传统的意识形态来批判。他强调指出，科学和技术作为新的合法性形式，已经脱离了意识形态的旧形态，而成为一种以科学为偶像的新型意识形态，也即技术统治论的意识形式。他指出，尽管科技进步同旧的意识形态一样，也发挥着使人安于现状、阻止思考和议论社会基本问题的作用，但同以往的一切意识形态相比较，它已不再具有多少意识形态的性质，这种新的意识形态已不再具有虚假的意识要素和看不见的迷惑人的力量，所以应该对科学与技术的现状与发展前途充满信心和乐观态度。

2. 技术现实主义阶段

技术现实主义思潮由哈佛大学法学院的安德鲁·夏皮罗等人在 1996 年发起。技术现实主义不是一种严密的哲学派别或生活方式。技术现实主义只是基于社会科学和实践视角而试图对关于技术的争论给出一种更具批判性的观点，是从一个侧面评估技术的社会与政治意义的一种尝试，通过这种努力和尝试，我们有可能更多地控制我们的未来。① 因此，技术现实主义的核心思想就是通过评估当今技术理性的巨大影响力，讨论技术是否能够大幅度地给人类生活、文化、社会等诸方面带来益处，其主旨在于协调"因特网和社会"的关系。

技术现实主义者的背景比较繁杂，他们从当今社会日益技术化以及因特网在社会各领域作用日益彰显的现实状况出发，提出了"技术现实主义宣言的八条原则：技术不是中性的；因特网具有革命性，但并非乌托邦；政府在推进网络技术发展中扮演着重要的角色；信息不是知识；给学校联网不会拯救它们；信息需要保护；公众占有无线波，公众应从使用它们中受益；理解技术应是全世界公民的一个基本权利。"② 技术现实主义这些原则既涉及技术现实主义在技术的本性、作用、知识产权等方面，也涉及技术和政府、技术和教育、技术和大众、技术和信息的关系等方面的广泛观点。

技术现实主义要求人们在心态上冷静、在方法上理性地看待和使用技术，它既不学习技术崇拜论那样对技术单纯肯定，也不赞赏技术恐惧论那种对技术单纯

---

① *Technorealism Frequently Asked Questions*（FAQ）：［EB/OL］．［2014 – 11 – 15］．http：//www. technorealism. org/faq. html.

② *Technorealism Frequently Asked Questions*（FAQ）：［EB/OL］．［2014 – 11 – 15］．http：//www. technorealism. org/faq. html.

否定，而是冷静合理地看待技术的两面性，渴望找到一条平衡科学、技术与社会三者关系的中间道路。因此，技术现实主义的兴起有其积极的理论意义和可供借鉴的现实价值。然而，技术现实主义还只限于提出问题，而没有在理论上进行必要的论证和提出如何解决问题，所以其理论还缺乏深度及系统性，在公众利益上尤其表现出明显的实用主义态度。① 技术现实主义的这些不足引起了包含技术卢德主义在内的各种思想的批评，其中技术超现实主义的质疑与批判更是抓住了技术现实主义的不足而将问题引向深入。

综上所述，技术异化批判理论在 20 世纪获得了长足的发展，它们从各个视角去解读和探索技术发展的合理方向，但本身却存在着理论上的不足。如何有效地解决技术异化给人类带来的诸多问题，至少目前还没找到完善的答案。这种情况下，我们所能做的就是积极参与未完成的历史。从技术的产生和发展所暴露出的问题出发，我们需要反思这一历史的道路和方向，寻找发展的标准、勾画未来的蓝图。

第三节　技术和工程的社会建构

工程作为技术的集成和应用，既是后者的延伸，又有自己独立的特性，二者的内在关联则是在社会因素的塑造下形成的。因此，把握技术、工程与社会的关系，有助于更深刻地理解技术和工程的本性及其运行规律。

一、科学、技术、工程和产业

以往，人们曾将科学和技术、技术和工程、工程和产业等两两混为一谈。而实际上，科学发现、技术发明、工程建造和产业运营是四种根本不同的实践活动，彼此间有密切联系，也有质的差别。

（一）从一元论到四元论

从科学技术一元论到科学、技术、工程、产业的四元论，有一个渐进的形成过程。依次表现为科学和技术的关系、技术与工程的关系、工程与产业的关系，其先后顺序与四者的发展成熟顺序相关。四元论的出现标志着人类对外向型实践

---

① 朱春艳：《现代西方技术现实主义思潮评析》，《江苏大学学报（社会科学版）》2011 年第 1 期，第 25 页。

活动有了更加清晰和深刻的认识。

1. 科学一元论及其问题

"科学一元论"主张科学与技术之间没有区别，认为"科学和技术都是科学"，技术是科学的延伸和实际应用，技术可以还原为科学，没有自己相对于科学的独立性。从实践的过程看，科学一元论抹杀了科学和技术活动在主体、对象、性质、目标等方面的显著差异；从实践的"成果"看，这种观点片面强调了技术的知识形态，忽视了技术还有操作形态（如经验、技能、方法、步骤等）和实物形态（如生产工具）。导致这种现象出现的一个直接原因就是科学在近代率先成熟，从而首先获得了话语权，使技术主义被知识论化，成为科学的配给性资源或技能性延伸。在汉语语境中，对科学与技术的混淆突出地体现在对缩略词"科技"的使用上。

与科学技术一元论观点针锋相对的是科学技术二元论①，主张科学与技术是不能混淆的，它们分属两个既有联系但又相对独立的领域。

随后，人们发现，不但科学和技术不可相互还原，而且还应注意到技术、工程及产业之间也是不同的。集中地对它们进行对比思考，揭示出科学、技术、工程和产业在活动内容、活动成果、主要社会角色、对象及思维方式的特性等方面存在着差异，便形成了关于科学、技术、工程和产业的"四元论"观点。②

2. "四元"本质及其相互联系

科学、技术、工程和产业作为四种并存的相互独立和关联的活动，彼此有着本质性差别：科学以发现为核心；技术以发明为核心；工程以建造为核心；产业围绕着市场效益展开，以规模化生产和有效经营为核心。

科学、技术、工程和产业既相互独立又存在着密切的联系和转化关系。科学知识只有物化为生产手段，才能在改造天然自然、创造人工自然中发挥作用。科学发现所揭示的自然规律、技术发明所取得的新构想等并非天然就是生产力，从概念、原理到最终产品，还需要转化成技术手段、生产工艺和产品设计，在资金、原材料和能源的基础上，经过有组织的人为操作和控制，才能实现人工物的创制。

前现代时期的技术主要凭借经验积累，不同领域间的技术相对独立，发展速度较为缓慢。进入现代以来，科学与技术形成了"联姻"关系，对基础科学知识的共享潜在地打通了不同技术领域间的壁垒，技术在知识层面获得了内生性动力，

① ［美］J. 阿伽西：《一般科学哲学对科学和技术的混淆》，［联邦德国］F. 拉普编：《技术科学的思维结构》，刘武等译，吉林人民出版社 1988 年版，第 51 页。

② 万长松、曾国屏：《"四元论"与产业哲学》，《自然辩证法研究》2005 年第 10 期，第 43 页。

驶入了发展的快车道。反过来，技术和工程的进步也为基础科学研究提供了新的手段。不存在无技术的工程，也没有纯技术的工程。工程化了的技术（即工程技术）是工程活动不可或缺的因素。工程对技术的"应用"是经过选择和集成的，在这一过程中，管理要素、经济要素、社会要素和文化要素等都起着非常重要的作用。

产业是把个别的、短暂的、偶然的人工物，组合成为批量的、持续的社会物的过程，通过制造产品或提供服务（广义的产品）来满足一定的市场需求，并创造出经济效益。从工程的角度看，产业似乎也是一种"工程"，可以是"工程化的生产"。但工程标示的是从自然之"无"到人工之"有"的过程和结果，而产业是以市场为核心所形成的生产和销售链条，是工程从有到优的市场化过程。它们是不同领域的事物和环节。

除了上述的内在联系，科学、技术、工程和产业在制度、文化背景等方面还存在着诸多特殊联系。以技术和产业的关系为例，无论从历史上还是国别、地域上来说，技术本身的提高和产业的发展大体都是同步的，虽然往往又是不平衡的，往往会有一定的"时差"，而不同的国家和地区之间技术与产业的发展也都是不平衡的。

3. 科学技术产业化趋势

科学和技术在产业化的过程中存在几种主要形式，要么是技术发明所创造的产品被批量化、规模化地生产出来，要么是技术发明所开发的新工艺、新方法被大规模地应用于生产过程，要么是工程建造所采取的各种优化方法可重复、定型化地应用于日常生产。

而这些形式又大致可以分为两个阶段[①]：一是以实用价值为取向的科学技术化过程，目的是把科学理论转化成技术实践，以缩短科学与生产之间的距离，创造人工自然。二是以赢利为价值取向的技术产业化过程，任务是把技术成果转化为产业实践，这是实现科学技术的生产力功能，创造社会自然。在当前的社会情境下，科学技术必须经过产业化才能变成直接生产力，才能真正大规模作用于社会，实现两方面的有机结合，成为人类文明发展的巨大动力。

（二）工程、产业及其特性

工程活动是为了改善人类生存发展条件而直接改造世界的创制活动。这一活

---

① 万长松：《对科学技术化与技术产业化的哲学思考》，《东北大学学报（社会科学版）》2007年第 4 期，第 289 页。

动是以某组设定的目标为依据，应用有关的科学知识和技术手段，通过人的有组织活动将现有实体转化为具有预期价值的人工物的过程。进行工程活动的基本社会角色是工程师，工程活动的主要成果是物质产品或物质设施。

工程知识的主要内容包括工程的基本原理、设计和施工方案、决策方法等，与之对应的工程活动的主要内容是计划、预算、执行、管理、评估等。与通常的科学和技术活动对象不同，工程项目讲求因地制宜，是"唯一对象"或"一次性"的。

产业活动是借助科学、技术和工程等手段，以批量化生产物质产品或提供各种服务来满足市场需求，并创造经济效益的生产活动。进行产业活动的基本社会角色是企业家和产业工人。

产业活动需要产业知识。产业知识的主要内容包括产业组织、产业结构、产业政策等方面的内容，而产业活动的基本环节则是市场评估、产品研发、产品定型与批量生产、市场营销、售后服务等。其中，经济效益是开展产业活动最直接关注的目标。

二、工程技术系统与工程哲学的兴起

古代社会就有规模很大的工程，无论是建造万里长城、金字塔，还是开凿运河等，都是当时举全国之力的浩大工程。但是，真正的系统化连续不断的工程，还是工业社会以来的人类活动。因为在工业社会中，人们的知识和技术等因素被资本、市场等机制调动，进入了一种新的组合状态，形成了具有产业能力的、持续不断更新与升级的工程技术系统。

（一）工程系统及其特征

现代工程技术系统已经发展成为一个复杂的巨系统，有多样化结构、多层次功能，在外环境中持续演化，不断地朝着日趋复杂的方向发展。[①]

1. 什么是工程系统

工程技术系统是由相互作用的工程对象、工程过程、工程技术、工程管理、工程组织、工程支持等六个子系统结合而成，拥有特定结构[②]与独特功能并在自然和社会环境中进化的整体。由于工程技术活动是由人参与的目的性活动，因而是自组织与他组织相结合的系统。

---

① 参见李喜先：《技术系统论》，科学出版社 2005 年版，第 3 页。
② 参见王连成：《工程系统论》，中国宇航出版社 2002 年版，第 83 页。

工程系统具有整体性、复杂性、动态性、开放性、目的性、人本性、战略性等基本特征。其中，整体性是系统的核心特征。工程系统一般有相对明确的结构和边界，并具有相对独立的功能。工程系统是一个动态系统，不仅它的外部环境是变动的，而且构成它的要素和结构关系在工程运行中也可能发生变化。这就意味着工程系统的有效寿命周期相对缩短，管理难度变大，创新压力增加。工程系统是开放的系统。在系统与外部环境之间存在着物质、能量、信息的交换，但这些交换是受限的，否则系统与环境之间的界限就消失了。工程是有目的性的活动，那些面对一些复杂的关系很难形成清晰目的的系统被称为软系统。而现代工程系统通常被寄予了多方面的目标和期望。在工程系统中，知识产品和智力资源日益占据主导地位，相关利益和行为主体的态度以及人与人的协作越来越重要，所以工程系统应当"以人为本"。现代大规模的复杂工程系统，对一个组织、区域甚至国家战略都会产生全局性、深层次、持续的影响，客观上要求现代工程师必须具备战略眼光。

2. 工程技术系统的结构与模式

工程技术系统具有复杂的、层次化的结构，但是这个机构有着共同的基础构型，那就是人员、物质、组织的三维子系统。人员系统是参与工程活动的各种主体，包括工程师、个人、资本方和管理者等，他们形成工程共同体；物质系统主要指资源、材料等方面的汇聚，包括物力和财力等外在条件；组织系统则是指工程启动和运行中的组织调配和管理系统。这项事情也是由人承担和完成的，但是它有独特的业务和流程内容，是工程得以形成整体的关键。工程的三大子系统本身也是非常复杂的，而各系统之间在自组织过程中又按照一定的规则交叉互渗，形成诸多新的子系统，子系统之间再组成系统，依此类推，逐级生成枝繁叶茂的工程之树。

此外，工程系统之外的一切相关事物构成的集合被称为环境。工程行为对外界环境产生的作用或效果，被称为工程系统的功能。它刻画着工程系统与环境之间的复杂关系。通过优化系统设计可以在一定程度上调整系统的功能，避免系统短板造成的瓶颈效应；或者改变系统应对环境波动的响应特性，从而更好地满足工程设计的目标。

与工程系统的静态结构不同，工程系统的模式是按照工程的展开过程来描述的。工程活动的过程一般可分为：工程理念与决策、工程规划与设计、工程组织与调控、工程实施、工程运行与评估、工程更新与改造等六个基本阶段。但人类的工程活动展现在诸多领域，千姿百态，其中的每一种都是极其复杂的，具有不同的运行模式。例如，我们比较熟悉的软件开发系统就具有瀑布模式、快速原型模式、增量模式、喷泉模式、螺旋模式和敏捷开发模式等几种典型的样式。由此可见，工程系统模式具有多样性和复杂性。

3. 工程系统的演化

技术的发展是具有延续性的进化过程，工程的发展过程也如此。工程系统具有演化性，只不过工程的演化需要从时代、社会等更大的尺度上来讨论。技术进化的单位是人造物，而工程演化的单位是项目。每一个项目都需要研究和借鉴以往的相关工程项目，都需要符合特定人群的目的性，都需要与当地的地理、文化、社会等因素相协调，都需要符合时代的要求，并且每一个项目也都反过来影响它所处的环境。

从历史的角度来考察，工程系统的演化经历了三个大的阶段[①]，并且每一阶段又有细分，如：在农业文明时期，经历了从单件工具到工具系统的阶段；在工业文明时期，经历了由自然动力到热气动力再到电气动力的阶段；在当前的后工业文明或信息文明阶段，经历了总体上以信息科技为主导的古今工程要素多向度重组的阶段。

从广义进化论来看，工程系统的演化遵循着与生物演化类似的"变异—选择"机制，取决于系统自身的变异和环境的选择。但与达尔文生物演化论的自然选择机制不同，作为创建人工物的活动，工程不是纯自然过程，而是受人的意志支配的过程。工程系统演化的机制包括"选择与淘汰""创新与竞争""建构与协同"等。其中，社会选择与淘汰是工程系统演化的基本机制。

工程系统的演化在时代性上还遵循着某些宏观规律，最典型的即是后向主导性与中轴转换原理。所谓后向主导性，指的是后起的要素参与到工程之中后，发挥了主导和引领的作用。例如，农业时代的工程本来是工具系统的革新所主导，但是到了工业时代，动力参与进来以后，就扮演了引领和主导角色，使农业时代的简单操作得以升级；等到信息时代的信息技术参与进来以后，信息又发挥了新的引领和主导作用。而中轴转换是主导性的一个实质性的后果，即后项主导因素的介入，使得原有技术和工程的基础发生了根本性的转变，工程被重组，形成以这个主导为轴心的新系统或新体系。如在工业社会里，许多工程就形成了以动力技术为轴心的新系统，工作系统围绕动力系统而开展活动，也就是工程系统的中轴变化了。到了信息社会也以此类推。这就表明，作为时代意义上的工程大系统，

---

① 参见殷瑞钰、李伯聪、汪应洛等：《工程演化论》，高等教育出版社 2011 年版，第 40 页。

不仅存在选择和替代过程，而且也存在综合和重组的成分，从而保证了人类古往今来工程发展的有机性和连续性。

（二）工程哲学的兴起①

随着技术的发展，传统哲学的重理论轻实践的偏见不攻自破，技术的发展逼迫理论工作者把视角转向技术。技术哲学的诞生意味着人类对此种偏执的扬弃，意味着人类开始认真地把技术作为研究课题；而技术哲学发展到一定阶段也必然催生工程哲学。这不仅因为工程是社会生产的中坚，是直接支撑起人类生存的物质基础，而且因为工程本身就存在一些哲学问题，也会引发一些哲学争论，甚至工程师本人也有哲学追求。这些都反映了工程需要哲学的事实。另一方面，工程活动是人的主体性的集中体现，除非哲学忘记主体，否则哲学迟早要关注工程，因而哲学也需要研究工程。这两方面的因素共同为工程哲学的兴起奠定了理论基础。

工程哲学自身也经历了一个不断自我发展完善的过程。19 世纪中叶，英国企业家尤尔写出了《工厂哲学》。受其影响，马克思及其后的一些思想家从多方面展开了对技术和工程的哲学研究。但是尽管如此，直到 20 世纪 80 年代前后，"工程"依然没有被从"技术"中分离出来成为一个独立的哲学思考对象。中国学者李伯聪基于哲学发展的需要，在《人工论提纲》中最早提出哲学重心应该由认识论转向人工论。到了 20 世纪 90 年代，以卡特克里夫和哥德曼出版的《非学术和工程的批判观察》著作，标志着工程哲学进入萌芽时期。文森蒂在他的《工程师之知》中提出了一个"工程知识增长的变异—选择模型"，分析了工程知识演化的机制。进入 21 世纪，有关工程哲学的专著渐次出现，工程哲学中的一些核心问题逐步得到比较系统的论述，工程哲学的学术共同体也得以确立并不断扩大。

总之，哲学是时代精神的精华，工程哲学也不例外。工程哲学体现了思想家们对工程化了的现代人类生存方式的密切关注。由此可见，发展中的工程哲学正在改变当代的"哲学版图"。

三、工程思维与工程方法

每一种哲学思潮的兴起都预示着一种新的认识论和方法论的诞生。随着工程哲学的日渐成熟，也相应地孕育出工程思维和工程方法。它们成为人类认识世界和改变世界的又一思想武器。

---

① 参见王大洲：《在工程与哲学之间》，《自然辩证法研究》2005 年第 7 期，第 38 页。

（一）工程思维及其特点

工程思维是各类工程主体与其工程实践相对应的思维活动。由于工程的目标是创制人工自然，因此工程思维总体上作为体现在人与自然关系方面的一种实践思维形态，具有以下特点。

一是科学性。这种科学性体现了工程活动的知识性侧面。现代工程思维是以现代科学为理论基础的思维，科学思维为工程思维提供理论基础和方法论启发，为工程活动指出"可能性边界"。

二是价值性。工程思维不但具有知识内容，还具有价值追求。根据工程的特性可知，工程思维中的工具理性或知识理性是服务于价值理性的。工程思维的灵魂与核心在更大程度、更深层次上看，也是价值理性思维。

三是运筹性和集成性。工程思维的根本旨归是考虑如何合理有效地"运用"各种工具和手段形成工艺流程，以实现工程的目的，因而带有显著的"目的—工具性"和"设计—运筹性"特点，是技术要素和非技术要素的集成，从根本上有别于"原因—结果性"和"反映—研究性"的科学思维。

四是可错性和容错性。人的有限性决定了任何工程都是有风险的。为了保证工程系统的可靠性，工程思维中必然涉及可错性和容错性问题。可错性无法根除，因此如何面对可能出现的可错性、安全性、可靠性等矛盾，是推动工程思维方式发展的一个内部动力。为了提高工程系统的可靠性和可用性，在设计时就要考虑工程系统的容错性和鲁棒性。容错性是指在一个或多个部件出现故障的情况下，系统仍能继续正常运行的能力。鲁棒性则强调系统的抗干扰能力，这是在异常和危险情况下系统生存的关键。从另一方面看，工程问题的解决也具有非唯一性，从而为设计和决策的选择性与艺术性提供了可能性空间。

（二）工程方法

1. 何为工程方法

工程方法是为了实现特定的建造目的而依据的程序和调控手段，它包括两部分：一是工程展开所依据的程序，二是工程运行得以调控的手段。没有前一方面，就不知道工程怎样进行；没有后一方面，就无法保证工程的有效进行。

此外，由于工程是一个复杂的系统，因而从一般系统论出发，可以应用系统抽象方法找出一个便于理解工程问题的一般工程系统，可见系统分析也是工程方法。系统分析作为方法论，应用领域从最初的大型工程项目已扩展到社会、经济和生态等领域。一般的工程系统分析由问题、目标、方案、模型、评价及决策者六个基本要素构成。从受理一个模糊的工程需求到提供最终的工程决策，完整的工程系统分析过程一般经历初步分析（认识问题、探寻目标、综合方案）、规范分析（模型化、优化或仿真分析）和综合分析（系统评价）三个阶段。具体的工程系统分析通常采用建模、预测、优化、仿真以及评价等技术，来对工程系统的诸方面进行定性和定量方面的系统分析，为工程方案提供决策依据。工程系统分析方法一般包括系统规范分析方法、工程系统设计方法、综合创造性技术、系统图表法等。

2. 工程方法与科学技术方法

由于人们比较早地对科学和技术进行了理论研究，也梳理出了它们的方法，所以在讨论工程方法时许多人容易将它们与科学和技术方法混淆。固然，工程方法与后两种方法存在密切联系，有的还是共用的，但是其间的差别也是明显的。混淆这几种方法的根本原因在于没有弄清工程与科学和技术之间的区别。

首先，三者面对的核心问题、对象的性质不同。科学以发现真理为核心，其对象是普遍的和可重复的"规律"；技术以发明创造为核心，其对象是带有一定普遍性和约束性的"规范"；而工程则以建造实现为核心，讲求因地制宜，是"唯一对象"或"一次性"的。

其次，依赖的手段不同。科学活动要注重严密的逻辑推理和观察、实验，最典型的形式是基础科学研究；技术活动依赖科学原理和经验，需要进行反复试验，典型形式是技术原理和操作方法的发明；工程活动则以科学技术为基础，进行估计、试错，经验在其中发挥很大作用，在知识层面的典型形式是工程原理、设计和施工方案、决策方法等。

再次，获得的成果不同。科学知识的基本形式是科学概念、科学假说和科学定律，特别是对某一特定的问题而言，科学原则上只有"唯一"解；技术方法的典型成果是技术发明和技术诀窍，是该问题多种方案中的最优解；工程方法的主要成果则是物质产品或物质设施，即具体"实物"因而是全部问题的现实解。这三种"解"既反映了它们的逻辑化程度，也体现了它们与现实的关系，实际等于展开了一个多维的成果谱系。

（三）工程决策与工程设计

工程思维与工程方法最直接、最重要的应用场所是工程决策和工程设计，它们也正是通过这些连续的实践活动才得以形成和实现的。

首先，工程决策是工程活动的"发动环节"，对工程活动具有整体性、全局性和决定性的影响，在工程活动中具有头等重要的地位。工程的决策者可能是政府、企业或其他类型的主体。

工程决策可分为宏观和微观两个层面：宏观指工程活动的总体战略部署，微观指制定和选择具体的实施方案，二者又密切相关。工程决策的过程包括三个阶段：针对问题确定工程目的及目标，收集和处理信息并拟定多种备选方案，方案选择。这三个阶段的连接也不是完全线性的，可以根据实际情况进行反馈式的调整和优化。工程决策的核心是价值问题，决策过程的每一个环节都是围绕价值问题展开的，因为工程方案是实现价值的手段。

其次，在现代工程活动中，人的主观能动性常常集中而突出地体现在工程设计中。工程设计是在工程理念的指导下进行的思维创造活动，设计中包括了对多种类型的知识获取、加工、处理、集成、转化、交流、融合和传递活动等环节。因此可以说，设计在根本上就是将柔性知识转化为现实生产力的一个先导过程。对实际的工程而言，这是一个起始性、定向性、指导性的环节，也是影响到工程活动"全过程"和"全局"的贯穿性环节，具有特殊的重要性。

在工程项目的实施流程中，设计应该发生在工程决策之后，但位于项目的执行、建设或施工之前。所有的设计流程都是一个从"概念设计"逐步具体化为最终方案的过程。然而这一过程并不是完全线性推进的，而是在反馈机制下协调出来的。工程设计大体可以划分为需求分析、概念设计、概念的逐步具体化三个阶段。

工程设计要求工程师以工程可实现的方式，为具体的工程问题提供切实可行的、可操作的解决方案。工程设计无疑是一种创造性的思维活动，这种创造性突出地体现在工程设计所具有的"独特个性"方面。除此之外，工程设计还具有复杂性、选择性和妥协性等特点。

此外，在工程设计中还涉及一些重要的关系。例如，设计中的共性与个性的关系、创新性与规范性的关系、设计人员与非设计人员的关系等，显示了这一活动形式与内容的复杂性。

四、工程的社会建构

技术发明可能首先是发明家个人的事，而工程因其特定的目的和规模巨大从来都是社会的事。一个项目从设计到实施再到后期维护，都与社会的建构密不可分。在当代发达的后工业社会条件下，工程又常常与产业结合在一起。因而，工程的一些特性也必须在社会这一语境中才能得到挖掘和展示。

（一）工程的社会属性

工程是由多要素组成的集合体，这些要素中绝大多数都具有社会性。一方面，工程活动的主体是具有社会性的工程共同体。现代工程大都具有复杂和巨量的特性，所以这些工程也多以共同体主体的形式展开活动，其基本目的就是实现社会的价值追求。"现代工程共同体主要由工程师、工人、投资者、管理者和其他利益相关者组成。"① 一般说来，工程共同体具有两种基本类型：一是工程职业共同体，其组织形式为各类协会或行会，如工程师协会、企业家协会、工会、雇主协会等。二是工程活动共同体，由从事工程的各种成员构成。工程活动共同体从事具体的工程活动，而工程职业共同体具有规范和约束的价值，但一般不直接参与具体的工程活动。工程职业共同体以维护本群体的经济利益为最基本的任务。由于在结构上具有同质性，可以说工程职业共同体成员之间原则上没有利益冲突。而工程活动共同体的成员之间是异质性的，因而利益主体是多元化的，这样的共同体通过目的—精神纽带、资本—利益纽带、制度—交往纽带、知识—信息纽带等多样化的路径得以维系。

另一方面，工程的社会属性还体现在工程的对象也具有社会性。一些人或许以为，有的工程面对自然的大山或河流，与社会没有什么联系，这固然有一定道理。但是，若不是社会有需要，这些逍遥已久的大山或河流就不会被当做工程的对象而触及甚至开采。人类要么是把它们归于自然世界，要么甚至可能完全忽略它们的存在。

最后，工程的建设与运营还关涉社会多方面的利益，工程的实现往往是多方面利益耦合的结果。

（二）工程的社会规范

具有社会性的工程，其发展也需要社会规范的约束。工程不仅在发展环境上需要社会的支撑，在运作上也需要社会的调节，在实施和使用中更需要社会责任伦理的引导。

工程需要在特定的社会建制下运作，受到社会制度或组织的规范、调整和制约。不同的社会制度和组织，为工程实践者提供的发展空间不同，体现在工程活动各个环节上的差异，影响着工程发展的方向和速度。例如，人文文化对工程的实施具有制约作用。"从一般的意义上我们也可以看到，有好奇心的民族对科学的发展极为有利；有工匠传统的民族，有实干精神的民族，以及有精益求精的认真态度的民族，对技术的发展也会形成有益的促进因素。"②

---

① 李伯聪等：《工程社会学导论——工程共同体研究》，浙江大学出版社 2010 年版，第 2 页。
② 肖峰：《哲学视域中的技术》，人民出版社 2007 年版，第 265—266 页。

工程作为实践过程还需要处理一系列复杂的社会伦理关系。社会伦理对工程活动的规范形成工程的社会责任，"安全、健康、福利"成为工程师应当遵循的首要准则，依此来协调工程活动中的经济利益与社会利益的关系。此外，还必须注意到价值内嵌于工程，社会责任贯穿于工程活动的全过程，绝非仅仅在工程投入使用之后才产生。作为工程评价的一部分，一个有社会责任感的工程在制定目标之初，就需要考虑到社会伦理的规范，最大限度地规避工程风险。更进一步讲，除了在工程项目的微观层面上要受社会伦理制约外，对工程及产业体系这样宏观的层面，也要有伦理规约。如果说由个别工程项目引发的伦理问题是定域的、短期的、可预见的，那么由工程和产业体系发展路径选择不当引发的社会伦理问题，将是广域的、长期的和难以估量的。

（三）工程与产业的互动

如果说工程近似"个体"，那么产业就是由工程在社会中以一定方式组成的新的"整体"。在产业中，资本、技术、市场以及人的因素都是围绕着具体的工程项目展开的，脱离了工程的产业只能是空中楼阁。

单个、孤立的工程项目的完成可能还只是个别的和偶然的，而进入产业化阶段的工程则具有普遍性和必然性，产业已成为工程的社会实现形式。工程以建造为核心，产业以规模化生产为核心。任何一个产业的形成与发展都是通过一个个具体的工程项目实现的，产业的结构调整和升级换代是通过扩散了的工程创新完成的。可以说，工程是产业生命的内在保证。但产业并非人工物生产的简单重复，而是在此基础上的延伸和递进，产业获得新质，反过来对工程也会产生新的影响。一方面，某一特定人工物的生产大多可以划归某个产业，但这一工程的实现本身又关涉众多子产业的支撑服务。没有这些部门和网络的支持，工程不但不能高效运行，甚至寸步难行。另一方面，产业也通过"标准化"的形式规范工程的秩序和社会责任。这两方面的共同作用塑造了工程及其产品的样态。

要实现人类物质文明的永续发展，就必须规范工程的发展取向，有限度地开发和实现工程的价值，努力推动工程与产业之间的良性循环，全面完整地造福社会和人类未来。

小　结

技术和工程是人工世界得以存在的基本支柱，也是物质文明的基础。正因为有了技术和工程，人类才告别了单一的自然状态而进入自我决定命运的境界。从这个意义上说，技术就是人的自我力量的显现，是人性的表征。在技术发展过程中，不仅技术打上了人的烙印，人也打上了技术的烙印。人在自我成长中发展了技术，同时也被技术型塑。由于技术的某些特性和影响，人越来越疏离原初的自然，而处于一种人工化的状态。工程的出现加剧了这一趋势，也深化了人与自然的关系。在这一方面人们进行了多角度的探讨，形成了多种思潮，拓展了关于技术含义与价值的理解。这些思潮的核心就是技术与社会的不可分离性，也就是说在人与自然的关系中折射着人与人的关系。

既然技术和工程都是社会的，受社会的特性和发展制约，那么加强技术和工程的哲学社会学研究，对于规范和协调科学、技术、工程与自然的关系，对于人类可持续发展，显然具有十分重要的理论和实践意义。而产业作为科学、技术与工程互动得以实现的社会舞台，既是三者与资本联结的中介，也是规范三者发展的现实场域。因此，努力加强产业发展的目的性约束，强化产业活动的规范性伦理，把科学、技术、工程纳入人与自然协调发展的良性轨道，也是当下学术研究和实践运作的根本任务。

思考题：

1. 怎样理解技术与人的内在联系？
2. 如何理解技术发展对人的生存的影响？
3. 简要评述技术决定论。
4. 试评述技术悲观主义。
5. 简要说明工程的社会建构的含义。

第六章　科学技术的社会运行

科学技术是一种知识探索活动，同时也是一种社会活动。科学技术的良好运行依赖于恰当的政策制定和公民科学素养的提升。本章论述科学技术的社会建制及其支撑，讨论科学技术与公共政策以及科学普及与科技传播等重要问题。

第一节　科学技术的社会建制及其支撑

现代社会的科学活动大都是在大学、科研院所、企业研究机构、非营利组织中的研究机构，以及学会、协会、临时的或长期工作组等科学组织中进行，已经形成一套复杂庞大的社会建制。

一、科技活动的社会组织

科技活动作为一种创造性劳动，一方面增长人类的知识，帮助人们增加对自身所处世界的理解和认识，另一方面，也将所发现的各种关于外部世界的知识应用于增进人类的福利，如改进工艺、提供新的产品和服务等，帮助人类不断地改造这个世界。当我们将科技活动视作一种特殊的社会活动进行考察之时，就会看到，不同时代的科技活动组织形式差别甚大，个人业余研究、政府组织资助、科学家自行组织合作等，可谓应有尽有。大致说来，自有可靠文字记载的人类历史以来，科技活动的组织形式迟至近代早期，仍然以个体研究为主，其组织松散、灵活，科学家之间的合作研究并不是经常性的和制度化的——这并不意味着不存在经常性和制度化的交流。其后，科技活动分工日渐细化，科技从业人员日益增长，科技对社会的影响日趋重要，促使科技活动的组织形式发生重大变化。

（一）古代科技活动的社会组织

在古代，人们对外部自然界的认识还处于混沌之中，当时的科学与技术知识尚未与哲学、宗教、巫术甚至迷信、臆测等完全分道扬镳。这一时期的科学技术活动，虽以个体研究为主，但也出现了一些有组织的研究。苏美尔人、埃及人都进行了长时期的、有组织的天文学研究。古代中国历代王朝都由政府资助和组织天文学研究（其中包括术数、占星之类与迷信混杂在一起的自然哲学和数学研究），设立专门的天文学研究机构、官职，保留了世界上历时最长的天象观测记录，它们对于今天的天文学研究仍然具有重要的价值。

古代中国，政府也经常组织编撰药典、工程技术标准、科学和技术的教科书等。战国时期的墨家，作为一个学术组织，有组织地进行了大量数学、物理学、逻辑学、军事技术等的研究。与墨家类似，古希腊的毕达哥拉斯学派，也通过其组织有组织地进行了大量自然哲学、数学、天文学、科学方法论的研究。柏拉图创建的阿加德米学园（Academia）、亚里士多德创建的卢克昂学园（Lykeion），均可视为古代意义上的大学。希腊化时期，托勒密王朝在亚历山大里亚建立的缪斯学园（Muses），在数百年间一直是地中海世界的科学技术中心，欧几里得、阿波罗尼、阿基米德、希帕恰斯、托勒密等古典时代的科学巨匠，以及许许多多的古代科学家，或在该学园作出科学贡献，或曾在该学园求学、游历。古代世界的科技组织虽然在规模、类型、形式、覆盖面等诸多方面与现代社会的科技组织大不一样，但存在有组织的科学和技术研究活动，却是可以断言的。

（二）近代科技活动的社会组织

古代世界，科学活动很少协作进行，科学研究大量呈现出个体研究的形式。迟至近代早期，这种状况并没有太多改变，科学家们大多从事的是个人业余研究。伽利略、牛顿的科学研究属业余爱好，并非工作职责。科学家们虽然通过通信、宣读论文、公开演示实验、展示发明等方式进行交流，但其研究工作仍然大多是个人完成，鲜见分工合作、集体协作。

17世纪以降，在欧洲先后出现了英国皇家学会、法国科学院、柏林学会等新型科学组织。此后，逐步发展出种类繁多、覆盖全社会的科学组织，科学研究活动日趋组织化。

最早成型的科学组织是著名的英国皇家学会。1662年，由英国国王查理二世批准成立，其宗旨为"促进自然知识"。到1663年，英国皇家学会正式公布了学会章程。不过，早期的皇家学会存在明显的局限：第一，它更像一个专注博物学和各种猎奇的场所，而不是职业科学家的专门组织。事实上，那个时代并没有我们今天那样的职业科学家。第二，英国皇家学会是上层人物活动的场所，会员身份要求苛刻。第三，它的成分相对复杂，其中既有杰出的科学家，也有不从事科研活动仅参加学会聚会的政治家，以及上层社会中的科学爱好者。

法国科学院是科学组织制度化的另一种模式。与英国皇家学会不同，法国科学院的创立更多地是在政府主导下进行的，而非科学家的自主组织。英国皇家学会与法国科学院实际开创了现代科学建制化的两种不同模式，时至今日，我们仍然可以看到这两种建制化路径的影响、分歧与争论。这种科学的体制化也还只是处于初级阶段。这是因为：其一，从事科学研究的科学家依然十分稀少，他们大都是一些精英人物；其二，法国科学院作为一个专业科研机构，自身仍存在着局限，即由于制度安排上的政府主导，科学活动的自主性受到相当的制约，科学家通常需要完成国家指定的科研任务，自由选择和自主探索没有得到充分发挥。此外，法国科学院曾一度沦为一个管理机构，承担起行政和管理的任务，管理公众事务，处理工业、农业、教育、市政和军事等方面的与科学研究无关的问题，如为教育部门编写教材、审查发明成果、颁发奖励等。

受法国科学院体制的启发，普鲁士、俄罗斯等政府先后成立了科学院。1700年，德国建立了柏林学会；1751年又建立了哥廷根学会，该学会出版的著名刊物《哥廷根学院院刊》大量刊载有关自然科学方面的论文，为德国的学术交流奠定了良好的基础。在德国的影响下，英国、意大利、美国等国也纷纷建立了自己的科学学会。在德国的高校中，一个系只有一个教授职位，同时研究所受到教授的严格控制。这种僵化体制不再适合学科分化的要求。美国的大学在德国大学的基础上进行了重大改革，发展了系级组织和独立的研究所，使科学组织更加合理。

进入 19 世纪，科学技术进一步发展，逐渐摆脱了经验形态，开始建立并形成自身的理论体系。

一般认为，在 19 世纪 60 年代，科学发现与技术发明的关系发生了深刻的变化。此前，科学与技术各自相对独立运行，技术发明大多凭经验摸索，不需要相应的科学知识前提。19 世纪 60 年代以来，技术的进步日益依赖科学发现的突破，没有相应的科学知识发现为前提，许多技术发明是不可想象的。与此相伴的是，大学里开始建立专门的科学研究所、实验室，企业也纷纷设立自己的工业实验室，其中尤以德国为最。如吉森大学的化学实验室（由 19 世纪德国著名化学家李比希创建）、柏林大学的生理学实验室（缪勒创建）和物理实验室（马努斯创建）、莱比锡大学的生理学实验室（路德维希创建）。实验室在教授的指导下开展工作。与此同时，德国大学也开始设立专门的自然科学教授讲席，德国的自然科学也开始与自然哲学分道扬镳。

虽然早在 1775 年，化学家拉瓦锡在担任硝石火药厂总监时就已经在一所兵工厂里设立了工业实验室；但是，工业实验大量出现，却是在 19 世纪中期以后。早期的工业实验室有：克虏伯公司所属钢铁厂的化学实验室（1862）、BASF 公司的工业实验室（1865）、西门子公司所属企业的实验室（1882）、里特尔公司的企业研究所（1886）、拜尔公司的一个研究小组（1888、1891 年以上述小组为基础组建工业实验室）、美国 GE 公司的工业实验室（1900）。

（三）现代科技活动的社会组织

"二战"前后，以美国的曼哈顿原子弹计划为典型，科学研究从小科学演变为大科学。所谓大科学，是指科学成为全社会范围内以集体协同合作的形式，有计划地进行研究的事业。其基本特征是，科学研究的规模大、科研活动实施的有组织性与计划性、科研成果的数量多以及科研成果的影响大。诸如美国的曼哈顿工程、阿波罗登月计划和中国的"两弹一星"工程都具有大科学的典型特征。

大科学的兴起和发展，既是科学技术自身发展的必然趋势，也是科学技术社会化的客观需求，因而使得科技活动的社会组织迈向了一个更高的阶段。

"二战"结束后，冷战和随之而来美苏长期的军备竞赛，特别是太空军备竞赛，具有典型的大科学特征。在太空领域，美苏两国的技术来源都是"二战"期间德国的导弹计划。战后的竞争中，苏联领先一步，创造了许多世界第一，如第一颗人造地球卫星、第一次载人航天、第一次绕月飞行、第一次火星探测等。美国在受到"技术突袭"后，奋起直追。原德国火箭专家冯·布劳恩将德国下令销毁的大量导弹技术资料交给美国，并加入美国国籍。在此基础上美国还设立了总统科学顾问委员会、国防部高级研究计划局等众多机构，又于 1961 年启动阿波罗登月计划。最终，美国发挥了自身工业实力强大、科技基础雄厚的优势，在载人登月、火星探测等诸多领域将苏联抛在后面。

20 世纪 80 年代初，在核威慑的阴云之下。美国为谋求绝对安全，确立了"确保生存"的战略，启动"星球大战计划"。这一计划在苏联解体后表面上"在美国政府的文件"上终止了。之所以这样说，是因为美国此后的战略防御计划，虽然名称、技术要求、规模数量均大不相同，但摧毁来袭导弹的目标却是一以贯之的，可以视为一个精简版的"星球大战计划"。

大科学研究并非仅仅发生在军事技术领域，在民用技术领域，大科学也呈现蓬勃发展的态势，如著名的人类基因组计划、欧洲大型强子对撞机项目等。在这些大科学计划中，不仅体现了大科学研究投资大、多学科跨领域协作要求高、参与部门机构众多的特点，而且展现出大科学研究中多国合作的一面。

二、科技运行的社会支撑

科学技术作为一个整体，其健康、持续的运行离不开社会环境、战略政策、运行制度和法律规程等保证。现代科学技术的发展一方面使科学技术形成一体化，另一方面也促使科学技术与社会呈现出一体化。科学技术与社会的一体化突出了科学技术在社会运行中的重要作用。科学技术作为社会复杂巨系统的一个子系统，其健康持续地运行，需要相关科学技术的政策、法规与组织机构对其进行制度化与合理化的调节控制。科技运行的社会支撑包括科学技术的体制化、科技硬件资源和科技软件资源。

（一）科学技术的体制化

科学技术的体制化是指以科学和技术知识的生产、科学传播与技术扩散为主要职业与目标的科技人员和实体机构（如科学学会、各级各类科学教育组织、实验室、学术评价机构以及科学院等）确立其在社会系统中的相对独立地位，按照科学和技术自身发展规律，形成自我组织、自我发展的组织体系。

古代社会的科学研究，几乎不存在真正制度化的组织活动，大多由科学家个人，或一些学派分散地、独立地进行。当然，这并不是说在古代世界完全不存在有组织的科学研究，而是当时的科学研究组织还非常松散、幼稚，科学研究大多呈现出业余爱好的特征，很少有结构严谨、运行持续的科学研究组织，科学研究工作更远未职业化。那时候，科学对人类文明进步的重要性还远远没有充分展现出来，人们对科学的价值的认识尚有不少模糊之处，"社会也不承认科学凭本身的价值可以作为一个社会目标"[1]。古代世界的科学研究组织，大多以学派、教派、学园的形式出现，这些组织实际上是从事包括科学研究在内的所有学术研究活动的组织，并非今天我们耳熟能详的专门性科学组织。像古代中国那样专门设立的天文学研究机构，以及托勒密王朝的学院，在古代世界是十分罕见的例外。

文艺复兴开始改变这一切。1350 年前后的意大利，一种新的文化运动开始出现，其代表人物试图复活古典时代——古希腊罗马时代——的学术与权威，开始质疑中世纪的人们普遍认可的信条。这场运动开启了现代人类文明的大门。文艺复兴之后，宗教改革和科学革命交相兴起。时至 18 世纪，启蒙运动勃然兴起，终于确立了现代文明的基本精神风貌。

贝尔纳说："要充分了解现代科学怎样开始，就必须考虑在文艺复兴时代中开始的实践和知识两方面的转变。"[2] 从文艺复兴时代开始，科学研究就开始呈现出与古代不同的面貌，数学传统与工匠传统两大古已有之却又相互分离的文明传统开始汇合，加上其他因素，最终催生了近代自然科学。学者们的研究习惯开始改变，通常存在于学者身上的那种书卷气已很少看到，因为他们已把科学研究的目光投诸现实的世界和人生。他们密切关注实践，积极投身实践。当时一大批航海

① ［以］约瑟夫·本-戴维：《科学家在社会中的角色》，赵佳苓译，四川人民出版社 1988 年版，第 57 页。

② ［英］贝尔纳：《历史上的科学》，伍况甫等译，科学出版社 1959 年版，第 211 页。

家的出现，就是典型的说明。就知识方面的转变来看，文艺复兴时期的学者注重经验主义的研究方法，注重观察和实验。文艺复兴时期知识已经离开了经院哲学的书斋，走向了人民大众的社会实践，科学与实践相结合的端倪已经显现。文艺复兴也开启了近代科学的体制化，教会大学开始逐步转变为现代大学，新的天文台、实验室等逐渐增多，科学学会、科学院等也即将登上人类历史舞台，并扮演推动人类文明进步的重要角色。

科学家的职业化。1662 年英国皇家学会的成立是科学家职业化的先驱。那时还没有完全意义上的职业科学家。皇家学会依靠会员缴纳的会费和捐助来维持活动，并不给会员发工资。1666 年成立的法国科学院是科学职业化的正式开始，产生了 15 名院士。法国政府向这些院士提供薪资，鼓励他们将科学研究当作一种职业，科学研究开始从一种业余爱好向职业工作转变，这些法国科学家可能是人类历史上最早的一批职业化科学家。法国科学院的职业化模式渐渐传播开来，其后成立的普鲁士柏林科学院和俄罗斯科学院都效仿它。但是科学院中的职业科学家毕竟数量太少，大多数科学家还是在大学中工作。自然科学的重要地位在德国大学中得以确立，促成职业科学家角色的出现，是与德国建立现代大学制度相伴随的。从 1890 年柏林大学创办起，德国的很多教育家、人文主义者、哲学家，如洪堡、费希特、谢林等，极力主张教育应当以发展学生的自由个性和培养其健全人格为目的，而不应以职业训练为目的。在学者们的推动下，德国大学迅速改变了单纯偏重宗教、法律和医学等实用学科的教育，轻视只为"求真知"而很少甚至不关心其知识的实际应用的"哲学学科"的状况，建立起了重视知识探索而非职业技能训练的现代大学，确立了大学自治、学术自由、教学自主的传统，这是 19 世纪科学体制化最为重要的成果。

科学知识的体系化推进了科学组织的制度化。新的知识领域的出现，必将要求新的科学组织与之配合，并发展新的研究规范，继而新的专业杂志和评定委员会也就很快成立了。体系化不但指科学研究领域的分化，同时也有综合化的倾向。人们将事物独立出来加以研究后，还必须将之放入具体的背景中，以此认识事物的全貌。这就要求科学家、科学组织不应局限在自己的小圈子中，而是自觉加强与社会的联系。

（二）科技硬件资源

科技硬件资源包括科技人力资源、科技财力资源和科技物力资源。人是一个社会最为宝贵的财富，也是最为重要的科技资源。一国科学人力资源的计量已经形成成熟、公认的统计方法。需要说明的是，科技人力资源是一个客观参数，并且可以进行定量研究，作为衡量国家和地区科技实力的重要变量。同时，比较和研究不同国家和地区的科技资源、科技实力，科技人力资源也是一个重要而便利的参数。

科研经费投入是一个社会对该社会的科技活动的经费支持，其来源常常是多样化的，资助科技活动的主体可以是政府、企业、非政府组织、关心科学事业的个人等，现代社会的科研经费主要由政府和企业提供。现代社会愿意将大量资金投入到科技活动之中，主要原因在于科学和技术对现代社会的不可替代的重要价值，在于科学和技术对于国家（和地区）的战略意义，科技经费投入实际上也可视为一种生产性和战略性的投入。

科技经费投入的生产属性，取决于科学技术的自身性质。科学技术具有两重性，即知识性和物质性。知识性是指科学技术的成果，表现形式是理论、观念等知识形态，它属于意识的范畴。物质性是指科学技术可以转化为现实的生产力。可见，现代社会的科学研究和技术开发，需要庞大的资金支持，否则，连研发都不可能，遑论转化为现实生产力。科技投入的战略属性，取决于科学技术的社会功能。科学技术是第一生产力，是推动社会进步的创新性力量。创造新知识，增加人类知识总量，引导技术革新，转化为新产品、新工艺，占领市场制高点，最终形成先进的生产力，从而改变经济的增长方式。科技经费投入是国家优化科技资源配置的战略环节，具有间接调控宏观经济结构、影响经济运行的战略功能。

科技物质资源的投入，是科技产出的保障。最为重要的科技物质资源便是实验室，因此很多国家对实验室投入非常大，很多大学的实验室是老师与学生日常工作研究的主要场所。例如美国的洛斯阿拉莫斯国家实验室，它位于新墨西哥州的洛斯阿拉莫斯，成立于1943年，并一直由加利福尼亚大学负责管理。洛斯阿拉莫斯国家实验室是世界上最著名的科学实验室之一，汇集了众多世界第一流的科学家，雇员数以万计，每年的预算高达数十亿美元。美国物理学家奥本海默是该实验室的第一任主任，世界上第一颗原子弹和第一颗氢弹都是在这个实验室成功研制出来的。

（三）科技软件资源

科技软件资源包括知识产权和对科学技术成果的奖励。早期的知识产权和科技成果奖励制度，是在英国首先建立起来的。1623年，英国颁布了《垄断法》，以保护和鼓励人们进行发明创造。1709年，英国又颁布了《安娜法》，开始形成专利和版权保护制度。法国在1804年颁布了著名的《拿破仑法典》，首次将商标权纳入知识产权的保护范围。现代社会已经建立起较为成熟的国际知识产权保护制度，

《保护工业产权巴黎公约》《保护文学艺术作品伯尔尼公约》和《商标国际注册马德里协定》等国际公约和条约，对知识产权的界定、保护方式、保护时间等作了详尽规范。世界主要国家于 1993 年达成了《与贸易有关的知识产权协议》，突破了"二战"结束以来数十年间仅保护动态商品的局限，第一次建立起在国际贸易中保护知识产权的可操作的规范，将专利、商标、版权、商业秘密等全部列入了保护范围。知识产权制度激励发明创造和技术创新，优化科技资源配置，促进先进技术和外资的引进，增强了企业的市场竞争能力。

在科学研究职业化之前，从事科学活动很难获得稳定报酬。即使是在现代社会，科学享有崇高的声誉，科学研究也已经高度职业化，但与科学家从事科学研究所付出的代价和辛劳，其发现和发明对人类文明的贡献相比，科学家本人因其付出与贡献而能够获得的报酬显得微不足道。这一现象司空见惯，也有不少学者展开过相关讨论。在法国经济学创始人让·巴·萨伊在《政治经济学概论》中，就提到脑力劳动报酬过低的问题。他认为：科学家研究自然，发现现象后面的规律，改变了我们的观念，也改变了人类文明，给人类社会的每一个人都创造了巨大的利益。众多企业从科学家发现的知识中获得大量的利润，而在人类财富的分配之中，科学家们只拿到微乎其微的一小部分，报酬与贡献极不相称。罗素和怀特海均为 20 世纪伟大的哲学家和逻辑学家，为探索 1900 年由于罗素悖论而产生的数学危机的解决方法，他们耗时 10 年，殚思竭虑，撰写并出版了著名的《数学原理》。罗素本人甚至因用脑过度而损害了身体，直至晚年都一直未能恢复健康。但是，他们用 10 年心血换来的不是丰厚的财富，而是各自支付 50 英镑以偿还出版债务。这在经济上显然是不合理的。但另一方面，与此形成反差的是，现代社会也可能由于知识产权的过度保护阻碍知识的发展，如新药专利的垄断性，为了保护商业利益而损害社会公益尤其是弱势群体利益的问题。这就违背了默顿科学规范的核心，即科学的中心任务是扩展知识，科学历来把创造性定义为最高价值。

最后，我们还需要讨论一下科学家对于科学发现优先权的争夺问题。当科学家卷入优先权之争时，人们常常能够发现，科学家也是芸芸众生，而非世外高人。然而，优先权之争却更多地不是一个道德或修养问题。科学体制本身就鼓励科学家竞争优先权，科学研究与其他社会活动存在一个重要的不同，科学活动极为强调独创性，科学家的工作得到认可的先决条件，就是他发现了新的自然现象、自然规律等，发明家则必须做出从未有人做出来的技术发明，他们都需要在人类知识库中增添新的、过去没有的知识。同时，新的科学发现得到认可的前提是公开发表，技术发明在获得专利授权后，其相关知识也需要向社会公开，凡此种种，都使得优先权与科学家的毕生事业生死攸关。另一方面，科学制度的设计，本身就需要通过优先权的竞争，以激励科学家更为积极、主动、高效地做好研究工作，促进知识的不断进步。

三、科学共同体的社会规范

（一）科学共同体的定义

科学共同体（scientific community）由社会学的"社区（community）"概念引申而来，但舍弃了"社区"概念原先的地域划分含义，将从事科学研究的科学家视为一个在相当程度上具有共同范式、共同规范的，并相对独立的社会群体，从而与一般的社会群体和社会组织区别开来。① 一般而言，科学共同体指由科学家所组成的群体，这些科学家遵守大致相同的科学规范，经历相似的学术训练，使用同类的学术文献，接受大体相同的理论。科学共同体是一个富有弹性的概念，我们可以将所有科学家视为一个科学共同体，也可以将某些学科、领域的科学家，如物理学家、干细胞研究专家等，看作一个科学共同体。一个学派，如哥本哈根学派、社会进化论学派等，同样可以构成一个科学共同体；一个组织内的科学家，如某国的科学家，学会、学院、研究所、研究小组的科学家，也可以构成一个科学共同体。在我们讨论科学共同体的社会规范时，一般是将所有科学家视为一个统一的科学共同体。

（二）科学共同体的规范

对于科学共同体的社会规范，美国科学社会学家默顿于 1942 年在其《科学的规范结构》一文中进行过经典阐释，提出被广泛征引的 4 项"科学的精神气质"，"科学的精神气质是指约束科学家的有情感色彩的价值观和规范的综合体。这些规范以规定、禁止、偏好和许可的方式表达。它们借助于制度性价值而合法化"②。具体而言，"科学的精神气质"包括普遍主义、公有性、无私利性与有组织的怀疑主义四个方面的内容。

在默顿最初提出的 4 项"科学的精神气质"中，并未提及对科学研究而言至关重要同时也最为基本的要求——独创性，原因何在？

---

① 参见冯鹏志：《科学共同体的社会学说明——默顿模式与库恩模式之比较》，《自然辩证法通讯》1992 年第 5 期，第 43 页。

② ［美］R. K. 默顿：《科学社会学——理论与经验研究》上册，鲁旭东、林聚任译，商务印书馆 2003 年版，第 363 页。

默顿对科学持有一种比较经典的经验主义观点，认为"科学的制度性目标是扩展被证实了的知识"①。这就是说，作为一种社会活动的科学研究，其价值在于扩展和增加人类关于自然的知识，而且这种知识必须得到经验的证实。扩展知识，也就意味着要发现或创造出人类已有知识之外的新知识，意味着创新，意味着"独创性"是科学活动的根本价值目标。同时，默顿主张"知识是经验上被证实的和逻辑上一致的对规律（实际是预言）的陈述"②，亦即实证性和逻辑性是科学知识区别于非科学知识的标准。独创性指向新颖的知识，实证性与逻辑性指向可靠的知识。只有既新颖又可靠的知识，才能成为科学活动追求的价值目标，而"科学的精神气质"是保证这一价值目标的规范要求。概而言之，由科学活动所要求的独创性派生出 4 项"科学的精神气质"，所以不能简单地将独创性作为第 5 项"科学的精神气质"，而与普遍主义、公有性、无私利性、有组织的怀疑相并列。③

普遍主义（Universalism），指的是科学的非个人特性，即科学活动的评价标准和科学研究的准入资格必须与任何个人特性无关。"……关于真相的断言，无论其来源如何，都必须服从于先定的非个人性的标准：即要与观察和以前被证实的知识相一致。无论是把一些主张划归在科学之列，还是排斥在科学之外，并不依赖于提出这些主张的人的个人或社会属性；他的种族、国籍、宗教、阶级和个人品质也都与此无关"④，对于科学活动及其成果的评价，只能以客观性（是否经受了经验的证实）以及逻辑性（是否内在地逻辑一致，并与已被证实的知识逻辑一致）为标准进行评价，而不能根据人的地位、身份、信仰、道德、政治立场、肤色、性别等个人特性进行评价。不能因为爱因斯坦是犹太人，而声称相对论是犹太人的科学并加以反对，也不能将爱因斯坦的相对论视为资产阶级的科学而进行批判。为希特勒的法西斯德国服务，不能成为否定冯·布劳恩对导弹研究的贡献的理由。科学活动的评价标准是唯一的，不是多元的。普遍主义还意味着要求科学研究准

①　［美］R. K. 默顿：《科学社会学——理论与经验研究》上册，鲁旭东、林聚任译，商务印书馆 2003 年版，第 365 页。

②　［美］R. K. 默顿：《科学社会学——理论与经验研究》上册，鲁旭东、林聚任译，商务印书馆 2003 年版，第 365 页。

③　参见徐梦秋、欧阳锋：《默顿科学规范论的价值要素与行为规范》，《厦门大学学报》（哲学社会科学版）2008 年第 1 期，第 47 页。

④　［美］R. K. 默顿：《科学社会学——理论与经验研究》上册，鲁旭东、林聚任译，商务印书馆 2003 年版，第 365—366 页。

入资格的平等，"普遍主义规范的另一种表现是，要求在各种职业上对有才能的人开放"①，出身、种族、肤色、政治倾向等的任何差异，都不能成为限制有才能的人从事科学活动的理由。纳粹德国将大批犹太科学家逐出大学和科研机构，其结果只能是导致德国科学的衰弱。

公有性（Communism），即科学知识公有制，"科学上的重大发现都是社会协作的产物，因此它们属于社会所有。它们构成了共同的遗产，发现者个人对这类遗产的权利是极其有限的"②。公有性意味着科学知识是一种共有产品，而不是科学知识发现者的私人财产，任何人都可以无偿地使用和交流他人的科学知识，科学知识的发现者本人在处置其发现的科学知识上没有特权。公有性还意味着科学家必须公开其发现，不可隐瞒自己所知道的东西的任何部分，如实验数据必须完全公开——即使是不支持自己所持观点的实验数据也需要公开。在科学的领地里，不允许保密，这与受到专利制度保护的技术大为不同。公有性同时要求每一个人尊重首创者的优先权，即科学发现的荣誉仅仅属于最先作出该发现的科学家，这是科学共同体社会规范中与公有性息息相关的奖励制度。离开优先权，科学知识的公有制将不可想象，任何科学家在尊重他人发现的优先权的同时，也有权为自己作出的发现索取优先权，这是维护科学知识公有制的激励基础——这一制度必须既鼓励对他人优先权的尊重，又鼓励对自身优先权的申诉才能有效运行——公有性需要以对优先权的肯定为前提条件。公有性规范源自独创性的要求，通过鼓励科学家竞相公开自己的发现，保证新的科学成果尽早为人所知，可以更好地避免无效劳动和重复工作，更好地方便后人在前人的基础上前进，推动科学的持续进步——只有那些为人所知、助人前行的科学成果才是最重要的。

无私利性（Disinterestedness），指就科学研究的动机而言，只能是为科学而科学，或只论对错，不问利害，"科学家应该在其研究中只关心知识的进步，而不是其他东西。应当只关注其工作的科学意义，而不要关心它可能的实际应用或它的一般社会反响"③。科学以自身为目的，科学家只应为求得关于自然的可靠知识而工作。其他的目的，如个人利益、集团利益、公共利益、宗教信仰，不应成为干

① ［美］R. K. 默顿：《科学社会学——理论与经验研究》上册，鲁旭东、林聚任译，商务印书馆 2003 年版，第 368 页。

② ［美］R. K. 默顿：《科学社会学——理论与经验研究》上册，鲁旭东、林聚任译，商务印书馆 2003 年版，第 369—370 页。

③ ［美］R. K. 默顿：《科学社会学——理论与经验研究》上册，鲁旭东、林聚任译，商务印书馆 2003 年版，第 353 页。

扰科学家为科学而科学的因素，否则，势必损害科学的发展。"科学不应该使自己变为神学、经济学或国家的婢女。"① 因此，无私利性不是利他主义（无私利性并不反对科学家客观上通过从事科学工作获得利益，它关注的是科学家不可将外在于科学的利益置于科学自身的目标之上。事实上，科学家从事科学研究，既可以获得求知欲、好奇心、成就感等内在的满足，也可获得优先权、同行的认可、人们的尊重等外在的满足。当然，无私利性也不是利己主义，它实际是一种超功利主义，主张不应以任何外在于科学的、功利的目标来约束、扭曲科学自身的发展，强调的是科学的自主性。无私利性并不意味着忽视或反对科学产生实际的功用，它只是强调，科学研究的首要目标，应该是扩展经过证实的知识，其他的目标，都应该从属于这一主要目标。扩展知识是科学活动的内在价值，产生功用是科学研究的外在价值或工具价值，后者需要从属于前者，否则，不仅后者将成为无源之水，而且科学自身的发展也将因自主性的欠缺或丧失而受到损害。

有组织的怀疑主义（Organized Skepticism），指"按照经验和逻辑的标准把判断暂时悬置和对信念进行公正的审视"②。大自然犹如一个可以控制我们大脑的神经活动，从而在我们头脑中制造出高度逼真幻想的"邪恶骗子"，我们必须万分谨慎，有组织地怀疑一切，才有机会识破其骗局，获得关于自然的可靠知识。有组织的怀疑主义主张原则上可以怀疑一切，而不是事实上怀疑一切，一切科学知识都需要和都必须经受逻辑和经验的考验，才能被认可和接受。在科学领域，除了理性和经验之外，没有任何权威。"有组织的怀疑包括对已确立的规则、权威、既定程序的某些基础，以及一般的神圣领域提出疑问……大多数制度要求无条件的忠诚；但科学制度把怀疑态度作为一种美德"③，任何见解、知识、常识、流行的观念、信念，都必须经受住理性和经验的拷问，才有资格进入科学的殿堂。有组织的怀疑主义不仅是方法论的要求，而且是制度性的要求。怀疑和批判是"有组织的"，不仅是个人的心理与行为，更是一种制度上的安排，对科学知识的怀疑和批判是一种制度化的怀疑和批判，这一过程不依赖于科学家个体的个人倾向和偶然表现。相反，任何科学见解，都需要接受科学共同体其他成员合理的、公开的

---

① ［美］R. K. 默顿：《科学社会学——理论与经验研究》上册，鲁旭东、林聚任译，商务印书馆 2003 年版，第 352 页。

② ［美］R. K. 默顿：《科学社会学——理论与经验研究》上册，鲁旭东、林聚任译，商务印书馆 2003 年版，第 376 页。

③ ［美］R. K. 默顿：《科学社会学——理论与经验研究》上册，鲁旭东、林聚任译，商务印书馆 2003 年版，第 358 页。

怀疑和批判——如科学论文的评议制度、科学课题的评审制度等。有组织的怀疑主义是基于理性和经验的、组织化的质疑，是一个社会过程，不是一个心理过程。

四、学术规范与学术生态

良好的学术规范和学术生态是学术活动得以正常、有序运行的前提。二者之中，学术生态居于更为基础的地位，如果学术生态欠佳，那么学术规范就难以得到保障。

（一）学术规范

20 世纪 80 年代后期，国内一些学者即已经开始了对学术规范的研究。从 90 年代中后期起，随着学术腐败、学术不端问题日趋严峻，学术规范问题日益引起学术界的广泛关注。至 2000 年以后，逐渐形成了一个研究学术规范的高潮。在这期间，行政部门、学术团体、大专院校、科研院所陆续颁布了大量的学术规范，如科技部、教育部、中国科学院、中国工程院和国家自然科学基金委员会联合发布的《关于改进科学技术评价工作的决定》（2003），教育部颁布的《关于加强学术道德建设的若干意见》（2002）、《高等学校哲学社会科学研究学术规范（试行）》（2004）、《高校人文社会科学学术规范指南》（2009）、《高等学校科学技术学术规范指南》（2010）等。

然而，我国学术界对学术规范的研究尚不够系统、深入，对学术规范概念的界定也较为模糊①。通常定义为：作为特定社会群体的学术共同体内部成员进行学术活动之时，所应遵循的由学术活动的特点所要求的道德标准和行为准则。这些道德标准和行为准则的存在，是保证学术活动正常、有序进行的规则基础。我们可以从精神层面、制度层面、技术层面三个层面对学术规范进行探讨。

在精神层面上，任何学术活动的直接目标都是增长人类知识——有依据的、符合逻辑的知识，这是学术活动最为根本的价值目标，也是学术活动赖以存在的根基。科学精神、人文精神是学术活动的精神家园，"忠于真理、探求真知"② 是学术活动的基本精神要求。忠于真理，在学术成果的提出上，意味着遵循原创性原则，致力于提出他人尚未提出的见解。高度的诚实标准反对任何弄虚作假与粗制滥造，期待他人对自己的观点依据合理的理由提出批评与进行修正，以促进人

---

① 参见王恩华：《学术规范概念研究的现状与重新界定》，《湖南工业大学学报（社会科学版）》2010 年第 3 期，第 68 页。
② 教育部科学技术委员会学风建设委员会组编：《高等学校科学技术学术规范指南》，中国人民大学出版社 2010 年版，第 9 页。

类知识的进步。在利用他人的成果上，充分尊重他人的首创，尊重他人的优先权，尊重他人对人类知识的贡献，反对任何抄袭和剽窃；在对学术成果的评价上，应遵循客观公正的标准，排除个人私利与主观好恶，尽可能合理地评价他人的贡献与不足。

在制度层面上，学术规范包括《著作权法》《专利法》《语言文字法》等法律法规的相关规定①，以及学术界长期形成、广泛认可的惯例。其中署名权制度与学术评审制度具有特别的重要性。学术成果的署名，应严格遵循谁提出谁署名、无贡献不署名的原则；对于合作研究的成果，应根据合作者各自的贡献大小确定署名顺序；单一发现只形成一份初始文献，不可一稿多投，即使是自己的成果，再次使用时也必须遵守使用规范（如引用部分不能构成新作品的实质内容）；不可因权力、资历、学术声望、机构利益等外在于学术的原因，让对学术成果无贡献的领导、权威在作品上署名。学术评审需要按照学术自身的要求，客观公正地评价学术成果的价值，如匿名审稿制、匿名评审制等。健全的学术评审制既要具备科学的标准，又要遵循合理的程序，从而能够对成果的学术价值作出较为客观公正的评价。

在技术层面上，主要包括研究的规范和写作的规范。研究的规范要求学术活动按照严格的研究程序进行，不可忽略必要的研究步骤，不可杜撰或篡改数据、事实等，以期获得的发现有可靠的依据。写作的规范包括引文和注释规范、参考文献规范等，特别是要充分尊重前人的研究贡献。"在学术领域中，引文和参考文献不是一件不重要的事。当许多一般读者——科学家和学术界以外的普通读者，认为文章的脚注、最后的尾注或参考文献都是不必要的和令人讨厌的时候，我们要说，这些是激励系统的核心和对知识进步起很大促进作用的公平分配的基础。"②

（二）学术生态

学术生态的"生态"一词，借用自生态学。生态学（Ecology）一词1865年由勒特所创。1866年，德国动物学家海克尔首次给出生态学的定义。今天的生态学，既研究生物个体与其环境的直接关系，又研究生物物种、不同层级的有机体与环境关系（包括其他的生物物种与有机体）间的关系。尽管学者们对学术生态进行了较多的研究，然而人们并未对学术生态形成较为一致的看法。有的学者认为"学术生态则是指在人类创造、传播和运用知识的过程中形成的学术人员之间以及

---

① 参见张积玉：《学术规范体系论略》，《文史哲》2001年第1期，第80页。

② 美国科学院、美国工程科学院、美国医学科学院等：《怎样当一名科学家——科学研究中的负责行为》，何传启译，科学出版社1996年版，第11页。

学术人员与学术环境之间紧密联系的关系系统……从静态的角度来看，学术生态是一种由学术组织和学术人员按照学术制度和规则结合而成的结构关系系统。从动态的角度来说，学术生态则是一个以学术研究为纽带形成的人与人、人与组织、人与制度、人与其他环境之间的行为关系系统。"①

理想的学术生态当满足默顿提出的普遍主义、公有性、无私利性与有组织的怀疑四项"科学的精神气质"，才能很好地保证学术人员、学术体制、学术文化等学术生态的构成要件及其相互关系始终服从鼓励学术创新、增长人类知识这一学术研究的根本价值。然而，现实的学术生态总是会偏离理想的状况，现代学术生态主要发生两个方面的重大转变：

一是随着大科学的兴起，国家或社会大规模介入科学研究，组织众多服从于国家目标和社会目标的大规模、高投入的科学技术活动。在这一背景之下，社会的政治、军事、经济因素大规模、长时期地介入科学技术研究，外在价值目标——政治目标、军事目标、经济目标等往往在科学活动的价值目标上起着支配作用。科学研究本身的内在价值——增长科学知识——反而降居从属地位。在这一背景之下，科学研究的非谋利性首先受到直接挑战——尽管科学家或许有理由继续要求科学研究仅仅服从自身内在目标，然而社会同样有充分理由要求科学研究服从外在目标，否则社会难以找到充分的理由如此长时期、大规模地资助科学研究。国家、企业等组织大规模介入科学研究的结果，同时不可避免地导致科学的公有性显得不合时宜——无论是国家还是企业，都有合理的理由要求科学家对某些特定的研究成果进行保密。随着社会对科学研究的大规模介入，科学研究的自主性难以得到完全保证，一些科学家在从事科学研究的同时，不得不选择与权势集团——政治家、企业家等——结盟，以换取对科学研究的支持，这又不能不造成对"有组织的怀疑"的损害②。大科学时代，如何在科学研究的自主性与国家和社会对科学的外在要求之间建立合理的平衡，仍然是一个需要审慎解决的问题。无论是坚持科学自主性的传统，还是欢呼科学的功用，都难以应对大科学时代的挑战。

二是学术人员的职业化。古代和近代的学术人员，无论是从事人文社会科学研究，还是从事自然科学研究，在大多数情况下，学术研究只是他们的业余活动，

① 司林波、乔花云：《学术生态、学术民主与学术问责制》，《现代教育管理》2013 年第 6 期，第 7 页。
② 徐梦秋、欧阳锋：《对默顿科学规范论的批评与默顿学派的回应》，《自然辩证法研究》2007 年第 9 期，第 98 页。

并非他们的谋生手段。然而，19 世纪中后期起，学术研究日益职业化。20 世纪中期以来，随着世界范围内各国政府、企业对学术研究的大规模资助，学术职业化成为时代主流。时至今日，学术活动已经成为学术人员的职业工作与谋生手段。在这一背景下，学术活动的功利化倾向日趋明显。职业化的学术体制，使得学术人员在主观上受到功利的激励—— 一方面要求学术人员为出成果而进行学术活动，以获得相应的奖励；另一方面要求学术人员为出成果而进行学术研究，以避免职业生涯的危机。在学术研究活动中，学术人员的首要目标是出成果，而不是增长知识，尽管这两个目标有时是一致的，但二者却未必是永远一致的。所以，人们在世界范围内目睹了学术研究的为数众多的粗制滥造、抄袭剽窃，更不用说大量拼凑性的研究。片面指责学术人员道德水准的下降，既不符合实际，又无助于解决问题，或至少帮助不大。如何建立一个适应学术职业化的良好、有序、充分鼓励学术创新的学术生态，是我们这个时代需要认真面对的问题。

第二节　科学技术与公共政策

从经济学的角度看，科学研究活动同样是一种社会生产活动，只不过其生产模式与产品特性与通常的企业生产与企业产品有所区别。在科技发展已经对一个社会如此重要的今天，社会需要有效地保护科技活动的知识产权，鼓励公众参与科技决策。

一、科技产品与知识产权

（一）科技产品的界定

科技产品是科学活动发现的知识、发明的技术以及由二者衍生而来的相关产品的总称。一般而言，分为纯公共产品、准公共产品和私人产品。其中，纯公共产品指同时具有非竞争性和非排斥性两种属性的产品。一个产品，如果消费者消费该产品时，不对其他消费者从该产品中获益造成影响，则该产品为非竞争性产品；一个产品，如果消费者消费该产品时，难以或不可能将同一社会的其他消费者或特定消费者个体或群体排斥在该产品的消费利益之外，则该产品为非排斥性产品。与纯公共产品不同，私人产品同时具有竞争性和排斥性。

从社会的维度考察科技现象，可以将科技活动视作一种特殊的生产活动，这种活动通过人力（科技从业人员）、经费（如科研经费）、物资（如实验室及其仪器设备）等的投入，生产出（即创造出）新的知识、技艺。科技活动的产品，可能已经产生实际功用，也可能尚未产生实际功用，还可能难以预见是否会产生实际功用。然而，我们总是假定科技产品至少具有潜在的有用性——对于目前尚未产生功用的那些科技产品，我们无法排除这些科技产品将来会产生功用的可能性。基础研究产生的科技产品，表现为发现新的自然现象、提出新的科学假说、发现新的自然规律、创立新的科学理论等，最终形成完全公开的论文、著作等，均属于纯公共产品。而应用研究与发展研究致力于发现有特定用途的新知识、发明新的技术，其成果可以是提出新的概念、发明新的技术等，形成专利、技术文档等，大多属于准公共产品。

（二）专利制度的产生及演化

欧洲中世纪的一些城市、行会就已经出现一些保护技术发明、技术诀窍的规则、惯例，可以视为专利制度的萌芽。这些规则、惯例的出现和发展，得益于城市的日渐繁荣、商业的日益兴旺，得益于生产力的提高，得益于科学和技术的进步。不过，中世纪中后期的繁荣毕竟远不能与现代社会相提并论，当时处于萌芽状态的专利制度，主要表现为封建时代的君主们授予发明人独占相关利益的封建特权。如：1236 年，英国国王亨利三世授予一波尔市市民制作色布 15 年的特权；1331 年，英王爱德华三世授予佛莱明人约翰·肯普织布及染布的独占权。

经过了萌芽期后，专利制度进入了成长期。1474 年，当时的威尼斯共和国颁布了一部专利法，这可能是世界上最早的专利法，而且威尼斯还依据这部专利法授权了世界上第一个专利。不过，人们现在比较普遍地认为这并不是现代意义的专利法。一般认为，1624 年英国颁布的《垄断法》才是第一部真正的专利法。不过，按照现代的标准，这部《垄断法》与今天的专利保护仍然相去甚远。这部专利法并没有确立义务原则，所以，即使一项发明完全符合法律规定的所有条件，也不一定授予发明人、受益人垄断权利，不一定给发明人颁发专利证书——是否授权垄断、是否颁发专利仍然以君主的意志为标准，这仍然难以与封建时代的特权区别开来。同时，这部《垄断法》在历史上确实促进了英国工商业的发展。

1789 年，法国确立了专利是一项公民权利的原则，认为作者和发明人的权利是"公民和个人不可剥夺的权利"，现代意义的专利法肇始于此。此后，世界各国纷纷认识到专利制度对国家的经济社会发展的重要意义，先后颁布自己的专利法，建立各自的专利制度。美国独立后，其宪法明确授权国会"给予作者和发明人在一定期限内对其发现和作品的独占权"，并于 1790 年颁布了第一部专利法。1791年，法国也产生了自己的专利法。一般认为，美国和法国的两部专利法的出现，是现代专利制度形成的标志。法国专利法序言表述的专利理念，即"有可能有益于社会的任何新的构思，应属其创立者，并且将对于人们不把新的工业发明看作是其创造者的财产的权利加以限制"，体现了现代专利制度与中世纪封建特权的区别，包括：专利是发明人应有的权利，而不是君主的特许授权；依法获得专利授予后，法律保护发明人的相关权利（有一定的期限限制）；政府建立授予和保护专利的专门机构，并按一定的法定程序运作。美国和法国先后颁布专利法之后，其他国家也先后仿效，俄国（1814）、荷兰（1817）、西班牙（1820）、印度（1859）、德国（1877）、日本（1885）等都颁布了专利法，建立了专利制度。实行专利制度的国家（和地区），1873 年已有 22 个，1958 年增加到 99 个，1984 年增加到 158 个，目前为 175 个。"二战"结束后，随着旧殖民体系的崩溃、全球贸易的日渐开放，国家间迫切需要协调专利事务，产生了世界知识产权组织、欧洲专利局等国际专利组织，形成了《专利合作条约》《欧洲专利公约》等国际专利公约和条约，可以预见，未来还将产生更多的国际专利协定。

我国的专利制度渊源于晚清，与日本专利制度起步的时间大致同时。1882 年，光绪皇帝授予上海机器织布局垄断权，尔后清政府颁布《振兴工业给奖章程》。辛亥革命后的 1912 年，北洋政府工商部颁发了《奖励工艺品暂行章程》，这是中国专利制度的正式肇始。1944 年，南京政府颁布了《专利法》。1949 年新中国成立后，中华人民共和国中央人民政府即于 1950 年颁布了《保障发明权与专利暂行条例》。中间几经曲折探索，于 1984 年 3 月 12 日颁布了《专利法》（1985 年 4 月 1 日起实施）。其后，我国先后于 1992 年 9 月、2000 年 8 月和 2008 年 12 月对《专利法》进行过三次修正。目前，我国的专利制度已经相对成熟。

二、科技发展、社会进步与公共福祉

（一）三者关系的历史演进

近代以来，人们对科技发展、社会进步与公共福祉之间关系的认识经历了一个不断深化的过程。

启蒙运动时期，科学逐渐与理性、进步和人类解放等观念联系在一起，成为社会文化进步的助推力量。培根提出了"知识就是力量"的口号，倡导人们重视包括科学知识在内的人类知识的实际功用，凭借知识的力量促进人类的进步与繁荣。18 世纪的启蒙思想家们相信，科学革命正在改变人类的一切活动，推动着社会的进步。当时的法国著名数学家达朗贝尔就相信，一旦数学家进入西班牙，将数学训练培养出来的清晰、理性、严密的思维方式广泛传播，就有可能摧毁该国臭名昭著的宗教法庭。①

到了 19 世纪，科学与技术日益紧密地结合起来，越来越成为推动生产力发展、社会进步和人类解放的强大物质力量。马克思敏锐地把握住了这一时代趋势。他在《1844 年经济学哲学手稿》中指出："自然科学却通过工业日益在实践上进入人的生活，改造人的生活，并为人的解放作准备。"② 19 世纪科学和技术的融合促进了工业革命的蓬勃发展，机器的大规模应用，工厂制度的确立等，使社会生产力以前所未有的速度向前发展，社会面貌发生了翻天覆地的变化。马克思、恩格斯在《共产党宣言》中指出："资产阶级在它的不到一百年的阶级统治中所创造的生产力，比过去一切世代创造的全部生产力还要多，还要大。自然力的征服，机器的采用，化学在工业和农业的应用，轮船的行驶，铁路的通行，电报的使用，整个大陆的开垦，河川的通航，仿佛用法术从地下呼唤出来的大量人口——过去哪一个世纪料想到在社会劳动里蕴藏有这样的生产力呢？"③

在马克思、恩格斯看来，科学不仅是首要的生产力，而且还是推动社会进步和变革的最高意义上的革命力量。第一次技术革命和产业革命造就了近代世界，18 世纪中叶以来，蒸汽机的发明及其广泛应用，彻底改变了延续数千年的农业文明，对此，恩格斯指出："分工，水力特别是蒸汽力的利用，机器装置的应用，这就是从上世纪中叶起工业用来摇撼世界基础的三个伟大的杠杆。"④ 19 世纪中叶发端的电力和电气革命又一次改变了世界，1850 年 7 月，仅仅通过分析电力机车的模型展览，马克思就深刻预见到："这件事的后果是不可估量的，经济革命之后一定要跟着政治革命，因为后者只是前者的表现而已。"⑤ 在此，马克思不仅提出科学知识的进步将会带来一场"经济革命"，而且指出了随之而来的"政治革命"。恩格斯同样深刻预见到了电力革命不会仅仅停留在经济层面，还会深入社会领域。在 1883 年致伯恩施坦的信中，恩格斯写道："这件事实际上是一次巨大的革命……最后它必将成为消除城乡对立的最强有力的杠杆。"⑥ 并指出，"蒸汽和风力、电力和印刷机、大炮和金矿的开发"等将以史所未有的速度改变世界："我们时代的异常革命的性质，——在这个时代里，蒸汽和风力、电力和印刷机、大炮

① ［美］托马斯·L·汉金斯：《科学与启蒙运动》，任定成、张爱珍译，复旦大学出版社 2000 年版，第 2 页。
② 《马克思恩格斯文集》第 1 卷，人民出版社 2009 年版，第 193 页。
③ 《马克思恩格斯文集》第 2 卷，人民出版社 2009 年版，第 36 页。
④ 《马克思恩格斯文集》第 1 卷，人民出版社 2009 年版，第 406 页。
⑤ ［法］保尔·拉法格等：《回忆马克思恩格斯》，马集译，人民出版社 1973 年版，第 35 页。
⑥ 《马克思恩格斯文集》第 10 卷，人民出版社 2009 年版，第 499—500 页。

和金矿的开发合在一起在一年当中所引起的变化和革命要多过以往整整一个世纪。"①

20世纪前半叶，第二次工业革命的完成极大地改变了世界的面目，也使人们相信科技发展必将导致社会进步和公共福祉的改善，在科技发展与社会进步之间直接画上等号。1920年，列宁提出了著名的公式："共产主义就是苏维埃政权加全国电气化。"② 1960年7月，肯尼迪在参加总统竞选的演说中提出著名的"新边疆"（New Frontier）政策，主张未知的科学与空间领域、未解决的和平与战争问题、尚未征服的无知与偏见的孤立地带是一个时代的"新边疆"。在肯尼迪看来，科学技术是消除"贫困之源"，和确保美国霸权的重要保障。在这种科技乐观主义思潮的影响下，一切社会问题——从粮食、能源，到世界和平等——都被认为可以获得技术上的解决。

20世纪60年代以来，科学技术的负面效应开始受到社会关注，科技发展与社会进步和公共福祉之间不再简单等同。1962年，美国海洋生物学家卡逊（Rachel Carson）的名著《寂静的春天》出版，该书以通俗、流畅的语言，生动、细致的描述，激起了人们对环境问题的广泛关注，此后环境保护主义运动迅速兴起，20世纪60年代末，公众对环保等问题的关注开始直接影响到国家科技政策和重大科技项目决策，例如，当时的美国总统尼克松主张的"超音速运输机计划"被美国国会于1971年3月下旬否决，即缘于公众对超音速飞机造成音爆、破坏臭氧层的大规模抗议。数十年间，环境保护主义运动席卷全球，环境权作为基本人权也已得到包括我国在内的世界各国普遍认可。核问题是又一个让人注目的科技负面效应的经典问题，20世纪70年代，反核电运动在欧美兴起，时至今日，仍然对许多国家和地区的政治活动产生重要影响。此外，药品的副作用也成为公众关心的话题，典型的例子就是"反应停（thalidomide）"，在有效阻止孕妇早期呕吐的同时导致大量海豹畸形婴儿出生。

（二）科技乐观论与科技悲观论

当今时代，科技发展对社会进步和公共福祉改善的推动、促进作用有目共睹，但科技负面效应带给人类社会的威胁和痛苦同样也触目惊心。目前，在看待科学技术与人类社会发展关系问题上形成了两种针锋相对的代表性观点。

科技乐观主义对科学技术能够不断推动人类文明的进步持热忱的信心，认为

---

① 《马克思恩格斯全集》第12卷，人民出版社1998年版，第40页。
② 《列宁专题文集 论社会主义》，人民出版社2009年版，第181页。

科技进步是人类进步的不竭动力，相信科学技术即使不能解决所有的人类问题，至少能够解决其中的大多数，甚至认为依靠科学技术治理国家，就能造就良好政治。一些极端的科技乐观主义者对科学技术怀有一种类似宗教崇拜的激情，认为科技的发展有朝一日将使人类拥有神一般甚至超越神的力量，使人类能够创造和支配宇宙万物，让人达到某种程度的永生，实现将人间建成天堂的千古梦想。科技乐观主义并不是没有看到环境问题、资源问题、核问题等诸多与科技相关联的负面问题，不过，科技乐观主义认为所有这些负面问题都不是科技本身造成的问题。相反，这些问题的出现原因在于人类的科技发展尚不充分，或者人们对科技的误用。所以，谴责科技或抑制科技的发展于事无补，只有通过科技本身的发展，以及正确运用科技的力量，才是解决这些问题的根本之路。例如，在资源问题上，科技乐观主义主张，随着技术能力的提高，人类可利用资源的种类和数量将持续扩大和增多，替代性资源会层出不穷，因此人类完全能够找到解决资源枯竭的途径。

科技悲观主义认为，资源枯竭、环境污染等问题已经对人类的生存与发展形成威胁，至少对人类文明在最近的将来的持续进步形成了威胁。如不能妥善处理，有可能在今后一段时间里导致人类文明的衰退。产生这些问题的原因，在于延续数百年的科技进步造就的现代科学技术的巨大威力，而且人们不愿意为将来可能的危险自动放弃这一巨大威力带来的眼前的便利和舒适。科技悲观主义的思潮古已有之，中国古代的道家学派对于科技等一切人工人为的东西均持反对的观点，认为知识的进步将导致人类的异化，人类在享受技术进步带来的便利的同时，也必然失去内在的人性，失去安宁与自由。20 世纪 60 年代以来，人口问题、环境污染、物种灭绝、气候变化、资源枯竭、核大战与核灭绝的可能以及当下的人工智能等全球问题日益引起人们的关注，科技悲观主义也逐渐兴起，成为西方社会的一个影响巨大的重要思潮。1972 年，罗马俱乐部发布了《增长的极限》报告，更是激起了人们对科技的反思。今天，转基因、人工智能等新技术也日渐引人关注，一些人同样对之持悲观主义的观点，主张限制甚至取消相关的科学研究。

科技乐观主义和科技悲观主义虽各有其洞见，但二者的见解确有片面之嫌，将人类文明的发展都简化为直线式的模式，对人类未来的不确定性都没有作充分考虑。科技发展与人类进步之间的关系是复杂多变的，充满着不确定性。

历史和现实经验告诉我们，科技发展未必导致社会进步和公共福祉的改善，但社会进步和公共福祉的改善最终却离不开科技的发展。现代科技早已走出学术研究的象牙塔，日益深刻地影响社会生活的方方面面，如何发挥科学技术的"解放""进步"潜能，抑制其负面效应，是全社会应共同关注的重大课题。

三、科技决策中的民主与公众参与

（一）科技决策的种类及内涵

20 世纪以来，科学技术迅猛发展，越来越广泛地渗透到社会生活的方方面面，科学、技术与社会之间形成了日益密切的互动关系，科学技术不仅成为公共决策的重要内容，而且越来越多地成为公共决策的基础。大体而言，有两类公共决策同科学技术密切相关，可称之为"科技决策"。

一是有关科学技术本身的决策。在历史上的很长一个时期，这类决策是由科学家自主进行的。近代以来，科学技术的巨大力量日益展现出来。现代世界更是一个科技的世界，当今时代更是一个科技的时代。量子论、相对论、进化论、分子生物学、信息技术、人工智能等，已经从根本上改变了人的观念，其影响力远大于过去出现的任何科学和技术，也使得滥用这些科学和技术的影响远大于此前的科学和技术。因此，公众对科技的发展方向、速度和规模表现出深切的关心，要求参与科学决策，而信息技术的发展又使公众进一步参与决策成为可能。这样，如何在政府、科学家和公众三者之间建立起新型的互动关系，共同对这些分散的分布式系统进行决策和管理，日益成为各国政府和科技界关注的热点。

二是以科学技术为基础的决策。在当代，科学技术无处不在，政府进行的绝大多数决策，包括国防、环境、卫生与健康等事关国家目标的领域以及重大工程项目的立项，乃至全球气候变化、反恐、可持续发展等全球治理问题，都涉及科学技术的相关内容，都要以科学为依据进行决策。极而言之，甚至普通公众的日常生活，诸如是否可以食用超市里的食品、垃圾焚毁等，也都需要依据科学技术的最新成果作出决策。离开了科学技术的支撑，决策科学化就无从谈起。

（二）科技决策中的公众参与

在这两类决策中，一个共同的突出问题是信息不对称。有关科技发展前景及其对社会的影响的信息多数掌握在科技专家手中，政治决策者往往处于被引导甚至被误导的境地，普通公众更难以实质性地参与决策。

大科学时代的科技决策涉及面广，且影响深远，其中很多决策关乎社会每一个成员的切身利益，因而它不仅仅只是科技专家专业领域内的问题。科技问题与社会问题之间往往也没有截然的界限，比如垃圾处理站的选址、转基因食品的安全性等问题。这类问题的决策必须广泛听取公众意见，让公众广泛而真实地参与决策过程，保障公众的民主权利。

大科学时代科技发展的特点与社会民主化进程的历史趋势都使科技决策中的公众参与具有必要性与可能性，并且有助于科学技术的可持续健康发展。公众参与的优势体现在以下两个方面：

第一，广泛的公众参与能为决策活动提供尽可能全面的信息，保证决策的科学合理性。大科学时代的科技问题涉及不同层次和方面，"专家"与"外行"之间并没有截然的界线，不同领域的专家之间就同一问题也会有不同的见解。科学知识社会学的研究成果已经揭示了：一个领域的专家在另一个领域可能是外行，一线技术工人会具备高层管理者、技术专家不具备的"地方性"知识。专家判断未必一定优于"门外汉"的判断，他们有着不同的实践领域，具备着不同的信息渠道和认知优势，大科学工程中专家与工人、基层技术人员的交流沟通是决策科学有合理性的有效保证。

第二，广泛的公众参与有助于揭示技术选择背后的商业与部门利益、专业与职业偏见。大科学时代的科技专家往往受雇于某一企业或科研院所，部门利益会妨碍其做出客观公正的技术建议和选择。以往，若没有出现公众人物介入或相关公司提起诉讼等情况，大众媒体通常不会关注这类高度技术性的问题。随着网络技术的出现和发展，公众参与具有了新的形式与阵地，如各类微信公众号、微信群、专业博客、论坛等。相关政府机构和公司职员、科技工作者和热心人士都可以在此发表大量建设性的批评和监督意见。

公众参与科技决策虽然是社会民主化和科技事业可持续健康发展的内在要求，但仍存在许多理论与实践的困境，亟待解决。主要有以下三个问题：

第一，公众不具备专业知识和技能，也无法承担决策责任。在任何需要特殊专业技能的机构中，外行公众，乃至在其他领域受过高等教育的专业人士，希望自己对作出特定决策涉及的各种因素有深入全面的理解都是不现实的。由于不具备相关专业知识和技能，普通公众对高科技项目与政策难以提出准确的评判。在通行的制度安排中，科技决策人员凭其专业素养、职业操守与个人道德而受权决策，同时也以个人信誉和职业前途为代价承担决策责任。若改变这一安排，让公众分享技术事务上的决策权，会导致责任不清，也无法追究。

第二，不受限制的公众参与会导致决策和执行效率低下。洛克、卢梭、密尔等经典民主理论大师们都认为，民主制的主要价值在于它能限制政府的行为能力。然而无效率与民主制相伴而行，这被认为是民主制不可避免的代价。不受限制的公众参与可能造成科技项目议而不决，延缓项目进展；将各方面的要求都体现在技术设计中会使设计不断复杂化，最终会形成无效率的技术系统。

第三，不受限制的公众参与挑战代议制民主原则。当今时代，各主要科技大国的政府都是按照代议制民主原则组织起来的，政治过程与行政过程有着明确的区分。在代议制民主中，人民并不决定各种问题，而是决定谁将作出决策，具体决策由行政系统的官员做出。在此情况下，若公众直接干预技术官僚的决策，就存在着政治与行政界线模糊、授权不充分的问题，使得官员无法有效开展工作，同时也引发决策责任、绩效评估等一系列相关问题。

公众参与科技决策面临的困境从根源上讲是由于现代社会中科学与民主两大核心价值之间存在的内在张力。民主按其最基本最广为接受的定义即"多数人的统治"，要求在决定公共事务时贯彻"少数服从多数"的原则。然而这一原则并不适用于解决学术问题，这是因为往往会出现真理掌握在少数人手里的情形。学术问题的解决讲究自由探讨，因而营造自由宽松的学术环境是科学繁荣昌盛的必要前提。科学创新往往要求克服习惯思维、传统势力和主流观点的束缚，突破"多数人意见"的遮蔽。从上述意义上讲，科学与民主之间存在着固有的张力。在以科学家个人探索为特征的小科学时代，科学与民主之间的张力大致上还是科学共同体内部的事务。然而，进入大科学时代后，科学研究往往需要大量社会资源和复杂的组织管理作为支持，其成果和副产品往往具有重大的社会影响，这就使科学进入公共领域，科学和民主原则之间的冲突和张力成为影响深远广泛的社会现象。

第三节　科技普及与传播

科技的发展与对社会进步的推动，有赖于公众理解科学，有赖于通过科技传播等方式提高全体公众的科学素养。媒体，特别是新媒体在科技传播中发挥着重要的、不可替代的作用。关于科技发展，总是存在不同观点的争论，通过加强对话与沟通，人们可以在相当程度上达成共识。

一、公众理解科学与公民科学素养

科学和技术深刻地影响着人类文明的演进。从石器时代，农业时代到工业时代，以及当下的信息时代，无不表明：现代文明的繁荣与进步有赖于科技的昌明。科技进步又有赖于社会上公众科学素养的普遍提高，而后者又需要科学的普及与传播。

（一）公众科学素养及其意义

科学素养又称科学素质，是一种能力，也是一种思考和行为习惯，指具备一定的科学知识、对科学的特性有一定了解和认识的人们在思考和处理个人事务和社会事务之时，能够依据科学常识、科学概念、科学原理等科学知识，遵照科学的程序和方法，根据证据和逻辑形成结论，并据此与他人交流。一般而言，科学素养包括三个方面：了解基本的科学知识，懂得并能运用科学研究的宗旨、程序与方法，能恰当处理科学与社会和个人的关系。至于这三个方面具体需要包括哪些内容，不同的国家和地区的认识有所不同。一个社会，科技传播体系越发达，越准确高效，公众的平均科学素养就越高。普通公众一般通过两个途径形成科学素养。一条途径是正规的学校教育，现代社会的学校教育，除少数例外——如伊斯兰教等一些宗教办的神学院，大都将科学作为重要的教育内容，公众大多只是在学校教育阶段接受比较系统的科学训练。另一条途径是非学校教育，如大众传媒、人际交往、阅读自学，甚至道听途说等，人们在完成学校教育对科学的学习之后，一般都是通过这些途径了解科学。

20 世纪 70 年代，欧美发达国家首先关注公众科学素养的重要性，美国在这方面开风气之先。美国国家科学研究理事会将其工作范围拓展到公众科学素养领域，制定了美国的科学教育标准，在每年发布的年度《科学与工程指标》中，都会讨论公众理解科学的问题，认识到传媒对于公众理解科学的重要影响，主张科技传播对于提高公众科学素养具有不可替代的重要作用。今天，随着互联网的日益繁荣，网络媒体已经成为科技传播的重要途径，虽然其中泥沙俱存，但网络媒体取代传统传媒成为科技传播的主要平台是大势所趋。无论好坏利弊，无论正面还是负面，网络媒体对于公众科学素养的影响都将越来越大。

一般认为，16 世纪以来，我国的科学技术日渐落后于世界先进国家和地区。在这种历史背景下，我国的公众科学素养普遍存在欠缺。经过半个多世纪的努力，我国的公众科学素养已经有了大幅度的提高。同时，毋庸讳言，与发达国家相比，我国的公众科学素养仍然存在不容忽视的差距。在今天这个科学的时代，进一步迅速提高我国的公众科学素养是一项刻不容缓的历史任务。

（二）公众理解科学及其意义

提高国民的科学素质关键在于加强公众对科学的理解。公众理解科学，以对科学的常识、概念、假说、定律和理论等科学知识的理解为基础，与此相伴，在接受科学训练、理解科学知识的过程中，需要理解科学研究的特点、程序和方法，最终达到理解和认同科学精神的境界。我国传统文化在知识论方面未得到充分发展，除诸子时代的墨家、名家对知识论有较多研究之外，在近代西方科学传入之前，后世学者关注知识论的极为少见，更不用说普通公众了。因此，我国公众理解科学，需要特别加强对科学精神的理解。

人类的认知习惯偏向于把握看得见、摸得着的具体事物，对于看不见摸不着的抽象概念和理论，理解起来有一定的难度。对于科学，人们更习惯于从技术的角度、实用的角度去理解。"科技"一词，将科学与技术相提并论，也在一定程度上强化了对科学的这一认知方式。当我们从技术的角度、实用的角度去理解和把握科学之时，往往只关注科学发现是技术发明的知识渊源、科学的发展能够给人们带来大量的物质福利等科学的外在价值，往往会忽视追求真理的科学本身就是一项崇高的事业，以及科学在变革人们的观念、给人以精神享受等方面的内在价值和精神价值。现代科学的精神源自古希腊哲学的"爱智"，在柏拉图、亚里士多德眼里，哲学的"爱智"所爱的智慧，并非一切人类的智慧，仅仅只是人类智慧中的某一种智慧，这智慧就是"求真知"的智慧。以"求真知"为最高价值，西方学术发展出强大的知识论传统，终于产生了永远追求并服从真理的现代科学。不爱真理甚过爱生命，则不足以言科学。

科学知识的学习和训练，对于理解科学是必要而且基础的，没有对科学知识的理解，就不可能有对科学的理解。然而，对于科学知识的理解并不能够自动产生对于科学研究的特点、程序和方法的理解，更不能够自动产生对于科学精神的理解与执着。我们常常看到，甚至一些学者、专家，在探讨自己专业领域内的问题时，确实能够习以为常地遵循科学方法。然而，一旦离开自己的专业领域，哪怕是讨论日常生活中的问题，也会习以为常地将没有证据或缺乏证据、逻辑混乱的"意见"当作可靠的"知识"，缺乏对有疑问之处"存而不论"的精神，草率地下结论。

执着于求真知的科学精神，才产生逻辑与实验相结合的科学方法。有了科学的精神和方法，才有现代科学知识的宏伟大厦。理解科学，不只是对科学知识的了解，更是对科学方法的掌握，对科学精神的认同。

公众理解科学强调的是双向互动，既强调把科学家或者科学共同体的知识传播给公众，同时也强调公众参与科学、理解科学、支持科学。为什么要倡导公众理解科学呢？早在 17 世纪的时候，英国的哲学家弗朗西斯·培根，已经就这个问题做出过一些描述。培根说"知识就是力量"，紧接着说，知识作为一种力量的发挥，不仅取决于知识价值的大小，还取决于科学是否会传播，以及传播的深度和广度。科学家做某个方面的科学研究，它的价值有多大，毫无疑问跟知识的力量有关，但还取决于科学的传播。这种科学传播在很大程度上是讲"公众理解科学"。"公众理解科学"这一概念是在 1985 年英国皇家学会提交的《公众理解科学》报告中正式提出的。这个报告出来以后，英国政府很快就给予资金投入，组织部署实施。在《公众理解科学》报告中，对公众理解科学的意义做了一种定位，说公众理解科学是促进国家繁荣、提高公共决策和私人决策的质量、丰富个人生活的主要因素。

倡导公众理解科学，有利于推动公民或者是公众培养自身全面发展和解决实际问题的能力和素质。从个体层面来看，我们倡导"以人为本"，这个概念本身也包含了个人在科学素质提高方面的具体要求。这是因为要强调人的全面发展，强调丰富的个人生活，科学素养是必备的。一方面，科学可以给我们带来乐趣。另一方面，科学可以帮助我们做出明智的决策。例如，在转基因食品的影响不甚明确的情况下，懂得一些科学知识可以帮助做出决策，即买不买转基因食品。

如何让公众理解科学呢？我国的《全民科学素质行动计划纲要》做了三点部署：一是尤其关注四大群体，就是青少年、农民、城镇劳动力、公务员。二是从内容上，确定了以科学发展观为重点内容，宣传节约型社会，宣传环境友好型社会的建设，从而形成科学健康的生活方式。三是抓好四大基础工程——科学教育培训、科普资源的开发和共享、大众传媒的科技传播能力、科普的基础设施建设。

二、媒体在科技传播中的作用与效应

（一）媒体在科技传播中的作用演变

在古代，口口相传之外，人们通过简帛、泥板、纸草、羊皮书等介质传播思想和知识。即使是在纸张发明并广泛使用之后的很长一段时间里，书籍仍然是传播思想和知识的最重要渠道。报纸出现之后，媒体逐渐成为传播思想和知识的重要途径，如果只考虑传播数量与传播速度的话，各种传统媒体与新媒体承担着最大量的传播任务——这也不足为异，媒体本身就是为传播而产生和发展的。伴随着近代以来的第一次科技革命和产业革命，出现了社会化大生产这一生产方式，与之相适应，科学和技术也开始走向社会化。"社会一旦有技术上的需要，这种需要就会比十所大学更能把科学推向前进。"① 科技传播的产生与发展，一方面是科学和技术对人类进步的贡献日益增大、日益增强，在人类文明中的地位日见提高，不能不引起人们对科技的强烈兴趣与广泛关注，另一方面是科技知识日趋复杂高深，学科专业分类日益细分，越来越远离人们的常识知识，一些科学知识甚至与常识知识正好背道而驰，使得包括其他专业领域的科学家在内的外行理解非本专

---

① 《马克思恩格斯文集》第 10 卷，人民出版社 2009 年版，第 668 页。

业的科学知识变得越来越困难。科技既如此重要，又如此费解，科技传播不能不应运而生。

现代世界，各国普遍重视科技对经济增长、对国家综合实力的贡献。科技要对一个社会的经济和实力产生实际的贡献，仅仅停留在实验室里、学术论文与学术著作上是远远不够的，至少还必须有一些人了解这些科技信息，并能够把这些科技信息通过适当的方式转变为新的产品和服务，或者用以改进现有的生产工艺，最终才能给一个社会创造福利。这一科技转化为生产力的过程，离不开科技传播的贡献。科技要转化成生产力，必然先经历一个传播相关科技信息的过程，以让人们了解和接受这些科技信息，找到并实现这些科技信息的实际功用。对于消费者，也需要通过科技传播，对于相关科技信息有一个哪怕是不那么准确的了解，才可能购买相应的产品和服务。可以毫不夸张地说，没有科技传播，科技只能停留在潜在的生产力状态，不可能转变成现实的生产力。

除对科技成果、科技知识的传播之外，科技传播还对科学家、工程师、科技领导者、管理者，以及科技政策、科技企业等进行传播，帮助社会营造出一种关心科学、理解科学的氛围。如，科学研究人员、科技管理人员等科技人物是科技活动的主体，公众也会对科技人物的观点见解、生平事迹、科学贡献，乃至趣闻轶事产生强烈的兴趣。围绕科技人物展开科技传播，通常易于展现科技活动的人性魅力，也易于激起人们对科技事业的关注。对科技人物的传播，总是以其科学贡献为主线，公众通过了解科技人物，也就自然而然地增添了对科技的了解。又如，随着科技与人们的日常生活越来越接近，公众对科技政策的关注也持续上升。媒体传播科技政策，一方面有助于公众对于科技政策的导向、需要解决的问题、遇到的挑战、可能产生的影响、存在的风险等增加理解，对科技政策形成更为理性的观点，另一方面有助于在科技政策的决策者、科学家、公众之间产生交流和沟通，展开讨论，特别是让决策者、科学家充分了解公众的关切和诉求，让科技政策更加完善，更加易于获得公众的认可与接受。

在科学技术进步的作用下，传播媒体以其独特的优势极其迅猛地超前发展。在经历了口头传媒、书写传媒、印刷传媒、电子传媒等飞跃性变化之后，传播媒体跨入多媒体传播阶段。与此同时，传播媒体的一次次质的变化，在历史长河和现实社会中发挥了科技传播的告知、指导、政治、教育等功能，加快了科技知识、成果的传播，普及了科学技术知识，营造了整个社会崇尚科学、运用科学的氛围。

在科技传播为传播科技而兴起的同时，其产生、发展与演变本身也高度依赖于科技的进步与变迁。在文字出现之前，人们交流信息只能依靠口传身授，口头传播也就成为最古老的科技传播方式，同时，这也是一种持续时间最久、至今仍然广泛使用的科技传播方式。口头传播方便、直接，而且在传播者与接受者之间的互动易于进行。然而，口头传播不利于固定信息，科技信息在口口相传的链条上，不可避免地迅速失真，以讹传讹成为常态，准确传播成为个例。跟神话传说不同，准确性是科技传播的根本要求，口头传播先天处于劣势。此外，科技事业的进步需要一代接一代的持续积累，口头传播在代际传承上效率低下，重要的科技信息常常因之失传。文字的发明，奠定了产生书籍的基础。在纸张发明之前，人们使用过竹片、木片、绢帛、纸草、泥版、羊皮纸等各式各样的介质书写书籍。最初的书籍，主要依靠抄写的方式来复制与扩散。有时也会将书籍背诵下来之后，另行誊写，实际上是另外一种方式的抄写。虽然较之口头传播，文字和书籍的出现无疑是一次巨大的飞跃，但抄写依然容易出现失误——其实是经常出现失误，时至今日，对于中国、古希腊等文明古代典籍的抄本考订，仍然是一个高度专业化并争论不休的领域。纸张和印刷术的发明是继文字出现之后的又一次巨大飞跃，与抄写相比，印刷书籍不仅更容易防止信息在传播过程中产生人为失误，而且复制书籍的效率也远远不是抄写所能比拟的，这使得书籍的成本急剧下降，使人们在知识面前更为平等。对媒体和传播而言，纸张和印刷术的出现为报纸的出现作好了准备，报纸不仅廉价，而且可以迅速地、大量地印制，是真正意义上的第一种现代传媒。随着科技的巨大力量日益展现，报纸也越来越关注科技信息的传播，今天世界各国的大报，除经常报道科技热点信息之外，大多会设立科技专栏，以专门传播科技信息。20 世纪以来，科技突飞猛进，科技传播也随之迅速发展。广播与收音机的出现，以新的技术形式展现了口头传播的魅力，当然，其效率与辐射范围绝非远古的口头传播能相提并论。电影电视，特别是电视的发明和普及，让人们可以通过媒体以动态的视听信息的形式了解科学。近数十年来，互联网的兴起变革着媒体，也变革着科技传播。

（二）新媒体与科技传播

科技创造了新媒体，新媒体也正在引发科技传播的一场变革。与传统媒体相比，以互联网为中心的新媒体具有信息来源多样化、信息发布和信息获取平等化、信息表达形式多样化、信息接收实时化、信息传播互动化的突出特点，不同的媒体特点将催生不同的传播模式，新媒体之下的科技传播，已经展现出与传统传播模式的重要差异。

其一，新媒体在极大地降低了科技信息传播成本的同时，极大地提高了科技信息的传播效率，公众个体成为信息生产与传播的重要成员。通过新媒体，公众如果需要，完全可以迅速、高效、接近实时地了解最新的科技进展等科技信息，而且成本非常低廉——不仅经济成本接近于零，而且为获取科技信息而花费的时间成本也大大降低。同时，利用新媒体，公众很容易获得准确的最新科技信息，在新媒体时代，科学王国正在变成一个真正的开放空间，公众参与科技事业的广度和深度都大为提高，自媒体在信息生产与传播中发挥着越来越大的作用。以移动平台为例，人们只需拥有一部能上网的手机，通过对信息内容的订制服务，即可随时随地获取有关科技新闻方面的信息。随着网络流量的日益增大，手机报纸、手机电视等新传播形式必将大放异彩，科技知识的传播渠道必将变得更为广阔。新媒体的这种信息整合功能，使现实生活中科技知识、科技新闻的传播，通过更广泛、更迅速的途径得以实现，从而更深刻地体现科技传播"以人为本"的理念。

其二，新媒体的快速连接功能与智能检索功能有利于科学信息的搜索与查询。"汗牛充栋"一词已经远远不足以刻画现代信息的丰富，于是海量信息一词应运而生——尽管与现代信息的巨大数量相比，海量一词其实也只不过是在刻画沧海中的一滴。面对海量信息，人类仅凭眼观手抄当然只能迷失其中。幸运的是，科技在创造海量信息的同时，也创造了快速链接、智能检索等技术手段，使得人们能够驾驭和运用海量信息。新媒体时代，在网上输几个字、点几下鼠标，公众几乎在任何情况下都能获取自己需要的科技信息，而且常常是同一主题的各种不同科技信息兼蓄并呈，一起提供给公众阅读、分析、判断。此外，链接功能在某些场合下还能够让公众以出乎意料的方式方便地获取科技信息。

其三，新媒体使得科技信息的表达形式得到极大丰富。口头传播时代，科技信息的表达形式为声音。书籍报刊时代，科技信息的表达主要通过文字进行，辅以一定的图像。广播和收音机虽再次唤回了口头传播，但一直居于次要地位。电影、电视的出现，使得动态的声音和图像的结合成为表现科技信息的有力方式。表面看来，新媒体至今并没有在声音、文字、图案、视频等科技信息的传统表达形式之外，增加新的表达形式。因为信息的表达形式受到人类感官的天然制约，除了针对味觉、触觉、嗅觉再发展新表达形式外，可供创新的信息表达形式似乎并不是很多。其实，新媒体对科技信息表达形式的改变并不是通过以某种特定的新的表达形式取代传统的表达形式来实现的。与之相反，新媒体对科技信息表达形式的变革正体现于它并没有创造任何新的表达形式，新媒体的真正创造在于其整合能力。历史上，口头表达、音像表达二者与文字表达难以互相融合，有时甚至是互相排斥的，新媒体在人类历史上第一次实现了文字表达、口头表达、音像表达三种表达形式的综合，这就是新媒体的信息表达形式。

（三）消除新媒体科技传播的负面作用

新媒体低成本而又便捷、快速的信息传播模式，在为科技传播提供巨大便利的同时，其传播模式也会被人们错误运用，甚至不当利用，给科技传播带来一定的负面影响。

首先，新媒体上存在大量道听途说的"科技信息"。如前所述，新媒体的出现，让信息发布成本降低到接近于零，信息发布方式又极为便利。与之相对照的是，在新媒体上发布错误信息，发布者几乎不会受到任何影响，付出任何代价，特别是匿名发布的信息，甚至连声誉都不会受到些许损害。科技信息的特点是高度专业化，科技传播的首要要求是信息真实、准确。新媒体让几乎所有有兴趣的人们都可以成为科技信息的发布者，于是在新媒体上自然就充斥着大量道听途说的所谓"科技信息"——多数情况下确非发布者有意误导受众，而是科技信息高度专业化的特点让发布者无从把握，以致自误误人。

其次，一些迷信活动利用新媒体伪装成科学。迷信活动恐怕与人类的文明一样古老，并延续至今，炼金、占星、数术等在古代曾与科学存在千丝万缕的关系。不过，科学早已与迷信分道扬镳。在科学大行于世的今天，迷信的空间日渐萎缩，将自己伪装科学，冒科学之名，行迷信之实，也就成了迷信拓展其空间的常见策略。新媒体上，这种迷信伪装成的科学更容易混淆真假，迷惑受众，妨碍公众对科学的理解。

最后，对新媒体的不当利用会损害科学的声誉。在新媒体上发布科学信息的门槛通常很低，对这一特点的滥用很容易对科学的声誉造成损害。如有的科学家在新媒体上草率发布未经确认的"重大发现"或"革命性突破"，新的数据、资料出来之后，又表明其实不然，对于公众对科学的信心，无疑是一次严重的打击。又如有的科学家娴熟地利用新媒体有意无意地夸大自己或他人科学成果的学术价值、经济价值或社会价值，误导公众的判断。类似的现象并非孤例，如反复出现，即使不是大多数，也将对科学的声誉造成重大损害。新媒体严密的信息监管的缺失，在某种程度上玷污了本该干净纯洁的科学领域。

三、科技发展中的争论、对话与共识

（一）科技争议的定义及分类

科技争议是争议双方阵营中均有科技专家和社会公众参与，围绕科学和技术

的某些产品或过程而展开的争议。科技争论在大多数方面与社会生活其他领域的争论具有相似性，不过也有区别于其他领域争论的显著特征。第一，争论的焦点必须是科学和技术的某些产品或过程；第二，争论的参与者中有一些人，但未必是所有人，必须具有科学或技术专家的资质；第三，争议的对立双方阵营中必须都有专家参与，他们在大多数外行公众所无法理解的相关复杂科学论断上持不同的见解。

按处于争议中的命题的性质，大致可以将科技争议分为关于事实命题的争议与关于价值命题的争议两大类。一般认为，事实命题表述事实实然状态，不掺杂人们的主观偏好或价值倾向，自然科学的知识均由事实命题进行表述；价值命题是指事物作为价值存在的应然判断，人文社会科学中的许多命题均是价值命题。事实命题和价值命题虽然语法形式相同，但意义完全不同。在事实命题中，主词和谓词的关系是在理论上仅表征所述对象的内在属性，如"铀具有放射性""汉字是象形文字"等，或不同对象间的关系属性，如"食盐溶于水""在地球上的自然物中，金刚石的硬度最高"等。在价值命题中，主词和谓词的关系表征的是人们主观的审美偏好、价值倾向，如"这张画很难看""人类不应该吃狗肉"等。这些偏好和倾向并不存在于事物本身之中，也不存在于事物之间的关系里面，仅仅表征陈述者接受或拒绝某种或某些观念、行为、现象或事实的态度。普遍认为，事实命题具有某种因果必然性，至少是概然性的因果必然性。价值命题则不然，它由主体的主观倾向所决定，并不具有必然性，但在伦理和审美上具有重要的意义。

事实与价值的区分只具有相对的意义，就科技争论这一实践性、情境性的研究主题而言，并没有必要将关于事实的陈述与所有评价性的陈述区分开来。我们所要做的是将极为明显的评价性或规范性陈述与事实陈述区分开来。所有参与争议的利益集团所共享的价值观念以及过于细微、不足以影响实际决策的价值观念可以与事实陈述混杂在一起而不会引发问题。

事实与价值的区分并不只是具有抽象的理论意义，还可以廓清我们的认识与思维，对于包括科技争论在内的各种争论的分析具有重要的意义。这一区分还有助于对症下药，结合具体情景找到解决争端的办法。

由于关于价值的命题不服从逻辑规则，也不包含必然性，而是决定于由主体的情感和意志所设定的标准，此类命题上的争论形成演进就难以找到带有一般性的规律。如果争议的问题仅仅是具体的利益，补偿措施就可以缓解冲突。然而，当基本的意识形态原则或观点成为争论的议题时，并没有一个直接的解决方案可以取悦主要参与者中的所有各方。① 例如，在美国载人航天政策争论中，一些人出于宗教理由反对人类进入太空，对于这些人是难以通过妥协、补偿的方式满足的。

一般而言，关于价值的争论则需要相关各方，乃至"不相关"的旁观者表达自己的价值追求与情感倾向，通过沟通交流形成共识。不过，交流对话解决争议很难一劳永逸，很多问题即便一时形成了共识，不久以后又会重新成为争论的话题。载人航天领域典型的例子包括载人航天与自动化的无人航天项目的相对价值、"天上的事情"与"地上的事情"的轻重缓急问题等。从 20 世纪 60 年代起，围绕这些问题的争议就经历过多轮起伏。

（二）科技争论的影响因素及特点

科技事实的争论受两方面的因素影响。

第一个因素是争论中的两极化社会过程。对模糊的科技事实解释往往取决于解释者对处于争议中的科学技术所持的立场。科技事实中的模糊性意味着专家们原则上可能会在一系列立场上选择任意一个，但现实争论中经常出现的情形是一批专家及其支持者群体采取一种立场，另一批专家及其支持者群体采取与之对立的另一立场。身处科技争论中的人们与身处政治、伦理等其他类型争议中的人们一样，也会寻求并巩固联盟，这会使分歧变得两极化，从而使争论趋向激烈。例如，1970—1971 年间，美国国会讨论航天飞机项目的可行性时，反对航天飞机项目的国会议员就与主要从事非载人空间科学与应用研究的科技专家联合，试图扼杀该项目。即便这些议员未必理解空间科技及应用事业，假如在争论中获胜迫使航天飞机项目下马，他们也未必会在后续的其他争论中支持增加对空间科学与应用项目的投入。

第二个因素是诉诸公共领域。当科技事实中出现模糊性时，科技专家们面临的一个合理的选择是暂时搁置争议，等有新的数据后重新讨论。但现实情况往往并非如此，他们经常会向第三方，如国会的专门委员会、媒体和公众、科学界等，解释自己的理由，从而使争议涉及的范围迅速扩大，科技决策更难以形成。在航天飞机项目决策过程中，美国国家航空航天局（NASA）职员、承包商及其雇员不时会将自己对技术决策的不同意见通过各种渠道反映到媒体、国会及其调查研究机构，而白宫管理与预算办公室（OMB）、国会调研机构则有意利用不同部门专家之间的分歧，建立起自己独立于 NASA 官方途径的信息渠道。这样更容易激化矛

① Dorothy Nelkin, *Controversy: Politics of Technical Decisions*, California: SAGE Publications, 1984, p. 20.

盾，使技术争论扩大和政治化。

（三）通过对话解决科技争论

关于事实争论的主要解决思路是探明真相，但同样需要在对话的基础上达成共识。因为很多引起争议的事实陈述往往隐含价值判断，社会各界广泛的交流与对话有助于揭示事实背后的利益与价值。例如，关于转基因食品安全性的争论，既包括它是否有毒这样的事实问题，也包含商业利益是否介入检测过程、是否侵害消费者知情权等价值层面的问题。

关于事实问题的争议虽然遵循一定的逻辑规则，但由于不一致和争议性是科学共同体内普遍存在的现象，这就可能引发问题。首先，即使争议的结束是可能的，但政治有时却是等不到那一天的，在共识没有达成、争论尚未结束时，政治就必须要做出决策；其次，科学的共识往往是暂时的现象，而科学的争论也总是一时的休战，它们总是时刻准备被新的可信证据推翻；库恩的范式理论还表明，依据不同"范式"进行研究的科学家们往往无法彼此说服对方，科学的共识和争论的停止在很多情况下并非理性过程的产物。上述困难证明，政治代理人不可能依靠科学本身达成某种共识，不可能仅仅等待科学争论自身偃旗息鼓，相反，他们必须主动地制定选择的策略，积极地授权给他们选择的代理人。

小　结

科技活动是有组织的社会活动，社会在体制化、硬件资源、软件资源等方面为科技发展提供支撑。相对独立的科学共同体，以提出独创性的科学知识为目标，其活动在理想状态下遵循默顿提出的四项社会规范。对于学术活动的规范，可以从精神层面、制度层面、技术层面三个层面加以考察。与过去相比，随着大科学的兴起与学术人员的职业化，现代学术生态发生了重大转变。科技活动产生科技产品，科技产品需要用专利制度来进行保护，因此现在专利制度在各国科技进步和经济发展中发挥着越来越重要的作用。科技发展与社会进步之间的关系是复杂的，科技乐观主义和科技悲观主义两者都把科技发展与社会进步之间的复杂关系简单化了，如何发挥科学技术的正面效应，抑制其负面效应，是全社会所应共同关注的重大课题。公众参与科技决策虽然是社会民主化和科技事业可持续健康发展的内在要求，但仍存在许多理论与实践的困境亟待解决。一个社会的科学技术发展与其公众科学素养之间存在确切的相关关系，公众科学素养的高低又与科学传播的水准存在相关关系。科技争论在大多数方面与社会生活其他领域的争论具有相似性，不过有别于政治、经济、军事、艺术等领域的争论，需要将科技争论按照其命题关乎事实与关乎价值之别进行区分，才能展开有价值的讨论。

思考题：

1. 简述科学技术活动的社会组织形式的历史变迁。

2. 默顿提出的科学的精神气质包括哪些内容？现实的科学活动与之在哪些方面存在差异？

3. 试述学术规范对于学术研究的意义。

4. 公众参与科技决策面临的理论与现实的困境是什么？如何应对？

5. 新媒体对科技传播有哪些有利和不利影响？如何更好地发挥新媒体对科技传播的作用？

6. 如何对公民的科学素养进行有效评价？

第七章 科学技术与社会发展的哲学反思

科学技术是一把双刃剑，一方面极大地提高了人类改造自然的能力，推动了社会发展，另一方面对自然环境和人类社会造成了一系列的负面影响。本章从科学技术与经济、科学技术与政治、科学技术与环境三个角度对科学技术进行深刻反思。

第一节 科学技术与经济

科学技术极大地推动了社会经济的发展，成为第一生产力，这是如何实现和体现的呢？科学技术在使经济呈现指数增长的同时，也使资源消耗和环境破坏呈现加剧趋势，这种加剧趋势是否意味着会出现"增长的极限"呢？要实现可持续发展，应该进行什么样的科学技术创新呢？对这些问题的回答，不仅事关科学技术的未来发展，更关系到经济、社会的未来走向。

一、科学技术是第一生产力

（一）科学与技术、生产关联的历史观

科学与技术是不同的。这种不同表现在很多方面，如科学是求知的，技术是造物的；科学是对自然的认识，技术是对自然的改造；科学是前后相联的，技术是可以断裂的；科学认识事物，回答事物"是什么""怎么样"以及"为什么这样"的问题；技术关注生产，回答"如何把某物制造出来"的问题。科学的进步是知识增长，技术的进步是生产出更多、更新、更好、更廉价的产品……由此，有些人认为，科学不能直接物化，不会对改造自然产生直接的影响，科学和生产力没有关系；有关系的只有技术，技术的进步能够提高人类改造自然的能力。

简单考察历史上科学、技术与生产的关系演进，可大致说明上述看法是失之偏颇的。

在古代，科学处于萌芽状态，技术处于经验阶段，技术常常来源于一些偶然的经验发现，科学对此没有产生多大影响。

到了中世纪，西方科学为宗教服务的功能进一步加强，但对技术的影响仍然较弱。在中世纪晚期，上述状况没有根本性的改变，科学对技术的作用不大，但

是技术所涉及的领域常常使科学受益。

在 16、17 世纪甚至 18 世纪的绝大部分时间，除航海业外，科学研究的成果几乎没有或很少转化为技术。以第一次工业革命中的纺织机革命为例，在制棉工业实现机械化的早期过程中，应用科学所起的作用几乎是微不足道的。那些著名的发明家如凯伊等没有多少科学知识，甚至没有科学知识。当代科学史家马尔萨弗指出："直到 18 世纪末，科学获益于工业的，远多于它当时所能给还工业的，在化学和生物学两方面，至少要再过一百年，然后科学家才能给出任何可以取代或改进传统的方法，而在医学方面甚至还要更久些。"①

到了 19 世纪中叶，情况有所改变。科学开始走在技术的前面，电磁学革命带来发电机和电动机的发明，为电力革命的到来奠定基础。

进入 20 世纪，科学进步推动技术创新的趋势更加明显。重大的科学突破成为技术革命和产业革命发生的最重要的驱动力，成为技术的源泉和生产活动的基础。基于链式反应的核能利用，半导体晶体管的发明，激光器的研制，基因重组生物技术的产生等，都是来自科学理论的引导，而不是像以前的技术那样，来自经验的探索或已有技术的延伸。这也使人们认识到，不仅技术，而且科学也是第一生产力。

（二）科学向技术、生产转化的认识论

在"科学技术是第一生产力"的命题中，有一点需要阐明，即科学认识是如何转变为技术的呢？这需要分析科学向技术、生产转化的过程。

在现代，一般而言，科学向技术、生产转化的过程大致可以分为如下三个阶段：（1）科学原理（自然规律）+应用目的——技术原理（合目的的自然规律性）；（2）技术原理+功效性——技术发明（技术可能性实现）；（3）技术发明+经济、社会性——生产技术（社会经济可行性实现）。②

从上述转化三阶段分析可以看出，如果没有科学，很多技术创新就失去了创新的可能性空间，科学所获得的认识体系以及嵌入其中的实验操作过程，为技术创新奠定理论基础，预示着新技术领域的产生；科学是使技术所以可能的内在依据，没有科学认识，很多技术创新将不能实现，很多物质产品的生产和使用也将不再可能。科学向技术的转化表明了科学相对于技术的重要性。事实上，也正是在这一过程中，科学实现了它的物质价值。

---

① Robert P. Malthauf, "The Scientist and the 'Improver' of Technology", *Technology and Culture*, 1959, Voll. Winter, pp. 38-47.

② 陈昌曙主编：《自然辩证法概论新编》，东北大学出版社 2001 年版，第 204 页。

（三）"科学技术作为第一生产力"的具体体现

1. 推动生产力要素的变革

生产力要素主要包括生产者、生产对象、生产工具和生产管理。科学技术作为第一生产力，是在通过推动生产力诸要素的变革中实现的。

第一，科学技术的发展及其在经济领域中的大规模应用，要求生产者掌握更多、更先进的科学技术知识和技能。生产者是生产力中起主导作用的最积极、最活跃的因素。生产者的科学技术水平越高，生产效率就越高。生产者的素质高低，决定着"科学技术作为第一生产力"能否实现。

第二，历史的发展表明，一部生产史，即是一部生产对象不断扩展的历史。当今科学技术不仅扩大了生产对象的范围和种类，而且使生产对象的品质、性能和用途发生了明显的变化。

第三，生产工具的改进和革新，鲜明地体现着科学技术对生产资料的渗透和强化作用。科学技术可以物化为生产工具和手段，不仅使生产工具代替人的体力劳动成为现实，而且使生产工具向代替人的脑力劳动方向发展。这既改变了生产工具和手段的性质，也改变了它们的构成，提高了生产效率。

第四，现代生产管理极大地依赖先进的科学技术。一些复杂的或规模巨大的工业生产一旦离开科学技术，根本无法进行管理。现代管理广泛应用最新的科学技术，使人、财、物得到最合理的利用，从而取得最大的经济效益。

2. 促进经济结构的调整

科学技术促使新的产业结构和新的经济形式产生，促进了整个生产力系统的优化和发展，提高了劳动生产率，成为经济结构调整的内生变量。虽然我们不能绝对地认为只要进行科学技术变革，就可以带来产业革命和新的经济形式，但是，如果没有相关的以科学为基础的技术变革，产业结构的调整和新的经济形式的出现，就不可能发生。

对于产业结构的升级，是国民经济进一步健康、快速发展的前提条件，反映了一个国家经济与科学技术发展水平。农业经济的主导产业是种植业，与第一产业相对应；工业经济的主导产业是制造业，与第二产业相对应；现代科技革命主导下的产业是高技术产业，属于第三产业，旧的产业得到改造，新的产业和朝阳产业开始出现，第三产业的比重迅速上升，而第一产业和第二产业的比重减小，形成了以第三产业为主导的产业结构。

对于新的经济形式的出现，是与科学技术的发展及其在生产中的应用紧密关联的。以现代信息科学技术等高科技为物质基础，以信息的开发和利用为特征，产生了"信息经济"形式；以现代生物科学技术为基础，以生物资源的开发利用为特征，以生物技术产品的生产、分配、使用为表现，产生了"生物经济"形式；等等。

二、科学技术与"增长的极限"

（一）"增长的极限"的提出

第一次技术革命极大地推动了英国经济的发展，呈现出一片繁荣进步的景象，加上 18 世纪末法国大革命的爆发，那个时代的许多思想家对社会发展前景抱有乐观态度。

不过，这种乐观的社会进步观并没有给英国历史与经济学教授马尔萨斯以多少影响。相反，他在 1798 年出版的《人口论》一书中认为，既然性欲是永恒的，医疗卫生条件的改善不是同时降低出生率和死亡率，而是使得出生率不变的同时死亡率下降，如此，人口将以几何级数增长，但是，土地、粮食和物质资源的供应不是以这种方式增长，而是以算术级数增长，这样一来，人口的增长速度将快于人类食物供给的增长速度，人口过剩和食物匮乏就成为必然，饥饿、瘟疫和为争夺资源而进行的战争也就不可避免，人口增长是人类苦难的最重要原因。

到了 20 世纪下半叶，世界范围内的资源问题和环境问题开始出现。这促使人们进一步反思：经济增长真的能够一直持续下去，从而持续地保持社会繁荣吗？

回答是否定的。作为"罗马俱乐部"成员，美国科学家米都斯（又译梅多斯）于 1972 年出版了《增长的极限》一书。在该书中，他指出，地球是有限的，在地球上决定人类命运的有五个因素，它们是人口、粮食生产、工业化、污染和不可再生的自然资源消耗。在一个较长的时期，当这些不同的因素在一个系统里同时按指数形式增长时，每一个因素的增长都将最终以反馈的形式影响自身，从而形成恶性循环。最终结果就是，在这个地球上，不可再生资源越来越少，环境污染越来越严重，这直接影响到粮食生产和工业生产，使它们无法继续增长甚至急剧衰退，人类和自然界遭到灾难性的打击。

《增长的极限》发表后，在全球范围内敲响了人类社会发展和经济增长的警钟。它使得西方社会长期以来流行的盲目乐观主义观念，诸如"自然资源是无限的、科技进步和经济增长是无止境的"等，受到极为强烈的质疑。这是人类历史上第一次用系统动力学的方法研究社会发展的未来，进而建立了第一个"世界模型"；第一次对人类社会发展可能面临的严重困境提出警告，使人们警醒过来，开始反思以往的社会发展道路，以寻求对策。就此而言，《增长的极限》历史功绩是巨大的。

（二）"增长的极限"确实可能存在

米都斯提出"增长的极限"后，得到了世界范围的广泛支持，但遭到一些人的反对。综合反对者的观点，可归结为以下几点：

第一，米都斯研究报告中用了一个简单的模型，而且变量太少，对五个变量之间相互作用的研究不够充分，以此来表示未来世界发展存在着很大的局限性。而且，这种模型分析所假设的未来的人口、工业生产、粮食生产、环境污染和不可再生资源消耗都呈指数增长，也不一定必然出现。

第二，用于构建世界模型的相关数据是不充分的，由此影响到结果的正确性。

第三，该世界模型是基于悲观论调设计出来的，预测了悲观的结果。如果基于乐观论调来加以设计，就可能得出乐观的结果。

第四，将计算机用于处理人类所面临的资源和环境等问题的有效性，值得怀疑；而且，以计算机将世界处理为一个地理上不加区别的单纯实体模型，也是不恰当的。

第五，没有考虑到大多数资源虽然为不可再生资源，但是它们可以循环使用，而且，也没有充分考虑到地下资源和未开发资源。《增长的极限》对"金、水、银、锡、锌、石油、天然气、铜等分别在 1981 年至 1993 年用完"的预测，也没有出现。

第六，人口增加越多，出现科学家和发明家的机会就越大，他们的发明将长期增加人类的福利。不仅如此，科技进步能够提高资源利用率，减少对资源的消耗，能够为自然资源和稀缺资源找到更多的替代品。

在这种思维的基础上，这些人认为，提出"增长的极限"的人们不过是一些不切实际而又固执己见的"卡珊德拉"（Cassandras，意指遇事过分悲观的人），他们习惯性地描绘一些不真实的悲观的图景，"增长的极限"并不存在。

真的这样吗？需要深入分析。

第一，《增长的极限》一书所使用的模型简单，并不必然导致它的最终结论是错误的。而且，随着研究模型的完善，所得的结果将会越来越准确。米都斯对此进行了修正，得出的结论是：

（1）人类对许多重要资源的使用以及许多污染物的排放，已经超过了可持续的限度。如果不对物质和能量的使用作显著的削减，在接下去的几十年中人均粮食产出、能源使用和工业生产会有不可控的下降。

（2）要想防止这种下降，两个改变是必须的：第一，变革传统的支撑物质消费和人口增长的政策和文化；第二，迅速地提高物质和能源的使用效率。

（3）避免"增长的极限"以实现可持续发展，在技术上和经济上都是可能的，它比试图通过持续扩张来解决"增长的极限"更可行。向可持续发展的社会过渡，需要兼顾长期的和短期的目标，同时又要强调产出的数量。它需要的不只是生产率和技术，还需要成熟、热情和智慧。①

第二，虽然《增长的极限》一书中的某些预测失败了，但是，这并不意味着未来的人类社会不会出现资源危机和环境危机；虽然发达国家的环境确实有所改善，但是，这并不意味着《增长的极限》预言错误，因为在一些发展中国家环境危机呈现加剧趋势。我们的全球环境并没有比他预言的更好。

第三，"人口增长刺激技术创新"这一点乍看有一定道理，其实不然。在一个复杂的社会中，技术创新的原动力不是或主要不是由人口因素所引起的资源短缺，而是其他非常复杂的政治、经济、文化等因素。人口的增长、资源的短缺并不一定带来技术创新，相反，倒有充分的证据表明："缓慢的人口增长对于世界上绝大多数发展中国家来说，将会有利于经济发展。"②

第四，即使默认人口的增加、资源的短缺能够推动技术创新，也不能肯定人类就能够找到替代资源，从而克服人口增长所引发的资源短缺。如果替代弹性（elasties of substitution）是高的，这一替代就没有问题；如果替代弹性是低的，那么人类的发明就不足以克服资源的限制。在工业社会，"替代弹性"比在前工业社会高，因此有大量的替代品出现。但是，在工业时代发展到一定时期以后，由于绝对的人口增长所积累的环境损害，给我们带来的是更少的选择余地，更低级别的资源基础和比以往历史更难恢复的环境，"替代弹性"又是逐渐下降的。如此，就要认真考虑"增长的极限"了。

第五，至于"科学技术进步能够减少资源消耗"的观念，就更不一定正确了。

有研究者鉴于全球范围内存在环境保护水平中等的发达经济体、环境保护水平高的发达经济体、处于发达边缘的发展中国家和地区，以及正积极促进在能源政策中考虑环境因素的发展中国家和地区，有针对性地选择美国、欧洲、亚太地

---

① ［美］唐奈勒·H·梅多斯、丹尼斯·L·梅多斯、约恩·兰德斯：《超越极限——正视全球性崩溃，展望可持续的未来》，赵旭、周欣华、张仁俐译，上海译文出版社 2001 年版，第 5 页。

② Nation Research Council, *Population Growth and Economic Development：Policy Question*, Washington, D. C.：National Academic Press, 1986, p. 90.

区和巴西，进行案例分析，结果显示节能技术的进步确实会提高资源使用效率，但是并不会减少能源的消费，相反倒是降低了资源消费成本，增加了资源消耗。①

三、科学技术与可持续发展

（一）转变经济增长方式与科学技术创新

长期以来，各国以发展经济学为中心，以物质财富的增长为发展目标，来构建社会发展理论。经济增长成为人们的第一要务和主要追求，在此过程中，形成了或者以产业为分类标准的经济类型如农业经济、工业经济等，或者以技术为分类标准的经济类型如信息经济、生物经济等。不过，在此过程中，忽视资源节约和环境保护，带来了资源和环境危机，最终可能会带来经济增长的停滞。鉴于此，要针对传统经济所存在的"高消耗、低（高）产出、高污染"的缺点，探索新型经济形式，以形成"低消耗、高产出、低污染"的集约型经济增长方式。在这方面，循环经济、低碳经济等是其典型代表。对于这些新型经济形式的创立和运作，需要展开相应的科学研究和技术创新。

如对于低碳经济，就需要进行相应的低碳技术创新。从目前看，主要的低碳技术按照减排机理的不同分为以下三大类：

第一类是源头控制技术。包括新能源和可再生能源技术，如水能、风能、生物质能、太阳能、潮汐能、地热能、核能等技术；碳排放强度相对较低的化石能源技术，如天然气技术，以替代煤炭等高排放强度化石能源技术；钢铁、水泥、化工等生产工艺的原料替代技术。进行这些技术创新，可以做到无碳或减碳，所以又称为"无碳或减碳技术"。

第二类是过程控制技术。包括传统化石能源节能减排技术，如煤、石油、天然气开采及高效、清洁、综合使用等技术，整体煤气化联合循环发电、智能电网技术等是其重要方面。除此之外，这类技术还包括其他行业过程节能减排技术，如制造业节能、建筑节能和交通节能等技术。这类技术可称为"绿色能源技术"。

第三类是末端控制技术，即二氧化碳捕集、利用和封存技术，简称"CCUS（Carbon Capture，Utilization and Storage）技术"。

（二）建立"稳态经济"与科技创新

经济活动受到自然的有限性、热力学第二定律和生态系统三大物理和生物因

---

① 参见［美］约翰·M·波利梅尼、［日］真弓洁三、［西］马里奥·詹彼得罗等：《杰文斯悖论——技术进步能解决资源难题吗》，许洁译，上海科学技术出版社 2014 年版，第 179—217 页。

素的限制。尽管技术的进步和可再生资源的开发利用能够一定程度上打破这一限制，但不可能超越这一限制。这就使得经济不可能无限地增长下去。为此需要我们寻求一种可持续发展的经济。这样的经济被称为"稳态经济"。它由美国著名生态经济学家戴利提出，并被西方一些经济学家和绿色政党等倡导。

戴利认为，"稳态经济"基于这样一种认识，经济系统应该被看作生态系统的子系统，应该不超越自然生态系统的限制，即使得经济的"流量"——物质从原材料输入作为开端，然后转化成为商品，最后形成废物输出的流程——限于生态系统再生与可吸收的容量范围内。如此，经济就能在保持自然可持续发展的背景下而得以可持续发展。①

从上述"稳态经济"的定义可以看出，它是一种新型经济，最主要特点是打破经济不断增长的迷梦，追求经济的可持续发展。

问题是：如何贯彻"稳态经济"呢？一个首要的前提是要对各种资本进行核算并进行可替换性考察。

资本包括自然资本、人造资本和人力资本。自然资本包括自然资产和环境资产所涵盖的范围，如土壤肥力、森林、渔业资源、环境净化能力、石油、煤气、煤、臭氧层以及生物化学循环等；人造资本包括机器、工厂、道路等；人力资本包括知识、技能等。

要实现"稳态经济"，是保持自然资本存量不变，还是全部资本不随时间减少？如果是前者，则是否要求所有的自然资本保持不变？如果是后者，则用人造资本和人力资本来代替自然资本的种类、规模和速度是怎样的呢？所有这些都需要自然科学和人文社会科学联合起来展开研究。

如对于自然资本和人造资本之间的替代，是有限度的。当人类的经济行为对自然资本造成的破坏达到一定程度时，就难以恢复，呈现出不可逆转的状态。此时，用人造资本来代替自然资本的合理性就较小，就要保持自然资本不变甚至增加；反之，就可以用人造资本甚至人力资本代替自然资本。不过，此时应该比较资本收益率，只有在把自然资本投资于人造资本能确保高收益率的前提下，才允许自然资本的逐渐减少。

（三）发展"清洁生产"与科学技术创新

目前，世界人口增长迅速，如果我们要在这样的条件下享有高水准的生活，

---

① 参见［美］赫尔曼·E·戴利：《超越增长——可持续发展的经济学》，诸大建、胡圣等译，上海译文出版社 2001 年版，第 38 页。

又想把对环境的影响降低到最低限度，那么我们只有在同样多的甚至更少的物质基础上获得更多的产品和服务。这就是后工业社会中的"清洁生产思想"。

"清洁生产"有多种途径。第一，封闭物质循环，尽量回收利用；第二，进行物质转换，即使用更少、更容易获得、更坚固耐用、更环保的材料代替原来的材料；第三，提高资源的利用率，使得生产单位产品的物耗和能耗降低；第四，把现有工业生产的技术路线从"先污染，后治理"转变为"从源头上根治污染"。

要实现"清洁生产"，就需要展开相应的科学技术创新。这方面的典型案例是绿色化学。

绿色化学是一门具有明确的社会需求和科学目标的新兴交叉学科。它的目标是把现有的化学和化工生产技术路线从"先污染，后治理"转变为"从源头上根治污染"。为此，在化学反应过程中尽可能以无毒无害物质或可再生资源为原料，以无毒无害物质为催化剂和溶剂，进行绿色化工反应，最终生产出对环境友好的产品。

绿色化学的内涵广泛，核心内涵之一便是"'原子经济'反应"。它强调的是某一反应的原子经济性而非产率。之所以如此，是因为：根据产率的定义——产率或收率（％）＝（目的产品的质量/理论上原料变为目的产品所应得产品的质量）×100％，某一反应的产率很高，只是表明目的产品现实产量相对理论产量较高，并不表明反应物（或反应物中的原子）更多地转移到了主产物中，也许反应物（或反应物中的原子）更多地转移到了副产物中。此时就会产生大量人类不要的产品，增加废弃物的产量。

而根据原子经济性的定义——原子经济性或原子利用率（％）＝（被利用原子的质量/反应中所使用全部反应物分子的质量）×100％，据此，某一反应的原子经济性越高，表明反应物中更多的原子转移到了主产品中，所生成的副产物和废弃物将会越少，资源消耗和环境破坏将会越少。

如对于环氧乙烷的生产，原来是通过氯醇法二步制备的，化学反应方程式如下：

$$CH_2 =\!\!= CH_2 + HOCl \longrightarrow HOCH_2 - CH_2Cl$$

$$HOCH_2 - CH_2Cl + \frac{1}{2}Ca(OH)_2 \longrightarrow \underset{O}{CH_2 - CH_2} + \frac{1}{2}CaCl_2 + H_2O$$

经过计算，该反应的原子利用率为 37.45％，表明有超过一半的原子没有被转移到目的产品环氧乙烷中，而成为副产物或废弃物。这会造成较大的资源浪费和环境污染。

自发现银催化剂后，生产环氧乙烷的化学反应已由原先的二步反应变为一步完成的原子经济反应。化学反应方程式如下：

$$CH_2 \!=\! CH_2 + \frac{1}{2}O_2 \longrightarrow \underset{O}{CH_2 \!-\! CH_2}$$

合成路线经过这样的改进后，原子利用率从原来的 37.45% 提高到 100%，原料分子中的原子百分之百地转变成了产物，没有产生副产物或废物，实现了废物的"零排放"。

第二节　科学技术与政治

劳斯认为，科学的政治哲学有四条进路：第一条进路试图把科学的政治解释置于自由主义政治理论这一宽泛的范围中，自由探索还是政治干预，专家治国还是公众参与，是其题中之义；第二条进路是各种形式的"解放论"背景下的科学批判，包括马克思主义、女性主义、第三世界的解放运动，以及其他各种从弱势群体的角度，对科学实践及其政治影响所作的批判；第三条进路认为关注科学与政治之间的互动，如哈贝马斯的"科学技术与意识形态之关联"等；第四条进路更为深刻，如海德格尔的"科学筹划"以及福柯的"知识与规训"。① 科学技术的政治反思也按照这四种进路进行。

一、科学技术与自由

（一）科学中的"计划"与"自由"

20 世纪以来，围绕科学究竟是"由国家计划指导"还是由"科学家个人自由探索"发生了许多次争论。

在近代科学发展的早期，科学研究几乎是个人研究，自由探索成为科学的主旋律，国家对科学的计划指导较少。

第二次工业革命之后的一段时间，虽然科学走在技术的前面，科学在生产方面的作用也日益呈现，但是，"科学技术作为第一生产力"几乎还没有成为国家意

---

① ［美］约瑟夫·劳斯：《知识与权力——走向科学的政治哲学》，盛晓明、邱慧、孟强译，北京大学出版社 2004 年版，第 265 页。

识，国家对科学的规划很少，科学认识基本上是以科学家自由探索的形式进行的，此时，科学研究更多的是"纯研究"，较少考虑到科学的经济效益。

第二次世界大战期间，出于军事需要，国家对科学技术尤其是军事科学技术的干预，如"曼哈顿工程"的实施，一定程度上改变了战争的进程，比较充分地展现了科学研究的巨大功利价值。它使人们意识到，国家对"纯研究"的干预，也可以带来科学的快速发展及其有效应用。

"二战"后，科学研究的走向发生了很大变化，呈现出以下特点：从"纯研究"走向与"基础研究"的并重，从"基础理论研究"走向与"基础应用研究"的并重，从"非战略性的基础研究"走向与"战略性的基础研究"的并重，从"小科学"走向与"大科学"的并重。如此，使得科学研究究竟是由国家计划指导还是自由探索呈现出复杂的境况，需要具体情况具体分析，加以区别对待。

对于"纯研究"，指的是人们纯粹出于自我兴趣而开展的自由探索，它"为知识而知识""为科学而科学"，不考虑实际应用，不需要国家计划指导。

对于"基础理论研究"，指的是"由科学内部产生的，不考虑实际应用的研究"。无论其选题的确立、研究的进行以及结果的获得，是很难由国家计划的，而只能由科学家通过自由探索。又由于这类研究在未来某个时间和空间可能会被加以应用，因此对于国家发展是有意义的，应该成为国家目标，加大资金投入。不过，鉴于这类研究的实际应用难以预料和不确定，因此，国家也就很难优先确立目标，进行国家层面的计划。20世纪40年代，时任美国科学研究与发展局局长的尼瓦尔·布什，在向罗斯福总统提交的《科学——没有止境的前沿》的报告中，就持有以上观点。[1]

对于"基础应用研究"，在美国科技政策专家司托克斯看来，虽然与"基础理论研究"一样，也是为了追求基本知识，但是，它的起因是为了解决应用过程中所面临的科学问题。由于法国微生物学家、化学家巴斯德所进行的研究具有这种研究的特征，因此他把此类研究所涉的范围又称为"巴斯德象限"。[2]

考察基础应用研究问题的来源，既来自于科学的技术应用中出现的问题，也来自于社会发展各领域如工业、农业、国防、健康卫生、资源环境等领域出现的问题，而且这些问题都与国家、社会、公众紧密相关，因此这些课题的选题、资

---

[1]　参见［美］V. 布什等：《科学——没有止境的前沿——关于战后科学研究计划提交给总统的报告》，范岱年、解道华等译，商务印书馆2004年版。

[2]　参见［美］D. E. 司托克斯：《基础科学与技术创新——巴斯德象限》，周春彦、谷春立译，陈昌曙审校，科学出版社1999年版。

助、执行以及结果的评价等，就不可能单纯由科学家自主决定并自由探索，需要政府、企业、公众等的共同参与。

不仅如此，无论是在"基础理论研究"还是在"基础应用研究"中，存在一类研究极其重要，它们涉及一些由科学自身发展以及与经济社会发展引发的重大科学问题。这类问题的解决，无论对于科学自身的发展，还是对于国家经济社会的发展，都具有十分重要的价值。也正因为这样，这类研究越来越受到世界上每个国家，尤其是发达国家以及发展中大国的重视，被提到战略高度，现在人们一般称之为"战略性的基础研究"或"国家战略性基础研究"。这类研究的目标由于与国家的发展战略目标是一致的，理所当然地成为国家关注的重点，由国家计划指导，它也因此常常被称作"国家目标导向性研究"。我国"863"计划和"973"计划等的设立和实施，就是如此。不可否认，"战略性的基础研究"往往研究规模和所需资金资助巨大，管理内容复杂，组织形式趋于集中，人员分工专业，所需人员和部门众多，涉及多个学科，需要从国家乃至国际层面加以规划、组织、管理和资金支持。

由此可见，科学研究究竟应不应该或者多大程度上应该由国家计划还是自由探索，要视研究的发展阶段以及具体情况而定。从"纯研究"到"基础研究"，从"基础理论研究"到"基础应用研究"，从"非战略性的基础研究"到"战略性的基础研究"，从"小科学"到"大科学"，国家计划指导应该得到更多的重视，科学家的自由探索应该受到更多的限制。

当然，"更多的国家计划指导"或"更多的对自由探索的限制"，并不意味着社会层面，如国家、政府、企业、公众等，对科学研究的具体过程和内容加以更多的限制，它只是意味着社会各个层面，对诸如基础应用研究、战略性的基础研究、大科学等的研究选题、研究规模、研究速度以及研究成果的鉴定等，施加更多的规划指导。在科学研究上，不区分具体境况，把国家计划和自由探索绝对化的倾向，是错误的。

（二）政治权力对科技的不当干涉

科学精神要求我们，必须从现实的自然（包括天然自然和人工自然）来研究自然，而不是从宗教、神话、巫术等所蕴涵的超自然来研究自然；必须就科学论科学，真理面前人人平等，而不是屈从于威权主义，由个人私利评价科学；必须保持科学的相对独立性，而不是借口任何政治斗争，如国家对抗、种族冲突、阶级压迫、权力争夺等，批判、裁决、压制甚至消灭科学乃至科学家。科学之所以成为"科学"，并不在于它获得了绝对的真理，而在于它是一项追求客观性、真理性认识的事业，必须以自由的精神对待它。在现实中，科学的自由品格受到各种政治权力的影响和压制，从而使得科学精神受到损害。人类历史上，以国家的名义或者种族的名义、阶级的名义等，将狭隘的国家利己主义、种族中心主义以及意识形态学说用于科学的评价乃至裁决中的恶劣事件屡有发生。典型的有纳粹德国的"雅利安科学事件"、苏联"李森科事件"、美国冷战时期"麦卡锡主义"对科学家的审查压制等。

历史的教训值得借鉴，科学的自由原则必须遵循。科学是一项创新、求实、批判的事业，自由、民主、开放是它的本质，专制、压制、统治是它的敌人。只有在消除专制政治对科学的控制之后，科学才能获得健康长足的进步。控制论的创立者诺伯特·维纳在反思"李森科事件"之后就说："科学是一种生活方式，它只在人们具有信仰自由的时候才能繁荣起来。基于外界的命令而被迫去遵从的信仰并不是什么信仰，基于这种假信仰而建立起来的社会必然会由于瘫痪而导致灭亡，因为在这样的社会里，科学没有健康生长的基础。"①

二、科学技术与解放

（一）增进人类自由而全面的发展

马克思指出："……自然科学却通过工业日益在实践上进入人的生活，改造人的生活，并为人的解放作准备，尽管它不得不直接地使非人化充分发展。"② 马克思认为，作为人类最终走向自由的中介的科学技术，能够作为解放的杠杆，增进人类精神生活的丰富性和自我发展能力，有助于实现人的全面、自由的发展。考察科学技术革命，确实如此。第一次技术革命，主要是纺织机和蒸汽机革命，以机器取代人手对工具的直接操作，实现了劳动生产方式的机械化；第二次技术革命——电力革命，以电磁学为指导，以电力作为生产动力，把人从动力供给中彻底解放出来，实现了劳动生产方式的电气化；第三次技术革命，是自动化科学技术、计算机科学技术和信息科学技术革命，机器系统取代人的直接操纵，控制生产按一定方式进行，实现了劳动生产方式的自动化、信息化和智能化，不仅大大延伸了人的感觉器官、运动器官，而且还大大延伸了人的思维器官，将人类从繁重的体力劳动和脑力劳动中解放出来。

---

① ［美］N. 维纳：《人有人的用处——控制论和社会》，陈步译，商务印书馆 1978 年版，第 160 页。

② 《马克思恩格斯文集》第 1 卷，人民出版社 2009 年版，第 193 页。

（二）女性主义科学技术论

20世纪60年代起，女性主义者对科学技术史、科学哲学和科学社会学等领域的相关问题日益关注，形成了女性主义的科学技术研究。她们对科学技术领域的性别分层原因、科学技术的性别化特征以及性别建构、女性的解放与自然的解放之间的关系等问题作了深入阐述。

比较从事科学技术活动的男女人员数量，他们的学科领域分布以及取得的成就和学科威望，不难发现，女性科技人员人数偏少，职位偏低，且越到高层，女性数量越少。有人把这种现象称为"女性在科学中的缺席"。

这种现象催生了一些学者对此进行理论探讨。有一种观点认为，这种男女性别差异是由生理性别（sex）决定的：男性更多地擅长理性的、线性的逻辑思维和数学思维，女性更多地擅长感性的、非逻辑思维等（见表7-1）。由此，女性以其天然的性别特征，更不适合从事科学技术工作，导致的结果是，她们在科学技术领域中的人数较少且成就较低。

表7-1　性别与科学二分法

男性化/客观	女性化/主观
知者/自我/主动/代理	被知者/其他/依附/被动
客观/理性/事实/逻辑/强	主观/情感/价值/无逻辑/弱
秩序/确定/预见/控制	无序/不确定/无预见/受控制
头脑/抽象/超然/自然/智慧	身体/具体/偶然/宿命/体力
文化/文明/开拓者/生产/公共	自然/原始/被开拓者/生育/私人

女性主义科学技术论者对上述观点进行了反驳。她们认为，并没有很好的证据证明男性和女性在科研能力方面存在天生的差别，之所以出现科学技术的性别分层，是由于带有偏见的"性别与科学二分"的男权文化造成的。这种男权文化更多地将男性气质与科学一致起来，将女性气质与科学对立起来，从而使得科学思维成为男性的专利，科学成为男性的特权，使得人们倾向于相信相比于男性，女性天生不适合从事科学技术工作。正是在这种男权文化主导下，我们的社会没有创造良好的社会环境去培养女性，鼓励她们更多地从事科学技术工作。这影响到女性对科学技术活动的参与以及应该取得的成绩，最终使她们在科学技术实践中处于弱势地位。

不仅如此，女性主义还将科学知识、技术产品本身与性别相联系。有女性主义研究者发现，在科学研究尤其是生物学研究中，渗透了性别文化，体现了性别文化对科学的建构。如自 20 世纪早期以来，精子通常被描述为主动的，而卵子则被描述为被动的。之所以如此，并非基于科学证据，而是出于性别文化的影响。还有女性主义研究者发现，技术具有高度的性别化政治色彩，技术中的性别角色预设强化了现有的性别结构。如在维多利亚晚期，女性采取男性化的、暴露性的体态有悖于当时的社会礼节，鉴于此，制造商开发的自行车外形特征就与这一社会文化观念相一致。甚至，有些激进的女性主义研究者认为，新的生育技术和家用技术远没有把女性从家庭中解放出来，相反，使她们进一步陷入性别的社会组织之中，导致新的家用技术并不能使女性花在家务劳动上的时间减少，新的生育技术成为父权制侵害女性身体的一种形式。①

文化生态女性主义者把人类统治自然界的主客二元对立文化，与男人对女人压迫的男权文化紧密联系在一起。她们认为，自笛卡儿以来，人们是以现代性的主客二元对立思维模式来看待世界的，由此形成"人类中心主义"的观念。在这种观念中，自然是被动的，无情感、意志和价值的，低级的，只有工具价值而无内在价值；人类是主动的，具有情感、意志和内在价值；人类可以为了自身的利益而任意操纵、控制和征服自然。

进一步地，她们认为，男权文化也是以与主客二元对立思维模式类似的方式看待女性，把女性与自然相类比，坚持女性的性别特色与自然相类似。她们进一步认为，女性缺乏理性，是被动的，受物欲和情感支配的，理应服从富有理性和主动性的男人的统治。这样一来，男权文化的倡导者就以男女不同的生物机制作为压迫妇女和自然界的根据，在压迫"女性化的自然界"的同时，也以微妙的心理定势压迫"自然化的女性"。

要保护和解放女性，就要批判"人类中心主义"文化以及"男权文化"，打破人类与自然、男性与女性之间的二元对立思维，确立非二元对立的思维方式和非等级制观念，建构人与自然、男人与女人之间的和谐关系，在解放和保护自然的同时，解放和保护妇女。

（三）"后殖民科学"与欠发达国家

一种观点认为，西方殖民主义国家在开拓殖民地的同时，也向殖民地国家输入科学技术，由此促进殖民地国家的发展。

对此，一些科学技术史家和科学技术论者通过进一步研究，发现事实并非如

---

① 参见［澳］朱蒂·维基克曼：《女权主义技术理论》，［美］希拉·贾撒诺夫、杰拉尔德·马克尔、詹姆斯·彼得森、特雷弗·平奇编：《科学技术论手册》，盛晓明、孟强、胡娟等译，北京理工大学出版社 2004 年版，第 145—156 页。

此。西方殖民主义国家，利用从殖民地国家掠夺来的资源，系统地发展了他们的农业，并以此完全支撑了他们的工业，促进了他们的科学如生物学、医学等的发展。与之相比较，殖民地国家从中得到的却非常少。① 究其原因，不是由于殖民地国家的资源是公共资源，也不是由于殖民地国家当地民众的知识——地方性知识是无效知识，更不是由于他们的知识及其技术等不符合专利标准，而是由于殖民主义国家利用其文化霸权，依据"科学标准"以及西方国家的法律知识和专利制度，对殖民地国家的资源及附着于其上的地方性知识进行掠夺。

这表明，"科学技术为殖民地国家带来发展"这种观点是站不住脚的，借助"科学技术向殖民地国家转移"这一论点，并不能为帝国主义和殖民主义的合法化提供辩护。

到了现代，在"科学技术对于欠发达国家的意义"这一问题上，有人认为，科学技术是一个国家发展的最主要推动力，科学之于技术，科学技术之于社会发展和经济增长，意义重大；而这与该国是否属于发达国家或欠发达国家无关。鉴于此，欠发达国家所要做的就是大力发展并且引进西方发达国家的科学技术，与国际接轨。

上述观点受到"依附性理论"的批判。它的核心内涵是：欠发达国家无论社会经济结构还是科学技术需求，都与发达国家有很大的不同。如果欠发达国家在科学上一味追随，技术上盲目引进，则很可能导致科学技术与社会经济的脱节，甚至会导致欠发达国家资源的不当配置，引发社会失序，阻碍经济增长，产生依附性和虚弱性。②

"依附性理论"有一定道理。因为，欠发达国家在科技人员的创新能力、科学文献发表、研发资金等方面都与发达国家有一定的差距，从而在科学上处于"外围"；欠发达国家追捧西方科学技术，只将此研发金额的很少一部分用于研究与自身社会发展和经济增长直接相关的问题，会导致科技解决本国问题能力的不足；欠发达国家本土知识精英远离其所在的社会经济现实，忽视其相关的科学技术研究，缺乏把理论知识转化成技术应用的能力；欠发达国家的经济基础结构不适合西方技术，盲目依赖西方技术转移，可能会影响到欠发达国家的传统产业和公众

① 参见［美］丹尼尔·李·克莱曼：《科学技术在社会中——从生物技术到互联网》，张敦敏译，商务印书馆2009年版，第141—169页。

② ［美］韦斯利·施乐姆、耶豪达·舍恩哈夫：《欠发达国家的科学技术》，［美］希拉·贾撒诺夫、杰拉尔德·马克尔、詹姆斯·彼得森、特雷弗·平奇编：《科学技术论手册》，盛晓明、孟强、胡娟等译，北京理工大学出版社2004年版，第479—483页。

就业；等等。这样的情形，被一些学者称为"后殖民主义"，其中的科学技术则被称为"后殖民科学"。

"后殖民科学"的提出有一定意义，它区分了本土科学知识与西方科学知识，肯定了地方性知识的有效性，看到了欠发达国家盲目发展和引进西方科学技术的不足，指出了由此可能进一步引发与科学技术相关的殖民主义。它告诉人们，欠发达国家应该全面认识发达国家和欠发达国家在科学技术以及社会发展上的差异，正确处理消化引进与自主创新的关系，发展出既与西方科学技术接轨，又能适合本国国情的科学技术，以更好、更快地推动本国的社会发展和经济增长。

但是，对"后殖民科学"要具体分析，否则，则有可能因为一味强调本国国情，而拒绝发展和引进发达国家的科学技术，从而失去科学技术在推动本国发展中的巨大作用。

三、科学技术与意识形态

（一）"启蒙的辩证法"与"理性的工具化"

霍克海默是法兰克福学派的创始人之一，他不仅把科学技术看作生产力，而且明确提出科学就是意识形态的观点。他认为："不仅形而上学，而且还有它所批判的科学，皆为意识形态的东西；后者之所以也复如是，是因为它保留着一种阻碍它发现社会危机真正原因的形式。"①

霍克海默和阿道尔诺（又译"阿多尔诺"）合著的《启蒙辩证法》一书，虽然并没有专门系统阐述科学技术与意识形态的关系，但是，该书对启蒙精神、工具理性等的批判，一定程度上体现了科学技术作为意识形态的内涵。

1. "启蒙的辩证法"

所谓"启蒙"，在他们那里，并非专指近代欧洲 18 世纪以来的启蒙运动，而是泛指一切旨在把人类从恐惧中解放出来，并确立其主体地位的"最一般意义上的进步思想"。在他们看来，这些进步思想对自然进行了简单的"祛魅"，以追求一种人类能够统治自然的知识形式；自然的神秘、神圣、崇高、意义失去了，只留下那些可以有助于达到人类操纵自然的目的的东西；这些东西经过人类感觉、分类、计算后，就可以提高了人类控制自然的能力，造成人类对自然的破坏。这样一来，原先试图打破"自然对人类奴役"的进步思想，最终带来的却是"人类对自然的奴役"。思想的进步性被摧毁了，失去了它固有的意义，造成了人对自然

---

① ［德］马克斯·霍克海默：《批判理论》，李小兵等译，重庆出版社 1989 年版，第 5 页。

的异化——"每一种彻底粉碎自然奴役的尝试都只会在打破自然的过程中，更深地陷入到自然的束缚之中。"①

不仅如此，在他们看来，人对自然的奴役与人对人的压迫是紧密联系在一起的。当启蒙精神实现了人类对外在自然的暴力统治之时，也会促使人们承认权力是一切关系的准则，从而将统治自然的技术作为工具来统治一切，结果造成了人对人的本性的压迫，强化了一些人对另一些人的统治。

由此，"启蒙"变成了一种同义反复，回到了它所企图摧毁的神话之中。启蒙旨在反对极权主义，可自己却变成了极权主义，造就了人对自然的奴役以及人的自我奴役，最终使得自然和人类变得无法控制甚至具有破坏力；曾经从野蛮中解救出来的人类，再一次沉沦到一种新的野蛮中去。

2. "理性的工具化"

随着科学技术的高度发展，实证主义思潮兴起，价值理性式微，工具理性发扬光大，人类进入到技术高度发展的工具理性时代。

在霍克海默和阿道尔诺看来，工具理性关心的是手段的适应性，工具的价值不在它们自身，而在于它们有相应的功能能够实现主体所设定的某种目的。如此，工具理性本质上关注的是特定目的的实现，很少关心目的本身的合理性；工具理性把世界看成是一堆无生命的、冰冷的东西，它由纯粹的主体操纵和统治；工具理性追求发展的物的意义，用机器模式型塑人们的生活模式，从而遮蔽了发展的人的意义，人被异化为技术和物的奴隶，成为"技术—经济人"。

结果是，工具理性向社会各个领域的扩张过程，也是其控制自然以及入侵并控制人类的过程；工具理性就是一种"物化"的理性，一种"控制"的理性，它用工具价值代替精神价值，用物的关系代替人的关系，不仅将人类带至海德格尔所说的"与自然普遍对立"的境地，而且还使人类像胡塞尔所说的那样"遗忘生活世界，丧失生活意义"。"理性自身已经成为万能经济机器的辅助工具。理性成了用于制造一切其他工具的工具一般"，"它最终实现了其充当纯粹目的工具的夙愿。"②

（二）"单向度的社会"和"单向度的人"

马尔库塞是西方激进的社会批判家、法兰克福左派领导人，对科学技术的批

---

① ［德］马克斯·霍克海默、西奥多·阿道尔诺：《启蒙辩证法——哲学断片》，渠敬东、曹卫东译，上海人民出版社 2006 年版，第 9 页。

② ［德］马克斯·霍克海默、西奥多·阿道尔诺：《启蒙辩证法——哲学断片》，渠敬东、曹卫东译，上海人民出版社 2006 年版，第 23 页。

判是其最大的理论特色。同马克思一样，马尔库塞非常肯定技术在社会发展中的作用，认为在当代工业社会中，决定性的东西是技术。不过，他又认为，"当代工业社会是一个新型的极权主义社会，因为它成功地压制了这个社会中的反对派和反对意见，压制了人们内心中的否定性、批判性和超越性的向度，从而使这个社会成了单向度的社会，使生活于其中的人成了单向度的人"①。人之所以成为"单向度的人"，在马尔库塞看来，是由于现代社会已经成为"单向度的社会"，现代的人已经成为"单向度思维的人"。

1. "单向度的社会"

在社会控制中，技术控制已经成为新的控制形式。当代工业社会，利用先进的技术手段，不仅能够控制物质生产过程，而且还能够操纵和控制人的心理、意识，使人类彻底地屈从于整体社会需要，并最终丧失那种人之所以为人的"内在的自由"；不仅能够使人类过上越来越舒适的生活，而且还把人类束缚在现有的社会体制之中，使人变成了只追求物质的人。这样，人们习惯性地把受操纵和控制的生活当作舒适的生活，把社会的需要，特别是虚假的需要，当作个人的需要，把社会的强制当作个人的自由，丧失了追求精神自由和批判性思维的能力，从而也丧失了对现存制度的否定能力。

在政治上，大机器化的工业生产，降低了工人的劳动强度，减少了蓝领工人的人数，加强了资本家和劳工组织的联系，分化了无产阶级阵营，使他们逐步丧失其否定性和革命性。

在生活上，对具有多样化功能的物质产品的消费，提高了人们的生活质量，缩小了工人和资本家之间的生活差距，同化了人们的生活方式，使人们在追逐和享受物质"蛋糕"的同时，认同了这一社会形态的现状，忘记了基于自由、民主、平等等思想理念而对社会进行反思和抗议。

在文化上，现代技术的应用以及取得的巨大社会成就，实现了当代人对人格完满、人道主义、浪漫爱情、幸福平等之生活的追求，否定了体现这些追求的前技术时代高层文化在现时代存在的合法性，俗化了高层文化，使之被纳入到无所不在的商业秩序中，屈从于资本和世俗变成物质文化（或者大众文化）的一部分，失去了高层文化中相对于社会的对立的、异己的和超越性的因素。

在语言上，充斥着魔术似的、专横的和仪式化的概念（名称）要素，剥夺了

---

① ［美］赫伯特·马尔库塞：《单向度的人——发达工业社会意识形态研究》，刘继译，上海译文出版社 2008 年版，第 205 页。

话语作为认知和认知评判阶段的那些中间环节，造成了概念的意义等同于其属性、功能以及对它们的作用，体现了弗里德曼的科学"工具主义"特征；失去了概念在把握事实并且超越事实中的可靠表现力，混淆了理性与事实、真理与被认定的真理、本质与实存、事物与它的功能之间的区别，并以前者来替代后者，反映了单向度的而非双向度的、形式的而非辩证的思考方式。

2. "单向度的人"

第一，基于"理性＝真理＝现实"，坚持理性是真理与谬误的"试金石"，以科学代替非科学，以技术理性代替价值理性，以形式逻辑代替辩证逻辑，展开理性思维，服从技术理性的需要，因为技术理性是理性观念的最新结果。

第二，基于科学的谋划，自然被祛除了价值和目的，被定量化和形式化，被设计成为能够在实践上顺应各种目的的纯形式或纯质料，由此成为技术视域中的纯粹的工具和对象。这是科学合理性和技术合理性的基础，也是通过技术合理性实施统治逻辑的根据。具体而言就是，出于追求舒适生活，提高生产率的目的，将人们定量为相应的劳动力单位，使之屈从于技术装置的需要，实现了"机器对人的奴役"。由此，就把过去人对人的"人身依附"统治，转化为对"事物客观秩序"（如经济规律、市场等）的依赖。这表明："政治意图已经渗透进处于不断进步中的技术，技术的逻各斯被转变成依然存在的奴役状态的逻各斯。技术的解放力量——使事物工具化——转而成为解放的桎梏，即使人也工具化"。①

第三，实证主义、分析哲学的流行，使哲学成为治疗性的哲学，以治疗哲学的"形而上学病"。具体而言就是，把语言的意义同经验事实和具体的操作等同起来，并把既定事实无批判地接受，以此清除形而上学的概念，并对哲学进行实证主义的语言分析。这样的语言分析把存在于哲学中的、神话和宗教中的、文学和艺术中的和日常话语中的形而上学的、先验论的、模糊性的非实证性的、非逻辑性的话语形式，都当作否定性的、消极的、混乱的、不确定的、反面的、不科学的和不合理的东西，而加以否决。如此，就限制了人们多向度的语言形式以及多向度的思维，呈现出一种单向度的哲学、语言、思维状况。多元化的"批判性思维方式"被一元化的分析实证的"肯定性思维方式"代替，人类的语言、思维和大脑都被清洗了。

如何解决"单向度的人"这个问题呢？马尔库塞明确提出，应该对造成这种"单

① ［美］赫伯特·马尔库塞：《单向度的人——发达工业社会意识形态研究》，刘继译，上海译文出版社 2008 年版，第 127 页。

向度的人"的社会、哲学和技术进行反思，用一种人道主义的新技术来转变现有的政治统治，以帮助人们摆脱物质需求的诱惑与思想异化的束缚，促进人的自由解放。

（三）作为"意识形态"的技术与科学

哈贝马斯是法兰克福学派晚期的杰出代表人物，他对马尔库塞的社会批判理论作了进一步反思。他不同意马尔库塞认为科学技术与意识形态一样，有着明显的工具性和奴役性，起着统治人和奴役人的作用的观点。他认为，在资本主义社会中，科学技术已经成为"第一位的生产力"，起着丰富社会物质财富，提高人民的生活水平，并进而消除阶级差异和对抗的作用。在此基础上，他进一步指出，马尔库塞的"因为技术变成了统治的得力工具，所以技术的特征是政治的"观点是错误的，作为为政治统治辩护的科学技术，不是通过"一个阶级对另一个阶级的政治统治路径"实现，而是通过经济途径实现，即促进经济的不断增长，保持经济秩序的持续稳定，提供充分的物质产品和丰富的社会服务，满足人们各种各样的物质文化需求，从而获得他们对制度的忠诚。在此，科学技术成为政治统治合法性的基础。

由此可见，在哈贝马斯那里，科学技术已完全没有了传统意识形态压抑人和奴役人的功能，它不是作为旧的形式的意识形态起作用，而是作为新的形式的意识形态起作用。这种新的、不同于传统的意识形态具有三方面特点：更具操作性、较少意识形态性、更具辩护性。鉴此，科学技术的这种意识形态性，又被哈贝马斯称为"隐性意识形态"。"作为隐形意识形态（als Hintergrun-dideologie），甚至可以渗透到非政治化的广大居民的意识中，并且可以使合法性的力量得到发展。这种意识形态的独特成就就是，它能使社会的自我理解（das Selbstver-standnis der Gesellschaft）同交往活动的坐标系以及同以符号为中介的相互作用的概念相分离，并且能够被科学的模式代替。同样，在目的理性的活动以及相应的行为范畴下，人的自我物化（die Selbstverding lichung der Menschen）代替了人对社会生活世界所作的文化上既定的自我理解。"① 如此，作为意识形态的科学技术的影响，就不仅限于政治系统，而且还渗透到那些非政治系统中，如社会的生产、生活、文化系统中，在强化公众非政治化意识的同时，维护并增强了政治统治的合法化。

四、科学技术与权力

（一）福柯的科学技术与权力学说

福柯对传统权力观作了反思批判，认为它们仅仅关注到了宏观权力结构、国

---

① ［德］尤尔根·哈贝马斯：《作为"意识形态"的技术与科学》，李黎、郭官义译，学林出版社1999年版，第63页。

家政治力量、意识形态、阶级统治权力等，而没有深入到权力机制的微观运行过程。在此基础上，他运用谱系学的方法，对传统权力观很少涉猎的疯癫、话语、性、知识等领域，进行了政治学分析，以揭示其微观运作机制及其与权力的关系。

如对于疯癫，福柯通过考察禁闭机构史认为："精神分析能够消除某些形式的疯癫，但是它始终无缘进入非理性统治的领域。"① 言下之意是，虽然弗洛伊德创立的精神分析学对于疯癫有了一定的认识，但是，还有许多方面没有涉及。

既然如此，疯癫病人这种"不正常的人"是如何确立的呢？在福柯看来："'精神错乱'并不存在——它是被学科性知识制造出来的。国家起草政策法律，以法律形式规定，谁是正常而健康的，谁又是道德上或生理上变态而危险的。但是这些政策和法律的依据是那些由机构和学科制造出来的知识。换句话说，知识在某种意义上批准了权力的行使，并使其合法化。"②

据此，疯癫病人这种"不正常的人"之所以能够通过所谓"正常的人"、医生生产出来的知识来确立，并因此将他们圈进有形和无形的疯人院中，是因为权力的作用——我们的社会文化及其权力认同知识与权力是分离的，由此使得知识具有真理性、医生具有权威性，并进一步拥有裁定并禁闭疯癫病人的权力。"权力产生知识（这不单是因为知识为权力服务而鼓励它，或是由于知识有用而应用它）；权力和知识正好是相互蕴含的；如果没有相关联的知识领域的建立，就没有权力关系，而任何知识都同时预设和构成了权力关系。"③ 权力为知识的产生和运用提供前提条件，而知识的产生和运用为权力的贯彻提供认识根据，两者互相利用，合为一体。

不仅如此，福柯还通过"规训"，把科学、技术等与权力关联起来，进行微观权力的运行机制和策略研究。

首先，他把边沁的全景建筑（panopticon）重新解释为监狱（或学校、工厂等）的理想模式，认为这些建筑使对象的在场和活动完全可见，便于观察，成为监视建筑。这是"规训"权力运作的监视策略。不仅如此，他还认为，这种监视策略还表现在，通过成绩测验、技能考核、身体检查等方面的操作，为人制造出

---

① ［法］米歇尔·福柯：《疯癫与文明——理性时代的疯癫史》，刘北成、杨远婴译，生活·读书·新知三联书店 2003 年版，第 257 页。

② ［澳］J. 丹纳赫、T. 斯奇拉托、J. 韦伯：《理解福柯》，刘瑾译，百花文艺出版社 2002 年版，第 30—31 页。

③ ［英］阿兰·谢里登：《求真意志——密歇尔·福柯的心路历程》，尚志英、许林译，上海人民出版社 1997 年版，第 181 页。

新的属性和知识，并进而对人加以监视。

第二，通过相关的权力/知识的空间组织，对人进行封闭、组合、分类、隔离和分割，把人分成三六九等，安置在相应位置上。人也就按照这种分类，判断对自身的定位以及对他人和他物定位的合理性，并进一步判断自我行为的合理方式。这相应地塑造并限制了个人活动的空间以及行动和互动的模式，并最终使自己成为那样的人。

第三，以上监视和分类等策略的应用都对人进行了管理和组织，以完成规范化。所谓规范化，说到底就是要求人们按照既定的知识、技能和制度规范来办事，一旦违反规范，就要纠偏，让违规者就范。如此，规范化履行着等级划分并进而限制人们思想和行为的功能。如对于现代技术的掌握及其认定，就是一种权力的贯彻：根据技术操作活动的建构法则，权力施加规范于受训者，受训者也更为精确、更为细致地理解特定的技能和活动；同时，受训者也由他们学习技能的不同阶段而被划分为不同的等级，并按照勤奋程度、效率和服从情况等分门别类。

根据以上的分析，在各种"规训"设施，如学校、监狱、医院、军营和工厂等中，各种规范化的技术通过封闭、定位、时间限制、监视相关人等，甚至通过对他们的动作、姿势、言语加以规定和改造，把不合常规的人（精神病人、越轨者）、不规范的人（新兵、学徒工）或未定型的人（儿童）等塑造成"驯服的肉体"。这样，人的"身体不再被遮蔽和隐藏起来，而是暴露无余，并受到细致的审查；对身体的规划和训练代替了拷问；为了提高效率和生产率而对身体活动进行的重构代替了纯粹的劳役，结果出现了一种'细部的政治解剖学'。"①

不仅如此，福柯指出，这些机构中的封闭、监视、管理、规范化和告白等技术，同样适用于对这些结构以外的日常生活进行微观控制，以提高相应的社会关系和社会实践效率。

如对于时间技术与人类权力之间的关系，在计时表没有产生以及没有广泛应用之前，人们的时间意识不强，对时间以及对人类生产生活的控制不强。而一旦计时表产生后，每一项任务的执行就能够从时间上加以规定，这不仅包括任务的起始和完成时间，甚至还包括每一项任务之下的每一个分任务直至细目。如此，导致的结果是："某种关于行为的解剖——计时表被确定下来。活动被分解为各种

---

① Michel Foucault, *Discipline and Punish*, ［Trans.］ Alan Sheridan, New York：Random House, 1977, p. 139.

要素；身体、四肢和关节的位置受到限定；每个动作都被规定了方向、力度和时间；动作的顺序也被预先加以规定。时间渗透到身体之中，各种细微的权力控制也随之渗入其中。"①

这是一种新的权力运行机制。它不是借助暴力、酷刑等国家权力使人服从，而是通过日常言行的微观权力运行——"规训"，把人变成权力操纵的对象和工具，来控制人的言行，从而达到支配控制人的目的。

上述思想对于理解现代科学技术的权力内涵，警惕各种规训策略和技术对人的操纵和控制，具有重要的启发价值。

（二）劳斯的科学政治哲学

一般而言，知识和权力之间的关系有三种：一是运用知识获取权力，二是运用权力获取或评判知识，三是运用知识把我们从权力的压制下解放出来。美国科学实践哲学的代表人物约瑟夫·劳斯对这三种关系进行了分析，认为它们反映了权力相对于知识的外在特性，而没有涉及权力对知识以及知识对权力的内在影响。② 他参考福柯的规训机构作为权力的诞生地和实施地的思想，以实验室为焦点，形成他的科学实践微观权力分析。

首先，他认为，应该把实验室理解为一个权力关系的场所，因为，实验室微观世界中存在建构和操作，而这种建构和操作与福柯式的权力策略是一一对应的。这具体表现在：隔离、封闭和分割实验室，排除那些影响有效认识的因素；干涉、追踪、监视、记录实验对象和现象，制造出新的对象和现象；标准化实验过程中所涉及的物质材料、程序和仪器设备，规范化实验者的实验操作，使得实验室中的事物及其现象以一种有序的方式呈现出来，等等。③

这可以看作实验室中微观世界建构和操作过程中，认识者对认识对象的"规训"的实施。这是实验室知识获得的必然路径。

进一步地，劳斯认为，类似的"规训"还发生在认识者身上。劳斯就说："实验室是被严格封闭和隔离的空间，是受到严密监控和追踪的空间，是被精心控制的介入和操作的空间。如果不同时对在微观世界中从事研究工作的人进行限制

① Michel Foucault, *Discipline and Punish*, ［Trans.］Alan Sheridan, New York：Random House, 1977, p. 152.

② 参见［美］约瑟夫·劳斯：《知识与权力——走向科学的政治哲学》，盛晓明、邱慧、孟强译，北京大学出版社2004年版，第12—16页。

③ 参见［美］约瑟夫·劳斯：《知识与权力——走向科学的政治哲学》，盛晓明、邱慧、孟强译，北京大学出版社2004年版，第235—240页。

（主要是自我强制和自我监控），那么我们就不可能维持那些施加于微观世界的物质材料和过程之上的控制。实验室实践对实践主体施加了具体的规训。"①

这种状况也发生在不同的实验室间科学认识的转移中。因为，实验室微观世界的建构和操作是一种地方性实践，实验室所产生的知识是一种地方性的知识，是一种只在实验室的特定环境和背景之下才成立的标准化的知识，它祛除或者屏蔽了实验室内部和外部那些干扰认识的因素，因而只具有实验室特定背景下的普遍性。当将这样的实验室中的知识和技能从一个实验室向另外一个实验室转移时，要针对新的实验场所以及相应的情境或环境进行重构或者再概念化，才能获得与此前实验室中同样的结果。在这一过程中，是需要对新的实验室中的实践主体加以限制和规训的。

第二，与上述限于实验室之内的权力相比较，劳斯更重视实验室之"外在拓展"中的科学与权力的关系。他认为，当将基于实验室认识的科学向外拓展应用于生活生产实践时，面对的是自然界和人类社会，这是与实验室微观世界背景不同的，要想顺利实现拓展，就必须对自然系统和社会系统加以限制和权力规训。

对于自然系统，劳斯认为，需要进行重组，以使外在的自然界与实验室微观世界具有更多的耦合性。这种重组不是重组实验室微观世界以及所获得的相应的科学知识，使科学应用实践适应于更为复杂的自然系统，而是重组自然系统，使它们具有相对于实验室知识和技能更具紧密的耦合性，以适应实验室微观世界，即适应相应的科学技术。

对于社会系统，劳斯认为它与技术系统之间存在着各种非线性的关联，往往缺乏弹性的结合，从而导致这两个系统之间缺乏"紧密耦合性"，由此也使得实验室外部拓展不能实现。要想顺利实现实验室的外部拓展，就必须对这两个系统所涉及的组织和人施加更多的规训和限制，增强它们的紧密耦合性，以顺利实现实验室微观世界的外在拓展。②

比如，法国微生物学家、化学家巴斯德于 1881 年成功研发炭疽热疫苗，但是，在推广过程中遇到了麻烦。试验表明，如果不改变动物饲养的原来状况，使之与研发炭疽热疫苗的实验室环境具有更多的一致性，则炭疽热疫苗就不会产生如巴斯德炭疽热疫苗实验那样的显著效果。之所以如此，主要原因在于炭疽热疫苗推广所面对的自然系统和社会系统，已经不同于研发这一疫苗的实验室微观世界，

---

① ［美］约瑟夫·劳斯：《知识与权力——走向科学的政治哲学》，盛晓明、邱慧、孟强译，北京大学出版社 2004 年版，第 251 页。
② 参见［美］约瑟夫·劳斯：《知识与权力——走向科学的政治哲学》，盛晓明、邱慧、孟强译，北京大学出版社 2004 年版，第 245—247 页。

仅仅在原先的自然系统和社会系统中引入这一疫苗，是不能取得成功的。如此，在这种疫苗推广过程中，就要进行广泛的社会协商，改变相关的自然系统，如改变动物饲养环境，使它变得比以往更干净、更少具有随意性和地方性特质等，并且改变社会系统，如把诸如"消毒、清洁、预防接种、记时和记录"之类的实验室实践引入法国农场，使得这些系统与实验室的微观世界具有更多的耦合性，从而最终保证炭疽热疫苗的顺利推广。

第三，劳斯认为，基于实验室微观世界建构，还把我们的世界重构为可能的行动领域。他认为："以实验室为基础的测量、计算和说明的实践，分析、分解和重组的实践以及人为控制的分离、隔离和混合的实践，它们为把世界本身理解为资源储存库提供了基础。"① 具体而言，以实验室微观世界建构和操作中蕴涵的计算性思维为模本，把地球看作一个资源库，然后对这样的资源库进行分解，得到各种不同资源类型。之后对这些资源的存量、利用和保护情况进行测量，再依据现有的人口及其相关利用保护情况，计算衡量出它们的最佳利用方式、相互替代情况以及储藏保护策略。

这样一来，实验室建构和操作所具备的可计算的控制拓展特性，就为拓展到实验室之外的世界，提供了一个类似的，但却更充分、更现实的可计算模式。"科学实践的发展和拓展已经更微妙地转换了这些传统意义上的政治变化的情境。我们周围的事物被更为精确地测量和计算，被分解和重构，被隔离于它们与环境之间无法控制的互动影响之外，它们更具密切的耦合性和人为的复杂性。我们自己、我们的机构和我们理解的可能的行动领域也相应发生了变化。"②

福柯、劳斯的科学、技术与权力关联的上述微观分析有一定道理。不过，必须清楚，这种微观分析只有放到社会政治、经济、文化等背景中，才有其坚实的社会基础。

第三节　科学技术与环境

现代科学技术是造成环境问题的重要原因之一。问题是科学技术为什么会造

---

① ［美］约瑟夫·劳斯：《知识与权力——走向科学的政治哲学》，盛晓明、邱慧、孟强译，北京大学出版社 2004 年版，第 256 页。

② ［美］约瑟夫·劳斯：《知识与权力——走向科学的政治哲学》，盛晓明、邱慧、孟强译，北京大学出版社 2004 年版，第 254 页。

成环境问题？应该发展什么样的科学技术以解决环境问题？科学技术解决环境问题的限度怎样？是否单纯利用科学技术就可以解决环境问题，其中社会组织管理制度处于什么样的地位？对这些问题，需要从科学哲学和技术哲学的高度进行分析，以给出恰当的答案。

一、从环境视角反观科学与技术

（一）科学与环境的分离

伴随现代科学技术的发展，人类面临的环境问题也越来越严重。该如何从环境的视角重新看待科学呢？

一些人认为，科学本身没有过错，环境问题是人们滥用科学的结果。真的如此吗？对此不宜简单回答，有些科学应用本身就伴生着环境灾难，并非"滥用"，如历史上氯氟烃类物质的使用造成臭氧空洞的例子，就是如此。还有人认为，科学是一种认识，技术是一种改造，环境问题是在技术应用的过程中产生的，与科学无关。这种观点也是错误的。因为现代技术是以科学认识为基础的，没有相应的科学认识，也就没有相应的技术应用，从而也就不会出现相应的环境问题，环境问题正是在科学转化为技术的过程中产生的。如核物理学在核电应用的过程中，产生了核废料污染，化合物合成原理在化工领域的应用产生了化工污染，等等。这些表明，科学应用所产生的环境问题，与科学自身有紧密的关联。

第一，考察近现代科学的产生，将会发现：它是以机械自然观为基础的，具体体现为自然的祛魅性、规律性、简单性、还原性等。不过，考察最新发展起来的科学，如量子力学、复杂性科学、生态学等对自然的认识，自然界存在着大量的复杂性、非还原性、非因果决定性、经验性等非机械性的现象，具有一些不同于机械性的有机整体性特征，而且这些特征不能还原为机械性的特征。如此，遵循机械自然观的近现代科学在对有机整体性特征的自然对象进行认识时，实际上是运用了与机械自然观相对应的方法论原则，如祛魅性原则、因果决定性原则、简单性原则、还原性原则等，将复杂的、不可分离和还原的、不可祛魅的有机整体性对象，机械地加以简化、分离、还原和祛魅，歪曲和践踏了此类对象的有机整体性，结果是，将此认识应用于改造有机整体性的自然时，就与有机整体性的对象相对抗，造成自然生态环境的破坏。

第二，实验知识和理论知识都具有"非自然性"。[①] 前者表示的是，源于实验

---

① 参见［加］瑟乔·西斯蒙多：《科学技术学导论》，许为民、孟强、崔海灵译，上海科技教育出版社 2007 年版，第 202—206 页。

室中的科学认识不是发现，而是发明，不是关于独立于我们心灵的"自然事物"的认识，而是关于我们在实验室中所建构或制造出来的对象或现象——非自然事物的认识；后者表示的是源于理论的认识，或者是对实验室所制造出来的实验事实的解释，或者是对它所意欲表征的自然世界的理想化、简单化和抽象化。

如此，就使得科学是在建构自然对象或人造对象的过程中，获得对自然对象或人造对象的认识的，是对经过干预了的、经验建构的自然对象或人造对象的建构物的认识，得到的规律主要不是关于自然事物绝对意义上的"自然规律"，而是建构性的科学规律。科学规律与自然规律是不同的，科学规律是我们在实验室中或在科学理论的建构过程中创造出来的规律，如果没有实验和理论的建构，这样的规律就不会存在甚至不会出现，我们也就不会发现这样的规律。在此意义上，这些规律是科学家"发明"的，或说是在"发明"基础上的发现。①

此外，正是科学实验和科学理论的建构，使得现代大量的技术创新和生产实践成为可能，并通过其将科学规律从科学的世界（实验室中的微世界）转移到生产车间，生产出许多人工物。而这些人工物是自然界中没有的，也是通过自然进化产生不出来的，它们的生产过程相对于自然界中事物的产生过程是"异质"的，它们的存在相对于自然界中存在的事物也是"异质"的，因此，在它们的生产、使用和废弃过程中，会与自然界中发生的过程和存在的事物相对抗，造成各种各样的环境破坏。

（二）技术的"集置"本质与环境问题

一种观点认为，技术仅仅是一种工具，无所谓好坏，它的使用之所以造成环境问题，与技术无关，而是人类滥用技术的结果。这是技术工具论，是不恰当的。

在人类历史上，许多环境问题的产生，并非是人们明知某项技术会产生环境问题而滥用的结果，相反，是在人们不知道该项技术会造成环境问题的背景下，为了满足人们的物质生活需要而使用的结果。技术本身的特征以及其对自然的作用方式，应该是其应用造成环境问题的重要原因之一。

海德格尔对此进行了分析。他认为，技术是一种关于自然的解蔽方式。有什么样的解蔽方式，就有什么样的物的展现和世界的构造，从而也就有什么样的对自然的影响。现代技术对自然的解蔽方式是通过"集置"完成的。所谓"集置"就是对那种"摆置"的聚集，所谓"摆置"就是为了满足人类的目的，通过技术，

---

① 自然规律是自然界中存在的规律，它不以人类意志为转移。参见肖显静：《实验科学的非自然性与科学的自然回归》，《中国人民大学学报》2009 年第 1 期，第 105—111 页。

对在场者的限定，即把某物确定在某物上、固定在某物上、定位在某物上，从某一方向去看待丰富多彩的事物对自然强行索取。如限定空气以生产氮，限定土地以生产矿石，限定矿石以生产铀，限定铀以生产原子能。这样就使天地万物在技术世界中只显现为技术生产的原材料，把某物限定为某种效用上，把存在者的存在还原为它的功能，由此失去了自然的整体性和丰富性，自然完全成了一个满足人们物质需要的功能性的存在，成了一个满足人类物质欲望的工具。

当然，按照海德格尔的看法，技术在对自然进行摆置的过程中，为了达到人类对它的限定目的，促逼着人，也促逼着自然，使人以订造方式把现实当作"持存物"来解蔽。所谓"持存物"，就是"在持存意义上立身的东西，不再作为对象而与我们相对而立"。也就是说，它们已经失去了对象的相对独立性，随时服从于人类所创造的技术对它的"摆置""促逼"与"预置"。在这一过程中，事物因为处处被"预置"而立即到场，并且为了本身能被进一步"预置"而到场。也正因为这一预置，技术总是挑战自然，从人类的需要去看待自然，把自然界限定在某种技术上，自然的自然性、复杂性和丰富性没有了，自然的单向功能性增强了，进入到一种非自然状态——齐一化、效用化和对象化，蕴藏着毁掉天然自然的危险，这是技术造成环境问题的重要原因。

因此，要解决环境问题，贯彻绿色发展，就必须进行新的科学技术革命，"绿色发展是生态文明建设的必然要求，代表了当今科技和产业变革方向，是最有前途的发展领域。"[①]

二、科学技术与环境问题的解决

（一）让科学回归自然

1. 从机械自然观走向有机整体的自然观

有什么样的自然观，就会有什么样的认识自然的方法论原则和具体的方法，也就会有什么样的科学认识，将这样的认识应用于改造自然时，就会产生什么样的环境影响。

从历史和现实的状况看，近现代科学应用之所以造成环境问题，一个非常重要的原因在于其机械自然观基础以及相应的方法论原则的应用，忽视了有机整体性自然的存在。要从根本上减少乃至避免科学应用的环境影响，就必须以新的有

[①]　习近平：《为建设世界科技强国而奋斗——在全国科技创新大会、两院院士大会、中国科协第九次全国代表大会上的讲话》，人民出版社 2016 年版，第 12 页。

机整体性的自然观为基础，进行新的科学革命，发现并应用新的科学研究方法，对自然的祛魅性的方面、复杂性的方面、非决定性的方面、有机整体性的方面展开研究，以获得对自然的更加全面、更加深刻、更加准确的认识。这是科学发展的趋势，也是环境保护的必需。

2. 大力发展直接面对自然的科学

传统的观点认为，科学是自然科学，自然科学是关于自然的认识，而且是关于自然规律的正确认识。如果是这样的话，那么，应用这样的科学去改造自然，就符合自然规律，就不会造成环境破坏。但事实并非如此。主要原因在于，实验室的事实建构以及理论的理想化抽象，使得科学认识到的往往是人工对象以及人工自然规律，而非自然对象以及自然规律，当将这样的人工自然规律应用于改造自然时，就很可能与自然规律相违背，从而造成环境破坏。

而且，随着实验仪器的进步、数学抽象的发展以及科学理论的深入，科学所获得的人工自然规律将会越来越多、越来越特殊，离自然规律会越来越远，异质性将会越来越强，应用后产生的人工物将会越来越多，其性质和功能将会越来越特异，与自然的对抗将会越来越多、越来越大。这对自然和人类来说就是一个灾难。

在这种情况下，一个必要的措施就是对上述实验科学和数理科学进行反思，让科学回归自然，以大自然为研究对象，大力发展直接面对自然的科学——"真正的自然科学（real nature science）"，如农学、林学、海洋学、大气学等，真正做到向自然学习，发现自然的规律，按自然规律办事，达到保护自然环境的目的。

3. 让科学适应环境而不是相反

根据劳斯的"科学的政治哲学"，在实验室中所获得的知识也是一种"地方性知识"，即只在相应的实验室背景中才具有普遍性。如此，将这种科学知识应用于改造地方性的自然环境时，就不是"放之四海而皆准"的，必须"规训"地方环境，使其与实验室背景条件相一致。这是"让环境适应科学"，由此造成环境破坏。

为了解决环境问题，就必须改变这种状况，让科学走出实验室，回归自然，面向各个地方环境，按照自然的本来面貌去认识自然，尽量获得关于自然自在状态的认识。因为，只有这样，按照这样的认识去改造自然时，才可能与各个地方环境相一致，也才能顺应自然，保护环境。这是"让科学适应环境"而不是相反，是环境保护的最终旨归。

（二）走向环境技术创新

根据海德格尔的技术哲学思想，技术的"集置"本质是技术应用造成环境问题的根本原因。要走出这一误区，海德格尔认为，应该用那种"比理性化过程之势不可挡的狂乱和控制论的摄人心魄的魔力要清醒"[①] 的"深思之思"取代"计算性思维"。这种深思之思就是走向"思"与"诗"。所谓"思"就是在深思中觉悟技术的本质，意识到技术的危险，看到技术的"集置"本质对自然和人类的解蔽给自然和人类带来的危害。在此基础上，人在深思中觉醒，成为存在的看护者。所谓"看护"也就是"向着物的泰然处之"，放弃对事物的功能化、降格、缩减，让事物自身显示其所是。而要做到这一点，人及一切存在者就要"对于神秘的虚怀敞开"，走向诗意的存在，诗意的安居，让事物和世界在场于自身性和自立中，保持本真的存在状态。

海德格尔所倡导的"思"，使我们深刻地认识到技术造成环境破坏的本质原因并拯救之。他启发我们，要解决环境问题，就必须改变技术的"集置"本质，充分认识到自然对象满足人类需要的性质和功能，以及为了自身生存及其环境需要的性质和功能，从对象自身以及环境的需要去看待自然，尊重自然的自然性、独立性、复杂性和丰富性，从"促逼"走向"顺应"，从"预置"走向"综合"，发展一种既能够满足人类需要，也能够保护环境的技术。

这样的技术实现，需要变革现有的技术体系，从技术创新走向"环境技术创新"。

不可否认，传统意义上的技术创新对于环境保护存在有利的方面，但是，这并不意味着依靠传统意义上的技术创新，就可以解决环境和资源问题，因为，传统意义上的技术创新目的是获取经济利益，凡是能够带来经济效益的技术创新就是好的，否则，就是坏的。在这种导向下自然的经济价值成了唯一考虑，自然的生态价值、美学价值、健康价值以及选择价值（保存下来以供未来使用）被普遍忽视，没有从环境保护和可持续发展的角度来考虑技术创新的成败，由此就可能导致如下的结果：技术创新的程度越高，物质生产和物质消耗的水平越高，经济增长的速度越快，资源消耗和环境污染越严重。

在这种情况下，就需要走向"环境技术创新"，应该将发展经济和保护环境结合起来，以实现经济效益、环境效益、社会效益的统一。

"环境技术创新"有多种，如无废工艺创新、废物最少化创新、清洁生产技

---

① 《海德格尔选集》下卷，上海三联书店 1996 年版，第 1260 页。

创新、污染预防技术创新、生态技术创新等。从其内涵看，它们不是以经济为唯一的目标，还有环境目标；不是反自然的，而是尊重自然的；不是以现代人的利益为唯一利益的，而是以既满足现代人的需要，又有益于生态平衡，还能兼顾子孙后代以及地球上其他生命的利益。

（三）科学技术解决环境问题的限度

有人认为，随着科学技术的进步，科学对自然的认识将会更加完整准确，其应用必将产生更少的环境问题；科学对环境问题的认识将会越来越多，越来越准确全面；科技解决环境的手段将会越来越高明，越来越有效。一句话，进步了的科学技术终将能够解决环境问题。

表面看来，上述观点有一定道理。但是，如果我们深入分析，将会发现上述观点是站不住脚的。

第一，现代科学总体上仍然遵循着传统科学的研究范式对自然进行认识，它坚持的仍然是机械自然观，运用的仍然是传统的科学认识方法论原则以及数学、实验方法等，所以，在环境保护方面，它仍然具有传统科学存在的诸多欠缺。由此，现代科学的应用在今后一段时间内仍将会产生环境问题，试图利用它来解决由它自身引起的环境问题，存在内在的逻辑矛盾。而且，由于它是在对研究对象进行更加广泛、深刻、强烈的干涉基础上获得对相应对象的认识的，因此，将此认识应用于改造自然时，所产生的环境问题很可能将更加新颖、广泛、深刻、强烈。不仅如此，在社会的推动下，科学的发展速度将会更快，规模将会更大，从研究到应用的时间将会更短，社会应用它的强度和规模也会更强、更大，因此，它的应用所可能产生的环境影响也就可能随之更强、更新、更多、更大、更快、更剧烈、更严重、更复杂。一些新型的科技应用如转基因科技、纳米科技的应用等所可能产生的环境风险，似乎验证了这一点。因此，那种认为"科学技术越来越进步，科学技术产生的环境问题将会越来越少"的观点，是错误的。

第二，科学在环境问题上的认识具有下述特点：是有限的，它只能认识到所有环境问题中的一小部分；是艰难的，它只能认识到那些比较简单的环境问题，对于具有延迟性的、作用多样性的或者过程非线性的环境问题，还不能认识或不能完全认识；是不确定的，如对于转基因生物所造成的一类环境问题就是如此。鉴于此，那种认为"随着科学进步，终将会认识环境问题"的观点也是错误的。

第三，科学技术在环境问题的解决上，呈现出滞后性、艰巨性、不确定性、长期性等特征，如对于"全球变暖"问题的解决，就表明了这一点。而且，值得注意的是，科学技术在解决环境问题的过程中，很可能会由于这样那样的原因，而产生新的环境问题；有时不是科学技术本身不能解决环境问题，而是由于成本太高，导致运用科学技术解决环境问题难以实现。所有这些，也增加了科学技术解决环境问题的难度。因此，那种在环境问题的解决上，持有"科技乐观论"的观点是不恰当的。

三、环境问题的解决需要变革社会

（一）多种社会因素的参与

不可否认，科学技术是认识并解决环境问题的一个重要因素，没有它们，要想认识并解决环境问题是不可能的。不过，必须清楚，环境问题是由人类在社会活动中产生的，其解决又必须在人类的社会活动中完成，环境问题的产生及其解决与社会政治、经济、文化、伦理等紧密相关。因此，试图仅仅通过科学技术来认识和解决环境问题是不够的，要完全正确地认识并解决环境问题，还必须利用人文社会科学的相关知识，去分析环境问题的产生原因并找出解决之道。

正因为如此，针对相关的环境问题，现代社会正力图建立自然科学家和社会科学家的联盟，运用自然科学和人文社会科学的融合来分析并解决（见图7-1）。

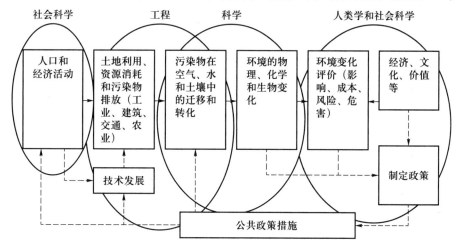

图 7-1 各环境主题纳入传统的学科门类的框图①

这就给从事自然科学研究的人员，尤其是从事环境科学的人员，提出了一个新的任务，即在运用自然科学分析并解决环境问题的时候，更多地吸收人文社会科学的相关知识，从自然科学和人文社会科学两个途径去分析环境问题的

① ［美］Edward S. Rubin 编著：《工程与环境导论》，郝吉明、叶雪梅译，科学出版社 2004 年版，第 8 页。

产生原因和解决之道，以弥补单纯从自然科学途径分析和解决环境问题的片面和欠缺。

如对于全球变暖问题，就需要从自然科学角度考察，明确下面几个问题：全球变暖是不是真实的？如果是真实的，则全球变暖对自然和人类社会有什么样的影响？全球变暖是由什么因素造成的？要阻止全球变暖，应该发展并且应用哪些科学技术手段？不过，对这些问题的回答是必要的，但不是充分的，还必须从人文社会的角度进行考察，以回答以下问题：大气中二氧化碳等温室气体增加的人类社会原因是什么？要减少二氧化碳，就要减少含碳燃料的燃烧，而这就必须抑制含碳能源的消费，这对经济发展和社会就业等有什么样的影响？在当代，发达国家和发展中国家对于二氧化碳的减排，应该持有什么样的态度，承担什么样的责任？等等。

（二）解决环境问题需要改变资本主义制度

随着 20 世纪六七十年代以来生态环境破坏的加剧，以及现代生态学的兴起，西方马克思主义者开始将目光转向生态环境问题，分析技术、制度与环境问题的产生及其解决之间的关系，形成了生态马克思主义思潮，成为西方马克思主义的一个新流派。

1972 年，威廉·莱斯在《自然的控制》中继承了马尔库塞的"技术的资本主义使用"的观点，指出：环境问题的根源不在科学技术，而在于一种意识形态，即把自然界当作商品加以控制。在这种意识形态指导下，以"控制自然"为内容的技术理性，必然导致科学技术的非理性运用，从而导致严重的生态危机。

本·阿格尔在 1975 年出版的《论幸福和被毁的生活》以及 1979 年出版的《西方马克思主义概论》中，吸收了法兰克福学派以及其他生态学说的研究成果，使生态马克思主义趋于完整。他认为，资本主义为了保持经济的增长，利用媒体广告等进行所谓的"消费的生产"激发人的消费欲望，刺激人的消费需求，以扩大产品的生产和消费。这促使了科技创新及其应用，延缓了经济危机，但异化了人类的消费和劳动，严重损害了人类赖以生存的自然生态环境，以生态危机换取和延缓了经济危机。他指出，要解决生态危机，必须建立"稳态"的经济模式，控制生产过度发展，有计划地缩减工业生产生产过程分散化和民主化。

生态马克思主义的重要表现形式是生态社会主义。20 世纪 90 年代涌现出一系列相关的专题著作。瑞尼尔·格伦德曼在 1991 年出版了《马克思主义与生态学》，大卫·佩珀在 1993 年出版了《生态社会主义——从深生态学到社会主义》，安德烈·高兹和劳伦斯·威尔德在 1994 年分别出版了《资本主义、社会主义和生态学》和《现代欧洲社会主义》，奥康纳在 1997 年出版了《自然的理由——生态马克思主义研究》，等等。

如奥康纳认为，在资本主义条件下，技术不可能以生态原则为基础，而是以利润至上为宗旨。如此，虽然技术的经济功能可以降低原材料和燃料的成本，提高其使用效率，但是它不过是获取剩余价值和利润的手段，为提高利润率、增加资本积累服务。由于资本主义追逐利润和积累的欲望是无止境的，因此，通过技术创新，消耗更多的资源、生产更多的产品，进而排放更多的废弃物，也是无止境的。这必然超越生态所能承受的限度，在导致和强化生态危机的同时，又反过来破坏商品生产和资本积累的条件。这就是资本主义条件下技术的非理性运用，它不仅导致了严重的生态危机，而且促使资本主义走向自我毁灭。

总之，生态马克思主义区分了科学技术的价值理性与工具理性以及科学技术的本性与资本主义制度下的实际运用，将生态维度的科学技术批判与资本主义批判结合起来，认为科学技术并不是产生生态危机的根本原因，根本原因在于资本主义的经济增长方式。所有这些科学技术观的生态视域，对于我们深刻地理解资本主义社会，发现当代全球性生态危机的资本主义制度因素，树立正确的科学技术观念，发展有利于环境保护的科学技术，具有重要意义。

小　　结

科学技术在极大地推动经济增长的同时，有可能带来"增长的极限"。为了保持经济的可持续增长，必须进行经济结构的变革，倡导"循环经济"和"低碳经济"，为此，需要进行相应的科学技术创新。科学技术在变革和调整生产关系，增进人类自由而全面的发展，摆脱"人对人的奴役"的统治形式的同时，也可能成为新的政治统治的工具，为国家利己主义、种族中心主义、男权主义、殖民主义以及人对人的统治服务，为此，必须在坚持自由、平等、民主、权利等理念的基础上，采取相应的措施，消除这些负面影响。科学技术在节约资源、保护环境的同时，也引发了一系列的环境问题，为此需要我们在反思环境问题产生的科学技术和资本主义制度原因的基础上，进行新的科学革命和环境技术创新，变革资本主义制度，以最终解决人类所面临的环境问题。只有如此，才能最终减少乃至避免科学技术对自然和社会的消极影响，也才能使人类、社会和自然持续、稳定、协调地发展。

思考题：

1. 科学技术进步能够超越"增长的极限"吗？

2. 科学技术是超越国家、种族、性别的吗？

3. 科学技术作为意识形态的表现及其合理性如何？

4. 分析科学技术微观权力运行机制有道理吗？

5. 科学技术的应用为什么会造成环境问题？

6. 在环境问题的产生和解决上，制度和技术谁更重要？

第八章　科学技术的价值考量

科学技术的目的是求真，而其价值考量则是求善，在严密科学哲学中首先表达为实然性陈述与应然性陈述的关系。本章着重论述科技活动的风险与责任、科学技术的价值缺失与价值恢复，并讨论科学与工程伦理的深化问题。

第一节　科技活动的风险与责任

一般我们所说的科学，究竟是指科学理论、科学目的、科学方法，还是科学家的科学活动，对于科学的不同指称所形成的科学哲学理论之间存在着很大的差异。例如，经典科学哲学主要研究科学理论自身的属性，库恩历史主义主要研究科学理论与其他事物的关系属性，而海德格尔对科学的哲学探究主要关注科学理论与某些非科学的对象形成的复合事物的属性。因此，在使用一种科学哲学中的科学本性或特性的观点，去反驳另一种科学哲学中的相应观点时要特别谨慎。

一、科研无禁区，科研人员有责任

（一）科研无禁区

有观点认为：（1）所谓"科学的禁区"，指的是在科学中人为划定一个领域，禁止对这一领域进行研究。目前科学尚未涉及的领域，或者科学不感兴趣的领域，都不是"禁区"。在科学研究中存在着规范（规则、规矩、纪律），这也不是"禁区"。正如任何游戏都有规则，却不是"禁区"一样。（2）主张为科学设立"禁区"的，往往是以"伦理学"作为依据。①

"以伦理学作为依据"这一论点需要基于现代哲学逻辑做细致分析。当代道义逻辑的主流是追随1951年冯·赖特的原创性工作，把"应该"直接类比模态算符"必然"而建立道义逻辑形式系统，但没有区分道德的应该与义务的应该，尤其是行动方向的道德应该（ought to do）与义务应该（obligate）。

我们把抽象的数理逻辑推演过程转换为日常语言的说法就是：在道德层面，应该是必然善。禁止的必定是非善的，因此是属于不应该的，但不应该的（可能

---

① 参见韩东屏：《审视科学禁区之争》，《湖南社会科学》2009年第3期，第2页。

非善的）不一定都被禁止；反之，应该是必然善的，因此是属于不禁止的，但不禁止的不一定都是应该的。

在义务层面上，应该做某事就是不做某事必然不合法。禁止（不允许，必然不合法）的就是应该不做的，也就是被责任、法律或法规所强制不做的，反之亦然；不禁止（可能合法）的就是不应该不做（允许做）的，反之亦然。应该做（不做必然违法）的就是禁止不做的，反之亦然；不应该做（允许不做，不做可能不违法）的就是不禁止不做的，反之亦然。

尽管人们在直觉上可以认为，由于科学的特殊性，理论性科学研究没有禁区，但实验性科学研究有禁区；或者认为，某些科研工作虽然不会永远被禁止，但有时可能暂时被禁止。

从道德层面考虑，所有被禁止的都必定是不合道德的，所有必定不合道德都是被禁止的。但有些可能不合道德的并不被禁止，有些不被禁止也可能不合道德。在这个意义上，那些坚持"科学有禁区"的学者的基本逻辑出发点很可能是："凡禁止的都是不应该的"，或者是"凡不应该的都是被禁止的"。而科学研究中总有不应该做的，进而它们总是被禁止的，进而科学研究是一定有禁区的。坚持"科学无禁区"的学者的基本逻辑出发点很可能是："有些不应该的不是被禁止的。"而科学研究中的不应该恰恰是其不道德的可能性不是科学的本质属性，因而是可以在某些条件下不实现的，所以科学研究无禁区。例如，克隆人并不是被禁止的，现在不做是因为在条件不成熟时可能为不善，而在条件成熟时做可能就是善的。当然，坚持"科学有禁区"的学者或许可以认为"禁区"不是永远禁止，而是在一定时空条件下被禁止，在另一定时空条件下不被禁止。那么持这样的科学有禁区的观点，其实与持科学无禁区的观点在很多地方并无二致。

（二）科研人员有责任

从义务层面考虑，从事科研活动的人有责任简称为"科研有责任"，其实表达了两方面的责任或义务。从积极方面看，他被法律、法规等非道德因素强制禁止不做某事或称为应当做某事。例如，获得科研经费后不能不按计划努力做研究。从消极方面看，他被法律、法规等非道德因素强制禁止做某事或称为应当不做某事。但不应当不等于也推不出禁止，不禁止不等于也推不出应当。

简言之，科研无禁区，是就道德而言的；科研人员有责任，是对义务而言的。格言云"铁肩担道义"，更细致明晰地说就是"左肩担道德，右肩担义务"。在这里，我们仅就最简单的问题力求提出明晰、严密和可靠的论证。例如，可以认为科学家的道德品质应该远高于一般人，所以对他们的道德要求实际上是他们应该遵守的规则或责任；也可以认为由于科学的普适性与客观性，科学研究所遵循的规则、义务或责任，不过是一定特设条件下的道德要求。

二、科技发展中的不确定性与风险

一般认为，现代科技发展具有原则上的不确定性和巨大的风险性，甚至造成了传统的价值断裂，因此迫切需要发展出一种责任伦理学对潜在问题加以规避。

（一）科技进步与人文精神缺失

关于责任的应当、禁止和允许之间的逻辑关系，与关于义务的应当、禁止和允许之间的逻辑关系并无纯形式差别，有差别的仅是被强制的"不合法"替换成了被强制的"承担后果"。应当做某事（有责任做某事）就是不做某事必然要承担后果。禁止做（不允许做）就是应当不做，也就是做了必然要承担后果，反之亦然；不禁止做（做了可能不要承担后果）就是不应当不做（允许做），反之亦然。应当做（不做必然要承担后果）就是禁止不做，反之亦然；不应当做（允许不做，不做可能要承担后果）就是不禁止不做，反之亦然。

科技的发展的确具有高度的不确定性与风险性，但科技不是工具理性的代表。按照奎因的看法，科学理论由外向内是由经验陈述、分科的科学陈述、数学与逻辑陈述和占中心地位的形而上学陈述构成的整体，因而毋宁说科学理论是工具理性与超越理性共同构成的整体。现代科技的发展也不可能造成人类社会发展的断裂。"断裂"说既不符合历史唯物主义，也不符合科技史。以伽利略为代表的近代科学奠基者，选取原子论替代亚里士多德"五元素说"，即使是对亚里士多德传统的断裂，从长远看也仍然是西方思想传统的延续。尽管在国内外有许多学者就现代科技对伦理道德提出的严峻挑战感到迷茫，但拥有辩证唯物主义思想教育背景的我国当代科技哲学工作者对此应该有清醒的认识：对个体而言，科学理性反映为社会科层体制给予个体的自主性更多规范，但同时却使得个体在一个相对民主、自由程度更高的社会具有更大的创造性。

的确，由于科学是从寻找相对简单的物质运动规律开始，到相对复杂的物质运动规律、再到更复杂的精神运动规律的过程，所以当今科技发展使人们物质生活富足的增加要高于精神生活的富足程度的增加。但这绝不是说科技发展导致人类的精神生活变得贫困了。

近代科学诞生至今虽然已经有 400 多年，但直到 21 世纪，人的精神意识中最简单的意向性问题才进入严密的科学研究视野，关于伦理价值的严密科学研究（道义逻辑）也只有 60 多年。那种抱怨科学进步不能直接明显地有益于人类精神生活水平或道德认识提高的人，才是真正的急功近利者。

（二）不确定性与风险的认识

当今科技高速发展带来了剧烈的社会变迁，其速度之快、范围之广和程度之深都是前所未有的，并且导致某些既有伦理学理论的失效。但科学技术并没有把伦理思想掰断，在细致明晰的科技知识的放大镜下，那些原来被以为是连续存在的伦理理论，却显出了原本就断裂的真相。无论如何，当代需要更有力的新伦理学。但旧伦理思想究竟是缺乏普遍代表性，还是缺乏与简单明晰、严密可靠的科学知识相应的严密与明晰，是需要进一步讨论的。

虽然当今科技活动中的确存在高度的不确定性与风险，但最基础的不确定性与风险还是来自当代科学理论本身。即使在以简单性、确定性科学观为基础的牛顿力学中，也存在明显的不确定性。对于两个全同性的微粒，牛顿力学无法通过静态的物理参量确定性地区分它们，而只有通过历时的轨道不同进行区分。在统计物理学中，那种确定地区分一个密闭容器里的每一个分子每一时刻的速度和位置的方法并不奏效，只能对系统使用全同性原理进行统计计算。当然，这些理论认为物理客体原则上还是确定性的。吊诡的是原则上"不可控制"的自然，正是由当代科学技术所揭示的演化的、复杂的、非确定的自然观所描绘的。这些复杂性科学正在努力深化"对不可控制"自然的具有可控程度的认识与实验。

在严密科学中关于不确定性的理解最为深刻的当属量子力学中的测量问题。量子力学不能确定地预见单次量子测量的结果，而只能预见单次测量结果的概率；量子力学能够预见单次测量的结果的概率这一点是完全确定的，但这个量子概率不能还原为经典概率。这还反映为一对共轭物理量不可同时精确测量的不确定性；尽管在一对共轭物理量间具有不可同时精确测量的不确定性，但它们之间具有这种不确定性关系这一点却是确定的，且不同对共轭量间都具有相同程度的不确定性关系这一点也是确定的。

对风险有明晰理解的社会科学莫过于经济学。经济参与者事先不能准确地知道自己的某一决策的结果，或只要经济参与者的一种决策的可能结果不止一种时，就会产生不确定性。在消费者虽然不能准确知晓自己行为的各种可能结果时，但却知晓各种可能结果发生的概率，则这种不确定的情况被称为风险。即风险是不确定性不唯一，又是不确定性的一种确定性。

也就是说，任何原则上具有不确定性的事物情况总在某一层次上是具有确定性的，否则我们不能如此确定地断定它具有不确定性。而在大部分事物情况下，具有不确定性的层次不是无限的，更不是不可数的无限性，因此，总是可以找到有效的科学方法寻找其规律的。风险虽然是多个不确定性的叠加，但每个不确定性的权重（即概率）是确定的。在相同概率的确定性之下，还有不确定性：两个事物情况具有同一个不确定度，但仍有不同的概率的分布。

同样，新的责任伦理理论并不是要消极地规避当今科技中的不确定性与风险性，因为当今科学技术的强大力量与它的多重不确定性、高度的风险性相伴而行，科学技术已经产生的负面效果不可能不通过进一步发展科技来解决。因此，可以通过进一步解释和规范这些可能带来负面后果的科学家的行为，进而消除人们对其风险性的无知、误解和担忧。

三、科技、工程的风险评估与社会争论

工程建造的社会参与程度上的不同观点的争论，关键是对科技（包括工程）的两面性特征的理解不同。有些学者过去讨论这些问题是从思辨的方式出发，深刻地揭示工程的形而上本质。例如，人文传统的工程哲学从经验性方式出发，罗列工程建造中的各种具体问题，再给以直观的分类讨论。不过，思辨的方法虽然具有超越性强和启发性强的优势，但同时也具有明晰性不足的局限。而根据严密科学哲学理论的研究成果，定理或定律性科学规律覆盖的样本空间中的元素或分子往往是无限的。因此，任何数量的巨大但有限的具体经验或经验子类的测度，对于一个无限性样本空间来说仍等于零。也就是说，列举各种工程建造问题虽然在经验上很有用，但在原则上既不能逻辑地得到普遍性规律，甚至对普遍性规律的概率准确度的提高都是无助的。因此，面对纷乱繁杂的工程哲学问题，使用模型化方法其实就是近代科学一贯采用的"从简单问题开始"的一种抽象运用。

科学技术及工程的本性问题是科技哲学研究中的基本问题，我们可以借用类比方法建立模型，增加公众对科技与工程风险的理解与接受。为了突出科学、技术与工程的共有特点，基于先从简单问题出发追求明晰知识的途径，先不注重对科学与技术及工程进行区分，更不注重对基础科技与应用科技及科技的运用（工程）进行区分（但并不否认它们之间的区分），因为所讨论的科技及工程本性，是对于一切科技及其产品而言的共性。

使用"双刃剑"模型谈科学技术及工程的两面性时涉及了三种两面性：科学技术及工程这个事物自身的两面性，科学技术运用于同一事件或建造同一工程时形成的两面性，以及科学技术运用于不同事件或运用基本相同的科技建造不同的工程而产生的两面性。读者可以先忘掉科技与工程实际上是什么的复杂性与繁杂

性，仅设想一把双刃剑在手。

（一）科学技术及工程事物自身的两面性

认为科学技术及工程（以下简称"科技与工程"）是一把双刃剑，这就模型化了科技与工程的两种属性：（1）作为有效武器的每一刃的"锋性"；（2）双刃的"双面一体性"。为了逻辑紧致性的要求，还要说"锋刃性"与"双刃性"这两种属性分别是"刃性"的子类。刃的"锋性"模型化类比了科技与工程在认识世界尤其是改造世界时的强大功能，它是相对于认识到其他一些非科学的知识系统或行为模式，不具备这样的"刃的锋性"而言的。双刃的"双面性"是对科技自身的认识，揭示了科学思维内在的既对立又统一的辩证性质，是相对于过去我国部分学者把科技与工程视为"人定胜天"，以及现在一些盲目追随西方时髦理论者视科技与工程为单向思维模式的倾向而言的①。

把"科学技术是一把双刃剑"外推为"权力是一把双刃剑""民主是一把双刃剑"或"伦理是一把双刃剑"，其实是正确地外推了"双刃剑"隐含在事物内部的对立统一的两面性，却泛化了"双刃剑"所隐含的为科学技术所特有，但在其他事物中并非广泛存在的剑刃的"锋性"。

进一步说，在"双刃剑"论中，相反指向的两刃是对称的反对关系而非矛盾关系。它们是反向而处于同一平面的，而且这双刃之间除了刃的方向不同外其他都相同，所以它们只有同一种质内的否定，而没有不同质之间的否定。我们把这种"双面性"称为"反向性"而非"异面性"。在这个意义上，尽管科学技术有"双刃"，但它是第二种（非零的）中性的。在科学技术的"锋刃"与其他知识体系的"非锋刃"之间，没有中间的逻辑状态。这里，科学技术自身（不是指它的应用）是不可能绝然中性的。

就科技与工程本身而言，"双刃剑"论及的同平面反向性之间，既无不同质的差异也无量的差异（这一点与我们对科学技术的模糊直觉是不一致的），而中性的双向性"双刃"与非中性的"锋刃"这两个特性之间的差异，是异质的两面性之间的差异。也就是说，"双刃"的双向性并非是双刃剑（科技与工程）所特有的，所以在这里有意义地谈论的两面性，应该是刃的"双向性"与刃的"锋利性"之间的两面性。

（二）科学技术运用于同一事件时的两面性

当人们运用科技与工程这把双刃剑时，把两个本来无平面性差别（仅有反向

---

① 参见李功网、万小龙、柳海涛：《"双刃剑"与科学技术的两面性》，《华南师范大学学报（社会科学版）》2011年第5期，第155页。

性差别）的两刃同时各自对着不同的对象，从而导致同一事件中的两种不同事物情况（伤敌、伤己）发生。在这里，由于双刃剑的结构（类比科技与工程的结构），如果一刃指敌则另一刃指己之间具有必然性（这里说的是理想意义上的而非纷杂的具体意义上的），但在究竟是这一刃还是那一刃指敌（和究竟是那一刃还是这一刃指己）之间具有偶然性。前者的必然性是二刃虽一体但反向造成的，后者的偶然性是由二刃虽反向但对称造成的。

第一，上述两个逻辑关系在质上是独立于"双刃剑"的"锋刃"性的，即"锋刃"性是否存在（即只要刃性存在）只能导致伤敌或伤人的程度的差异，不能导致伤敌或伤人的有无或二有的互换。无论它是一把锋利的剑，还是一把普通的剑，只要是双刃，都可以在一刃指敌时另一刃指己而伤己。因此，这两个逻辑关系在质上仅依赖于"双刃剑"的"双刃性"。

第二，仅有"双刃性"本身并不能具有伤敌时又伤己的后果。因为在没有确定将某一刃指敌（或指己）前，它虽有伤人的可能，但没有同时伤敌又伤己的可能。只有把敌与己的因素加上之后（但在与敌人发生作用前），才具有伤敌又伤己的可能。也就是说，"双刃性"仅是导致科技正负两面性成为可能的一个必要条件，而非导致科技正负两面性实际发生的充分条件。

第三，在"如果一刃指敌时则另一刃指己"之间具有必然性，但在"究竟是这一刃还是那一刃指敌"之间却具有偶然性。前者仅包括"one，another"的基数性，而后者还包括"this one，that one"的序数性。从"二刃中必有一刃是指向敌人"，推不出"二刃中是这一刃指向敌人"，但反之则可以。可是，从"二刃中是这一刃指向敌人"的可能（偶然性），也推不出"二刃中必有一刃是指向敌人"的必然或实然（必然性）。这个问题说明，不仅在科学技术运用中在形成一个事件的过程完成以前，其正负两面性作用在逻辑上不能唯一确定；在科学技术运用中形成的同一类的不同事件之间，在经验上也不能完全参照。也就是说，在一类事情中的 T_1 事件中形成负面作用的"一刃"，在同一类事件的随后 T_2 事件中，这"一刃"仍不会增加其形成负面作用的可能。这一点与我们对科学技术的模糊直觉也是不一致的。但很显然，这里谈的科学技术的两面性不是它的"锋刃性"，而是它的"双刃"的两面性。

第四，"双刃剑"在没有作用于其他事物时，它的两刃不仅在形式上对称，而且在内容上完全相同，唯一的不同是刃的方向相反。但由于二刃皆"锋"，所以虽没有偏向，但有"非零"的中性。而在双刃之一刃虽已经指敌，而另一刃指己但没有砍出时，这时它的两刃虽然还没有实然的区别，但已经有了意向的区别。这种意向的区别只能导致二刃间功能质的差异，而不能导致量的差异。

最后，当用一刃击敌而另一刃又反弹伤己时，这二刃的作用有了实然的差异，不仅有质的差异，也会有量的差异。即在大部分时间，它总是伤敌大于伤己，否则就不是一把杀敌利剑了。也就是说，在大部分情形下，科技与工程的正面作用总是大于其负面影响。

（三）同一科学技术运用于不同工程的两面性

制造原子弹与核电所用的共同部分的核技术，既可以用于战争如原子弹工程，也可用于和平如核电工程；或者说原子弹既可用来杀人，也可用来轰击将要撞毁地球的小行星。这两种表达虽然可以看作都是运用同一科学技术于不同事件，但前者是运用于不同事件中的不同事物产生的不同结果，后者是运用于不同事件中的同一事物产生的不同结果。

1. 如果把造出原子弹的科技与工程类比为"双刃剑"，那么在造原子弹工程的事件中，"双刃剑"模型虽仍有效，但科技与工程的"双刃性"是独立于造原子弹的科技与工程的。因为原子弹的工程建造过程是用剑指敌，并变革客观世界这个"敌人"（相当于人们运用科技改造自然）的结果，而不是既伤敌人又伤己的双重效应的统一。如果把原子弹的不同使用比作"双刃剑"的使用，那么用原子弹这个科技去杀人和用原子弹这个科技去打小行星，分别是人挥舞科技这把利剑去杀"敌"的两次工程事件，而不是在用一颗原子弹这把"双刃剑"的一面去杀人同时，用这颗原子弹的另一面去救人。所以原子弹既可大规模杀人又可大规模救人的两面性，不是因为同时发生作用的"双刃性"，而是因为原子弹的"锋性"（即原子弹爆炸的威力巨大）在不同运用时呈现的两面性。这说明科技与工程自身具有非零的中性的性质属性，但其负面作用不是其性质属性，而是与其他事物共同形成的关系属性。

2. 如果把原子弹和核电站同时看作科技与工程（严格说是建造原子弹与建造核电站的共有科技与工程）"双刃剑"，那么我们仅从逻辑上简单地分析，"双刃"很可能是如下两种意义之一：

（1）其中一刃总是正面作用，另一面总是负面作用。但是，如果科学技术这把双刃剑中一刃总是造福，而另一刃总是为害，那么只要使用了一次这把双刃剑的任一刃，我们就在原则上可以从其后果上断定这刃是好刃还是坏刃；同时，可以逻辑地断定另一刃是坏刃还是好刃。因此，我们就可以把那个坏刃打磨掉或套起来不用，而仅用那个好刃。这样科技的负面作用就可以完全消除。然而，事实上，即使科学技术是一把双刃剑，也不可能其中一刃总是造福而另一刃总是为害。也就是说，即使我们把核科技与工程仅用于核发电，仍有核泄漏事件来害人。

（2）双刃的每一刃都是既有正面作用，又有负面作用。但是，如果科技与工程是这样一把双刃剑，那么为了说明它的正负两方面的作用，只要说它是单刃快剑就可以了，说另一刃就成为逻辑上的多余。当然，某些个别相信巫术也是科学思想来源的学者还是可以特设性地说：我所说的科学技术双刃剑不是普通的一把双刃剑，而是一把在具有两刃时，其中一刃总是造福而另一刃总是为害，而在打掉一刃后留下的那刃又变成既能造福又能为害的特殊的魔剑。

因此，我们认为，这里把科技与工程类比为一把双刃剑，在第一种意义上是逻辑上合理，但经验事实上不合理；在第二种意义上是经验事实上合理，但逻辑上不合理。

总之，把科学与工程比作双刃剑模型化于两个事件中的两面效应，是一种不恰当的类比。原子弹工程运用的两面性或原子弹工程与核电站工程之间的两面性，都不是由于双刃剑的双刃性，而是任意一刃都具有的锋刃性的两面性所致。从逻辑角度看，这里更应该把科技与工程类比为单刃快刀。双刃剑只能用于类比科技与工程本身，或科技与工程对同一对象在同一事件中的运用。

进一步从科学技术与工程之区别看，由于自然的复杂性和科学知识的有限性，对自然的认识和控制充满了不确定性，因此，科学探究本身就是充满风险的事业。当然，对一门新科学的评估依据是科学哲学对科学的评价理论。对科学活动的评估既要防止将其与意识形态盲目挂钩，也要防止各种名目的反科学思潮的影响。

现有的技术评估往往把技术水平和经济效益等因素作为主要评估内容，而对生态环境和社会环境的影响等较为间接和潜在的因素，未能使之在评估内容中占据应有的地位。技术的正面作用大多是直接的，反映在技术发展和应用所产生的经济效益上；而技术的负面作用则大多是间接的，表现在技术与其他因素复合的关系属性上。"技术评估之所以存在上述局限性……是由技术本身的两面性的复杂性决定的。"为了有效控制和预防科技与工程的负面作用，"需要从其他方面入手，而工程的社会评价就是一个更加可行和有效的重大工程，特别是科技含量高的工程就是科技成果转化为现实生产力的主渠道和关键环节。绝大多数科学技术成果是通过各种各样的工程获得应用、集成乃至再开发的，是由潜在生产力转变为现实生产力的。由于工程是技术与发明的集成与实施，因此技术与发明对现实世界的作用和影响就必须通过具体工程来实现。工程就是技术与其他社会经济因素的复合。"①

另外，由于能够预估建设方案，工程化过程或者工艺化过程的结果比较清晰，利益相关者及其受到的影响比较明确，而且公众参与的理由也更充分。在工程实践中，工程是否上马容易引起社会热议，因争论而修改建设方案，甚至动摇、否决最初的建设动议，也是比较正常的事情。20 世纪 80 年代以后，学界开始将社会效用、生产与消费、资源配置以及社会福利等问题，纳入工程项目评价的范围之内。各界人士加大了对建设项目宏观评价的研究力度，将社会评价和综合评价视为建设项目，尤其是大型、超大型建设项目上马的必要条件；同时，也更加注重环境保护和可持续发展在项目评价中的地位，并制定了相应的标准。从科技哲学角度看，是既注重了技术与其他因素的共时性结构，也注重了历时性过程因素。

随着我国经济的发展、社会的进步，经济学家开始大量参与到项目的投资决策分析活动中，强调资源的优化配置及社会福利的改善；社会学家开始涉足项目决策，考虑投资项目的各种社会目标能否实现；科技哲学家有助于保证项目与所处社会环境的协调发展。通过公众广泛参与的社会评价，增强了投资项目在社会文化等方面的适应性，强调项目与所在地区社会环境的相互适应性，体现"代际公平"和"代内公平"，对于保证工程项目建设目标的实现至关重要。与此同时，科技哲学也从单纯重视其性质属性的研究，转向与其他事物间的关系属性研究。

第二节　科学技术的价值缺失与价值恢复

作为一种重要的文化形态，科学技术在现实生活中发挥着不可替代的作用。然而，科学技术只能从处理简单问题开始，不是包医百病的灵丹妙药。现代科学技术的发展仍需要呼唤人文精神的关照与引导。

一、唯科学主义对人文的僭越

虽然汉语中的"科学主义"或"唯科学主义"都来源于西方学界的英文"scientism"，但仔细揣摩，这两种说法是存在重要差别的。对于学界在批判语境中使用的 scientism，一般译为唯科学主义。

---

① 参见李世新：《从技术评估到工程的社会评价——兼论工程与技术的区别》，《北京理工大学学报（社会科学版）》2007 年第 3 期，第 44 页。

（一）唯科学主义及其特征

唯科学主义是一种主张以科学技术为整个哲学基础，并确信它能解决一切问题的哲学观点，曾经盛行于世。它把自然科学奉为哲学的标准，自觉或不自觉地把自然科学的方法论和研究成果简单地推广到社会生活中。

唯科学主义认定真正的科学知识只有一种，即自然科学。自然科学是最权威的世界观，也是人类最重要的知识，对生活的诠释能力高于一切其他类别的知识。唯科学主义一词有时在下述两个方面亦被用作略带贬义的解释：（1）表示不恰当的使用科学或在不适当的地方运用科学的主张；（2）指自然科学的方法，或者自然科学所认可的范畴分类和事物，是任何哲学和任何研究唯一恰当的元素的信念。

科学主义与唯科学主义的共同点是强调科学的优势。相比较于科学主义的那些主张或信念，唯科学主义还加上了不仅是共时的，而且是历时的"唯一、只有、一切"等限定词。而科学主义的那些主张总是受到一定时空条件的限制。无论是人类历史上还是当代中国，持那种无条件的唯科学主义观点的学者是十分罕见的。自从唯科学主义在 19 世纪 70 年代出现以来，许多为其强调的观点恰恰被人类知识的发展证伪。但是，将科学方法应用于人文学科（指法律、艺术、历史和宗教）研究的思想批评为科学主义的观点是错误的。只是过分强调以及滥用科学的唯科学主义才应当批判。

（二）人文主义及其内涵

如果谈到科学主义或唯科学主义对人文的僭越，还必须先讨论何为人文主义，甚至唯人文主义。在相对于科学主义时，唯人文主义与人文主义比较好区分，即反科学的人文主义，也就是从人文主义中引申而非蕴涵反科学的特征和观点。

人文主义（亦作"人本主义"）是一种基于理性和仁慈的哲学理论的世界观。作为一种生活哲学，人文主义是从仁慈的人性获得启示，并通过理性推理来指导人的行为的世界观。在历史上，人文主义是 14 世纪下半期发源于意大利并传播到欧洲其他国家的哲学和文学运动，是构成现代西方文化的一个要素。人文主义也指承认人的价值和尊严，把人看作万物的尺度，或以人性、人的有限性和人的利益为主题的任何哲学。文艺复兴时期的思想家从这一方面把人重新纳入自然和历史世界之中，并以这个观点来解释人。在这个意义上，人文主义是造成 17 世纪科学革命的基本条件之一，在一定程度上也是促使"科学主义"诞生的一个条件。当然，近代科学的诞生也是近代人文主义产生的条件。历史上的人文主义运动是同超自然信仰和中世纪的亚里士多德主义相对立的。现当代人文主义与"主体哲学"强相关，但由于哲学家对"主体"的理解并不一致，因而"人文主义"是多义的。萨特的著作"《有和无》是把现象学、存在哲学和人文主义熔于一炉，是人本主义充分发展的集中体现。存在主义者断定：'在人的世界、人的主体性世界之外并无其他世界。'"① 这种人文主义应该被称为唯人文主义。

不过，如果人文主义本身不是一种贬义使用，为何唯科学主义却是一种贬义使用？不能因为自己是人文学者就停止这种追问。所以讨论科学主义对人文的不合理渗透，必须与人文对科学的合理与不合理的排斥相结合。也就是说：

（1）科学主义即便认定真正的科学知识只有一种，即自然科学，也未必像唯科学主义那样认定其他科学知识不是人类知识。当然，认为只有自然科学知识才是真正科学知识的观点也是需要批判的，但首先要澄清：究竟何为科学？因此，具有学术意义的问题就包括：西方科学是普适性的吗？现代物理学与现代生命科学有哪些人文性的不同？中医是科学还是人文？

（2）科学主义即便主张以科学技术为整个哲学的基础，并确信它能解决一切问题，也未必就认为当今的基础科学知识就能解决当今的一切哲学难题。当然，认为"只有自然科学及技术原则上能解决一切哲学问题"的观点，也是需要批判的。因此，具有学术意义的问题就包括：逻辑实证主义遇到的难题，哪些是逻辑方法原则上不能解决的？哪些是逻辑实证主义者们使用的逻辑方法不能解决的？这些当时不能解决的哲学难题是否有或有哪些，是否可以通过一些新的逻辑方法或新的其他科学方法解决？

（3）科学主义即便认定"自然科学是最权威的世界观，也是人类最重要的知识，高于任意其他知识的对生活的诠释"，也未必像唯科学主义那样认定"今天的主流科学知识就高于今天一切其他类型的人类知识对生活的诠释"。前者的"任意"显然是"析取"而后者却是"合取"，虽然"自然科学是最权威的世界观"的观点也是需要批判的。因此，具有学术意义的问题就包括：近现代科学思维、西方传统哲学和中国传统文化中的代表性思维，究竟分别具有哪些优势与局限？它们三者的优势在何种意义上能够互补？

（三）中医的文化依赖性

科学主义与人文主义的论题很复杂，当下中国社会关于中医是不是科学的论争就充分反映出这一点。

经典科学哲学的科学思想主要来源于以现代物理学为代表的严密自然科学，

---

① 参见江天骥：《科学主义和人本主义的关系问题》，《哲学研究》1996 年第 11 期，第 53 页。

这种科学的特点是理论依赖性强。研究科学理论的基本属性是经典科学哲学的主要任务。以科学知识社会学为代表的非经典科学哲学尽管有许多理论源自对严密科学的实验室研究，但其最具解释性的科学领域却是以生命科学为代表。生命科学的理论依赖性不像物理科学那样强，但其实践依赖的人文性更强。而中医与西医相类似的地方是二者都具有相对较强的实践依赖性，不同的地方是西医注重的临床依赖性似乎更具普遍的人文性，而中医似乎有更强的地方人文的文化依赖性。认为中医不是科学的观点，其实是过分考虑了科学的理论依赖性（即狭义的科学性），而忽略了其作为医学的实践依赖性，尤其是忽略了其文化依赖性。

从文化层面看，中医不仅比物理科学而且比西医更具有明显的文化依赖性。这种文化依赖性不是素朴地指西医依赖于西方文化、中医依赖于中国文化。中医的文化依赖性是指中医必须与产生它的当地文化结合才具有普遍有效性。因此，中医是本国文化土壤中生长出的地方性知识，西医则是西方文化中生长的另一种地方性知识。

如果一种知识必须依赖于产生它的特定文化背景才有效，那么这种科学知识就是严格意义上的狭隘地方性；另一方面，一种文化虽产生于某一地方，但其有效性已不再依赖于原产地文化背景的知识，则可以将其视为普遍性（universal）知识，例如西医。中医当然是产生于中国传统文化语境的，但从其产生与发展的历史看，它是兼容了中国各地、各时、各局部的文化。因此，它过去不是今后也不是仅在中国文化中有效的，所以它不是局限于地方性的科学，但也不是不依赖于任何文化背景而实现其有效性的普遍性的科学知识，它必须与当地的具体文化但不一定是中华文化相结合才会有效。

二、物质主义对科技的滥用

科学技术的快速发展带来了社会物质生活的极大丰富，也滋生了物质主义，消费主义文化。然而，物质主义的膨胀正是建立在滥用科学技术基础之上的。

一般认为，物质主义"全心沉迷于追求物质的需求与欲望，导致忽视精神层面的生活方式，对物质的兴趣完全表现在生活方式、意见及行为上"。物质主义强调"以拥有金钱和财物来追求快乐及社会地位晋升之价值观"，而"高物质主义者会以消费购物来表达自己的与众不同，以此赢得他人的注目、尊敬及自身精神上的满足与快乐"[1]。物质主义的实证分析发现：因为物质主义者的竞争

---

[1] 参见黄绍琪：《西方物质主义研究述评》，《商业时代》2008 年第 16 期，第 12 页。

本质，使其比他人更努力，也使社会短期内更有生机。当今物质主义和消费主义充斥中国，但无疑中国也同时拥有人数最多的知识分子、社会管理者和农民工。

当代发达资本主义社会似乎出现了从物质主义到后物质主义的转向。人们从热衷于经济增长和财富占有等物质价值，转向对生态环境、生活质量、自我实现等后物质价值的关注。人们普遍接受物质需求合理化的生活方式，追求环境、经济、社会的和谐发展，收入水平的提高伴随着幸福指数和生活的满意度上升，其间的关系非常紧密。但当超过某一点时，上升曲率开始变小。当我们从低收入的国家步入高收入的国家时，主观的幸福感大幅度上升。"但是当我们达到人均10000美元时，收入的影响明显变小。这导致后工业社会民众的基本价值理念和目标将发生根本性改变。中国在前30年创造了发展奇迹，就像日本和德国在战后创造的奇迹一样。中国社会也正在发生转型，由生存不稳定和贫穷状况转型到比较富裕的阶段。"[1] 中国在物质主义社会阶段，个人本质上着重实现基本需求，旨在获取必需的生存保障。在一部分人中，物质崇拜现象很严重，其强调自主与自我表现，往往是建立在物质消费基础之上的。在缺乏理论反思的社会，物质主义的惰性更明显，负作用也更大。

三、科技工作者的科学精神与人文素养

虽然科学技术是现时代的一种主要文化形态，但是它的发展却离不开其他文化形态的沁润与支持。因此，科技工作者既需要科学训练，也需要人文素养；既需要科学精神，也离不开人文关怀。

（一）三种典型思维方式

用分析的眼光看世界，或者说用分析的眼光看待科学与人文的关系，应该是科学技术哲学工作者的本分。用分析的看光看世界，并不排除用其他眼光看世界的优势与价值，而仅是想体现这种眼光的独到之处。用分析的眼光看世界，并不拘泥于具体的分析哲学概念或具体的科学方法，而是要用充分体现分析精神的一般方式。用分析的眼光看其他文化，例如分析某一思辨哲学理论，目的并不是要分析到这个理论不够分析，而是要分析到它不够思辨。在考察科学文化与人文文化的关系，或者说在考察科技发展与人文精神的关系时，分析性方法更多地体现

---

① 胡连生：《论后物质主义对当代资本主义社会转型的影响》，《江西社会科学》2009年1期，第167页。

了科学的思维方法，但又不同于具体的自然科学或社会科学的方法。与分析思维不同，西方传统的人文文化在今天更多的是以思辨的思维方式出现于哲学中。中国哲学则体现了中国传统人文文化的类比思维方式。

从逻辑的角度（或从分析的角度）看，科学思维就像康德所说的"先天综合判断"，特点是系统使用演绎与归纳。虽然在科学中演绎起作用的具体范围和归纳的合理性仍需进一步探究，但科学系统中使用演绎法与归纳法却是明显的。这种思维方式的优点是简单、明晰、严密和可靠。思辨的思维方法，其优点是强的超越性与启发性，但同时又具有强的模糊性。中国传统哲学的思维方式是长于类比，类比的一般特征是具有强的可理解性与包容性，同时又具有弱的可靠性。中国传统文化具有极强的包容性和广泛的可理解性，正是类比思维的基本特征。科学性分析思维的局限正是思辨思维与中国哲学传统思维的优势。

（二）三种思维方式及其能力培养

科学理论的发现可以使用类比方法，但科学理论在实现它的预见和说明功能时，并不是只靠类比。

海德格尔说，科学正是由于其"不思"才能体现了科学研究的有效性。按这种思路，思辨思维正是由于其模糊性，才能体现其超越性和启发性。这里并不否认分析性思维的局限，的确，比起其他两种不同的思维方式，它具有较少直接的可理解性和超越性。三种典型的思维方式各有局限，而不是缺陷。既然各有局限和优势，是否可在同一思维对象中综合运用这三种思维方式，以达到优势互补呢？

原则上这是不可能的！因为每种思维方式的局限性体现的是运用这种思维方式的有效性的适用范围。分析性思维在分析事物的量的差异时特别有效，中国传统思维在考虑事物的质的差异时特别有效，而思辨方式在思考质的差异与量的差异相转换的关节点时特别有效。因此，我们所说的对同一事物综合使用三种思辨方式，其实就是对同一事物的不同情况分别有效地使用这三种不同的思维方式，而不是对同一事物同时有效地使用这三种思维方式。

然而，我们可以通过培养、教育一个人，使他的这三种思维能力都比较强。中国最大的创新资源是拥有几百万甚至几千万这样的大学毕业生，他们具有某个理工科或逻辑分析性哲学专业素养，即具有科学性、分析性思维的专业训练；作为新中国大学生长期接受了以辩证法为代表的思辨性思维的普及教育；作为中国人有与生俱来的中国传统类比思维的文化熏陶。虽然国际上也有三种思维能力都很强的学者，但人数极少，而当代创业创新需要巨大的人力资源的样本空间。虽然单一看我国知识分子的分析性思维、辩证性思维或类比思维能力，在国际上可能都并非一流，但今天的中国知识分子却是人类历史上规模最大、也是当今世界上人数最多的兼具这三种思维优势的群体。

今天的科教兴国和创建世界一流大学、一流学科，也不会重复西方的道路。培养我国科技人员的人文素养，更不应当照搬西方的成功经验，而是要把普遍原理与中国的具体实际相结合。中国未来的高等教育尤其是科技哲学教学，就是要设法把这种已经拥有的潜在优势变为显在的创新优势。

四、科学与人文融合价值观念的培育

科学文化与人文文化的分裂，被认为是现时代一系列挑战与危机的根源。科学精神与人文精神的融合、多元文化的互动，有助于实现人类社会的持续健康发展。

（一）事实判断与价值判断之辨

科学与人文融合的价值观念的培育，首要的不是历史地解读各位著名学者的观点，也不是经验地罗列各种具体培育途径，而是逻辑地在基础理论层面解决休谟所提出的"是"与"应当是"的问题。即使许多现代思辨哲学家也认识到这个问题其实是一个逻辑问题：传统的形式逻辑已经不够，还需要辩证逻辑。有趣的是，不仅在分析与思辨哲学，而且在量子力学、信息科学、离散数学与数理逻辑、认知科学，甚至像数量经济学这样的社会科学领域，也同样表现出明显的辩证性和与之具有相似特性的不确定性和整体性。这些问题在不同的基础学科中的缠绕，很可能预示着有一个科技与人文共同的更为基础的问题需要澄清。

休谟质疑了从"是"命题推出"应该"命题的合法性（所谓 IOP 问题），但他仅是质疑了"我所遇到的不再是命题中通常所用的系词'是'（is）或'不是'（is not）"的命题，与"没有一个命题不是由一个'应当'（ought）或'不应当'（ought not）联系起来的"这两种命题之间推理的合法性，而并没有提出"把一个命题中的'是（is）'替换成'应该（ought）'后"，这两个命题之间的推理的合法性。严格地说，无论是中文还是英文，都只有"是（to be）"与"应该是（ought to be）"的区别，而没有"是"与"应该"的区别。例如，"我是人"与"我应该是人"是事实判断与应然判断的区别，而"我是人"与"我应该人"是合语法的句子与病句的区别。

对休谟的 IOP 问题的研究，如果是在没有澄清甚至是没有察觉上述概念问题的情况下进行探究的，那么虽然积累了十分丰富的资料，却很难找到明显进步之

路。研究休谟 IOP 问题时应从其中最简单的问题开始：

"S 做 T""S 做 T 是有价值的"与"S 应该做 T"是何逻辑关系？

"S 是 T""S 是 T 是有价值的"与"S 应该是 T"是何逻辑关系？

从前文可知，讨论 IOP 问题，或者更准确地说，谈论"无应该"与"应该"的问题（"no ought to" and "ought to"），一开始就讨论"人是神所创造的"，是否可推出"人应当服从神的意旨"，这是没有学术意义的；有学术意义的是，从包含"人是神所创造的"子命题的一个什么样的复合命题，才可以推出"人应当是神所创造的"。

任何一个命题都有逻辑的真假。虽然"存在不同价值标准"，与某个价值命题的逻辑真或假有关，但"不存在客观的、公认的、一致的价值标准"，与任何一个价值命题是否有逻辑真假无关。尽管"我吃饭"是真还是假，无关于"我应该吃饭"的真假，但"我应该吃饭"仍有真假。更进一步说，无论逻辑公式 A 是何种命题串，A、"A 是有价值的"与"A 是应该的"都有逻辑真假；但 A 的逻辑真值与"A 是有价值的"的逻辑真值是相互独立的；A 的逻辑真值与"A 是应该的"的逻辑真值是相互独立的。

（二）科技价值观的调适

辩证逻辑的形式化是近年来逻辑学领域内的新进展。有了对辩证逻辑的形式化和解释，过去那些认为用科学方法无法解决而必须运用辩证思维才能解释的说法，在新时代就成为科学地解决价值问题的哲学洞见。例如，"科技价值中性论无非包括三方面的含义：其一是纯科学不受社会价值观念的影响；其二是科学成果在价值上是中性的，其技术应用才有善恶之分；其三是科学认识是价值中性的，但科学中性不等于科学的客观性，它具有历史性、与境性、相对性、集成性和两面性。"[①] 有一些典型的科技价值中性论的学者，主要考虑的其实是科学技术的锋刃性的价值，而认为科技本身无所谓善恶，有价值的是科技的应用。科学不会对人类生存产生直接的不利影响。例如，$E = mc^2$ 没有负面作用，原子能的应用才有这种作用。如果造成不良后果，也是由错误的科学观引起，而不是由科学本身引起的。如前所述，科技本身具有为善的价值，但科技被运用于不同事件时的价值是科技自身的本性的二阶属性，关键是这时科技自身的一阶属性的正面价值是中性的，而它的二阶属性要么为正价值，要么为负价值。

---

① 参见李功网、万小龙、柳海涛：《"双刃剑"与科学技术的两面性》，《华南师范大学学报（社会科学版）》2011 年第 5 期，第 157—158 页。

　　另一些典型的科技价值非中性论学者，主要考虑的其实是科学技术的双刃性的价值，认为由于科技内在具有正反两面性，所以必然会表现为应用时的正负价值性。科学成果的技术应用有善恶之分，它有被人恶用的可能，但这不能归咎于技术，更不能怪罪于自然科学。这只是由于社会制度不完善所致，未能有效地约束恶用自然技术的人。"科学不是双刃剑，技术应用才是双刃剑"，技术应用负面效应的责任在于人。的确，这些观点不仅明确区别了科学与技术应用的不同，也深刻地揭示了科技本身隐含的两面性。但在这里，据前文的分析可知，科技内在的正反两面性仅在应用于同一事件时，才必然表现为外在的正负价值可能性，但不必然导致外在的正负价值确定性，而在运用于不同事件时是中立的，无关于外在的正负价值。

　　事实上，无论是科技自身或它对某一事物或事物情况的应用，都会有两面性的表现。所以当我们看到许多论著中有"科学思维是缺少否定性的单向性思维"，或"科技时代的人将是单向度的人或单面人"的命题时，我们有必要仔细研究这些命题。马尔库塞在其代表作《单向度的人》中，将对发达工业社会意识形态批判的目标指向了当代科学技术，并对当代科学技术作为造成发达工业社会与个人及其思想文化单向度的根源加以批判。然而，无论是马尔库塞本人的科学技术批判理论，还是对该理论进行批判的理论，都没有对科学的本性予以精要的分析。马尔库塞及其大部分正反两面的追随者们产生谬误的一个方法论原因，在于面对复杂的现代科技社会的太多变量，试图一下子从整体上精确把握科技本性的可能性极低。

　　虽然科学技术对物的控制方式必定会沿用到对人的控制方式上，但是人毕竟不是物。"在人改造认识自然时把人的属性赋予自然的同时，自然也会把自然的属性赋予人。"这一命题似乎充满了辩证法，其实它强调了人与自然这对矛盾的双方各以对方为自己存在前提的辩证法，而忽略了矛盾双方总有主要方面与次要方面差异的辩证法。在这里的语境中就是忽略了科技的"刃"的双向性与刃的锋利性之间的异质的辩证两面性。

　　总之，科学技术的价值缺失固然有科学技术自身的片面发展因素，但也有许多是由于对科学技术价值理解片面或理解不够深刻所致，先正确搞清楚"科学技术价值缺失"观点产生的主要原因，再谈如何才能恢复价值缺失才更有意义。无论是科学技术自身的价值缺失还是被不精确地认为的"科学技术价值缺失"，都有恢复的必要。从唯物辩证法观点看，外因通过内因而起作用，内因才是事物运动发展变化的关键。以精致的人文视角，挖掘科学技术及工程中原来被人们所忽视的潜在价值内涵，应该是恢复和提升其价值之关键。

第三节　科技与工程伦理的深化

科学技术的快速发展将人类带入了知识经济时代与风险社会。科学技术不仅是第一生产力，而且已渗入社会文化生活的各个领域，引发了一系列社会问题。如何从伦理角度引导和规范科学技术与工程实践，是科学技术哲学不容回避的重大问题。

一、工具理性与价值理性

工具理性和价值理性范畴是德国社会学家马克斯·韦伯创立的。他从"合理性"概念出发，将理性区分为价值（合）理性和工具（合）理性。单纯的价值理性相信人们一定行为的无条件的价值，注重行为本身所能代表的价值，即是否实现社会的公平、正义、忠诚、荣誉等，强调动机的纯正和实现各自心目中的目标，而不管其效果如何。而工具理性是指人们的行动单纯由追求功利的动机所驱使，并借助理性途径达到各自的功利目的，人们只从效果最大化的维度思考问题，而不关心人的情感、精神等层面的价值。

（一）工具理性的内涵及特征

工具理性源于人们对技术模式在目的性活动中的效率优势的觉察。它通过实践活动确认工具（手段）的效能，进而追逐事物的最大功效，为实现人们的某一功利目的服务。工具理性通过精确计算功利的方式高效率地实现目的，是一种以工具或技术崇拜为轴心的价值观。工具理性范畴的核心在于聚焦手段的有效性和适用性，是一种以实现某一目标为价值取向的自觉建构手段的理念，是工业文明中占统治地位的意识形态，也是西方理性主义传统与自然科学共同孕育的科学技术理性。

工具理性源于启蒙精神、科学技术和理性自身的演变和发展，其核心是对功效的追逐，具体表现为：

1. 追求行动方案、手段及效率最佳化的有效性思维。工具理性以行动的科学预测为依据，仔细权衡利弊得失，合理地设计行动目标，建构或选择最佳手段和途径。在工具理性主义者看来，所有问题都可以通过技术途径加以解决，而理性的价值就体现在解决实际问题的功用或效果上。可见，工具理性并不从人生意义、道德理想出发，而是从科学预测和计算出发，合理地设计行动目标和方案；也不从情感和良知出发，而是从功能和形式出发，合理地建构或选择最佳手段和途径。

2. 预测和计算是工具理性方法论的支点。伽利略认为数学是自然界的语言，宇宙就是用数学符号书写的一部巨著。他将自然数学化的努力逐步定型为当今科学研究的标准的理性认知模式。按照这一模式，任何事物都可以在量上加以精确描述、计算和预测。当这种可计算的理念、方法和原则渗入人与人之间的关系，人与人的关系就蜕变为物与物之间的关系，简化为数量之间的关系。

3. 关注物质利益的绝对优先性。工具理性的逻辑是一种功效逻辑，而功效归根结底是为了满足人们的物质需求，最有效地利用资源。工具理性的目标就是提高社会物质生产能力，追逐高效率的经济增长方式。它要求合理地配置社会资源，维护和保障整个经济社会的高效运行；它要求所有社会组织和体制都必须适应和服务于这个高效的生产体系，从而不断创造丰裕的物质财富。

在追逐效率和实施技术控制的过程中，随着工具理性的不断膨胀，理性逐步由解放的工具蜕变为统治自然和束缚人的枷锁。因为启蒙理性的发展抬高了工具理性的地位，进而形成了工具理性霸权，促使工具理性演变为支配和控制人的力量。在法兰克福学派的社会批判理论中，根源于工具理性统治的人的异化和物化现象，始终是他们批判的核心问题之一。

（二）价值理性的内涵及特征

价值理性注重行为本身所能代表的价值，特别关注从某些具有实质的、特定的价值理念的角度审视行为的合理性。价值理性的特征在于：

1. 以主体为中心的理性特质。尽管泛主体论主张人与万物都可以成为主体，但它依然坚持人是宇宙的唯一主体；主客二分绝不是历史的错误，如果没有主客二分就没有真正意义上的人；反对主体面对客体时的肆意妄为，主张二者之间的对立统一。在语言表征中，与工具理性的事实性判断不同，价值理性使用的是应然判断。它的旨趣不在于对客观本质、属性的正确把握，而在于关注世界对于人生的意义，客体对于主体的意义，执着追求人的幸福。

2. 目的理性的向度。在追求行为的合目的性进程中，价值理性"并不忌讳功利，并不回避功利目的，但它并不以功利为最高目的。"① 价值理性更重视人们现实需求的恰当性，兼顾人的终极与长远需求。在这里，价值理性所强调的合目的

①　参见徐贵权：《论价值理性》，《南京师范大学学报（社会科学版）》2003 年第 5 期，第 12 页。

性，既是指合乎人的目的，更是指合乎人本身这一根本目的。在价值理性视野下，人就是终极目的，是各种努力的汇聚点。所有的努力都是为了满足人的合理需求，都是为了维护、发展和实现人的经济、政治、文化等多重利益，都是为了维护人的尊严，提升人的价值，凸显人生的意义，促进人更好地、更加自由而全面地生存、发展和完善。

3. 批判理性的指向。人与社会的自由而全面发展是一个永无止境的历史过程。处于任何发展阶段的社会都不可能是完美无缺的，而人又总是生活在一定的社会历史环境之中。因此，在一定的时空场景下，人性总是有缺陷的，人的生存与发展状况也不是圆满的；人们不可避免地陷入"是"与"应当"、"是如此"与"应如此"的矛盾之中。作为人类的批判理性的表现，价值理性始终关注人的现实处境和前途命运。它对现存世界的反思、批判，始终饱含着对理想世界的渴望。价值理性力图通过反思、批判和变革途径超越现实，建构一个应然的、理想的、合乎人性和目的的美好世界。

（三）工具理性与价值理性的关系

工具理性与价值理性是理性的两种主要表现形态，它们既彼此对立、界限分明，又相互依存、互动协同。

1. 工具理性是价值理性的支点。在理论层面与社会实践中，价值理性的实现都离不开工具理性的支持。工具理性立足于对事物属性与规律的认知和驾驭，逐渐形成了基础科学、技术科学和工程科学等层次，演变为人类文明积淀及其发展的基础。在实践活动中，人们既依靠工具理性实现人的本质力量的对象化，又在意识的更深层面探寻人生的价值，为价值理性的升华创造契机。工具理性的不断深化使得价值理性从自发状态走向自觉状态再到自由状态的现实展开成为可能。[①]在工具理性与价值理性之间的相互作用、互相转化、互动提升过程中，工具理性通过实现人对自身生活环境的不断开拓，促使价值理性逐步确立新的人生终极意义与目标，支撑着价值理性的升华。

2. 价值理性是工具理性的驱动力。对客观事物及其规律的正确反映是工具理性运行的基础，主体对事物属性与规律的把握过程曲折而漫长，往往呈现为一个永无止境的认识发展过程。在科技飞速发展的现时代，提高工具理性的知识含量有赖于现代人主体意识的增强。而人们要把握客观规律，必须有坚定的信念和顽

[①] 参见刘科、李东晓：《价值理性与工具理性：从历史分离到现实整合》，《河南师范大学学报（社会科学版）》2005年第6期，第37页。

强的意志，这又有赖于价值理性对工具理性的精神支持与驱动。

3. 价值理性与工具理性在实践中融为一体。M·谢勒认为，"每次理性认识活动之前，都有一个评价的情感活动。因为只有注意到对象的价值，对象才表现为值得研究和有意义的东西"①。在实践活动中，只有确立一定的目的，才会催生对相应工具或技术的需求。主体对认知对象或操作对象的选择，是工具手段存在和实现的前提。价值理性着力解决"做什么"的问题，而"如何做"的问题的解决有赖于工具理性。在社会实践活动中，价值理性与工具理性互为前提，相互支持，两者的互动融合推动人们不断创造新的生活境界。在这里，传统的工具理性力求把握有限的、相对的、形而下的经验世界，但当代以确实性的经典逻辑的事实判断为使用方法；而价值理性进入无限的、绝对的、形而上的超验世界，借助传统的想象、直觉等思维途径依然不够。当代严密哲学主要是使用以模态逻辑进路的道义逻辑方法表征应然判断。但是模态逻辑自身的可靠性仍值得进一步研究，这导致目前工具理性仍然占据主导地位，价值理性日趋衰败，进一步演变为现代社会多重危机的根源。

二、新兴科技中的伦理冲击及其应对

当代科技迅猛发展，正在以巨大的历史力量和人们难以想象的速度影响着人类文明的进程。人们的生产方式、生活方式和思维方式都因此而发生了深刻的变革。然而，现代技术在推动社会进步、改善人们生活的同时，也产生了一系列负面效应。

（一）生物医学技术的伦理冲击

生物医学技术的发展促使人们"更有效地诊断、治疗与预防疾病，而且还能操纵基因、受精卵、精子或卵子、胚胎以及人脑与人的行为"②。这种放大了的干预生命的力量可以被合理使用，也可能被滥用或恶意使用，它的影响作用可能涉及一代生物，也可能危及下一代和未来世代。在这一问题上，目前争论的焦点是对基因的操纵和对脑的操纵，这两方面的操纵都可能导致对人的控制。

由于先进生物技术的发展和应用，人们生老病死的自然过程都可以被人工安排代替。这会引发积极和消极双重后果，导致价值冲突和对人类命运的担忧。生命的衰老是不可避免的，必然引起一些器官功能的退化或障碍，而新型生物技术

---

① ［联邦德国］F. 拉普：《技术哲学导论》，刘武、康荣平、吴明泰译，陈昌曙审校，辽宁科学技术出版社 1986 年版，第 7—8 页。

② 参见赵彩虹：《人的尊严与生命伦理的关系探究》，《现代交际》2015 年第 5 期，第 137 页。

却能够帮助人们重塑生命，永葆青春。人是向死而生的，现代技术可以干预死亡过程，处于脑死亡状态的人，可以凭借呼吸机和人工喂饲维持生命。那么这些人工干预和安排是否可以接受？在多大范围内或多大程度上可以接受？

人类控制疾病、维护健康和延长生命的需要，推动了在临床医学、流行病学、生殖健康、艾滋病、人类基因组研究，以及其他涉及人类受试者的生物医学研究的进展。这些研究必然涉及对人的尊严、利益和权利的尊重和保护问题。这类研究不仅仅局限在一国之内，国际组织的参与以及国家之间的合作已经成为不可避免的趋势。这就要求在不同社会、文化、道德、价值的情境下，具体地分析和处理生物医学研究中的伦理问题。同时，企业的广泛参与也使生物医学研究中的利益冲突日益凸显，引发了一系列新的伦理问题。

（二）信息技术的伦理冲击

信息技术是现代技术革命的核心。目前，互联网已覆盖全球，它通过卫星网、光纤网和同轴线网等把全世界的各种社会单元组成一个个信息单元，而各个信息单元又通过无形的信息网络联成一体。以信息技术为主导的全新的社会基础结构得以确立，带来了人类生产方式、生活方式、通信方式、教育手段和娱乐内容等方面的一系列变革，不知不觉地改变了人们的生产、生活和观念。人们在享受方便、快捷、高效的生产和生活的同时，也感受到信息技术带来的伦理挑战与困惑。例如，数字霸权问题、虚拟（数字化）生存问题、数字化犯罪问题、信息碎片化问题、个人隐私问题等。

近年来，普适计算和云计算又产生了新的伦理冲击。它的核心理念是以人的需求为核心，通过将计算设备与计算方法嵌入人们的日常生活环境中，使用户能以各种灵活的方式享受系统的服务资源，最终建立以人为中心的计算环境。普适计算具有普遍存在、隐藏性和透明性的特点，对器件的微型化和可嵌入性要求较高，实现了多种理论与技术的融合。普适计算通过遥感系统实现的无处不在的监控网络，几乎覆盖了所有公共场合和个人生活空间。这种无缝的信息交流会引起信任、隐私和身份问题的变化，尤其是对个人隐私的侵犯。此外，普适计算还可能带来对人的自由选择权利的限制、数字鸿沟问题；同时，普适计算的超强电子监控能力很可能为政治控制服务，进而带来强化极权的可能。

（三）新材料与神经认知技术的伦理冲击

近年来，纳米技术的应用引发的伦理问题主要包括：不确定性问题（定义不确定性、性质不确定性、应用前景和边界不确定性以及后果的不确定性）、安全问题（实质性安全、感知性安全和规范性安全）、社会公正、人的隐私、人类认知能力增强等。此外，纳米技术在医学诊断、治疗以及预防中的可能前景，以及缺乏相关知识给纳米医学产品临床试验带来的挑战等，都引发了热烈的讨论。

随着纳米技术、生物技术和信息技术的发展以及新的研究手段的发明，人们在脑的可塑性、药理学、影像学、影响脑功能技术的新应用方面进展加快；神经植入物、脑—机界面的连接、电子化的潜能、使用药理学改变认知和情态，以及"美容"等新的研究和应用对象越来越引人关注。脑—机联合体技术涉及兼具电子与生物两种成分的系统以及信息和通信技术的微型化，研发生物电子系统不仅可以恢复失去的能力，也可以增强人的能力；神经影像技术使我们能够解读心理、控制思想，这种技术上的可能性在影像解释、可及性、污名化和保密等方面都提出了新的挑战。

新兴科技引发的伦理冲击促使人们达成共识，对于科学技术成果的应用以及科学研究活动本身需要有所规约，也推动人们对相关伦理问题进行反思。反思的基本结论如下：必须把伦理的观点和科学技术的观点结合起来；必须把科学技术同人类的未来命运联系起来，科技发展并不等同于人类的进步；必须把科技理性的成长与人类价值的确立相联系；必须把人类丰富的文化生活与科学技术协调发展结合起来；必须从文明发展的角度展望科学技术的未来。

三、工程师的责任与伦理

物质生产活动构成了人类生存和发展最重要、最根本的前提和基础，研究造物过程的哲学即工程哲学已演变为哲学新的重要分支。在哲学与工程的关系中，工程师的伦理责任问题成为工程哲学研究的核心。工程师由于掌握了工程专业知识和工程建造领域的权力，他们的行为对他人、对社会、对自然界会产生比别的职业群体更大的影响，因此，工程师应承担更多的伦理责任。

（一）工程师伦理责任的演进

随着人类工程实践的发展以及工程师道德意识的觉醒，工程师的伦理责任也经历了一个产生和发展过程。

（1）由绝对忠诚转向普遍责任。古代工程大多涉及军事工程，服从命令是工程师的天职。第一次工业革命期间，以蒸汽机的改进为代表，极大地促进了纺织业及一系列其他产业部门的发展，由此出现了一大批专业技术人员。在这一时期，工程师主要是对雇主负责，绝对服从上级的命令。美国电气工程师学会和土木工程师学会的伦理准则，都要求工程师做雇主的"忠实代理人或受托人"。第二次工业革命时期以电力科学技术为代表的产业革命中，出现工程师、企业家和发明人三者合一的特点，工程师的需求日益增加。工程师由于掌握专业技术知识，地位举足轻重，手中的技术力量不断增长。随着产业革命的狂飙猛进，工程师的社会地位和政治地位都得到了极大提高。由于工程比起科学技术等其他文化形式对社会发展更具有确定的有形性，在这一背景下，工程师们自然而然地将对雇主的责任扩展到社会普遍责任，涉及政治、经济、文化多个领域。他们甚至认为自己能推动整个人类文明的进步，由此衍生出技术决定论思潮和专家治国运动。

（2）工程师的社会责任。第二次世界大战后，新科技革命突飞猛进，在人们享受新技术带来的物质享受的同时，工程带来的各种负面影响也逐渐显现。例如，自然资源的不合理利用、环境污染、生态平衡破坏等。由于工程技术的社会化，现代工程项目对社会公众的安全、健康、福利的影响越来越深远，工程活动对社会产生的效应越来越受到重视。1947 年，美国工程师专业委员会（ECPD）起草了第一个跨各工程学科的工程伦理准则。该准则把公众安全、社会福利放在首要位置。随后，许多国家的各专业工程师协会的伦理指南都仿效此准则，将公众利益置于首位。

（3）工程师的环境责任。20 世纪中期以来，科技革命以磅礴之势影响着整个世界，人类改造自然、影响自然的能力日益增强。对一个工程项目的评价，由过去的以经济效益为唯一考量，逐步发展到将社会效益、生态效益纳入考量范围。不仅强调出现负面效应的事后问责，更强调保护自然环境、维护生态平衡的事前责任意识。美国土木工程师协会（ASCE）、世界工程组织联盟（WFEO）、电气电子工程师协会（IEEE）、美国机械工程师协会（ASME）等，都在伦理规范中强调保护环境、节约资源和可持续发展。

（二）**工程师伦理责任的具体内容**

（1）工程师的职业伦理责任。职业伦理责任是指工程师在工程实践中对产品的设计和制造应该负有的质量和安全方面的责任。严格产品责任是指，消费者在使用缺陷产品遭受损害时，只要证明自己所受的损害与该缺陷有关，即可获得赔偿，不必举证证明产品缺陷之所在，也不必证明制造人或销售人存在过错。按照严格产品责任的要求，制造商以及为制造商工作的工程师，还负有任何超出书面合同载明的、更进一步的主动责任；他们必须认真考虑其产品可能的使用状况，甚至要考虑产品被误用的情况。也就是说，工程师要考虑到产品的最终用户和最终使用情况，负有养成关心消费者的职业义务。[①]

---

① 参见［澳］P·A·C·斯奈曼：《美国严格责任产品学说的演变》，刘慈忠译，潘汉典校，《环球法律译丛》1985 年第 4 期，第 20、43—48 页。

（2）工程师的社会伦理责任。工程师还肩负技术转移的伦理责任，识别新的社会环境与原来环境之间的区别，需要从事技术转移的工程师具有认真仔细的审视能力、道德敏感以及人文关怀。

（3）工程师的环境伦理责任。工程师伦理责任的内容不仅涉及工程技术活动中人与人之间的关系，还应该关照自然，将自然环境纳入道德关怀的对象之中。随着工程技术活动和技术产品的增多以及大型工程项目的不断出现，人类工程技术活动对自然环境产生的影响越来越明显，甚至产生严重的负面后果。工程师的伦理责任不仅要求在工程技术活动造成生态恶果时，应担负事后责任；还要求在工程技术活动设计建造的初期，承担前瞻性的事前责任，将可能的生态环境负面影响减至最低。

（三）工程师伦理责任的困境

（1）责任鉴别的困境。首先，随着工程活动的逐步开展，人们最初对工程项目的预期目的与实际效果之间的关系越来越复杂。任何一个微小变化的产生，都可能导致整个系统产生不可预估的变化。其次，知识体系的不完备性也是一个问题，人类在现代工程活动中的每一项技术创新，都是在不断的试验—纠错—继续试验的过程中进行的。人类知识的局限性，使得工程师无法全面把握工程技术活动的后果，以及工程与社会的复杂关系，进而导致责任鉴别的不可预见性。

（2）责任承担的困境。以现代科技为基础的现代工程项目多是复杂的非线性系统，机构庞大、人员复杂、分工细致，很难确定具体的责任人。

（3）不同角色的义务冲突。在工程实践活动中，工程师扮演着雇员与专业人员的双重角色，肩负着三重义务：对雇主的义务、职业义务与社会义务。作为雇主的忠实受托人，工程师应该帮助企业获取利润；对职业的忠诚，要求他保证产品的品质和安全，坚持诚信和正直；对社会的义务又要求他维护公众利益，并努力确保公众的健康和安全不受侵害、生态环境不受破坏。

四、科技与工程伦理的基本原则与当代建构

我们生活的现时代比以往更为复杂的一个重要原因，就是科学技术以难以预料的态势向前发展，并渗入社会文化生活的各个层面。正是现代科技的发展使人类的交往实践日渐复杂，同时也使主体活动后果的深远性愈益凸显。这就迫使人们放弃技术价值中立论和盲目的技术乐观主义，进而认识到日益增长的巨大科技力量所担负的责任。现代科学技术和工程活动不仅是一种物质性实践，而且可以视为一场开拓性的社会伦理试验。

由于科技活动的复杂性以及高度分化和高度综合的特点，在现代科技发展的影响下，人类交往实践日益复杂，呈现出一系列新的特点。在这种情况下，评价和规范科技活动与工程实践的伦理框架，应该积极地吸取当代伦理学发展的新成果，有针对性地建构伦理原则和规范体系。这些新成果包括：约纳斯基于义务论的责任伦理学、罗波尔基于社会-技术系统论的消极功利主义、胡必希基于价值论的权宜道德理论、哈斯泰特基于商谈伦理学的技术伦理理论等。

如果说传统伦理学中的主要范畴是"善"，那么当代应用伦理学则更重视"不伤害""自主""公正""责任""尊严""整体性"等基本范畴的内涵。这些范畴是对当代应用伦理学所涉及的重大实践问题性质的哲学概括。针对科技活动和工程实践的新特点，应该建构涵盖责任伦理、生态伦理和基本规范伦理在内，并且吸收中国传统伦理和当代社群主义伦理合理成分的系统主义的评价原则，即预防原则、整体性原则、团结仁爱原则、公正原则、效用原则和尊重原则。

（一）预防原则

从人类伦理实践发展史角度看，现代科技活动所引发和遭遇的诸多伦理问题是人类伦理实践的必然延伸。从本质上讲，伦理行为应该是人的自由意志选择的结果，而自由意志的有效行使取决于主体对行为过程及其后果的预知和控制能力。换言之，伦理行为应该是一种以自由意志为前提，由选择机制和责任能力共同决定的责任行为。然而，传统与近代社会的伦理实践尚未充分展示这一本质特征。以往人类对技术的发明与使用，一方面是被迫的，另一方面又是非常有限的。人的生命是有限的，在有限的生存中人的需求也是有限的，但大自然却是无限的。但在技术发展过程中，这一关系已经发生了"质"的变化。一方面，人原本是自然系统中的普通一员，现在却成了大自然的统治者甚至是破坏者；另一方面，科学技术不再是人类为了达到某一目的而使用的工具，而演变成了一种"独立的力量"，以自身的逻辑决定着人类社会的发展方向。

技术系统的复杂性以及人类所掌握的技术知识和方法的局限性，就使得人们还不足以解决技术复杂性所产生的消极后果；而人类总体目标的模糊性则更使人们难以寻找合理的技术发展方向和技术发展模式，从而使技术后果的非可预测性成为一种客观现实。同时，由于责任的承担只有在主体对结果有所预见的条件下才具有可能性，因此，技术后果的非可预测性客观上使现代技术社会的责任承载主体出现了缺失效应。

传统的以追究过失为表现形式的责任概念太狭隘，无法适用于理解和把握当今错综复杂的社会运行系统。这个繁复的交叉重叠的社会网络系统可能隐藏着巨大的危险，而这一危险又很难简单地追溯为一种线性的、单一原因的责任。因此，在当今人类对自然的干预能力越来越巨大、后果越来越危险的科技时代，我们有必要发展出一种新的责任意识。它以未来的行为为导向，是一种"预防性的责任"，或称"前瞻性的责任""关护性责任"。它关注事前责任，是一种积极的预防，其特别之处在于它是"预凶"。面对可能出现的灾难，对于所要寻找的伦理理论来讲，"预凶"远比"预吉"有用。"预吉"虽然是可以理解的，因为人类的生活离不开梦想，但在技术时代，梦想与技术的结合使得过去显得"美好"的各式各样的"乌托邦主义"，变成了对今天的人类最危险的诱惑。为了避免这一诱惑，应该大力提倡预凶，即在灾难还没有出现的情况下，为了预防灾难的发生而提前设想灾难的严重程度及可怕后果。高新技术的不确定性使得后果更加难以预测，而且影响的范围更加深远。因此，强调事前责任和"预凶"的"有罪推定"是一种合适的战略选择。

（二）整体性原则

整体性的主要含义是"完整、完全"，强调事物、自然界和人发展的完整性，注重事物、自然界和人的内在规定性。

本体论意义上的整体性是指事物成为自身的内在规定性，是相对稳定的。人、自然和万事万物的发展都应该遵循这种内在规定性，与亚里士多德的"形式因"在本质上是一致的。事物总是处在不断发展变化之中，但是事物本质性的东西一般是稳定的，事物部分的改变并非一定引起事物整体性的变化。换言之，事物的部分改变有时会改变事物的性质，有时则不会改变事物的性质。自然的整体性是指经过亿万年进化发展到现在的自然，能够承载世界上已经存在和可能出现的所有动物（包括人）和植物的物种，维持其多样性，而这个整体同时又具有创造、变化的能力，从而能增加多样性。人的生命有其完整状态，也有不同于其他物种的独特之处：既能获得生命的全部特征，又具有一定的可识别的个体性。因此有了自身的内在规定性，即完整性。

规范意义上的整体性即整体性原则。整体性原则就是为了防止人类对自然或人的过分干预而影响和破坏自然或人自身的规定性。人类应该保护自然的整体性，同时维护自身的完整性。这里的整体性原则是一种对系统的各个部分（尤其是人类）应该如何在系统内运作的规范限制。它并不意味着封闭状态下的自我维护，而是强调在保持自然（生态系统）的整体性和维护人类作为一个物种的完整性之间的和谐统一。这两者之间有一定差异，前者强调的是一种基于群落功能模型的"统一性和确定性"，后者则是一种有机体生物的完整性。生态系统的成员不能理解为整体的部分或躯体的器官，而是功能上相互依赖的各个组分。

在与整个生态系统保持和谐统一的前提下，生命系统存在着一种"自我"：自我利益、自我目的。它是自己为了自己的"自为"存在，即具有自己的内部价值，可将它看作生物内部的"善"或内在价值。人的自然体从根本上依赖于大自然正常的生生不息的运行，自然的内部平衡、相对稳定和自我恢复及调节机制的健全以及强盛的生命活力等，都是人的自然体得以健康存在和延续的基本条件。人只要反观自我内部深层的统一性，仔细地探究人性系统的整体性及其与各种环境因素的复杂的相互作用，就必然能够得出人类行动的终极依据。

（三）团结仁爱原则

团结是指在一个群体成员中共同的利益、目的的联合，以及同情和休戚与共。有别于自近代以来在西方社会中居主导地位的自由主义或个人主义框架，20 世纪80 年代在西方崛起的社群主义认为，伦理关注和道德分析的焦点应该是社群，而不是个人。作为一种实践的德性或行动规范，团结具有很强的道德上的有效性，可以协调群己关系、人和社会的关系。"团结"是一种态度，有助于人们认识全人类的统一、互补和相互依赖；"团结"是一种义务，迫使我们接受人的尊严和在日益扩展的交往中关心他人的价值；"团结"也是一个德性原则，它比只告诉我们做什么，而没有力量让我们做有利于自己和共同善的事情的义务更有效。团结原则要求人们有潜力（道德主体间的有效性）像在一个人类大家庭中那样行动，团结的德性培育了这种意识。通过不断重复发生的人类合作行动，相互依赖的意识逐渐深入人心，从而产生出促进共同的善的期望及对他人利益的顾及。[1] 面对当代全球化日益加剧的趋势，团结意识和休戚与共的情感越来越重要。全球范围内联系愈益紧密的环境和社会系统使我们不得不正视这样一个事实：我们是生活在同一个星球上的人类大家庭的成员，互相依赖的成员只有在团结原则规范下才能协调共存。

科学的高度发达和技术的超越国界，对人们的行为产生了巨大影响。过去那些主要适应于调节家庭、社会、民族和国家等小集体、小范围之间关系的道德标准和行为规范已退居次位，取而代之的是对建立一个适应"人类大社会"的一般道德标准的要求，即要求在有限的地球上建立一个对全人类有共同约束力的大伦理学。这是一种宏观伦理学，它涉及全人类的命运和共同生活的利益。今天，由

---

① 参见 Kevin P. Lee, *Solidarity: A Principle, an Attitude, a Duty? Or the Virtue for an Interdependent World?* (book review) *The Journal of Religion*, 2001, pp. 676-677.

于科学技术的国际化，科研活动已成为世界性的，每一个科学突破和技术研发都不再是孤立的事实，它将影响整个人类的命运。人类第一次面临着一个共同任务，即在自己居住的星球上团结一致地对自己的行为负责。

中国传统道德的仁爱思想与上述团结原则都是调节自我与他人关系的道德规范，是在人类面临越来越严重的生存危机的情况下，处理涉及家庭、国家的关系和全人类利益的道义原则。一种在宏观领域调节社会基本结构和人们整体行为的原则是正当的，它必须能够促进人们的团结和互惠互爱，并将这种仁爱从家庭推向社群，从社群推向社会，从社会推向全人类，从人类推向自然界。

（四）公正原则

公正包括"分配公正""回报公正"和"程序公正"。"分配公正"是指收益和负担的合适分配。近年来，尤其是随着新遗传学研究的进展，关于"分配公正"讨论的焦点问题，逐渐从"负担的公正分配"转变为"收益的公正分配"。2000年，人类基因组组织（HUGO）伦理委员会发布了《关于利益分享的声明》，指出公正是基因合作研究的中心问题。公正概念与利益分享密切相关，分配公正主要是指资源和收益的公平分配和获得。"回报公正"就是我们所说的"来而不往非礼也"或"投桃报李"。研究人员和医务工作者在一个社区进行 DNA 采样调查研究，这个社区的样本提供者对研究做出了贡献，研究人员或相关单位就应该给予样本提供者或其所在社区适当的回报。国际人类基因组组织伦理委员会要求，如果 DNA 样本开发出产品，所获利润的 1%～3% 应该回报给该社区。如果研究结果没有商业价值，也不能申请专利，研究人员或相关单位也应该写感谢信。[①]"程序公正"要求所建立的有关程序适用于所有人。例如，在审查人体研究的计划书时，不管是哪一位研究负责人都要按照既定程序接受伦理委员会的审查，任何人不得例外。

公正原则可分为公正的形式原则和公正的内容（实质）原则。公正的形式原则是：有关方面相同的人同样对待，不同的人不同对待。公正的形式原则就是形式的平等原则。它是形式的，因为它没有说在哪些特定方面应该对相同的人同样对待。它只是说在有关方面相同的人，应该同样地对待它们；在有关方面不同的人，应该不同地对待他们。公正的内容原则是规定一些有关的方面，然后根据这些方面来分配负担和收益。究竟根据哪些有关的方面来进行公正分配呢？人们提出过如下分配原则：根据个人的需要，根据个人的能力，根据对社会的贡献，根据取得的成就，等等。不同伦理学派的公正理论之间差异明显，出发点也各不相

---

① 参见邱仁宗、翟晓梅：《生命伦理学概论》，中国协和医科大学出版社 2003 年版，第 44 页。

同，因此它们所强调的分配公正的实质原则和所采用的辩护形式也不一致。

此外，科技与工程伦理还应当遵循效用原则、尊重原则等。总之，原则和准则在伦理学中占有一席之地。伦理学需要一个基础性的原则作为支点，这个基础也许就是希腊人所认为的——我们不仅仅生活而且要过好的生活的自然欲望。伦理学也需要规范原则和准则，但它并不是伦理学中唯一的规范成分，具体判断有时决定一个原则或准则是否需要修改、搁置甚至抛弃。一般规范原则和具体规范判断是互补的、辩证相关的。① 这并不是说伦理学仅仅就是社会习俗，因时因地而异，而是要表明伦理学的规范原则和准则，随着不可预知的历史发展而改变。规范原则和准则必须在寻求与具体道德判断的反思平衡中不断加以修正。它们不是逻辑演绎的工具，而是像路标一样，时刻提醒人们不要忽略尊重人、不伤害、公正等基本价值。

小　　结

虽然科学的价值考量涉及科学家的精神气质及其工作的规范结构、科学的社会规范与科学的职业伦理规范、科技本身的负载价值与科技主体的实践责任等问题，但从严密的分析性角度看，它首先是实然与应然、事实与价值之间的关系问题。这些问题的严密研究表现为道义逻辑的成果。在道义逻辑现有成果的基础上，我们从休谟问题开始，提出了"道德应该"与"义务应该"的区别与联系，进而区分了责任伦理中的"禁止做某事"与"禁止不做某事"，并通过双刃剑模型细致地分析了不确定性、风险、两面性、价值负载等热点问题，为严格可靠的、科学的价值考量奠定了基础。

在"科学技术的价值缺失与价值恢复"的讨论中，我们提出要区分"自然科学技术方法原则上能够解决现有任意哲学难题"信念，与"当今的基础科学知识就能解决当今的一切哲学难题"的主张。同时，使用科学分析方法，进一步分析了具有后物质主义社会特点的当代中国物质主义的表现、中医的科学性和我国科技工作者特有的潜在创新优势等问题。

伦理规范是引导科学技术与工程实践健康发展的重要途径。拟澄清工具理性

---

① 参见 Raymond J. Devettere, "The Principled Approach: Principles, Rules, and Actions", in Grodin, Michael A. (eds.), *Meta Medical Ethics: The Philosophical Foundations of Bioethics*, Dordrecht: Kluwer Academic Publishers, 1995, pp. 44-45.

与价值理性的联系与区别，剖析生物医学等技术发展引发的伦理冲击，提出工程师的伦理责任以及科技与工程伦理的基本原则。

思考题：

1. 举例说明"道德应该"与"义务应当"的区别与联系。

2. 试用简单模型方法讨论责任伦理中"禁止做某事"与"禁止不做某事"两个方面的责任。

3. 谈一谈如何理解现代科技中的不确定性的确定性和确定性的不确定性。

4. 如何理解马尔库塞所说的"单向度社会"？这一社会形态仅仅是由科技造成的吗？

5. 试结合当代科技发展的具体案例来说明科技引发的伦理冲突及其解决路径。

第九章　科技创新的方法和文化

当代世界，科技创新已成为社会经济发展的首要驱动力量，科技创新能力成为一国综合实力的核心内容和软实力的重要标志。"纵观人类发展历史，创新始终是推动一个国家、一个民族向前发展的重要力量，也是推动整个人类社会向前发展的重要力量。"① 实施创新驱动发展战略，将科技创新摆在国家发展全局的核心位置，已成为我国社会的广泛共识。综合国力的竞争说到底是创新的竞争。实施创新驱动发展战略，将科技创新摆在国家发展的全局位置，已成为我国社会的广泛共识。要有效提升科技创新水平，离不开创新方法的科学运用，更离不开社会文化的哺育和支撑。

科技创新前进的每一步总是伴随着方法的进步革新与有力支持，本章以创新方法破题，进而讨论了技术创新、工程创新等创新实践活动及相关理论。而上述创新活动又都内嵌并孕育于整个创新文化的语境之中，这也成为本章探讨的落脚点。

第一节　方法与创新

《论语》曰："工欲善其事，必先利其器。"这里的"器"是指工具、手段或程序等方法。创新方法就是运作于这一系列环节的组织形式、思维方式、行为模式、条件工具等。

一、科学方法、技术方法和工程方法

"方法"的希腊语原意为"沿着道路"之意，可视为前提与结论、主体与客体间的"中介"。"中介"既包括物质性中介，如工具、仪器等设备，也囊括科学知识、行动程序、操作方式等精神性中介。以此视野观之，科学、技术、工程，就是一种认识和行动的方法系统，这一系统包括主体（行动者、认识者）、客体（对象）和中介三个部分。人是从事认识和实践的主体，认识和实践的对象是客体，中介是联系和沟通主客体的途径和方式。

---

① 《习近平关于科技创新论述摘编》，中央文献出版社 2016 年版，第 4 页。

(一)科学方法和科学方法论的发展

科学方法是人类探求科学规律时采用的手段、途径、程序和技巧。在此意义上，科学自身就是一种方法，而且还是一种复杂的方法体系。方法的创新促进了科学的进步，伴随科技手段的不断发展，科学方法本身也在持续发生着改变，人类对世界的认识和理解也更深、更广。

古希腊时期，已经萌发了对于科学方法的专门研究。亚里士多德的《工具论》不仅为形式逻辑奠定了基础，而且对其后的数学和自然科学的发展产生了深刻影响。近代科学诞生时期，伽利略确立了科学方法的重要传统——"数学—实验"方法；培根在《新工具论》中提倡定性的"实验—归纳"方法；笛卡儿在《谈谈方法》中论述了人类理性的演绎法原则；莱布尼茨致力于逻辑学与数学的结合；伽利略开创了数学与经验的结合研究方法；牛顿作为一位集大成者，整合了归纳与演绎方法，汇为经典力学的法则。近代科学发展过程在一定意义上就是科学方法和科学方法论的创新过程。观察、实验成为研究自然的基本方法，比较、分类、归纳、演绎、分析、综合以及数学方法等一系列方法得到广泛运用，连同其间出现的各式各样的科学仪器，帮助人们极大地突破了感官的局限，扩大了观察的范围，为自然科学研究的范围拓展、问题深化和迅速进步提供了强大的工具支持。

19世纪至20世纪之交的科学革命时期，进入到一个科学方法创新的活跃时期。世纪之交的电子、放射性和X射线等物理学三大发现，提供了新的实验手段，开创了新的实验技术。人们研究视界深入到亚原子微观层次，宏观视界拓展到高速、宇观尺度，出现了许多新的科学方法和科学仪器。在关于科学方法的理论研究方面，19世纪自然科学迅速进展过程中产生的实证论科学哲学和科学方法论受到挑战和批判，催生了"批判时期"的第二代实证论科学哲学和科学方法论，进而发展起来第三代实证论科学哲学和科学方法论——逻辑经验论。随后的数十年中，科学哲学和科学方法论正是在对逻辑经验论的批判中，带来了科学哲学和科学方法论的繁荣。

中国真正意义上的现代科学技术方法和方法论的研究是"五四"时期才开始的。一系列科学方法论著作陆续被翻译成中文出版，一批科学方法和科学方法论的著作相继出版。数学家胡明复（1891—1927）于1916年在《科学》杂志上发表《科学方法论——科学方法与精神之大概及其实质》，认为科学方法是科学的本质，中国需要的就是以求真为精髓的科学精神。化学家、哲学家王星拱（1888—1949）1920年在北京大学开设科学方法论课程，发表了作为《科学概论》（1930）上卷的《科学方法论》（1920）一书。胡适提出的"大胆假设、小心求证"的思想方法，在科学界广泛流传。

新中国"向科学进军"过程中，1957 年《自然辩证法研究通讯》开辟了"关于科学方法论的笔谈"连续专栏，科学方法论研究文章逐步多起来。改革开放以来，出版了一系列科学方法论和科学家论方法论著，其中包括数学家王梓坤的《科学发现纵横谈》。1980 年年底召开了全国自然科学方法论第一次学术研讨会，之后，数学方法论、系统科学方法论、化学方法论、医学方法论等方面的著作和教材频频出版，科学方法论研究形成了一个高潮。

20 世纪以来，特别是 20 世纪中叶以来，一般系统论、信息论和控制论等一系列系统科学理论的诞生，再加上电子计算机的发明、应用和发展，科学研究方法展现出全新面貌。大系统的研究，计算技术的发展，使得系统方法中的人机关系方面的问题受到了新的关注。钱学森建立了"开放复杂巨系统理论"。复杂性科学是系统论的最新发展，被称为 21 世纪的"新科学"。系统科学力图突破把对象分割成部分来研究的还原论思维的束缚，主张从整体入手来研究对象。如采用"黑箱"方法，可以在对象的某些部分并不清楚时，依据其输入与输出的功能特征展开对整体的研究。系统论研究反对以牛顿力学的机械决定论思维来处理对象，而是引入非线性科学、博弈论、非均衡系统、混沌学、复杂网络等新方法去把握系统可能的行为、状态和变动趋势，考察系统的演化和不确定性。系统科学方法力图打破自然领域和社会领域、机器和生物之间的严格界限，把它们统统当作结构、功能、通信、控制、反馈、网络的系统问题来对待，正在开创区别于传统还原论的新方法论。

由于计算机时代科学计算技术的迅速发展，计算成为"第三种科学方法"，形成了与两种传统科学方法——理论和实验——的鼎足而立之势。[1]随着网络化的发展，云计算浮出水面，大数据受到空前重视，科学计算方法处在快速发展之中，计算主义科技哲学研究纲领受到重视。信息化也极大地改变了科学仪器的面貌，形成了三个阶段的发展，第一阶段是利用计算机增强传统仪器的功能，计算机和外界通信成为可能，用户通过使用计算机来控制仪器。第二阶段是开放式仪器的构成，仪器软硬件上的技术进步使得仪器的构成得以开放，消除了由用户定义和供应商定义仪器功能的区别。第三阶段是虚拟仪器框架得到了广泛认同和采用，软件领域面向对象技术把任何用户构建虚拟仪器需要知道的东西封装起来，虚拟

---

[1] 参见石钟慈、桂文庄：《计算：第三种科学方法》，《科学》1992 年第 5 期，第 12—15、44 页。

仪器软件框架成为数据采集和仪器控制系统实现自动化的关键。现代科学仪器的发展趋势显示出，电子设计自动化将简化仪器硬件，设计软件技术将成为仪器智能化的关键，科学仪器将进一步趋于小型化、微型化和大众化，网络化仪器已经成为必然。①

（二）科学方法、技术方法和工程方法的特点

当代科学技术的发展过程，是一个科学与技术、工程乃至产业更趋内在结合的过程，相应地，从重视科学方法发展到重视技术方法、工程方法和创新方法。科学、技术和工程之间既相互联系、相互作用又各有特点，同样地，科学方法、技术方法和工程方法之间相互衔接、相互作用而各有特点。

科学活动以发现为核心，科学方法鲜明地体现着科学活动的特点和目标。开展科学活动的主要角色是科学家，科学活动的本质是探索未知世界的客观规律，基础科学研究活动是其最典型的形式，它与不断地发现问题、提出和修改科学假说、进行假说的检验等科学方法联系在一起。与科学活动有关的科学方法，联系着观察、实验、检验、经验、理论、科学仪器，以及比较、分类、归纳、演绎、分析、综合等具体方法。科学研究经过多次"观察—假说—检验"的循环，来实现从实践到认识的飞跃，其结果是产生知识形态的科学成果。

技术活动以发明为核心，开展技术发明活动的主要角色是工程技术人员和发明家。技术活动具有强烈的实践性，是对可行的方法、技巧或"机器"的发明，技术发明和技术开发是其最典型的形式。作为带有强烈社会实践性的技术活动，离不开技术预测、技术评估、技术构思、技术试验、技术开发等技术方法的运用。如果说技术预测、技术评估等方法主要服务于宏观技术政策与技术战略的制定与实施，那么技术构思与技术试验则聚焦于讨论技术人员的研究艺术与创造技法。其中，技术预测包括类比性预测方法、归纳性预测方法、演绎性预测方法等，技术评估包括矩阵技术法、效果分析法、多目标评估法、环境分析法、技术再评估法等，技术构思包括原理推演法、实验提升法、模拟法、移植法、回采法等，技术试验则包括实验室试验、中间试验、生产试验等多个阶段。技术开发通过"预测—评估—试验"流程，来实现认识到实践的飞跃，结果是物化的生产工具、机器设备、技术专利等发明创造。

工程活动以建造为核心，工程活动是实际改造世界、建造人工物的物质实践

---

① 参见林君：《现代科学仪器及其发展趋势》，《吉林大学学报（信息科学版）》2002年第1期，第4页。

活动，工程师在工程活动中发挥着关键性作用。在以建造为核心的工程活动中，必须考虑到可行性问题，要对工程开展过程中涉及的约束条件、目标、设计方案以及工程的后果和影响进行全面的评估并做出明智的决策，这是一个需要并运用运筹、操作、决策、制度设计、管理措施等多种方法手段的过程。具体到工程设计本身，需要恰当运用工程设计方法，在传统上，工程设计方法主要包括模型试验设计法、常规设计法等；在工程设计的现代方法中，主要包括系统设计法、功能设计法、可靠性设计法、最优化设计法等。工程设计通过概念发展、设计概念的验证、进行性能预测和选择最合理的设计概念，来具体地、实践地改造物质世界，其结果是直接实现了人工物的建造。

二、问题的发现、领域的拓展与目标的实现

从科学，到技术，再进入到工程，是从"知识"到"行动"的推进，即从"自由探索"发现未知世界的问题，到"自觉地"地去发明、制备有关的工具、手段，再到更加"有目的地"实现特定人工物世界的建造，并发生着各个阶段的联系。

（一）问题的发现

人类认识和改造世界的过程是一个不断提出问题和解决问题的过程。科学活动要解决的是有关对象世界的"是什么"和"为什么"的问题。科学问题的来源不外乎理论研究本身，或理论与事实（现象）之间以及理论与实践需要之间的矛盾。科学活动指向未知世界，在探索未知世界的过程中科学问题的发现便意味着科学的进步。敏锐地发现和恰当地提出问题是科学活动能否获得成功的关键环节，对此，爱因斯坦有一段名言："提出一个问题往往比解决一个问题更重要，因为解决一个问题也许仅是一个数学上的或实验上的技能而已。而提出新的问题，新的可能性，从新的角度去看旧的问题，却需要有创造性的想象力，而且标志着科学的真正进步。"①

科学问题成为科技哲学中经久不息的重要论题。无论是"科学始于观察""还是科学始于问题"抑或是"科学始于机遇"本质上都关注到科学活动中科学问题的确立与否。无论是"发明的逻辑"还是"证明的逻辑"都离不开对于科学问题的追问考察。从逻辑经验论的"命题"，到波普尔的"证伪"，再到库恩的"范

---

① ［美］A. 爱因斯坦、［美］L. 英费尔德：《物理学的进化》，周肇威译，上海科学技术出版社 1962 年版，第 66 页。

式"以至拉卡托斯的"研究纲领"、劳丹"以解决问题为核心的科学进步的合理性模式"等,都涉及对科学问题如何理解。科学问题的发现和明确,并非某种被动的确定论的结果,它是认识主体对于认识客体的能动反映的结果,创新的科学思维、科学方法和仪器设备都可能发挥重要的作用。

在现实的科学研究中,科学研究的总方向和总任务通常由科研课题确定,能否提出并抓住既有创新性又有可行性的研究课题,对于能否获得有价值的科研成果至关重要。能否恰当地提出问题,并提出解决问题的指向和目标,是课题能否通过评审、获得立项并最终获得资助的重要环节。没有科学问题的发现,提不出比较明确的、被同行认可的科学问题,便难以通过同行评议,难有机会获得课题立项,也就谈不上获得科研资助了。在大多数的情况下,会导致申请人所提出并希望开展的科研活动难以进行下去,或至少是难以及时而顺利地进行下去。从科学社会学的角度来看,课题制对于规范科学研究、汇聚社会资源于最紧迫的研究上贡献很大,但对于科学家的自由探索和提问又形成束缚。

(二)领域的拓展与目标的实现

从科学领域进入到技术和工程领域,就从解决有关对象世界的"是什么"和"为什么"的问题,发展到去解决变革对象的"做什么"和"怎么做"的问题。科学往往面临的是比较纯粹的理论问题,而技术和工程则更关注理论与社会实践如何结合的实践问题。

技术问题源自技术发展中某种未知的情况与已有的技术情境形成冲突或不协调,发明创造的功利运用是不断发现技术问题的重要动因,通过从"知"向"行"推进的过程中,技术方法提供实现特定目标的有关技能、生产工具、可行手段等路径帮助人们发现问题和解决问题。这体现了问题领域的拓展,也体现了方法领域的拓展。

不同于科学问题的"兴趣驱动",技术开发、技术发明的问题往往直接源自社会的特定需要,技术方法的应用和技术问题的解决鲜明地体现了自然规律与社会规律的双重支配。也不同于通常致力于在理想化条件下去考究科学问题,技术方法的应用无疑需要综合考虑技术的社会应用等因素,也更为强调现实可行性等因素。实践上,技术方法讲究对技术应用与未来技术发展图景的预测,当开发一种新技术只考虑当前而不计长远,会使技术开发成功时已经落后于社会需求或者没有良好的社会应用前景;反之,若开发一种技术只看到长期的技术前景,而不考虑当下的或近期的可行性,那么往往也会导致技术应用的失败。

工程问题是要去解决为了满足人类需要的"造什么"和"怎么造"的问题。

这需要综合地利用有关的知识和技术手段，形成实施方案，实现建造特定人工物的目标。工程问题体现了从"知"到"行"的实现，以便达成能动地、实践地改造对象世界的特定目标。工程方法成为实现这一转换的基本手段。

工程的实施在于实现特别的建造目标，是科学和技术、自然因素和社会因素的集成，工程方法的综合应用体现出这种极强的集成性。工程是在特定社会历史条件下对科学、技术、信息、能源、人流和物流以及经济、政治、文化等众多要素综合地、系统地"集成"应用，必须根据具体的时空条件对工程设计做出精确的评估与预测。工程活动要将认知的结果与工具手段、经济效益、工程设计联系起来，从而将科学技术转化为现实的生产力，这总是会成为"当时当地"的特定事项。因此，工程方法的应用不仅要求遵循自然规律与社会规律，而且还体现出工程实践又受到"地方性"条件的制约。

科学发现尤其是基础科学研究无法制订出严格的时间规划，短期难以准确预见执行效果，科学前沿的探索具有高度不确定性，技术拓展却需要有较强的确定性与较强的时间规划。例如关于移动通信技术从 2G 到 3G、从 3G 到 4G 的升级换代的技术预测，不仅要指出技术的走向，更要标注出大概的技术进展的时间节点，以及预判经济可行性，这将直接影响着研发的投入和技术的推进。对于工程来说，目标的实现都有高度的确定性，具有必须按时完成的严格规划。大规模工程的实施，无疑在可行性分析上具有更为严格的要求，考虑到前期投入的巨大开支，工程项目的实施通常经不起大的失败，因此，工程方法要求我们必须在投资决策前，不仅从工程设计上，而且从政治、经济、技术等各个角度进行一系列的可行性分析，从而保证目标的实现。

20 世纪下半叶以来，科学、技术和工程之间的相互作用明显加强，基础研究既直接受到科学家好奇心对一般知识追求的推动，又"日益被技术进步探索的问题加以丰富"，"应用的考虑已成为基础科学的动力之一"[①]。大科学项目中，科学、技术和工程三者之间更是展现出前所未有的复杂互动，一旦有新的科学发现，很快就获得了技术上的推进，乃至尽快地通过工程而转变成人工物的建造。另一方面，当代科学发现也离不开技术进展及其支撑，甚至离不开大科学工程的进展和支撑。假如没有现代的大型粒子加速器，物质结构的许多深层次问题的发现也是不可能的。这一方面体现在科学向技术、技术向工程的转化，同样体现在工程之

---

① ［美］D. E. 司托克斯：《基础科学与技术创新——巴斯德象限》，周春彦、谷春立译，陈昌曙审校，科学出版社 1999 年版，第 82 页。

于技术、技术之于科学的推动作用，相应地，科学方法、技术方法和工程方法也愈发密切联系、交织起来。

三、自由探索与课题研究

自由探索是科学发现具有高度不确定性的内在要求，成为科学家从事科学活动的基本权利和精神品质，并成为实现科学创新的基本前提。然而，当科学成为一种宏大的社会建制，科学知识的生产逐步被纳入"产学政"的"三螺旋"合作行为，政府不仅对科学研究给予支持，同时也通过以课题研究为代表的诸多形式对科研方向加以导向。

（一）自由探索

科学研究中的自由本质体现了科学知识生产的内在规律，随着科学研究自身的发展，自由探索的内涵与特征也历史地发生着变化。

近代科学兴起之前以及近代科学初期，科学研究主要受到好奇心与个人兴趣的驱动，体现了科学家们"为科学而科学"的精神情怀，也反映出当时科学研究的"业余"特征。科学还远未成为一种专业化的职业，科学家们只是将科学研究作为一种兴趣爱好，也不会过多地去考虑科学知识对社会发展的作用与影响。亚里士多德便将自由探索看作一种个人权利："因为人们最初是被好奇心引向研究〔自然〕哲学的——今天仍是如此……所以，如果他们钻研哲学可以避免无知的话，那么，他们为求得知识本身，不考虑功利应用而从事科学活动，就是一种个人权利。"① 在社会生产、生活等实践活动中，科学还未展现出举足轻重的作用，科学活动并未得到社会层面的支持，而科学家也恰恰由此享有着"绝对"的思想自由。

这一时期科学家虽然享有"绝对的"思想自由，但由于科学活动在社会生活中还不具有举足轻重的作用，科学活动还难以得到社会的支持。

随着近代科学的进展，科学研究不仅在精神文化活动中有了更大的影响，而且开始超出纯粹的精神文化活动的边界，逐步展现出它的经济效用，科学家也逐步成为一种专门的职业。职业化的科学知识生产使原来的个体研究者的工作方式变成一种有组织的社会活动，并形成了与其他职业相对独立的科学共同体。1662年英国皇家学会的成立，是使科学技术活动摆脱对于其他目的性活动的依附的重

---

① ［美］詹姆斯·E·麦克莱伦第三、［美］哈罗德·多恩：《世界史上的科学技术》，王鸣阳译，上海科技教育出版社 2003 年版，第 82 页。

要标志。在英国皇家学会成立的同一时期，1666 年法国成立了法兰西科学院。

科学技术活动在 17 世纪成为相对独立的社会活动形式，标志着在历史上长期存在的业余科学家向专业科学家过渡，科学研究也步入了学院科学时代。在这一时期，科学的功利价值开始初步获得了社会承认，逐步被看作是需要服务于国家利益的重要手段。但总体上看，科学研究仍然只是属于少数精英的事业，政府并没有把资助科学作为自己的责任，科学研究主要还是依靠私人基金会和社会慈善机构捐赠来维持。相应地，科学家们仍然能够较为自由独立地开展科学研究活动。

（二）课题研究

进入 20 世纪，科学越来越明显地成为经济发展、政治运作、国家综合竞争力的重要支撑。第二次世界大战期间的科学总动员，标志着科学研究之于社会发展的重要意义获得了充分的认可，这成为国家开始为科学研究提供制度性资助的契机。"二战"后，美国率先建立起国家科学基金会（NSF）等一系列稳定支持科研的资助渠道，本质上便是将科学纳入社会发展的规划之中。

当代各国政府都将资助科学研究作为自己应尽的义务与职责，发达国家都纷纷采取各种各样的制度和举措，将科学以及技术纳入社会发展的规划之中。被纳入"政策范畴"的现代科学不可能保持过去那种纯粹的形象，科学知识的生产在总体上需要服从国家利益和科学政策引导。科学技术的发展被纳入社会发展的规划中，形成一种庞大的社会建制和体系，其运行发展不能不依赖于一定的组织和管理并与之相适应，课题制因此应运而生。

历史上，贝尔纳曾尖锐地批判道，职业科学家"在经济上受到双重挟制。不但他个人的生计，从长远来说取决于他是否能讨好他的雇主（这一点甚至可能不是主要原因），而且作为科学家，他必须有一个往往成为他自己的主要生活动力的工作领域。为了取得这个工作领域——从事科研的机会、购置设备和雇佣助手的经费——单单不得罪施舍金钱的当局还是不够的；他必须设法主动去讨好他们"①。但今天从总体来看，课题制是目前各国在研究与开发项目中普遍采用的有效科研组织管理模式，不仅在自然科学技术领域如此，在人文社会科学领域也如此。

我国改革开放以来的科技体制改革中，试行了公开招标、科学基金、合同制等研究开发项目的课题化组织管理方式，并逐步确定了课题制的主导和主体地位。与计划经济体制下的行政科研组织模式相比，科研项目课题制管理有以下几个方

---

① ［英］J. D. 贝尔纳：《科学的社会功能》，陈体芳译，张今校，商务印书馆 1982 年版，第 516 页。

面的主要优点①：（1）科研项目资助主体和受助对象多元化，扩大了科研经费投入，更加符合市场经济的要求，有利于科学研究的社会化和普及化。（2）科研项目课题制的实施，促进了科研项目遴选的程序化、民主化与科学化，有利于充分调动专家群体在项目立项、实施、鉴定和结项等环节学术把关的作用。（3）课题制有利于调动广大科研人员的积极性，成为市场经济条件下人才成长与学术进步的动力机制。（4）实行课题制有利于促进科研管理队伍的专业化和科研管理制度的规范化、法制化。由于科研课题实行项目制管理，科研管理队伍的专业化、职业化成为必需，否则难以适应课题管理的新要求。在我国，研究开发项目的课题制在激发科研人员的积极性、拓宽科研资金来源、促进科研项目的市场化和社会化等方面发挥了积极作用，但也诱发了一些学术研究急功近利、学风浮躁、精品成果意识弱化等问题。

课题制突出体现了齐曼所说的"效用规范（norm of utility）"②的驱动，传统的"兴趣爱好、自由探索"形象发生了重要的变化，科学家在追求真理与获得源自政府、企业的课题资助之间寻找着内心的平衡。课题制的广泛实施，使得科学家要获得基金的研究的资助，必须在资助申请中阐明"科学问题"，讲清"技术手段"乃至"预期目标"，等等。部分科研人员更受政府、企业的研发机构雇用，从事全时的研究工作，他们的课题研究通常是任务定向的。于是，在个人主义和自由研究之外，科学研究逐步表现出集体主义、任务导向和实用主义的特征，而这种研究又是与技术开发、工程建造紧密地耦合在一起的。

（三）在自由探索与课题研究之间的"自由"

在科学规模化、建制化的后学院科学时代，一味地强调探索的绝对自由或是一味地功利追求课题研究的任务导向都是偏颇的，需要把自由探索与课题研究辩证统一起来，形成科学家的"责任自由"③。

在当代科研体系的架构中，科学家需要自觉地把与国家利益、人类利益与科学的求真目的结合起来，要让科研活动与社会财富创造统一起来，从而在追求真理的过程中体现出应有的社会责任。这是责任自由所描绘的科学家的精神图景。

---

① 参见王延中：《科研项目课题制的发展趋势》，《中国社会科学院院报》2007年3月1日，第002版。
② 参见［英］约翰·齐曼：《真科学——它是什么，它指什么》，曾国屏、匡辉、张成岗译，上海科技教育出版社2002年版，第90页。
③ 参见马佰莲、欧阳志远：《论科学家个人自由的三种形态》，《哲学研究》2006年第8期，第94—98页。

在科学实践中，要自觉地将自由探索与课题研究有机结合起来毕竟是一个复杂的过程，需要认识到当代的科学自由是建立在科学与政治、经济、道德乃至心理学和认识论之间的辩证关系基础之上的。

当代科学联系着政治，大规模的科学活动已经成为一种国家战略层面的政治活动。国家加强对科学研究的资助与扶持，是希望从科技发展中获得对国家安全、经济增长、社会发展等战略目标的支持与回报，因此，关注功利成为科学研究的合法目标之一。

当代科学与经济紧密联系，科学研究总体上表现出前所未有的对于经济发展的高回报率。科学的目标不仅是知识的生产，更是为了促进经济的发展与社会的进步。科学家肩负着增进公共知识的责任，同时还要承担解决社会经济发展中提出的"功利性"科技问题的义务。

当代科学还联系着道德价值，科学不仅可以造福人类，也可能产生破坏生态乃至威胁人类命运的负面效应，双刃剑效应日益彰显。科学研究的本性虽然是追求自由探索，但不能没有纪律乃至"禁区"。在科研选题中不仅要关注科学价值，同样需要关注科学的伦理考量。

当代科学毕竟也联系着心理学和认识论，纵然规划已然成为当代科学研究图景的制度框架，但并不能因为导向性的课题研究而忽视自由探索之于知识生产的基础作用。科学知识的创造永远无法离开科学家的兴趣与好奇心，一旦完全脱离研究兴趣和好奇心的驱动，科学研究也最终将落入毫无灵感可言的所谓"创新贫困"。

在科学、技术、工程等不同领域，所表现出的自由探索与课题研究特征不尽相同。基于不同的旨趣与目标，从追求发现的科学到追求发明的技术再到追求建造的工程，是一个自由探索强度不断递减、任务导向强度不断增加的过程。另一方面，科学、技术、工程等不同领域中的自由探索特征与任务导向特征虽有差异，但都体现了从认识到实践的连贯性动因和发展。科学研究同样需要在经济、社会发展等导向任务的背景下展开自由探索，技术发明、工程建造也同样有赖于发明家与工程师的自由灵感加以推动，以实现创造现实价值的实践目标。

四、理念创新、方法创新和工具创新

理念创新、方法创新和工具创新在推动科学、技术、工程等领域的不断创新中发挥着不同的但又是相互关联的作用。

（一）理念创新

理念创新也称观念创新，是指革除旧有的思维模式和既定看法，以新视角、新方法和新思维，形成新结论、新思想或新观点，进而用于指导实践的创新过程。理念创新往往是各类创新的起点，发挥着隐蔽的深层的核心作用，通常具备深刻性、继承性和突破性等特征。

理念是对客观对象的理性认知与概括，理念创新是一种深刻的观念与思维创新。理念变革随着认识的深入而产生。人类的认识历史就是人类观念不断创新的历史，它遵循了实践—认识—再实践—再认识的唯物主义认识论规律，深化了人类实践的深度与广度，推动了社会发展与进步。

理念创新首先需要继承，继承不是照搬。观念的更新基于对原有知识与经验的认知，以逐步进化的方式前进的。在对世界的求知、改造过程中，对理念创新首先需要继承，文化的相对稳定性使理念创新具有继承性的特点。但继承不同于照搬，人们在原有认知和经验的基础上，对客观世界不断加以新的提炼、抽象与升华，从而才能实现观念的逐步进化以及观念的批判与超越。没有敢于打破常规并大胆探索未知世界的精神品格，对旧有事物的批判与超越就难以实现。以历史唯物主义的观点看，人类的进步发展史本质上就是旧事物不断灭亡、新事物不断产生的历史，就是一个不断超越既有物和思，不断追求和实现新建构的过程。

理念创新的方式是多种多样的，具有多种类型与模式。首先是最简单的点式思维，它通过偶然的发现和灵感的火花产生发明和创造；然后是进一步的线式思维，环环相连的线式思维在工业生产与工程创新中非常重要；还有更为复杂的矩阵式思维，矩阵式思维十分适用于管理，它尝试在两个坐标各个要素的交汇点上寻求问题的解决方案。此外，还有多维思维、立体式思维、系统思维与集成思维等。①

当代科学技术的发展图景具有全球化、复杂化特点，新问题层出不穷，这不仅需要多学科、各种各样的方法和技巧的集成和组合来解决，更需要通过理念创新，以新的眼光来看待新的问题，以新的思路和新的方式方法来解决问题。

（二）方法创新

一定意义上，人类历史上最有价值的知识是方法的知识。创新是综合了从科学研究到技术发明、再到工程创造的系统过程，先进的创新方法是科技进步并有

---

① 参见刘燕华：《创新方法——快速提升创新能力的法宝》，《创新科技》2010 年第 7 期，第 16 页。

效地转化为生产力的基础和保证，是提升持续创新能力的重要手段。

方法创新在推动科学、技术、工程还有产业革命中都具有重要作用。陈景润之所以能够接近解决"哥德巴赫猜想"，是由于他改进了筛法，才最后获得了成功；"杂交水稻之父"袁隆平通过解决杂交稻三系法和两系法的杂交方法问题，方法上的突破使他开辟了碳三作物杂交的先河；人类的基因组测序工程随着从常规凝胶电泳法到毛细管电泳法（鸟枪法）、微流控芯片方法等方法上的突破创新，大大缩短了测序时间，测序投入巨幅减少，使得基因组测序工作提前完成。

创新方法的历史可追溯到公元 4 世纪的启发法，目前的 300 多种技术创新方法，按时序可分为三个发展阶段：远古研究阶段（公元 4 世纪—19 世纪）、近代研究阶段（20 世纪初—20 世纪 50 年代）、现代研究阶段（20 世纪 60 年代至今）。①

在远古阶段，启发法是主要的创新方法，其内涵实质上是直觉判断、有根据的推测、单凭常识和经验的方法。试错法是典型的启发法。

在近代阶段，主要的创新方法包括头脑风暴法、综摄法、形态分析法、检核表法、5W2H 法、属性列举法、TRIZ 法等。

在现代阶段的创新方法则主要包括信息交合法、中山正和法、公理化设计法、六顶思考帽法等。

当代，TRIZ 理论受到广泛关注并加以着力推广。② 苏联发明家根里奇·阿齐舒勒带领团队从 1946 年开始，在研究了世界各国 200 万份高水平专利的基础上，提出了一套具有完整体系的发现并解决问题的理论和方法——TRIZ。其理论核心包括 9 个部分：八大技术系统进化路径、最终理想解、40 个发明原理、39 个通用过程参数和矛盾矩阵、物理矛盾和分离原理、物—场模型分析、标准解法、发明问题标准算法、物理效应库。

当代创新的一个重要特点是，方法上的突破创新使得原本难以实施甚至难以想象的各类精细的或是庞大的科学工程逐步进入了社会实践领域。这意味着，创新方法研究已然成为当代创新能力竞争的一个核心，谁在方法上拥有优势，谁就可能在竞争中占据制高点。

（三）工具创新

科技创新离不开工具，一部科技创新的历史也是一部工具仪器的进化史。在

---

① 　参见赵建军主编：《创新之道——迈向成功之路》，华夏出版社 2011 年版，第 117 页。

② 　TRIZ 是俄文"теории решения изобретаеЛьских задач"的英文音译"Teoriya Resheniya Izo-breatatelskikh Zadatch"的缩写，其英文全称是 Theory of the Solution of Inventive Problems（缩写为 TSIP），也有学者将其译作"萃智"。

远古时代，人类通过手工工具的制造与使用来提升自身的实践能力，从而使人与动物区别开来。恩格斯说，人类起源于劳动，而"劳动是从制造工具开始的"[①]。

近代科学兴起后，人类进入一个机器工具大生产的革新时代。从地理大发现到蒸汽机的诞生都有赖于一系列的机器加工工具的进步，而以蒸汽机为代表的一系列机器工具的进一步进展，拉开了近代工业革命的序幕。从此，人类的生产力获得了极大的提高，生产方式也产生了极大的变革。这就使"资产阶级在它的不到一百年的阶级统治中所创造的生产力，比过去一切世代创造的全部生产力还要多，还要大"[②]。

电气仪器设备、电力机器与电子技术、信息技术的创新，进一步将人类社会推向信息时代、知识经济时代。当代生产工具进一步展现出高度的信息化、智能化、系统性、网络化的特点。正在兴起的"普适计算"与物联网技术更在深刻地改变我们的日常生活与处理问题的方式。

无论在近代科学时期还是在科技飞速发展的今天，工具创新都是推动科技创新的重要渠道。基于理论推断和猜测，科学家哈勃早在 1926 年便创立了星系分类法。但直到 20 世纪 70 年代，人们才通过新研制的射电望远镜观测太空，证实了哈勃星系分类法，使得理论获得了实际观测的印证。又如，主要依靠把脉和经验诊断的传统医疗难言准确，而从伦琴发现 X 射线，到 20 世纪 70 年代的 CT（计算机断层扫描）技术，再到 90 年代的核磁共振技术，则大幅度提高了现代疾病诊断的精确性。再如，遥感卫星不仅被广泛应用于科学技术研究领域，人们还得以对军事、环境、通信、交通等观测对象进行大幅度的精准遥感观察，等等。

需要强调的是，我们不仅要重视工具仪器之类的实体工具对于科技创新的重要意义，也不可忽视非实体工具对于科技创新的推动作用。非实体工具包括虚拟模型、操作系统、工业标准，等等。当代手机通信技术创新之争的一个焦点就是操作平台之争，开放的安卓系统，封闭的苹果的 iOS 系统，均在激烈竞争中不断进行着创新。

第二节　技术与工程创新

人类通过技术发明与工程设计以及它们的创新应用不断变革着自然和人与自

---

① 《马克思恩格斯文集》第 9 卷，人民出版社 2009 年版，第 555 页。
② 《马克思恩格斯文集》第 2 卷，人民出版社 2009 年版，第 36 页。

然的关系，推动着人工自然的建造乃至走向人自身的变革。

一、技术发明与技术创新

技术发明体现了人的能动性，并带来了新的技术创新的可能性。在知识经济时代，技术创新与高技术产业化不仅是技术发展的重要形式，更成为推动经济乃至社会发展的重要引擎。

（一）从技术发明到技术创新

熊彼特在 20 世纪上半叶提出创新概念，把创新界定为"执行新的组合"，即建立一种新的生产函数，把一种从来没有过的关于生产要素和生产条件的新组合引入生产体系。①同时，他把技术进步理解为一个过程，认为这个过程包括发明、创新和创新扩散这三个相互关联的环节。

技术发明是具有新颖性、独创性和实用性但尚未实际应用的技术成果，主要来源是科学发现以及已有的技术知识、技术经验及其他技术成果的新综合。任何技术发明都有两种可能的前景：一是作为没有得到利用的新技术知识、技术成果储存于"技术库"中，有利于以后的实际利用或用于引发新的技术发明；二是作为技术进步第一阶段的成果，转化为技术创新。

技术创新不能止步于技术发明。或者说，仅有技术发明还不能被称为"技术创新"。技术创新是以新产品（或改进产品）、新方法、新工艺的形式实现具有社会经济意义和市场意义的技术发明的首次应用。技术创新的来源并非限于新的技术发明，同时还包括先前存入"技术库"中的原有技术发明和原有技术创新成果。

技术扩散是指技术创新的推广和模仿。一项技术创新只有通过扩散（技术创新的广泛应用），才能最终实现它所蕴藏的内在经济效益和社会价值。

技术创新是整个技术进步的一个重要中心环节，同时也是技术进步促进经济增长和社会发展的根本机制所在。熊彼特的创新理论力图表明的是：整个经济的发展，主要不是由于其他的原因所造成的，而是由于注入了科学技术这样一个决定性因素，导致了将关于生产要素和生产条件的新组合并改造了既有的生产体系。因此，熊彼特的创新理论所强调的主导方面是技术创新，但他也没有忽视与技术创新密切相关的其他各种创新形式，因为起主导作用的技术创新也只有借助于其他相关创新的支持和配合，才能最终实现对经济增长乃至整个社会的影响。

---

① 参见［美］约瑟夫·熊彼特：《经济发展理论——对于利润、资本、信贷、利息和经济周期的考察》，何畏、易家祥等译，张培刚、易梦虹、杨敬年校，商务印书馆 1990 年版，第 73 页。

20 世纪中叶以来，熊彼特的创新理论及其对创新的界说，影响了一大批经济学家、管理学家关于技术创新的观点。而随着知识经济时代的来临，创新理论受到了更加高度的关注，从关注技术创新发展到关注国家创新体系、区域创新体系乃至全球创新体系的研究，从聚焦于技术创新拓展到重视理论创新、社会创新和文化创新诸多方面，同时，创新带来了知识资本化，以阐述知识经济的发展特点和发展规律。

人们可以狭义地或广义地理解创新。狭义上看，是以基于发明与创新的联系和区别来理解的技术创新，也就是技术发明的首次商业应用，这成为理解技术创新的原点与基石。广义上说，是从技术、市场、管理和组织体制等生产系统或经济系统的要素方面来理解创新，这为深化技术创新的相关认识提供了更为开阔的视野。

（二）技术创新的模式

技术创新的实际过程十分复杂。为了认识和理解技术创新的过程，揭示技术创新的推动、发生机制，人们提出了多种不同的技术创新过程模式。

1. 线性创新与链环-回路模式

早期人们对创新过程认识的主流思路认为，研究开发或科学发现是创新的主要来源。技术创新起因于科学技术发展的推动，是由科学技术成果引发的一种线性过程（图 9-1）。这不仅基于对技术创新的狭义理解，而且认为：第一，创新遵循知识生产与应用的线性模式，可以把科学研究、技术发明与创新严格区分开来；第二，将企业视为实现创新的唯一场所。

图 9-1　创新的知识推动模式

实际上，熊彼特关于创新的最初理解也是以上述线性模式为基础的。《科学——没有止境的前沿》（1945）[1] 这部奠定美国"二战"后科学政策的经典文献，也持有这种观点。随着研究的深入，消费对于技术创新的重要拉动作用被人们逐步认识到，正如《发明与经济增长》[2] 所指出，专利活动，也就是发明活动，与其他经济活动一样，基本上是追求利润的经济活动，它受市场需求的引导、制

---

[1] 中译有商务印书馆版。布什等著：《科学——没有止境的前沿》，范岱年等译，商务印书馆 2004 年版。

[2] J. Schmookler, Invention and Economic Growth, Massachusetts: Harvard University Press, 1966.

约（图9-2）。从需求来理解创新的缘起，拓宽了创新研究的视野。

图9-2　创新的需求拉动模式

随着关于创新与社会关系认知的不断深化，人们愈发认识到线性模式的局限性并关注到创新过程动态化、集成化和综合化的特点。在现实运行的创新活动中，知识生产、技术开发、产品设计、市场拓展等各个环节之间都存在着这样那样的双向互动作用，于是，创新链环—回路模式——一种关于创新的多因素非线性交互作用模式（图9-3）应运而生①。

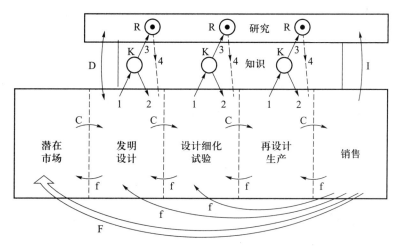

图9-3　创新的链环—回路模式

在这一模式中，一共有五条创新路径。② 科研不再是创新的起始点，而是创新主链各节点上都需要的因素，它贯穿于整个创新过程，是创新各阶段的基础。

2. 创新系统

创新的综合性、系统性受到了越来越大的关注，到20世纪80年代后期，关于创新研究的系统范式渐趋明朗。

英国学者弗里曼在《技术政策与经济运行——来自日本的经验》③ 一书中阐释了国家创新系统的范畴。他发现，日本在技术落后的情况下，以技术创新为主导，

① S. Kline, N. Rosenberg, An Overview of Innovation, in: R. Landon, N. Rosenberg (eds.), *The Positive Sum Strategy*, Washington, D. C.: National Academy Press, 1986. pp. 275-305.

② 参见曾国屏等主编：《当代自然辩证法教程》，清华大学出版社2005年版，第334页。

③ C. Freeman, *Technology Policy and Economic Performance: Lessons from, Japan*, London: Frances Printer Publishers, 1987.

辅以组织创新和制度创新，只用了几十年的时间，便使国家的经济出现了强劲的发展势头，成为工业大国，表明了国家创新体系在推动一国的技术创新中起着十分重要的作用。他还指出，在人类历史上，技术领先国家从英国到德国、美国，再到日本，这种追赶、跨越，不仅是技术创新的结果，而且需要制度与组织的创新加以辅助，从而是一种国家创新体系演变的结果。换言之，在一国经济发展和技术的追赶、跨越中，仅靠自由竞争的市场经济是不够的，需要政府提供必需的公共产品，需要政府通过适宜的创新政策，促进对资源的最优配置，推动技术创新。

经过一批学者的探索，到 20 世纪 90 年代，经济合作与发展组织（OECD）开展了对国家创新系统的研究，使这个概念不仅成为学术概念，而且进入了各国政策层面。

在学术研究中，国际上对国家创新系统的研究大致可分为两派。以丹麦朗德沃尔为代表的学派认为，创新是包含多个层面的生产者与用户之间互动的学习过程，因此，他们分析的侧重点是生产企业和用户、企业和供应商的相互作用。以弗里曼和美国尼尔森（亦译纳尔逊）为代表的学派认为，国家创新体系是一组制度，制度的设定和功能是决定创新体系效率的关键，于是，他们侧重于分析不同国家创新系统的特征。

关于创新系统的结构，一种观点认为国家创新系统包括六个基本要素：创新活动的行为主体、行为主体的内部运行机制、行为主体之间的联系和合作、创新政策、市场环境和国际联系；另一种观点认为，国家创新系统的结构包括两个层面：一是创新系统的不同行为主体之间的交互作用方式，二是影响和约束不同行为主体相互作用的创新空间。

人们认识到，国家创新系统中的行为主体主要包括企业、政府、大学与科研机构和中介机构。国家创新系统强调不同机构和部门之间的相互作用，被理解为是由一个国家的公共和私有部门组成的组织和制度网络，其活动是为了创造、扩散和使用新的知识和技术，最终目的是推动企业的技术创新，提高国家的创新绩效。

可见，创新研究的"系统范式"根植于这样的前提，创新是由不同参与者和机构组成的共同体大量互动作用的结果，因此，理解创新中行动者之间的相互作用对于改进创新绩效是关键性的。创新和技术进步是行动者在生产、分配和应用种种知识产品的过程中的复杂相互相互的产物。创新绩效在很大程度上取决于这些行动者作为要素在系统中的相互作用。①

3. 创新生态

在 2004 年上半年，美国总统科技顾问委员会（PCAST）先后发布了两个《维护国家的创新生态体系》的报告。美国竞争力委员会在随后的《创新美国》② 中期报告中，也开始使用"创新生态"概念，并提出一个"创新生态模型"③。这些报告指出，创新是决定美国在 21 世纪取得成功的唯一最重要因素，要形成一个 21 世纪的创新生态系统。作为"国家创新倡议"（NII），提出要实现"人才""投资"和"基础设施"三方面的目标和议程。在人才方面，要建立国家创新教育战略，培养多样的、创新的和接受技术训练的劳动力，成就下一代美国创新者，保证劳动者在全球经济竞争中取得成功。在投资方面，要使前沿领域和多学科研究充满生机，激活创业经济，加强承受风险的和长期的投资。在基础设施方面，要营造关于创新增长战略的全国共识，创造一种 21 世纪的知识产权秩序，加强美国的制造能力，建设 21 世纪的创新基础设施。

从"创新系统"到"创新生态系统"的理论和实践，尽管也受到生态学隐喻的启迪，但直接起因在很大程度上与日本成功追赶之后的"十年停滞"和美国再度振兴相关联。几乎在美国提出"国家创新倡议"的同时，日本在 90 年代一系列持续创新调整的基础上，产业结构审议会也提出要实施重大的政策转向，从技术政策转向基于生态概念的创新政策，强调将创新生态作为日本维持今后持续的创新能力的根基所在。目前，创新生态概念受到发达国家的普遍重视和采纳。

与创新系统相比，创新生态更为强调动态性、栖息性与生长性等特征。④使用"创新生态系统"概念，从词义本身就强调了创新系统创新要素的有机聚集，突出了创新系统的动态演化性，强调了系统的自组织生长性。一个创新生态系统中，各个要素（物种、群落、生境等及其形成的食物链、生态链）的相互联系、相互制约，要求各个创新主体的共生共荣，导致了创新生态系统具有自维生、自发展的鲁棒性，并保持不断演化、不断促进优势新物种的成长、不断自我超越的能力。

---

① 参见李正风：《知识、创新与国家创新体系》，《山东科技大学学报（社会科学版）》2011 年第 1 期，第 19 页。

② 参见 Council on Competitiveness，*Innovate America：Thriving in a World of Challenge and Change*，National Innovation Initiative Interim Report，2004.

③ 参见 Council on Competitiveness，*Innovate America：National Innovation Initiative Summit and Report*，2005.

④ 参见曾国屏、苟尤钊、刘磊：《从"创新系统"到"创新生态系统"》，《科学学研究》2013 年第 1 期，第 8—9 页。

创新生态系统，既承认系统自组织演化中的序参量的作用，同时将视域投射到更多个创新主体之间的共生共荣。

创新生态系统概念的提出体现了创新研究的一次范式转变，由关注系统中要素的构成向关注要素之间、系统与环境间的动态过程转变。在知识、经济和创新全球化趋势加剧的条件下，从关注创新系统内部的相互作用转到关注系统与外部环境之间的相互作用，将创新系统作为创新生态系统来对待，将是创新研究今后面临的重要理论问题和实践问题。

二、大科学与创新团队

20 世纪中叶以来，科学技术的发展越发呈现出"大科学"的特征。为解决许多人类共同面临的科技问题，诸多规模巨大的大科学创新项目应运而生，需要创新团队协同迎接挑战。

（一）大科学

大科学时代的科学研究无论在动因上、规模上，还是组织形式上都展现出了不同于以往传统"小科学"研究的特质。

"大科学"（Big science）的概念，是由美国物理学家温伯格于 1961 年提出来的。他指出，科学和技术是 20 世纪的主题，巨型火箭、高能粒子加速器、高通量反应堆等大科学成为这个时代的象征。美国科学家、科学史家普赖斯对"大科学"进行了理论研究，他在《小科学·大科学》（1963 年）一书中指出：现代科学不仅硬件如此璀璨，堪与埃及金字塔和欧洲中世纪的大教堂媲美，而且国家用于科学事业的人力和物力的经济支出，也是如此庞大，使科学骤然成为国民经济的主要组分。"现代科学的大规模性、面貌一新且强而有力使人们以'大科学'一词来美誉之。"①

美国研制原子弹的"曼哈顿工程"，被认为是"大科学"出现的标志。美国于 20 世纪 60 年代至 70 年代初组织实施的名为"阿波罗"计划的载人登月工程。既是世界航天史上具有划时代意义的重大成就，也是"大科学"的典型范例。

大科学的出现，是现代科学技术社会功能的必然体现，是科学技术与社会政治、经济、军事等方面的特定需求和条件相结合的产物，也是科学事业发展规律的体现。随着科学技术的不断发展，社会知识、技术装备和人才整体水平不断提

---

① ［美］D·普赖斯：《小科学·大科学》，宋剑耕、戴振飞译，冯立昇、张念椿校，世界科学社 1982 年版，第 2 页。

高，通过科学技术解决的问题越来越综合，越来越复杂，科学技术活动也越来越具有"大科学"的特征。

大科学的形式本身也在发展之中，当前有两大类型：一类是大科学工程，其中包括研究开发的预研、设计、建设、运行、维护等一系列活动，如 Gemini 望远镜计划、欧洲核子研究中心的大型强子对撞机、国际空间站等；另一类是分布式研究，由众多科学家有组织、有分工、有协作、相对分散地开展研究，如人类基因图谱、全球气候变化研究等。大科学的运行模式也已经发展起来三个层次的国际合作：科学家个人之间的合作、政府间的合作、科研机构或大学之间的合作等。

"大科学"是相对于"小科学"而言的。传统的"小科学"的特点是：研究问题的选择往往依赖科学家的个人兴趣；研究方式是以科学家的个人研究为主，研究的规模比较小；研究成本比较小，在人力和物力上不需要巨大投入。相反，"大科学"的特点是：研究的问题具有高度的综合性和复杂性，往往是多个科学技术问题交织在一起，研究目标的实现依赖于诸多相互关联的科学问题、技术问题的同时解决；研究往往需要大量的科学家和工程师进行有效的合作，科研管理和组织是"大科学"中面临的重要任务；研究往往需要巨大的物资和资金投入。

在"大科学"时代，科学技术全面体制化。科学技术活动从个人或少数人的研究发展为大规模的集体事业。科学家和工程师人数激增，在社会公众中的比重迅速扩大。科学技术文献迅速增加，呈爆炸式增长的态势。作为社会建制的科学技术系统的内部结构，及其与其他社会领域的关系也都重大变化。上述种种使得科学技术管理和科学技术政策成为日益重要的战略问题。

在"大科学"时代的"小科学"研究中，科研进展出现的重要场所是"小科学"实验室，这一场所为培养新一代科学家提供了良好环境。"大科学"时代并不意味着"小科学"就没有存在的必要了，或者是"大科学"将会淘汰"小科学"。在"大科学"时代"小科学"研究同样是科研的基本组成部分。更多的资源应该给予高质量的小实验室来培养新一代科学家，使他们不仅热衷于科学探索，并能在当今信息时代从海量的噪声中抽提有用的信息，能提出恰当的科学问题，发展先进的理论设计有效的实验。[①]

（二）大科学时代的创新团队

在"小科学"时代，科学家个体的研究是从事科学研究的主要形式。在当代大科学时代，科技创新活动主要方式是社会建制化的活动方式，创新团队、科研

---

① 蒲慕明：《大科学与小科学》，《世界科学》2005 年第 1 期，第 5 页。

团队成为科技创新中最基本、最重要的研发组织形式。

科研团队是在正式科研机构（如大学、研究所）中从事科学研究的最基本的单位。人们通常把它叫做"实验室"或"组"或"团队"。在大科学时代，研究人员以科研团队的形式集中攻关科学难题，进行创新性研发活动。在此，以生产出新的科学知识并加以应用为目标的科研团队可被称作创新性科研团队，亦被简称"创新团队"或"创新群体"。

从微观上讲，创新团队是由科学家个体组成的集合体，集体式分工合作取代了个体式单打独斗。在当代科学研究具有综合交叉性、问题紧迫性的情况下，要力图创造新理论、尝试发现新现象、创造新方法、制备发明新仪器、创造新的分析框架，如此等等，都需要个体能力的发挥以及科学家之间的通力合作。可见，创新团队建设中，对个体能力的挖掘与培养以及合作协同的实现，是创新团队能否做出创新性研究成果的关键。

从宏观上看，政府部门同样可以看作是创新团队的组织者和参与者。政府部门一般不直接参与一项创新活动的具体工作，诸如国家科技部、教育部以及相应的宏观协调管理部门包括国家自然科学基金委、中国科学院等，它们的主要作用在于组织协调团队，规范科研活动，提供经费支持，处理国际合作事务，等等。

一个成功的科研创新团队通常具备以下一些特征[1]：科研团队的领导者应该具有独到的战略眼光和很强的协调能力，能使整个团队和谐有序地运作。一方面，不仅自己应该是学科带头人，具有很强的科技创新能力，能够准确把握学科发展方向，选定发展目标；另一方面，还要具备很好的人文素质，对科技创新和社会需求的关系有深刻的理解，善于调动团队成员的积极性，协调成员之间的关系。只有这样，才能使团队的每个成员在适合的岗位上有效发挥作用，充满活力，形成真正的科研团队。另外，团队领导者还要创造良好的外部环境，争取获得最充分的资源支持和社会认同，这是科研团队生存和发展的必要条件。

科研团队必须有特色鲜明的研究方向和明确的研究目标。特色鲜明的研究方向和优势来源于科研的长期积累，这是保证研究方向具有厚实积累、蓄势待发的良好状态，并始终处于同类研究领先地位的一个基本条件。尽管研究方向和目标可以根据科学技术和社会经济的发展情况进行适当调整，但核心的研究方向必须保持相对稳定。团队的研究目标应该紧密结合国家和社会的重大需求或学科发展

---

[1] 康旭东、王前、郭东明：《科研团队建设的若干理论问题》，《科学学研究》2005年第2期，第232—236页。

前沿的重大问题，具有明显的可实现性和明确的阶段性目标，这是保证团队成员旺盛的战斗力和凝聚力，使团队获得各方面支持和实现可持续发展的重要条件。

科研团队应该是一个成员优势互补、相互尊重、相互信任的科研群体。国内外取得突出成就的科研团队，通常都具有多学科多专业交叉的特点。团队的领导者应该努力创造相互尊重、相互信任、人人平等、充分发扬民主的学术氛围，使不同年龄、不同研究经验、不同科学背景、不同研究水平的人相互交流、相互影响、相互熏陶。只有这样，才能发挥优势互补的作用，充分发挥每个成员的创造力和责任感。

我国近年来高度重视创新团队的建设。比如，以往国家科学基金和教育部的主要资助对象是个体研究者，后来创新团队也成为资助的对象。国家自然科学基金设立了"创新群体"资助项目，教育部设立了"创新团队"资助项目。我国的《国家中长期科学和技术发展规划纲要》明确提出了"涌现出一批具有世界水平的科学家和研究团队"的战略目标。

三、工程壁垒与创新突破

所谓"壁垒"原意指的是古时候设置在兵营周围的墙壁，是用于戒备和防卫的战争设施。壁垒一词在现代社会中应用广泛，多用来比喻对立的事物和界限，特别是在市场经济中，进入壁垒、贸易壁垒、技术壁垒、信息壁垒、文化壁垒等诸多用法为人广为熟知。

在工程创新过程中，壁垒同样成为需要着力关注的一个重点。尤其作为一个正在追赶中的后发国家，我们在工程建设中都会遇到信息、技术、资本、市场、沟通、耦合、制度、文化等多种多样的壁垒与障碍，而唯有创新才能够实现壁垒的突破。

（一）后发追赶中的壁垒

第二次世界大战后日本经济的腾飞，20 世纪 60 年代至 70 年代以来东亚国家经济突飞猛进的发展等后发国家的创新经验都使人们认识到，后发国家在追赶先进国家的过程中具有特殊的"后发优势"，比如可以借鉴先进国家的发展经验、引进先进国家的技术、利用先进国家的外资、把握先进国家产业转移的机遇，等等。

然而，与"后发优势"如影随行的同样还有"后发劣势"，这些劣势一旦成为阻碍后发国家追赶先行者的障碍或壁垒，也就成为"后发壁垒"，主要有：

第一，后发国家存在着通过引进获得先进技术的可能性，可如果后发国家因此便片面产生了对先进国家的技术依赖，而惰于自主创新或缺乏创新自信，甚至接受技术转移过程中先进国家提出的不平等要求，就会阻碍后发国家的科技创新。此外，先进国家并不会把涉及国家经济、安全等领域的具有核心竞争力的技术轻易地转移给后发国家，甚至还会设置各种障碍，那么就会产生技术壁垒。

第二，除技术、资本和劳动力外，当人们关注后发国家与先进国家的差距时，不能忽略创新资源的配置方式及其相关制度的设计与安排。合理的制度安排能极大地促进科技创新与经济发展；反之，不合理的制度会严重妨碍科技创新与经济发展，也就产生了制度壁垒。

第三，在后发国家努力追赶先进国家时，国际甚至国内市场已经被发达国家瓜分乃至掌控。要进入被先进国家操纵和控制的市场，后发国家将会遇到的挑战和难度可想而知，因为剩余市场空间早已大大缩小甚至不复存在。而在这一过程中，先进国家亦会通过税收、法规政策、贸易协议等各种方法来对占有的国际、国内市场进行保护，这也就产生了市场壁垒。

就创新而言，不得不提的还有标准壁垒。标准壁垒表面看来似乎没有技术、市场、制度壁垒那么显而易见，但其作用却是极为显著的。比如欧盟各国会通过各类验收标准对进口产品进行评判，如家具甲醛含量标准、转基因产品标准等，不一而足，涉及领域涵盖了电子、医药、化工、棉纺、家具、鞋帽等各行各业。标准也就成为先进国家在环境、卫生、环保等各领域限制后发国家追赶进程的重要壁垒。

后发国家追赶先进国家的过程不可能一蹴而就，反而会是充满障碍的，技术、市场、制度、标准乃至文化等各类壁垒都会为追赶造成各种障碍。聚焦工程创新领域，同样如此。

（二）工程壁垒

以建造为核心的工程，是创造物质财富、实现经济发展的基本途径。在工程创新的过程中，能否突破各类壁垒至关重要。[①] 壁垒是摆在创新者面前的困难，难以突破壁垒，就难以克服难题，也就意味着创新的失败。

1. 不同要素类别的工程壁垒

在工程的创新过程中，往往需要综合技术、信息、资本、市场等各类要素以实现创造性的"集成"，因此工程创新不仅需要在要素上克服各种壁垒与陷阱，同样需要在集成各类要素的过程之中克服各类壁垒与陷阱，以实现创新突破。就要

[①] 对此，李伯聪、邢怀滨等学者进行了专门研究。参见李伯聪等：《工程创新——突破壁垒和躲避陷阱》，浙江大学出版社 2010 年版；邢怀滨：《工程创新的"壁垒-陷阱"分析》，《工程研究——跨学科视野中的工程》，2009 年第 1 期，第 58—65 页。

素种类而言，工程创新需要突破信息壁垒、技术壁垒、资本壁垒、市场壁垒等。

（1）信息壁垒。工程项目的顺利开展，需要用可靠、准确的信息对规划设计、工程决策、建造实施、运行维护等各个工程环节给予充分支持，包括文化信息、市场信息、技术信息、资本信息等。相关信息多种多样而且分布离散，提升了信息获取、甄别、整合以及知识的再创造的难度，这些困难就是工程创新中的信息壁垒。

（2）技术壁垒。一项工程通常需要综合应用各类科学技术，如果缺乏某些技术，或者技术达不到工程要求，便会产生技术壁垒。在技术壁垒面前，可以通过渐进性创新的路径来克服困难，但在特定时空条件下，唯有技术的原始创新活动才能打破壁垒。

（3）资本壁垒。工程尤其是大规模工程和高科技工程，需要大量的资金投入，资金不足便会产生资本壁垒，这也是摆在许多工程面前的重要难题。这就需要在一个国家或地区内建立起完善的资本支持体系以支持大量的工程创新活动。

（4）市场壁垒。工程创新的产品或服务最终需要进入市场，在这一过程中，同样需要解决来自产业的经济特性、市场认同和政府管制等方面的问题。其中，来自产业经济特性的市场壁垒主要有产品差别化、绝对成本、必要资本量、规模经济等。来自市场认同的壁垒主要指，大部分创新产品从投放市场到被市场接受，需要一个被逐步认可的扩散过程。此外，还有来自政府管制的市场壁垒。政府在安全、环境、健康、基础设施等许多领域，都会实施审批、数量限制等管制措施。

2. 不同作用方式的工程壁垒

就要素集成与作用方式而言，工程创新需要突破沟通壁垒、耦合壁垒、制度壁垒、文化壁垒等。

（1）沟通壁垒。工程共同体，由管理者、工程师、投资者、工人等不同主体共同组成，他们职责不同，但都不可或缺，唯有协同作用，才有利于工程创新活动的顺利开展。但不同主体在知识背景、文化理念、行为模式、价值取向等方面都存在差异，这些因素会导致人们对工程目标、工作内容和方案程序的理解出现分歧。这也就产生了沟通壁垒。

（2）耦合壁垒。工程创新中的集成既包括技术的集成，更包括技术、经济、制度、管理等各种要素之间的集成。工程系统中的各项技术需要有机配套才能实现技术上的可行性，因此，系统的配套性问题是技术耦合壁垒的突出表现。技术、经济、制度、管理等各种要素之间在集成过程中产生的耦合壁垒则比技术耦合的难度更高，涉及的因素也更为广泛。

（3）制度壁垒。在工程创新中，制度缺位、制度越位、制度错位和运行失效等是制度壁垒的主要表现。没有良好的制度条件就难有丰富的创新活动，这就产生了制度缺位；过度管制会阻碍活跃的创新，这就产生了制度越位；不合理的制度会造成创新的贫乏，这就产生了制度错位；创新制度得不到贯彻执行，这就产生了制度运行失效。

（4）文化壁垒。工程的展开总是内嵌于某种特定的文化背景，而工程自身也会形成特定的文化。工程共同体由具有不同文化背景的成员组成，如不能协调好文化差异，就会影响主体间的协调、沟通以及整合，工程的创新能力也会大打折扣。这就会产生工程创新中的文化壁垒。

（三）创新突破

工程创新的壁垒是多种多样的，无论是来自要素的壁垒，还是来自集成的壁垒，必须具体地剖析和应对以最终实现创新突破。

工程创新发生在工程的各环节和各要素中，在从基础科学、发明创造到首次的商业应用的过程中，在从首次商业化到生产规模化的挑战中，需要从理念、技术、设计、规划、制度、管理、运行、维护乃至"退出机制"等诸多方面展开各种创新活动。工程创新通常具有集成性、复杂性、系统性、社会性和创造性等特点。要迎接工程创新面临的跨越挑战，就必须针对上述各类要素壁垒、集成壁垒进行创新。

就要素壁垒而言，针对信息壁垒，需要提升信息的获取、甄别、沟通能力，以避免信息的不完备与不对称而可能带来的工程障碍与风险；针对技术壁垒，需要有效引进吸收先进的工程技术并在此基础上进行自主创新，以突破工程创新中的技术难题与障碍；针对资本壁垒，需要完善资本支持体系，建立创新的金融支持体系，为工程创新活动提供良好的融资环境；针对市场壁垒，一方面需要国家在宏观政策上积极协调应对，另一方面工程企业同样必须积极研发创新产品，以突破各类市场壁垒。

从集成壁垒来看，针对沟通壁垒，需要创造良好的沟通环境与沟通场合，从而逐步塑造良好的团队合作文化以及工程企业与广大公众之间的交流渠道；针对耦合壁垒，需要从系统性、全局性的角度匹配不同的工程技术并综合协调经济、管理、制度等更高层面的各类工程要素；针对制度壁垒，需要创新工程管理制度，并辅以科技、经济等各领域的综合制度创新，以突破制度缺位、制度越位、制度错位和运行失效的壁垒；针对文化壁垒，需要创新文化管理方式，协调好工程建造中可能涉及的各类中西文化差异、古今文化差异，以有效提升工程创新的整合能力。

　　总之，在工程创新尤其是后发追赶的过程中，壁垒难以避免，而唯有创新才是突破壁垒的最有力武器。

第三节　科技创新与文化

　　科技创新发生在一定社会土壤和文化氛围中，受着文化的影响和制约。"所有的创新经济都根植于其特定的文化土壤中，文化因素影响着个体和机构的个性和行为，进而在很大程度上决定了一个组织的创新成败"，成为"国家间组织能力和制度能力差异的重要根源，而这种差异往往导致了国家间竞争力的差异。"[①] 在经济知识化和全球化的浪潮中，创新与文化的关系受到高度重视，科技硬实力与文化软实力协同作用，共同构成了国家核心竞争力的重要组成部分，科技创新和文化浸润共同促进着社会的可持续发展。

一、文化传统与创新文化

　　创新文化是指与创新相关的文化形态，在创新实践中发挥导向作用的价值观念构成了创新文化的精神内核，而与创新相关的理念习俗、制度规范、外部环境乃至感性的创新物品同样会成为创新文化的重要载体并成为文化本身的有机构成。创新文化不仅具有强烈的现实性，更带着深刻的历史文化的记忆。

　　（一）文化传统对创新文化的影响

　　文化传统是指经过长期历史积淀形成的特定文化体系，它塑造了一个民族的价值观念、思维方式、行动模式、风俗习惯、道德规范，并会对包括创新活动在内的一切社会实践活动起到深刻而长远的浸润作用。

　　创新强调的是科技知识在内的新知识的创造和创造性使用。纵观西方发达国家的历史，它们有强烈的文化批判精神，并通过一系列制度上的创新，形成了一整套的适应时代发展要求的文化制度，保证了知识的持续生产和广泛使用。[②]

[①] 参见［德］柏林科学技术研究院：《文化 VS 技术创新——德美日创新经济的文化比较与策略建议》，吴金希、张小方、朱晓萌等译，钟宁、樊勋校译，知识产权出版社2006年版，译者序，第7页。

[②] 参见袁江洋、董亚峥、高洁：《让创新成为我们的文化传统——创新文化建设问题研究》，《中国软科学》2008年第8期，第66—74页。

在西方的学术传统中，自古希腊哲学起，便确立起追求理性、强调批判的精神气质。亚里士多德的名言"吾爱吾师，吾更爱真理"便是对此做出的最好注脚。即便是在黑暗的中世纪时期，哲学纵然成为了神学的"婢女"，如托马斯·阿奎那等神学家们仍然强调要用理性的方式来信仰上帝。这种理性的传统保护、促进了哲学和科学的发展，并最终冲破了神学的枷锁。

近代西方文化的强烈的批判力，推动了科技与社会的发展。没有这种批判精神，就没有文艺复兴、宗教改革，也不会有近代科学的兴起。近代以降，日心说产生于哥白尼、伽利略对地心说的批判；笛卡儿的唯理论源于对亚里士多德经院哲学的批判；康德以他的三大批判理论而闻名，并开创了德国古典哲学；对资本主义的生产关系的批判成就了马克思的伟大。进入 20 世纪以来，相对论产生于爱因斯坦对牛顿绝对时空观的批判；量子力学的创建源于对经典因果性概念的批判；波普尔以"批判哲学"概括其哲学贡献；法兰克福学派以社会批判理论而著称；后现代主义哲学家甚至对启蒙理性自身也进行了批判与解构。总之，批判精神在西方促进思想解放、观念更新和新知识的持续生产和广泛应用上一直发挥着重要作用。

从唯物史观的角度审视西方创新的历史，恰是在实践中不断积累沉淀出的批判精神传统在整体上促成了创新文化形态形成。从文艺复兴、宗教改革到科学革命再到后工业革命，西方文明所取得的这些成就均发端于理念上的批判与革新，并通过制度改革或新的制度化进程走向制度创新，也都体现出社会整体对新知识的突破创造与广泛应用的赞美与嘉许。

但是，创新文化并不是完全均质的东西，当代世界上，作为领先者的美国的创新文化与作为成功追赶者日本的创新文化各有其特点。

（二）美国创新文化的特征

当代世界，美国长期雄踞世界科技创新领头羊位置。美国的创新文化支撑了美国的持续创新。美国创新文化的特征可概括为以下几点①：

1. 冒险精神与充满好奇心的社会心态

没有冒险精神与好奇心，就不会有美国这个国家，更不会有持续不断创新的美国人。美国人怀揣着梦想，跨过大西洋从欧洲移民而来。一代又一代的不同民族和国家的人移民到美国来探寻他们的"美国梦"，又在不断地形塑和强化美国的

---

① 参见吴金希：《创新文化：国际比较与启示意义》，《清华大学学报（哲学社会科学版）》2012 年第 5 期，第 154—156 页。

人开拓精神。

一个创新的社会，一种创新的文化，理应对新事物持有开放接纳的态度。面对传统，仅仅因循守旧，是简单、偷懒并且最容易的抉择，但代价是创新的贫瘠与孱弱。与之相反，人们对新鲜事物始终保持凡事都要试一试的心态则对创新大有裨益。在美国的硅谷等创新区域，人们通常对新事物抱有极大的热忱并非常愿意尝试，可以说，成功与否是其次的，但不尝试就没有任何突破与创新的可能。

2. 崇尚个人奋斗

美国人的冒险精神又是和他们崇尚个人奋斗乃至对个人英雄主义的崇拜结合在一起的。为心中的梦想燃烧自我、成就未来，是诸如乔布斯等许多在美国取得重要成就的创新家的诀窍。一旦社会形成只要努力奋斗、大胆创新，就必有丰厚的回报的整体理念，全社会的创新活力就会被大大释放。

此外，对个人奋斗的强调一方面降低了美国人对企业组织的忠诚度，另一方面大大增强了人才在不同创新组织中的流动。与人才对应的并不是某个组织，而是最能发挥其创新才能的岗位。这就大大提升了人力资本的流转效率与应用水平。而在人才的流转中，不同文化背景、不同技术能力的人才又彼此交流、相互切磋，经常能够碰撞出有利于创新的思想火花。

3. 宽容失败与多元化的价值观

创新总是存在风险的，就如同没有没有代价的发展，也不存在没有风险的投资与创新。如果与创新的失败所伴随的是失去生存的保障与社会的嘲讽和不屑，那么就会很少有人甘愿冒险。

美国的创新文化则拥有宽容失败的优沃的土壤。美国学者萨克森宁在比较了硅谷和美国东部"128号公路"沿线区域的创新氛围之后认为，硅谷的创新能力能够后来居上，就是因为硅谷地区的文化更为宽松并更加宽容失败。宽松环境是创新的沃土，失败并不可怕，机遇与成功总是会垂青于那些敢于开启下一次冒险旅程的探险者。最可耻的不是失败，而是不敢尝试。

宽松的创新环境也是美国多元价值观的具体表现。多元化的价值取向更为尊重个人基于兴趣爱好与创新才能做出的职业选择，不容易出现一种职业受到全社会热捧的现象。多元化的价值取向也更容易促成不同行业的创新主体开展深入与广泛的互动和交流。

4. 诚信的合作精神

没有契约，就没有合作。而在当代，没有合作的竞争也难以让创新在全社会蔚然成风。强调个人奋斗，甚至推崇个人英雄主义，绝不意味着美国人在创新中只是单兵作战的散兵游勇。恰恰相反，正是由于存在既竞争又合作的创新生态环境，才使得美国的创新绩效大大提升。

比如根据萨克森宁的研究，硅谷之所以能够成为辐射全球的创新网络，是因为其创新生态内部的各个创新单元能够做到高度互信、协同合作，共同应对市场的变化与挑战。正是以"竞合"关系为标志的网络关系，大大提高了信息和知识流的传播速度，并成就了硅谷奇迹。

（三）日本创新文化的特征

日本是当代世界实现成功追赶而进入最发达国家之列的典型，也有其独特的创新文化的支撑。日本的创新文化主要包括以下几个特征①：

1. 危机意识与团队合作

日本的文化具有典型的岛国特征，这是日本的民族特性中与生俱来的地缘标识。日本偏居一隅、地域狭小、资源贫瘠，这使得日本的文化传统中始终具有强烈的危机意识。不努力创新，就难以摆脱边缘国家的宿命，更不可能走向世界。

在岛国危机意识的驱使下，民族构成较为单一的日本人展现出强烈的集体主义、抱团意识与合作精神。无法占据天时与地利，便在人和上做出重点突破，以团队协作和精密合作来共同迎接国际竞争的挑战。在这种文化传统的深刻熏陶下，才诞生了丰田的准时生产制，能够协调数量庞大的企业系统合作，实现企业生产的零库存。

另有学者研究指出，在东西方文化的交汇中，日本创新组织内外的研发人员通常保持着非正式却又十分密切的沟通。这种沟通文化使得许多创新的隐性知识在各种知识场域中迅速扩散流转，从而激发了社会的创新活力。

2. 工匠精神与渐进式创新

善于"引进—消化—创新"，是后发国家追赶先进国家的必由之路。日本是亚洲最早向西方世界学习的国家，并通过强大的学习能力、整合能力、创新能力实现了对许多发达国家的超越。"二战"以后，日本将"拿来主义"发挥到极致，能够迅速将世界范围内的各种技术应用集成到日本制造之中，同时在这一过程中会对技术本身加以锤炼打磨以期获得突破与创新。这些创新经验对想要实现跨越追赶的后发国家是弥足珍贵的。

在引进学习、消化吸收、再创新的过程中，日本人的工匠精神与渐进性创新

---

① 参见吴金希：《创新文化：国际比较与启示意义》，《清华大学学报（哲学社会科学版）》2012 年第 5 期，第 153—154 页。

很好地结合在一起。许多技术并非由日本人创造，但日本人通过他们精益求精的工匠精神对这些技术进行了持续改善和渐进创新，在家电、汽车、化工等诸多领域实现了后来居上式的弯道超车。

3. 创新型消费习惯

在创新问题与创新文化研究中，创新产品消费及其文化是一个不可忽视的重要课题。创新产品最终要依靠市场来检验其社会价值，没有消费创新的链环就不完整，创新自身也就难以维系。

一个区域或一个国家的公众如果偏爱消费创新产品，将对该地域的创新起到巨大的拉动作用。而日本的公民恰恰具有创新型的消费习惯。与低廉的价格相比，日本的消费者更为注重产品的品质。于是，一方面，创新型消费群体有力地支持着并刺激着日本企业不断创新；另一方面，在"挑剔"的国内消费者的压力下，日本企业精益求精，完善着各种产品，并在产品的便捷、精致、轻巧等方面不断取得研发突破并被国际消费市场认可。

二、中国文化传统与科技创新

对于中国而言，现代意义上的科学是一个舶来品，近代科技没有在中国自发产生。从五四时期新文化运动提出"为何中国科学发展落后于西方"问题，到"为何现代科学没有出现于中国"的李约瑟难题（又称"李约瑟命题"），都涉及文化传统与科技发展、科技创新的关系的问题。

（一）中国的科学文化与科技创新

科学作为一种文化活动，与整个社会文化活动是相互联系着的。在我国，春秋战国时期是古代科学技术的奠基时期。到了秦汉时期，古代各学科体系的形成和许多生产技术趋于成熟，传统的农、医、天、算四大学科在这时均已形成了自己独特的体系。再经魏晋南北朝的充实提高以及隋唐五代的持续发展，传统的中国科学技术体系已经达到成熟的阶段。历经两汉、宋元两次发展高潮，中国科学技术在 16 世纪以前一直是走在世界前列的。

中国的传统科学技术中闪耀着传统科学文化的光辉。我国古代的科技先驱辛勤耕耘、善于观察、长于思索、勇于探究、注重整合、联系实际。有研究认为："中国古代的科学方法具有以下六个主要的特点，那就是：勤于观察、善于推类、精于运数、明于求道、重于应用、长于辩证。"[①] 科学史家席泽宗院士说："《中

---

① 周瀚光：《中国古代科学方法的若干特点》，《哲学研究》1991 年第 12 期，第 62 页。

庸》的博学、审问、慎思、明辨、笃行，是中国传统文化的精华，符合科学进步的方法模式。《大学》的格物致知，体现着追求真知的科学态度。《孟子》的民本和求故，蕴含着科学和民主的精神。这些思想，需要我们认真学习，融会贯通，方能运用到具体的科学研究中去。"[①]

但是，随着近代西方科学技术的兴起，中国传统科学文化的缺陷便暴露无遗。古希腊自然科学，特别是数学和天文学，理论性较强，科学思想、科学方法都达到了较高水平。与之相较，中国古代科学基本上都是实用性的。如农学，大体上都是各种农业生产具体经验的记载，天文学基本上是为制定历法服务的，数学始终是以计算见长，如此等等，理论性研究薄弱。西方近代科学技术传入后，中国传统科学各学科逐步被其取代。

明末清初，随着以利玛窦为代表的耶稣传教士的东来，在 1600 年左右中国科学开始与西方科学对接。其间不仅有过拒绝西学与接收西学之争，而且就如何接受西学，也出现了三种不同的理念：一是中西会通，二是西学中源，三是中体西用。鸦片战争中，西方殖民者用"坚船利炮"叩开了国门之后，中国知识界才逐渐意识到我们在科学技术的全方位落后。于是便有了"师夷长技以制夷"的口号，却远没有深入制度文化层面去思考科学技术落后的深层原因。

直到新文化运动，中国才逐步展开了科学体制化的进程。中国科学社的成立是标识这一进程的重要节点，它为传播西方科学思想、科学方法以及科学精神做出了重要贡献。然而，新文化运动虽然将"赛先生"引入了中国，但由于政治军事、社会体制乃至文化传统等多方面的原因，近代科学并没有真正在中国土壤中生根发芽。

新中国成立以后，国家充分意识到了科技实力之于国家发展的重要意义并迅速完成了科学体系和研究系统的建制化工程。鉴于国家所处的发展阶段，在以国家战略形式推动科技发展的过程初期，我国十分重视科技成果之于社会、经济、军事发展的驱动作用。因此，科技教育与科技传播普及工作的重点在于科技知识本身的流动、扩散及应用，而在科学文化的培育方面则略显不足。比如，大多数科学家并没有参与到科学文化传播和科普工作之中，与此相关联的科技哲学研究、科技史研究、科学社会学研究、科学传播普及研究等领域也都长期处于欠发展的状态。

改革开放以来，我国在实行经济体制、科技体制的改革中，科学文化发育不

[①]　席泽宗：《中国传统文化里的科学方法》，《自然科学史研究》2013 年第 3 期，第 393 页。

良的基本状况大为改观。科技创新在国家发展战略中的重要地位不断提升，并要求建设与此相适应的充满创造精神且有社会责任感的整体创新文化氛围。《国家中长期科学和技术发展规划纲要（2006—2020）》提出要"激发创新思维，活跃学术气氛，努力形成宽松和谐、健康向上的创新文化氛围"，并明确指出，"中华文化博大精深、兼容并蓄，更有利于形成独特的创新文化。"同时，国家还推动实施《全民科学素质行动计划纲要（2006—2010—2020）》，进一步加强了创新教育以及科普工作。党的十八大报告提出要实施创新驱动发展战略，并着重强调，"科技创新是提高社会生产力和综合国力的战略支撑，必须摆在国家发展全局的核心位置。要坚持走中国特色自主创新道路，以全球视野谋划和推动创新，提高原始创新、集成创新和引进消化吸收再创新能力，更加注重协同创新。"随后，《中共中央国务院关于深化体制机制改革加快实施创新驱动发展战略的若干意见》指出，要"大力营造勇于探索、鼓励创新、宽容失败的文化和社会氛围。"《国家创新驱动发展战略纲要》进一步指出，要"形成崇尚创新创业、勇于创新创业、激励创新创业的价值导向和文化氛围。"党的十九大报告更特别强调，"创新是引领发展的第一动力，是建设现代化经济体系的战略支撑"，并要求"倡导创新文化。"这些立足中国国情的重要论断对于推动科技创新以及创新文化的建设都具有极其深远的战略意义。如今，创新发展理念被放置于新发展理念之首的重要位置。"实施创新驱动发展战略，推进以科技创新为核心的全面创新"①，"不断推进理论创新、制度创新、科技创新、文化创新等各方面创新，让创新贯穿党和国家一切工作，让创新在全社会蔚然成风"② 已然成为全社会的广泛共识。

（二）中国传统文化与科技创新

中国传统文化由中华文明演化积淀而成，它表征着中华民族有独特的风貌和特征，是中华民族历史上各种思想文化、价值观念、行为规范、风俗习惯的总体表现。儒道互补是中国传统文化的突出特点，儒家思想在长达两千多年的中国封建社会里处于官方意识形态的正统地位，佛教、墨家、名家等文化形态也对中国传统文化有很深的影响。

关于中国传统文化与科技创新的关系，自西学东渐以来，一直处在热烈的讨论和争鸣之中。时至今天，随着国家的进步、科技的发展，无论是看到传统文化中不利于科技创新因素的方面，还是认为传统文化是有利于科技创新的方面，都

---

① 习近平：《致二○一四浦江创新论坛的贺信》，《人民日报》2014 年 10 月 26 日。
② 习近平：《在党的十八届五中全会第二次全体会议上的讲话（节选）》，《求是》杂志 2016 年第 1 期。

有了更多的共识。

1. 爱国主义精神与科技创新

在华夏文明五千年的历史长河中，爱国主义始终是推动国家发展前进最为强大的精神动力。新中国成立以来，在一批又一批的科技工作者的身上集中体现出崇高的爱国主义精神。他们挥洒青春，以全部的热忱燃烧生命，书写了一部又一部的以身报国的壮丽篇章。最典型的莫过于"两弹一星"精神，钱学森、邓稼先、王淦昌等必将为历史铭记。而以袁隆平等为代表的杰出科学家也都成为了中国知识分子在新时期爱国奉献的典型代表。

创新是一项系统工程，需要国家各个行业、社会组织乃至每一个公民的支持与配合。普通大众的消费观念和消费行为对新技术产业的发展都有着举足轻重的重要作用，日本和韩国的消费者以消费国货为荣的消费倾向，自发地形成一种对国内新技术产业的有效保护，成为日本、韩国通过技术学习和创新获得崛起的必要条件。倘若我国的每一个公民都偏爱消费国产的创新产品，也将对我国创新能力不断攀升提供强大的拉动作用与保障支撑。

2. 自强精神与科技创新

自强不息的民族精神是指中华民族所拥有的奋发有为、不断进取的精神，在困难面前百折不挠，勇于创新的宝贵品质。在民族危难之际，在面对各种风险与挑战之时，正是自强不息的精神激励着世世代代的中华儿女不畏艰险，不断开拓前进。

弘扬自强不息的精神对于创新文化的培育具有积极意义。整个人类历史就是人们面对困难永不放弃、自强不息、创新发展的艰辛历程。没有自强不息的韧劲，也难有解决各种难题与挑战的创新之道。在知识经济的大环境下，知识成为第一生产要素，创造并应用新知识的能力也将成为衡量国家综合竞争力的决定性因素。面对复杂多变的国际竞争格局，中华民族理应将自强不息的精神发扬光大，不断推动科技创新迈向新高度。

3. 包容精神与科技创新

中华文明的文化整合力具有极强的包容性，它是中华文明能够与时俱进的强大保障。历史上不同流派、不同形态和不同民族的文化思想交相渗透、兼容并包，共同创造了灿烂的中华文明。创新需要百花齐放和宽容互鉴的氛围，更需要民主争鸣和自由探讨的广博空间。中华文明能够源远流长且长青不衰的最大原因便在于能够以开放包容的心态兼容并蓄，善于博采众长，吸纳其他文明的先进要素，并能够将其整合为中华文明的有机组成部分。这一包容精神与科技创新所需要的文化环境是高度匹配协调的，它有利于不同思想的交流碰撞，是哺育科技创新的肥沃土壤。

4. 和谐传统与科技创新

"和谐"一直是中华传统文化中人与人、人与自然的相处之道。先贤们把自然界以及人类社会看作是有机统一的整体，并把"和谐""天人合一"等经典理念规定为万物生存、变化以及运动的根本准则。以自然辩证法的观点来看，科技发展说到底就是要协调好人与自然的关系，并在这一过程中实现人与人自身关系的和谐，从而走向自然主义和人道主义的辩证统一。和谐传统饱含着中华民族的处世智慧，它要求人们从整体性的高度去认知、把握并改造世界。当代社会，可持续发展、绿色发展与环境保护、全球气候变化问题研究等议题已然成为任何国家都无法回避的重大挑战。中华文化强调的人与自然和谐统一的智慧理念，会成为应对相关难题、提供创新思路、滋养创新文化的重要源泉。

5. 直觉思维与科技创新

历史上，包括牛顿、达尔文在内的诸多科学泰斗都十分重视灵感之于知识创造的重要作用。灵感之所以被称作灵感，在于其产生的过程是难以用线性逻辑加以解释的。加之灵感迸发于电光火石之间的骤然性，就筑出它独有的思想美感。这与中国传统文化中的直觉思维方式具有很多共通之处。所谓直觉，即以整体和直接的方式，用超越经验的思想、智慧和顿悟来把握事物运动的本质规律。直觉思维方式不受任何束缚和限制，能够帮助陷入思维困境中的人以"灵光一现"的方式找到问题的突破口。当代，在科技人员探索未知世界之时，尤其在面对错综复杂的新现象、新观念之时，直觉思维方法是十分值得重视与尝试的创新方法。

三、创新、企业家精神与创新文化

狭义地讲，创新是指首次商业化应用，那么企业家精神就会是创新文化的核心。在科学技术、企业管理、市场推广等更广泛的意义上创新文化必然还将扩展至整个创新价值链，从科学家的精神品质、工程技术人员的新创制到企业家的创新创业，直至消费者的消费文化特征的全过程。

（一）企业家和企业家精神

传统农业文明中的在场缺失与国家推动的后发追赶路径都使得"企业家精神"在我国的创新实践中并没有完全释放出其蕴含的巨大能量与创造活力。随着国家发展整体转型升级，创新驱动发展战略不断向纵深发展，企业家精神在创新过程以及创新文化建构中的重要性不断彰显。2017年9月8日，中共中央、国务院发布《关于营造企业家健康成长环境弘扬优秀企业家精神更好发挥企业家作用的意见》，这是中央首次以专门文件的形式明确了企业家精神地位和重要价值。恰如《意见》所指出的"营造企业家健康成长环境，弘扬优秀企业家精神，更好发挥企业家作用，对深化供给侧结构性改革、激发市场活力、实现经济社会持续健康发展具有重要意义"。

"企业家"（Entrepreneur）一词来源于法文，最初的意思是"冒险家"。企业家是生产要素的重新组合者、判断性决策者、创新与风险的承担者，其本质特征是创新创业。企业家正是在创新创业精神的支配下，勇于创新、敢冒风险，不断开展科技要素与商业模式的结合，提供新的产品或服务。

创新理论的创立者熊彼特非常重视"企业家"和"企业家精神"。他指出，企业家的职能就是创新，"我们把新组合的实现称为'企业'；把职能是实现新组合的人们称为'企业家'。"①

随着对企业家研究的不断深入，学者们开始从单个企业家个体的经验研究中总结、抽象并升华出整个企业家群体所独有的并具有普遍意义的精神特质，这就是所谓的企业家精神（Entrepreneurship）。②

关于企业家精神的具体定义有多种多样的理解。总体来说，企业家精神的特征主要包括创新精神、敢于承担风险、善于发现机会与具有强烈的使命感与责任心、具有良好的团队精神与协调能力等。

1. 创新精神

创新能力是企业家的核心竞争力，是衡量一个企业家是否优秀、是否具有创新精神的最根本、最核心的条件。创新能力既包括企业家在创造新知识、新技能和执行新组合、新策略等方面所展示出的个性特征，也还包括企业家充分利用已有资源并通过变革、创造新机制来开发新产品、拓展新领域，从而实现企业利益最大化所应具备的综合能力。

2. 敢于冒风险且承担风险

企业家精神通常与风险承担联系在一起。企业家为自己的创新承担风险，这应是企业家创新职能的内在要求，在失败概率很高的企业初创阶段，尤其需要这

---

① ［美］约瑟夫·熊彼特：《经济发展理论——对于利润、资本、信贷、利息和经济周期的考察》，何畏、易家祥等译，张培刚、易梦虹、杨敬年校，商务印书馆 1990 年版，第 82—83 页。

② "Entrepreneurship"一词的严格意义是指企业家在初创企业之时所表现出的初创精神，因此也有学者将其翻译为"创业精神"。

种精神。如果一家企业只是简单模仿竞争对手而拒绝冒险的话，便永远无法站在创新的前列，也无法获取最大的利润。当然，企业家并不是盲目地承担风险，过度冒险会和缺少创业精神一样产生负作用，一旦发现预期结果不能够取得成功就必须果断规避风险。

3. 善于发现机会

企业家还应具备善于发现机会的能力，要善于敏感地捕捉以前未被认识到的商业机会并付诸实施。优秀的企业家甚至有着"动物般"寻找创业机会的本能，当他们本能式地嗅得一项新技术或理念的气息时，其心中的创新火花便开始按捺不住蔓延开来。企业家的重要特征之一就是能及时感觉到环境的变化，识别机遇并利用机遇来创造价值。

4. 具有强烈的使命感和责任心

企业家以人格化的象征承载着企业的价值追求，企业家精神是识别企业家的最好标志。获得财富是企业家所必然看重的，但企业家精神绝不仅仅停留在对物质财富的追求上，恰如熊彼特所说："有一种梦想和意志，要去找到一个私人王国……存在有征服的意志：战斗的冲动，证明自己比别人优越的冲动，追求的成功不是为了成功的果实，而是为了成功本身……存在有创造的欢乐，把事情办成的欢乐，或者只是施展个人的能力和智谋的欢乐。"[1]这是一种具有强烈使命感和事业心的企业文化或企业精神，是一种为实现理想和创新而生的积极追求的精神品质。

5. 追求卓越

产品质量是企业的生命线，是国家经济体系的奠基石，是国际竞争的排头兵。尤其当后发企业进入市场深水区展开深度竞争博弈时，以质量塑造竞争优势的重要性就愈发凸显出来。然而要缩小产品间的品质差异，甚至实现超越引领，并非易事。没有追求精益求精的专业技能和产品质量的精神品格，企业乃至一个国家的创新能力和竞争能力想要跃迁腾飞都将是困难的。

6. 艰苦奋斗

企业家在创新过程中不可能一帆风顺，在新技术研发成功、新产品创制成功、新市场开发成功、新企业发展成功之前反复经历失败和不断艰辛探索是常有的。即便在创新创业成功之后，也绝不可能一劳永逸，而是需要树立不进则退、慢进

---

[1] ［美］约瑟夫·熊彼特：《经济发展理论——对于利润、资本、信贷、利息和经济周期的考察》，何畏、易家祥等译，张培刚、易梦虹、杨敬年校，商务印书馆 1990 年版，第 103—104 页。

亦退的竞争意识，在面对危机和挫折时，仍能保有咬定青山不放松的定力；在面对成功和荣誉时，仍能常怀忧患、居安思危、谦虚谨慎，并持之以恒地不懈奋斗。

7. 具有良好的团队精神与协调能力

优秀的企业家应具有良好的人际沟通能力和经营管理能力，来形成并完善囊括设计、组织、领导、控制、监督等复杂要素在内的综合管理体系。企业家不仅需要善于推销自己，从而使自身具有突出的影响力，而且需要调动他人的积极性和能动性，共同参与企业的创新活动。

（二）自觉的全面创新文化

从科技创新的全局来理解，创新文化是从科学研究、技术创新、科技社会化传播，乃至人们的生活方式等领域中所表现出来的有利于创新型国家建设和国家竞争力提升的价值观、理念、习俗、制度体系以及有关的环境因素。

在科技创新的全过程，理念创新或观念创新是各类创新的起点，信仰、理性、价值等方面的发展和变化决定了人的活动是否能够"创新"，表现为人们对创新活动的态度。随着科学技术的全球化、复杂化和不断扩展，新问题层出不穷，不仅需要多学科、各种各样的方法和技巧的集成和组合来解决它们，更需要通过理念创新，以新的眼光来看待这些新的问题，以新的思路和新的方式方法来解决问题。

理念创新阶段也就是新思想、新观念的孕育形成阶段。没有理念创新，没有思想火花，就没有创新的种子。但是，创新的种子要生根、发芽、开花、结果，就离不开适宜的条件，正如庄稼的生长离不开土壤、阳光、空气、水分、气候等诸多外界条件一样。内在的理念性的东西的实现，离不开外在的社会性、物质性条件的支持。在此意义上，如果将价值、理性、信念等看作创新文化的内在方面即观念文化，而将社会条件看作创新文化的外在方面即制度文化，那么，观念文化与制度文化构成了创新文化的基本内容。[①]

从科技创新过程从认知走向生产方式和生活方式的统一过程来看，即从知识生产、知识商业化应用以及知识消费的系统过程来理解创新文化，可以把创新文化分解为"知"文化即发现新知的文化、"做"文化即知识商业化的文化，以及"用"文化即新产品、新服务的消费文化。[②]首先是探求学问、追求真知，科学精神是"知"的精髓。其次是要"做"到将知识技术化、工程化并进而商业化、社会化的开发过程，从技术化、工程化到商业化、社会化的核心是企业家精神。最后

---

① 金吾伦：《创新文化的内涵及其作用》，《光明日报》2004 年 3 月 16 日。

② 参见吴金希：《理解创新文化的一个综合性框架及其政策涵义》，《中国软科学》2011 年第 5 期，第 70 页。

必须认识到创新创业最终是为了满足人们的生产生活的需求，即落脚在知识和产品的"用"——使用和消费，通过消费，创新才可能形成可持续的良性循环。

创新文化与整个社会文化状态密切相联系。中国近代以来的科技处于追赶的局面，导致了我国近代以来科技创新的文化总体上是一种提倡引进、吸收再创新的文化。新中国成立以来，从"向科学进军"到"科教兴国"，再到"创新驱动发展战略"，我国的科技创新能力与综合国力都得到了根本性提升。根据科技创新能力的发展水平和态势，新时期创新驱动发展的"三步走"战略目标得以确立："到2020年进入创新型国家行列；到2030年跻身创新型国家前列；到2050年建成世界科技创新强国。"自主创新、创新驱动要求新时期创新文化建设跨入新的阶段。

我国创新文化的新起点，是将创新文化作为一种后发追赶的需求变成一种生存发展的自觉的转折点。从中国的历史传统、现实需求和未来发展趋势来看，创新文化的内涵、导向和建设已不再仅仅服务于科技创新的需要，而且要服务于中国文化创新的进程。这是"自主创新"带来的文化启示和作为核心战略原则应当坚持的文化属性。"自主创新"是一种依靠自我发展但不排斥借助外力的方式所实现的创新。在这种意义上，"创新文化"才具有一种本质上的归属感，不仅仅具有提倡和促进"创新"的功能，而且应当具有"文化"的约束和教化功能。①

人是创新文化的主体，既是创新文化建设起点，也是创新文化建设的归宿。创新文化建设是要为创新主体营造一个适应创新规律，担负创新责任，从而实现创新，促进社会经济、文化和人的协调发展的良好环境。尊重人的首创精神和自由探索，鼓励思想碰撞和平等争鸣，激励人们在不懈奋斗中展现个人能力，在开拓创新中实现个人价值；提倡团队合作和积极竞争，建立学习型组织，形成有利于科技人员施展智慧和想象力的制度规范和环境氛围，真正让创新文化的力量深深熔铸在民族的灵魂之中，形成自觉的"以人为本"的全面创新文化。

小 结

"抓创新就是抓发展，谋创新就是谋未来。"② 科技创新离不开创新方法的支持和创新文化的氛围，对科技创新方法和创新文化的探讨和追问，是科技哲学的题

---

① 参见张超中、武夷山：《创新文化与中国文化创新》，《中国软科学》2010年第10期，第67页。
② 《国家创新驱动发展战略纲要》，人民出版社2016年版，第4页。

中应有之义。在实践上，科技创新方法的积累与应用以及优秀的创新文化的孕育与发展是有效提升创新能力的重要途径。科技创新是科学与技术、工程乃至产业结合的过程。科学活动重发现，技术活动重发明，工程活动重建造，这可视为人类从"自由探索"发现未知世界，到"自觉地"去发明、开发有关的工具和手段，再到"更有目的地"实现特定人工物世界的建造的过程。当代科学技术进步被纳入社会发展的规划中，形成一种庞大的社会建制和体系，课题制应运而生。当代科学研究中需要科学家的"责任自由"，妥善对待自由探索与课题研究。

创新包括理念创新、方法创新和工具创新。理念创新是起点，方法创新是科技进步并有效地转化为生产力的基础和保证，一部科技创新的历史也是一部工具仪器的创新历史。依据熊彼特的创新理论，技术发明还不是创新，创新还包括技术创新与创新扩散。技术创新经历了从线性创新到创新系统再到创新生态系统的发展过程，创新生态系统成为当下的重要理论和实践问题。大科学时代的科技创新需要创新团队协同迎接挑战，但小科学研究同样是科研的基本组成部分。工程创新会遇上各种各样的壁垒，唯有创新才能够实现突破壁垒。

科技创新受到文化传统的影响和制约。创新文化并不是完全均质的东西，美国与日本的创新文化各有特点。我国创新文化建设正处于新的转折点。中国传统文化与科技创新的关系至今仍然有着不同的甚至是对立的观点。今天的共识是，要大力发掘其中有利于科技创新的优秀因素。狭义上的创新文化的内核主要指企业家精神，创新实践要求我们开辟更为全面的创新文化。

思考题：

1. 简述科学方法、技术方法和工程方法的特点和联系。

2. 如何正确认识和对待当代科研中的自由探索和课题制？

3. 简述理念创新、方法创新和工具创新之间的联系和互动。

4. 大科学时代的科研为何强调团队合作？

5. 谈谈对传统文化与科技发展、科技创新关系的认识。

结语：中国科学技术哲学研究的深化与前瞻

本书结束前，有必要对我国科学技术哲学的研究做一展望。我国科学技术哲学的研究范围非常广阔，从自然观、科学认识论、科学方法论、技术本体论、科学史等理论性的研究，到与实践紧密相联的科技伦理、科技传播、科技发展与公共政策等领域均有一定进展。以世界眼光看，科学技术哲学在未来还将得到更大的拓展。

一、中国科学技术哲学研究的深化

当下中国的科学技术哲学研究除在科学哲学、技术哲学、科学技术与社会（STS）这三条进路展开外，还在科学思想史和当代自然哲学进路下得到深化。以下按此脉络对中国科技哲学的研究予以简要介绍。

（一）科学哲学

中国科学哲学的研究最早可追溯到 20 世纪二三十年代张申府对罗素分析哲学的译介、洪谦对维也纳学派的介绍与研究、张东荪 1924 年所著的《科学与哲学》。20 世纪中叶，金岳霖完成《知识论》、洪谦完成《维也纳学派的哲学》，这些研究成果在当时由于时代原因影响不大。正统科学哲学理论的研究是从研讨西方经典著作开始的。80 年代，通过卡尔纳普、波普尔、库恩、拉卡托斯、瓦托夫斯基、亨普尔等作者所著一大批科学哲学著作的引进，中国科学哲学的广泛研究才真正开启。《当代西方科学哲学》《当代西方科学哲学述评》等著作对西方科学哲学流派进行了系统的引介。在科学哲学通论研讨的基础上，中国科学哲学界转入更为深入、更为多样的问题研究。比较有代表性的讨论是：

1. 自然科学的哲学问题

自然辩证法学科是在创立时就得到重视的研究领域。在 1956 年自然辩证法的规划发展草案中，对数、理、化、天、地、生等各门自然科学进行哲学研究是重中之重。[①] 1965 年关于日本物理学家坂田昌一的《关于新基本粒子观的对话》的讨

[①] 1956 年规划草案拟定了九类研究题目：（1）数学和自然科学的基本概念与辩证唯物主义的范畴；（2）科学方法论；（3）自然界各种运动形态与科学分类问题；（4）数学和自然科学思想的发展；（5）对于唯心主义在数学和自然科学中的歪曲的批判；（6）数学中的哲学问题；（7）物理学、化学、天文学中的哲学问题；（8）生物学、心理学中的哲学问题；（9）作为社会现象的自然科学。

论具有全国影响。20 世纪八九十年代后的讨论则更为深入和专门，如有关宇宙有限与无限的争论、对物质无限可分论的反思、物理学与认识的主体性、系统科学哲学问题等。这些讨论不仅推进了哲学的思考，还带动了哲学研究者对科学的关注。

2. 科学划界问题

该问题是科学哲学提出并着力解决的一个基础问题，即是否存在科学与非科学的理论标准，是否应以科学意义标准来拒斥形而上学。该问题既与逻辑经验主义对逻辑与经验的区分有关，又与更为广泛的如何定义科学有关，是遵循狭义的、一元化的标准还是走向更为广义的、多元的标准等问题，均引发了许多研究者参与，大大推进了中国思想界对科学的理解。该问题在当下的中国依然是一个重要问题。

3. 科学实在论与反实在论之争

科学实在论者主张科学理论与科学术语是有经验基础的、真实的，且具有认识论意义上的真值。这一问题的讨论可上溯到整个哲学传统，又与量子力学等科学的前沿研究相关，是一个典型的科学哲学问题，由讨论而产生的文献有上百种。

4. 科学方法论研究

现代科学的本质一定意义上是通过科学方法来体现的。早在 1920 年，王星拱著有《科学方法论》；五六十年代国内学者也开展了对马克思科学技术论的研究。80 年代既有对科学一般方法论的大量讨论，又有对专门科学方法论进行的研讨，其中最具特色的是系统科学的研究。除了译介《一般系统论》《控制论》《信息学》等国外著作外，还把系统工程的方法推向了更为广泛的经济社会管理中。系统方法不仅成为当时最具影响力的科学方法，而且成为催生新思考的重要路径。

近年来我国科学哲学的研究动向主要是：

第一，语境论科学哲学研究。科学哲学问题越来越趋于多元，它们原则上均与语境有关，以不同的语境反思问题会有助于问题的深层理解与最终解决。无论是以语境实在为特征的本体论立场，以语境范式为核心的认识论路径，还是以语境分析为手段的方法论视角都得到重要发展，拓宽了研究进路，加大了研究深度。

第二，科学实践哲学的研究。经典科学哲学主要致力于建立理论优位的表征体系，新兴的科学实践哲学则力图建立一种"实践优位"的科学哲学。近年来主要有两个重要的研究：一是知识地方性的研究以及对于中国本土知识的科学哲学研究，这为科学哲学的中国化或本土科学哲学研究提供了更为合理的基础和更为广阔的视野；二是推动了科学实践与马克思主义实践观关系的研究，这里包括对亚里士多德实践概念、马克思实践概念、SSK 实践思想及其相互关系的研究。

第三，"另类"（非传统）科学哲学兴起。经典科学哲学主要是以英美分析哲学为传统的科学哲学，20 世纪 70 年代以来欧陆哲学传统中原先被排斥在科学哲学之外的思想资源日渐受到关注，引发了新的兴趣、问题和争论，开始引领科学哲学的新潮流。这一转向的意义不仅在于流派的区别，更在于两个传统的思考基点是完全不同的，后者主要是以人文的视野反思科学，开拓出科学哲学新的思考域。

（二）技术哲学

20 世纪 50 年代我国曾开展过生产技术实践的辩证法研究，但规范的技术哲学研究还是始于 80 年代。技术哲学主要的一些论题有：

1. 科学与技术的区别

这是科学技术哲学的一个基础问题，对确立技术哲学的学科范畴也非常关键，也是一个社会普遍关注的问题。

2. 技术哲学流派与学科定位研究

如认识论纲领与价值论纲领之争，工程传统与人文主义传统之争。

3. 技术价值、技术与人的反思

技术不只是价值中立的工具，还负载着价值，兼具自然和社会双重属性，对人和社会产生深刻影响。

此外，近年具有中国技术哲学界特色的论题还有：

1. 工程哲学的创立

这一新的领域是由哲学界与工程界共同推动发展的，充分体现出科学技术哲学的跨学科优势。工程哲学是以工程知识和工程活动为研究对象的哲学分支，从事工程哲学、工程社会学、工程创新、工程伦理等方面的研究。除此之外，"产业哲学"也是一个新兴领域，主张科学技术哲学研究应延伸为关于科学、技术、工程、产业的四元论体系，应该关注产业活动的哲学问题，研究产业所体现的人的本质力量、产业的价值增值等问题。①

2. 马克思主义技术哲学思想研究

主要是对马克思主义技术观的发掘、马克思主义技术观与当代技术观的关系、马克思主义技术观对当代社会的意义研究。

近年来我国技术哲学研究动向主要是：

第一，技术哲学的经验取向。技术哲学由形而上学传统转向经验研究，观照

_____

① 参见曾国屏：《唯物史观视野中的产业哲学》，《哲学研究》2006 年第 8 期，第 3 页。

实践，这一转向的代表是国内工程哲学的蓬勃兴起，一批工程科学家与哲学家共同加入了这一阵营。大量关于工程哲学的学术文章发表，其中主要是对工程哲学基本理论的研究，另外还有一些对工程与社会、文化问题的研究。

第二，技术哲学与 STS 的交叉越来越多。部分技术哲学的研究自然延伸到 STS 领域，如技术与人、技术与社会、技术与文化、技术伦理、工程伦理等的研究，涉及更广泛的科技与社会的关系问题思考。技术与文化关系的研究主要侧重于理论研究，部分还结合中国实际的案例进行了研究。

第三，现象学技术哲学研究。技术的实践性是技术最为突出的特点，传统的技术哲学研究过于倚重理论取向的思考，对其实践性反思不足。在此意义上，技术哲学应是一种实践哲学。马克思是这种实践哲学的创始人，他强调正是技术这种物质力量决定了物质生产方式，还提出了异化劳动的概念。海德格尔等强调了技术是一种体现现代性本质的现象，现象学的技术哲学将为技术哲学开辟一条新路径。

（三）科学技术与社会（STS）

中国在 20 世纪 80 年代以来掀起了 STS 研究热潮。据统计，1978—2008 年间，STS 的发文数在科技哲学三期刊中所占比例在 30%~55% 之间。① STS 研究是研究科学、技术与社会相互关系，涉及多学科、多领域的综合性研究。偏理论的研究进路与科学哲学、技术哲学、科学思想史、生态哲学有交叉，偏应用的研究进路又与社会学、公共管理、经济学领域的研究有密切联系，此外还包括 STS 教育研究。中国 STS 具体的研究问题包括科技与文化、科技与经济、科技与环境、科技与传播、科技与教育、科技与军事、科技与心理、科技与法律等。

1. 科技与文化研究

科技文化是与中国社会发展关系密切的一个问题。对科学文化的研究，一种进路是把科学技术作为整体来分析科技与文化的关系，另一种进路是分别讨论科学与文化、技术与文化及它们之间的关系。在此意义上，科学文化的研究其实已远远超出了狭义的科学哲学，更接近文化哲学了。中国对科学文化的思考始于 20 世纪初的"科玄论战"时期，但专门的集中讨论还是在 80 年代以后。"科学活动论"认为科学不仅是一种知识体系，还是一种文化与人类活动。斯诺的"两种文化"论与"索卡尔事件"，都激发了国内学者对科学与人文论争的广泛讨论；科学

---

① 参见肖显静：《中国科学技术与社会研究三十年概况》，《自然辩证法研究》2010 年第 1 期，第 69 页。

精神、科学主义的讨论，与社会实践密切关联，推进了社会对科学的理解。

2. 科技创新研究

20 世纪 80 年代起，中国面临如何发挥科学技术作为第一生产力的问题。从解决"科技与经济两张皮"到探索技术创新制度模式，进而开始构建产学研一体的"国家创新系统"，迎接知识经济的挑战。2000 年以来核心竞争力、低碳经济、自主创新成为理论与实践的热点。除了这些理论上的研究，创新研究还拓展到技术转移、技术壁垒、创新孵化器、创新文化等更为广泛的研讨。这些讨论与研究不仅取得理论上的成果，更为重要的是一些科技哲学的研究者们直接参与国家创新的实践，推进了社会进步。

3. 科技伦理问题

科技伦理的研究域很大，既包括科学共同体内部的科研伦理，也包括伴随现代技术发展带来的各类技术伦理，还涉及与人类自身相关的生命伦理和医学伦理。伴随现代科技活动的实践的"双刃剑"效应，伦理向度越来越显得重要和必要。现代科技的发展也迫使传统伦理的观念与规范进行变革，生命基因技术、克隆技术、信息技术、大数据、纳米技术、工程技术、医学技术等的发展均对旧的伦理体系提出了挑战。中国学者还从中国古代的传统思想中寻找建构现代科技伦理的资源。

近年来 STS 的研究动向主要是：

第一，在科学、技术自身的社会学研究中开始寻找不同取向的共同理论范式，建构主义与行动主义范式、科学范式与人文范式开始相互整合。

第二，从关注实践热点转向更为深层理论的建构。科技创新、科技传播、科技伦理、科技与政治等学科话题均越来越呼唤对深层理论与可行性对策的更深入研究。既有理论上对于科技与政治较为深入的讨论，也有更贴近实践的研究，关于科技政策与发展战略，科技发展的社会形式，科技规范的基本理论，我国科学技术发展的政策、战略研究等均有进展。创新及创新方法研究得到自上而下的重视，各类研究得到有力推进。

第三，在科技与社会的关系方面。基于我国本土的田野调查研究、案例分析得到重视，关于这方面的文章及成果越来越多。科技与伦理主要关注了科学研究的伦理、技术伦理、高科技伦理、环境伦理等问题。

（四）科学思想史

科学技术史属于专门的学科领域，一般超出了科学技术哲学的范畴。科学技术史研究有内史、外史、人物史三个维度。内史关注科技的发展，外史关注科技与社会的关系，人物史关注科学家和发明家的生平。① 科学思想史是科学技术哲学研究的重要方面，不可或缺。科学思想史以科学发展的历史为依托，揭示科学理论、科学思想的形成过程，它常常打破内史与外史的研究界限，以帮助我们深入、系统、全面地理解科学及其本质。具体研究方向包括：科学史与科学哲学的关系、科学史案例研究、科学认识思想史、中国古代科学思想、历史的辉格解释、李约瑟难题等。以下择要介绍一些论题的研究状况：

1. 李约瑟难题

著名的英国科学家和科学史学家李约瑟在 1954 年出版的《中国科学技术史》第一卷中正式提出，以后又不断地重申这样一个问题："为什么现代科学只在欧洲而没有在中国文明（或印度文明）中发展起来？"或表述为："为什么在公元前 1 世纪至公元 15 世纪之间，中国文明在应用人类关于自然的知识于人类的实际需求方面比西方文明要有效得多？"② 李约瑟并不是第一个提出类似问题的，但该问题却因李约瑟而成为一个著名问题。该问题在 20 世纪 80 年代引发了中国知识界的广泛兴趣和研究，近年该问题还因"钱学森之问"再次得到讨论。

2. 中国与西方的科学思想史研究

中国科学思想史自 20 世纪 80 年代后才得到重视，被认为是中国科技史界、哲学史界和思想史界的共同任务。系统地研究和整理中国科学思想的发展历史，有助于说明中国古代科技成就的取得，也有助于反思近代以来中国科技的发展滞后。90 年代中期学界对科学思想史的学科定位和研究内容给予讨论，译介了一批优秀西方经典的科学思想史著作，也开展了相关研究。

3.《爱因斯坦文集》译介与研究

爱因斯坦既是 20 世纪最伟大的科学家之一，又是一位对科学、哲学、政治有广泛思考的哲人科学家。至 1979 年 10 月《爱因斯坦文集》三卷本全部出版，这一年也正好是爱因斯坦 100 周年诞辰。《爱因斯坦文集》首次全面地将爱因斯坦的理论和思想介绍到国内。科学史界、科学哲学界都对爱因斯坦的相关思想进行了广泛的研讨。

近年来科学思想史的研究动向主要是：

第一，有关中国科技思想的研究继续取得进展，不仅关注西学东渐，还开始

---

① 参见刘大椿、刘劲杨主编：《科学技术哲学经典研读》，中国人民大学出版社 2010 年版，第 331 页。

② 参见刘兵：《若干西方学者关于李约瑟工作的评述》，《自然科学史研究》2003 年第 1 期，第 72 页。

关注东学西渐以及东西文化的比较研究。

第二，对中国科学家的思想研究有所加强。

（五）自然哲学

自然界是人类生存的基础，自然哲学是科学技术哲学的重要思想基础，它在历史上有不同的形态。"自然"有两种不同的含义，一是近代以来的"自然界"，二是其原初的"本性""本原"含义。自然哲学不仅是指关于自然界的哲学，其深层意义还在于揭示自然的本原或通过自然来探寻本原，这一传统可追溯到古希腊自然哲学。① 古希腊自然哲学家们对世界始基的思考不仅开创了自然哲学，还创立了西方的哲学和科学传统。当代意义上的自然哲学研究域趋于扩大，拓展到人与自然关系、生命哲学、生态哲学、生物哲学以及自然科学前沿的哲学研究，等等。

1. 新自然观研究

20 世纪五六十年代中国自然辩证法的研究重心都是围绕自然观展开的。如辩证自然观研究、天然自然与人工自然（社会自然）的区分。社会自然研究曾被作为中国自然辩证法研究的最大特色。② 20 世纪八九十年代，围绕量子力学、系统科学等引发的新自然观展开了热烈的讨论。量子力学颠覆了经典牛顿力学的确定性时空观，不确定性、非决定论成为自然本质，要建立一种基于概率性的自然观。熵理论、混沌、自组织理论、复杂性科学强调自然的时间性、不可逆性与复杂性，反对经典自然观的简单性与机械性，要建立一种自组织的新自然观，一种复杂性自然观。③ "生成哲学"认为，物理科学与复杂性科学的最新成就表明，宇宙中一切事物都是一种整体生成过程，生成是一种普遍的机制，可建立生成论的整体观。④

2. 专门科学中的自然哲学问题

物理哲学与生物哲学通常也被划归至科学哲学之下，但这些领域的研究中常常涉及自然哲学论题。20 世纪的物理学革命、生物学在 21 世纪的兴起，引发了中国学界对这些科学前沿的哲学回应。其中针对量子力学实在论的讨论，针对生物学哲学研究纲领和主要问题的研究，发表了许多成果。

---

① 参见刘劲杨、李健民：《自然哲学的研究传统与当代定位》，《中国人民大学学报》2016 年第 5 期，第 65 页。

② 参见于光远：《一个哲学学派正在中国兴起》，江西科学技术出版社 1996 年版，第 4—5 页。

③ 参见相关著作可见：《自组织的哲学——一种新的自然观和科学观》《耗散结构与系统演化》《自组织的自然观》《哲学视野中的复杂性》等。

④ 参见金吾伦：《生成哲学》，河北大学出版社 2000 年版，第 142—151 页。

3. 系统科学哲学研究

在 80 年代是最为活跃、成果最多的自然科学哲学研究之一。既从整体上探索系统科学哲学体系，又有依据具体系统科学分支的研究。如信息哲学主张把信息"作为一种普遍化的存在形式、认识方式、价值尺度、进化原则来予以探讨"①。其他还有对分形、混沌、自组织、复杂性等问题展开的哲学思考。

近年来自然哲学的研究动向主要是：

第一，生态哲学的讨论活跃，在人与自然的关系的研究方面，注重结合中国实际探讨可持续科学发展观的研究较多，对生态哲学的基本问题有了更深入的讨论，其中自然的价值与权利、生态中心与人类中心主义等核心问题是理论的焦点。

第二，量子理论是一个始终开放的问题域，对其不断思考的目的不仅仅是为了加深对科学的理解，在很大程度上还是对世界基础与人类心智的深层思考。对量子力学中的理论与实在问题、规范场论等问题有新的进展，也尝试从模态解释等新路径进行问题的研究。认知科学哲学是科技哲学领域一个新的问题生长点，近年来国内也成立了多所认知科学的研究机构。研究者除了来自科技哲学领域，还来自科学、哲学、心理学等多个领域。

二、未来前瞻

科学技术哲学现属哲学二级学科，其研究却是横跨文理的交叉研究，研究领域多样，理论范式多元。这使科技哲学成为哲学中最具生命力与时代性的学科之一，具有广阔的研究领域，经典著作众多，思想广博深邃。然而，这种多元格局也使科技哲学必须迎接挑战，认真反思存在的问题，寻找未来发展之路。

下列研究选题是学界近年来关于科技哲学研究规划讨论的成果，基本体现了当下中国科技哲学界对未来研究论题的期望。

1. 科学技术哲学经典文献研究

中国科学技术哲学建制化发展已有 50 余年，有必要对其经典思想和基本文献进行系统的梳理与研究，以构建适应当今时代的科技哲学思想库，提升学科研究的深度和高度。相关选题有：（1）自然哲学经典文献研究；（2）技术哲学经典文献研究；（3）科学思想史经典文献研究；（4）科学哲学经典文献的拓展研究；（5）中国科学技术哲学经典文献整理。

---

① 邬焜：《信息哲学——理论、体系、方法》，商务印书馆 2005 年版，第 18 页。

2. 科学思想史综合研究

科学思想是人类思想宝库的重要基础和核心构件。科学思想史研究区别于专注于史料的考证和编年的科学史，而更注重科学理论、科学概念的历史演变及其形而上学基础的诠释。科学思想史研究的深度很大程度上决定了人类对科学理解的深度。相关选题有：（1）近代科学思想史研究；（2）现代科学思想史研究；（3）中国古代科学思想史研究；（4）西学东渐与东学西渐的东西文化的比较研究；（5）中国现代科学家的思想研究。

3. 马克思主义科学思想、技术思想研究

马克思主义科学思想、技术思想的系统研究，既是当代科学技术哲学发展的基本需要，也是马克思主义思想史研究的重要任务，应大力加强。选题可涉及：（1）马克思主义科学思想与技术思想的思想史研究；（2）马克思主义科学技术观与当代科学技术观比较研究；（3）马克思主义科学哲学、技术哲学研究；（4）马克思主义科学技术思想的中国化研究。

4. 科学哲学新思想资源的综合研究

应充分重视传统科学哲学资源之外的新思想资源的综合研究，这是推进科技哲学未来发展的保障。例如：（1）非传统科学哲学思想研究，如原本以人文主义著称、后逐步渗透到科学哲学领域的欧陆反科学主义思潮，异于科学社会学传统的 SSK、后 SSK 研究，以及后殖民主义、生态主义、女性主义科学哲学等；（2）科学实践哲学研究；（3）社会科学哲学、科技人类学研究。

5. 技术哲学基础理论研究

技术越来越成为影响当代社会发展的重要因素，而此领域已成为近年来科技哲学理论的新生长点。现阶段最重要的任务是夯实基础理论，技术哲学同工程哲学的分野与统一蕴涵着理论突破的重大机遇，加强与 STS 等其他学科的交叉研究，充分重视实践研究。选题包括：多元视野下技术哲学研究成果的整合研究、技术哲学思想体系研究、技术本体论、技术现象学、技术价值论、工程演化论、社会工程哲学、工程知识论、现象学技术哲学、工程哲学问题、产业哲学问题等的研究。

6. 当代科学前沿的哲学研究

当代科学前沿分支领域与发展方向越来越精深，面临着与传统科学截然不同的新概念和新视野。这些研究的突破会带来理论上的提升和方法与思维上的变革。选题有：（1）当代科学研究前沿的科学实践观研究；（2）当代时空理论与哲学分析；（3）复杂性科学的思维与方法研究；（4）整体论思想综合研究；（5）认知科学哲学前沿研究；（6）认知、技能与意向性问题研究；（7）认知科学的科学方法论研究；（8）量子力学的历史与哲学研究；（9）量子信息的发展与哲学研究；（10）当代生物科学哲学前沿研究；等等。

7. 科学、技术与社会（STS）理论与实践研究

伴随着当代科学技术的迅猛发展，产生了由科学技术发展引发的诸多科学、技术与社会关系的迫切问题，亟须人类从理论与实践的层面上给予恰当应对。如科技传播普及、科技伦理、科技与政治等问题，都越来越呼唤对深层理论与可行对策的更深入研究。以此为目标的 STS 研究，须从关注实践热点转向更深层理论的建构，逐步整合建构主义与行动主义、科学与人文等不同的研究范式。今后应重点研究的问题有：（1）科学技术与公共政策研究；（2）科学技术传播普及研究；（3）科技风险研究；（4）科学技术的价值与伦理研究。

8. 中国传统与当代科学技术的文化研究

科学技术与人类文化的关联与相互影响历来是科学技术哲学的一个重大问题。技术化时代迫切要求我们必须正视社会现实、迎接文化挑战，努力塑造能规范和引领当代技术发展的新型文化形态。如：（1）中国古代科技著作的文献学和思想史研究；（2）中国传统科学文化研究；（3）中西科学观与技术观的系统比较研究；（4）中国"致知方式"的历史研究；（5）科学知识的地方性特征研究；（6）科学人类学研究的方法和实践；（7）中国传统伦理观念与当代科技伦理研究；（8）多元文化视野中的当代科学与宗教理论及案例研究；（9）技术文化冲突与民族文化重建；（10）技术化时代的中国文化结构、文化图景研究；（11）当代中国科学与人文融合的理论探索和实践研究；等等。

9. 科学技术发展与中国人文社会环境研究

近 30 多年来，在中国社会的发展中，科学技术一直借助与经济和商业利益紧密结合的优势，呈现出主导社会发展的态势。相比之下，科学技术发展过程中的人文理念却受到较多漠视，全社会对科学技术成长的人文社会环境更缺少必要的反思和批判性审视。相关问题有：（1）科学发展与社会公正问题研究；（2）不同时期中国科学技术政策导向对科技发展的影响研究；（3）科学技术与中国国家利益和公众利益关系研究；（4）中国科学共同体的利益冲突案例研究；（5）国家科学技术决策的民主化研究；（6）参与科学决策的公民意识的社会学分析；（7）中国现行的科研管理体制、教育体制、评价体系等对科学技术发展的影响综合研究；等等。

10. 全球化时代科技自主创新的战略与方法研究

当今世界已进入全球化时代，而全球化进程对科技思想与实践产生了革命性

的影响。在全球化时代，中国在大力开展技术引进、交流与开放，吸收世界各国先进技术的同时，必须走技术自主创新的道路，探索建立创新型国家的道路，为国家经济、社会发展提供坚实的技术支持和制度保障。相关问题包括：（1）创新型国家战略研究；（2）自主创新战略研究；（3）知识产权制度与创新战略、创新文化的比较研究；（4）卓越科学家的创新方法与范例研究；（5）TRIZ 理论的研究与应用；（6）创新战略与方法的实践研究；等等。

11. 高科技时代的人类境遇问题研究

当代高科技正在对人类生产、社会组织方式、交往方式、认知方式、生活方式、生命体验等产生全方位的深刻影响。这使得当代人类处于一个与传统社会完全不同的生存境遇中，需要全面研究高新科技对社会伦理和社会行为的作用和影响，相关选题为：（1）信息时代的社会交往方式研究；（2）纳米技术发展及其社会影响研究；（3）核电技术的社会影响研究；（4）生物技术革命对当代社会的深层影响；（5）智能技术发展及其社会影响；（6）全球能源危机的社会与文化研究；（7）网络化、大数据与日常生活中的哲学问题研究；（8）意识的自然基础与社会基础的哲学探究；（9）科技发展与人类未来问题研究；等等。

12. 科技发展与生态文明建设问题研究

生态文明是继农业文明、工业文明之后一个新的社会文明形态，是人类共同的价值追求。生态文明建设对科技发展提出了非常高的要求，即形成节约能源资源和保护生态环境的产业结构、增长方式、消费方式和文化理念。未来十年间，应大力加强科技发展与生态文明建设的相关研究，选题如：（1）当代科技发展转型研究；（2）科技发展在可持续发展中的作用；（3）生态文明的文化研究；（4）国外生态文明建设理论与实践研究；（5）低碳社会与生态文明、低碳经济的基础理论研究；（6）国内外低碳经济发展现状与趋势研究；（7）低碳科技革命、低碳经济的生态伦理价值；等等。

13. 生态哲学基础和国内外研究前沿研究

生态问题成为推动哲学变革的一个视角、一种动力。它不仅将拓展出传统哲学未曾研究的问题和领域，而且将使传统哲学问题在生态视角中焕发新的生命力。选题着眼点应是生态视角的哲学意义和生态问题的哲学研究，可就生态哲学的内涵、学科地位、学科性质、基本范畴、主要内容、学科发展进行研究，目的是初步形成生态哲学的学科规范，为生态哲学的发展奠定科学的规范基础。由于生态哲学的发展只有不到半个世纪的历史，而且主要是在西方发达国家兴起环境保护运动之后产生的，生态哲学基础的研究必须与国外生态哲学的跟踪研究结合起来，译介主要的流派、人物、著作、刊物等方面的最新动态。

14. 中国传统哲学与生态哲学关系研究

西方当代生态哲学研究在反思现代生态问题时，都不同程度地批判了西方思想的消极方面，并试图克服西方思想自身的局限性，不少思想家因此将目光转向了东方哲学，探索东方智慧在面对生态问题时的积极意义。选题应以生态哲学为视角，探讨中国传统思想的独特内涵，以及在面对现代生态问题时的局限性和理论意义，研究中国传统的天人观、人生观、价值观等，不仅为中国哲学的创新提供新的着眼点，以期有助于实现中国传统哲学思想的当代转化，而且能为当代世界性生态问题的解决，贡献中华文明的思想智慧。这具有重要的理论意义和实践意义。

未来学家欧文·拉兹洛曾在《巨变》一书中指出：我们的时代是个全面进化的时代。它由科技所促成，但由此所形成的紧张与冲突，却没有一个纯科技的解决方法。巨变（Macroshift）是一种广大、迅速和无可逆转，正扩展至全球各个偏远角落、实际上涵盖生活的所有层面的变动。① 科学技术哲学致力于对科学与技术展开的多角度、多层面的思考活动，反思科学技术的知识基础、方法论特性、社会运行本质、价值负载以及对人类社会发展的深远影响，并提供政策与应对的可能路径。从国际视野看，科学技术哲学正成为哲学和更广泛学科必须关注的研究。进入新世纪，当今世界著名学者共同编撰的 16 卷本的《爱思唯尔科学哲学手册》，揭示了当今世界科学哲学的走向：科学哲学已从经典的科学哲学拓展到了广泛的关于科学、技术、工程、医学和社会的哲学研究，包括：一般科学哲学、物理学哲学、生物学哲学、数学哲学、逻辑哲学、信息哲学、技术与工程科学哲学、心理学与认知科学哲学、人类学与社会学哲学、复杂系统科学、统计学哲学、经济学哲学、医学哲学、地球系统科学哲学、化学与药理学哲学、语言学哲学。正如该书主编所说：当科学沿着已知世界前沿发展时，不可避免地会触及关于知识与实在性质的哲学问题，科学哲学越来越成为一般哲学，居于核心地位。② 因此，科学技术哲学已成为我们理解科学技术、理解当下时代、理解人类自身生存境遇的重要路径。

---

① 参见［美］欧文·拉兹洛：《巨变》，杜默译，中信出版社 2002 年版。
② 参见［荷］西奥·库珀斯：《爱思唯尔科学哲学手册》，郭贵春等译，北京师范大学出版社 2015 年版。

阅 读 文 献

1. 基础教程

■ 马克思：《机器。自然力和科学的应用（蒸汽、电、机械的和化学的因素）》，《马克思恩格斯文集》第 8 卷，人民出版社 2009 年版。

■ 恩格斯：《〈自然辩证法〉（节选）》导言，《马克思恩格斯文集》第 9 卷，人民出版社 2009 年版。

■ 中共中央文献研究室编：《习近平关于科技创新论述摘编》，中央文献出版社 2016 年版。

■ 刘大椿、刘劲杨主编：《科学技术哲学经典研读》，中国人民大学出版社 2011 年版。

■ [美] 卡尔·G·亨普尔：《自然科学的哲学》，张华夏译，中国人民大学出版社 2006 年版。

■ [英] 亚历克斯·罗森堡：《科学哲学——当代进阶教程》，刘华杰译，上海科技教育出版社 2006 年版。

■ [加] 瑟乔·西斯蒙多：《科学技术学导论》，许为民、孟强、崔海灵等译，上海科技教育出版社 2007 年版。

2. 科学哲学

■ 刘大椿：《科学哲学》，人民出版社 1998 年版。

■ [德] 石里克：《哲学的转变》，洪谦主编：《逻辑经验主义》上卷，商务印书馆 1982 年版。

■ [美] N. R. 汉森：《发现的模式——对科学的概念基础的探究》，邢新力、周沛译，邱仁宗校，中国国际广播出版社 1988 年版。

■ [英] 大卫·布鲁尔：《知识和社会意象》，艾彦译，东方出版社 2001 年版。

■ [美] 托马斯·库恩：《科学革命的结构》，金吾伦、胡新和译，北京大学出版社 2003 年版。

■ [英] 伊姆雷·拉卡托斯：《科学研究纲领方法论》，兰征译，上海译文出版社 2005 年版。

■ [英] 卡尔·波普尔：《猜想与反驳——科学知识的增长》，傅季重、纪树立、周昌忠等译，上海译文出版社 2005 年版。

■［美］安德鲁·皮克林编著：《作为实践和文化的科学》，柯文、伊梅译，中国人民大学出版社 2006 年版，第 1 章，第 1—30 页。

■［美］R. 卡尔纳普：《科学哲学导论》，张华夏、李平译，中国人民大学出版社 2007 年版。

■［美］保罗·法伊尔阿本德：《反对方法——无政府主义知识论纲要》，周昌忠译，上海译文出版社 2007 年版。

■［加］哈金：《表征与干预——自然科学哲学主题导论》，王巍、孟强译，科学出版社 2011 年版。

3. 技术哲学

■陈昌曙：《技术哲学引论》，科学出版社 1999 年版。

■［联邦德国］F. 拉普：《技术哲学导论》，刘武、康荣平、吴明泰等译，陈昌曙审校，辽宁科学技术出版社 1986 年版。

■［德］马丁·海德格尔：《技术的追问》，孙周兴选编：《海德格尔选集》下，上海三联书店 1996 年版。

■［德］尤尔根·哈贝马斯：《作为“意识形态”的技术与科学》，李黎、郭官义译，学林出版社 1999 年版。

■［美］卡尔·米切姆：《技术哲学概论》，殷登祥、曹南燕等译，天津科学技术出版社 1999 年版。

■［美］安德鲁·芬伯格：《技术批判理论》，韩连庆、曹观法译，北京大学出版社 2005 年版。

4. 科学、技术与社会

■陈凡：《技术社会化引论——一种对技术的社会学研究》，中国人民大学出版社 1995 年版。

■刘珺珺：《科学社会学》，上海科技教育出版社 2009 年版。

■［美］丹尼斯·米都斯等：《增长的极限》，李宝恒译，吉林人民出版社 1997 年版。

■［美］R. K. 默顿：《科学社会学——理论与经验研究》，鲁旭东、林聚任译，商务印书馆 2003 年版。

■［美］V. 布什等：《科学——没有止境的前沿》，范岱年、解道华等译，商务印书馆 2004 年版。

■［美］希拉·贾撒诺夫、杰拉尔德·马克尔、詹姆斯·彼得森等编：《科学技术论手册》，盛晓明、孟强、胡娟等译，北京理工大学出版社 2004 年版。

■［英］谢尔顿·克里姆斯基、多米尼克·戈尔丁编著：《风险的社会理论学说》，徐元玲、孟毓焕、徐玲等译，北京出版社 2005 年版。

■［德］柏林科学技术研究院：《文化 VS 技术创新》，吴金希、张小方、朱晓萌等译，钟宁、樊勋校译，知识产权出版社 2006 年版。

■［美］迈克·W. 马丁、罗兰·辛津格：《工程伦理学》，李世新译，首都师范大学出版社 2010 年版。

人名译名对照表

[德]	阿道尔诺（阿多诺），西奥多	Theodor Adorno
[美]	阿格尔，本	Ben Agger
[苏]	阿齐舒勒，根里奇	Genrikh Altshuller
[美]	奥康纳，詹姆斯	James O' Connor
[美]	巴伯，伯纳德	Bernard Barber
[英]	巴恩斯，巴里	Barry Barnes
[苏]	巴甫洛夫，伊万	Ivan Pavlov
[美]	巴萨拉，乔治	George Basalla
[法]	巴斯德，路易斯	Louis Pasteur
[加]	邦格，马里奥	Mario Bunge
[法]	鲍德里亚，让	Jean Baudrillard
[美]	贝尔，丹尼尔	Daniel Bell
[德]	贝克，乌尔里希	Ulrich Beck
[德]	玻恩，马克斯	Max Born
[丹]	玻尔，尼尔斯	Niels Bohr
[英]	波普尔，卡尔	Karl Popper
[美]	波斯曼，尼尔	Neil Postman
[美]	伯格曼，阿尔伯特	Albert Borgmann
[英]	布鲁尔，大卫	David Bloor
[荷]	布瑞，菲利普	Philip Brey
[美]	布什，万尼瓦尔	Vannevar Bush
[法]	达朗贝尔，珍	Jean D' Alembert
[法]	德波，居伊-欧内斯特	Guy-Ernest Debord
[法]	德布罗意，路易斯	Louis Victor de Broglie
[法]	德勒兹，吉勒斯	Gilles Réné Deleuze
[美]	德雷福斯，休伯特	Hubert L. Dreyfus
[德]	德韶尔，弗里德里希	Friedrich Dessauer
[法]	迪昂（杜恒），皮埃尔	Pierre Duhem
[美]	凡勃仑（凡勃伦），托尔斯坦	Thorstein Veblen
[美]	费格尔，赫尔巴特	Herbart Feigl

［德］	费希特，约翰	Johann Fichte
［美］	费耶阿本德，保罗	Paul Feyerabend
［加］	芬伯格，安德鲁	Andrew Feenberg
［德］	冯特，威廉	Wilhelm Wundt
［法］	福柯，米歇尔	Michel Foucault
［德］	弗雷格，弗里德里希	Friedrich Frege
［英］	弗雷泽，詹姆斯	James Frazer
［英］	弗里曼，克里斯	Chris Freeman
［美］	弗洛姆，埃里克	Erich Fromm
［美］	富兰克林，艾伦	Allan Franklin
［美］	富勒，史蒂夫	Steve Fuller
［法］	高兹，安德烈	Andre Gorz
［美］	格里芬，大卫	David Griffin
［美］	格伦德曼，瑞尼尔	Reiner Grundamn
［德］	哈贝马斯，尤尔根	Urgen Habermas
［美］	哈勃，埃德温	Edwin Hubble
［加］	哈金，伊恩	Ian Hacking
［美］	哈拉维，唐娜	Donna Haraway
［英］	哈瑞，罗姆	Rom Harré
［德］	海德格尔，马丁	Martin Heidegger
［德］	海克尔，恩斯特	Ernst Haeckel
［德］	海森伯，维尔纳	Werner Heisenberg
［美］	汉森，诺伍德	Norwood Hanson
［匈］	赫勒，阿格妮丝	Agnes Heller
［德］	赫斯，莫泽斯	Moses Hess
［美］	亨普尔，卡尔	Carl Hempel
［美］	怀特海，阿尔弗雷德	Alfred Whitehead
［德］	霍克海默，马克斯	Max Horkheimer
［英］	吉登斯，安东尼	Anthony Giddens
［美］	吉尔，罗纳德	Ronald Giere
［美］	加里森，皮特	Peter Galison
［美］	伽莫夫，乔治	George Gamow
［西班牙］	加塞特，奥特加	Ortegay Gasset
［美］	贾撒诺夫，希拉	Sheila Jasanoff

[美]	卡尔纳普，鲁道夫	Rudolf Carnap
[法]	卡龙，米歇尔	Michel Callon
[英]	柯林斯，哈里	Harry Collins
[美]	克里克，弗朗西斯	Francis Crick
[美]	克里斯，罗伯特	Robert Crease
[荷]	克洛斯，皮特	Peter Kroes
[美]	库恩，托马斯	Thomas Kuhn
[荷]	库珀斯，特奥	Theo Kuipers
[美]	奎因（蒯因），威拉德	Willard van O. Quine
[英]	拉卡托斯，伊姆雷	Imre Lakatos
[德]	拉普，弗里德里希	Friedrich Rapp
[法]	拉特利尔，让	Jean Ladriere
[法]	拉图尔，布鲁诺	Bruno Latour
[法]	拉瓦锡，安托万-洛朗	Antoine-Laurent de
[德]	莱布尼茨，戈特弗里德	Gottfried Leibniz
[加]	莱斯，威廉	William Leiss
[芬]	赖特，冯	Georg von Wright
[德]	赖欣巴哈，汉斯	Hans Reichenbach
[丹]	朗德沃尔，本特	Bengt-Åke Lundaval
[美]	劳丹，拉里	Larry Laudan
[美]	劳斯，约瑟夫	Joseph Rouse
[德]	勒特，汉斯	Hanns Reiter
[匈]	卢卡奇，格奥尔格	Ceorg Lukacs
[美]	卢卡希维茨，简	Jan Lukasiewicz
[法]	卢梭，让	Jean Rousseau
[德]	伦琴，威廉	Wilhelm Röntgen
[美]	罗蒂，理查德	Richard Rorty
[美]	罗森堡，亚历克斯	Alex Rosenberg
[美]	马丁，迈克	Mike Martin
[英]	马尔凯，迈克尔	Michael Mulkay
[美]	马尔库塞，马尔凯	Mulkay Marcuse
[德]	马尔萨弗，罗伯特	Robert Multhauf
[英]	马尔萨斯，托马斯	Thomas Malthus
[奥]	马赫，恩斯特	Ernst Mach

［俄］	马林诺夫斯基，布罗尼斯拉夫	Bronislaw Malinowski
［加］	麦克卢汉，马歇尔	Marshall Mcluhan
［英］	麦肯齐，唐纳德	Donald MacKenzie
［德］	曼海姆，卡尔	Karl Mannheim
［美］	芒福德，路易斯	Lewis Mumford
［美］	米切姆，卡尔	Carl Mitcham
［美］	摩根，托马斯	Thomas Morgan
［美］	默顿，罗伯特	Robert Merton
［英］	穆勒（密尔），约翰	John Mill
［美］	奈斯比特，约翰	John Naisbitt
［美］	内格尔，恩斯特	Ernest Nagel
［美］	尼尔森，理查德	Richard Nelson
［英］	纽可门，托马斯	Thomas Newcomen
［美］	诺依曼，冯	John von Neumann
［荷］	皮尔森，冯	C. van Peursen
［美］	皮尔士，查尔斯	Charles Peirce
［美］	皮克林，安德鲁	Andrew Pickering
［意］	皮亚诺，朱塞佩	Giuseppe Peano
［美］	普赖斯，德里克	Derek Price
［德］	普朗克，马克斯	Max Planck
［比］	普里高津（普里戈金），伊利亚	Ilya Prigogine
［美］	普特南，希拉里	Hilary Putnam
［美］	萨顿，沃尔特	Walter Sutton
［加］	萨迦德，保罗	Paul Thagard
［美］	萨普，弗雷德里克	Frederick Suppe
［法］	萨特，让-保罗	Jean-Paul Sartre
［奥］	塞蒂娜，卡琳	Karin Knorr-Cetina
［德］	舍勒，马克斯	Max Scheler
［法］	圣西门，克劳德-昂利	Claude-Henri de Saint-Simon
［德］	石里克，莫里茨	Moriz Schlick
［德］	叔本华，亚瑟	Arthur Schopenhauer
［德］	斯宾格勒，奥斯瓦尔德	Oswald Spengler
［英］	斯宾塞，赫伯特	Herbert Spencer
［法］	斯蒂格勒，贝尔纳	Bernard Stiegler

［美］	司托克斯，唐纳德	Donald Stokes
［美］	泰勒，爱德华	Edward Tylor
［美］	特斯拉，尼古拉	Nikola Tesla
［法］	涂尔干（迪尔凯姆），埃米尔	Emile Durkheim
［美］	托夫勒，阿尔文	Alvin Toffler
［美］	瓦托夫斯基，马克斯	Marx Wartofsky
［美］	维纳，诺伯特	Norbert Wiener
［德］	韦伯，马克斯	Max Weber
［德］	魏格纳，阿尔弗雷德	Alfred Wegener
［美］	温伯格，史蒂文	Steven Weinberg
［美］	温纳，兰登	Langdon Winner
［美］	文森蒂，沃尔特	Walter Vincenti
［美］	沃森，詹姆斯	James Watson
［美］	夏皮尔，杜德利	Dudley Shapere
［美］	夏皮罗，安德鲁	Andrew Shapiro
［美］	熊彼特，约瑟夫	Joseph Schumpeter
［奥］	薛定谔，埃尔温	Erwin Schrödinger
［德］	雅斯贝尔斯，卡尔	Karl Jaspers
［美］	伊德，唐	Don Ihde
［德］	约那斯，汉斯	Hans Jonas

后　记

《科学技术哲学》是马克思主义理论研究和建设工程重点教材，由教育部组织编写，经国家教材委员会审查通过。

在教材编写过程中，得到了国家教材委员会高校哲学社会科学（马工程）专家委员会、思想政治审议专家委员会以及教育部原马工程重点教材审议委员会的指导。同时，广泛听取了高校教师和学生的意见建议。

本教材由刘大椿主持编写。刘大椿撰写绪论，李建会撰写第一章，刘永谋撰写第二章，段伟文、赵俊海撰写第三章，王伯鲁撰写第四章，刘孝廷撰写第五章，曾华锋撰写第六章，肖显静撰写第七章，万小龙、雷瑞鹏撰写第八章，曾国屏、古荒撰写第九章，刘劲杨撰写结语。

2018 年 12 月 28 日

读者意见反馈

为收集对教材的意见建议,进一步完善教材编写并做好服务工作,读者可将对本教材的意见建议通过如下渠道反馈至我社。

咨询电话　400-810-0598
读者服务邮箱　gjdzfwb@pub.hep.cn
通信地址　北京市朝阳区惠新东街 4 号富盛大厦 1 座
　　　　　高等教育出版社总编辑办公室
邮政编码　100029

防伪查询说明

用户购书后刮开封底防伪涂层,使用手机微信等软件扫描二维码,会跳转至防伪查询网页,获得所购图书详细信息。

防伪客服电话　(010)58582300

教学支持服务说明

资源访问与防伪查询说明

使用微信扫描本书内的二维码,输入封底防伪二维码下的 20 位数字进行微信绑定后即可免费访问相关资源。(只需输入一次,绑定后不必再次输入。注意:微信绑定只可操作一次,为避免不必要的损失,请您刮开防伪码后立即进行绑定操作!)

用户也可将防伪二维码下的 20 位数字按从左到右、从上到下的顺序发送短信至 106695881280,免费查询所购图书真伪。

防伪客服电话

(010)58582300